计算机考研精深解读系列

www.yanzhishi.cn

2025

计算机操作系统

精深解读

研芝士计算机考研命题研究中心◎编著

中国农业出版社
CHINA AGRICULTURE PRESS
·北京·

图书在版编目（CIP）数据

2025年计算机操作系统精深解读 / 研芝士计算机考研命题研究中心编著. --北京：中国农业出版社，2024.1

（计算机考研系列）

ISBN 978-7-109-31654-6

Ⅰ. ①2… Ⅱ. ①研… Ⅲ. ①操作系统-研究生-入学考试-自学参考资料 Ⅳ. ①TP316

中国国家版本馆CIP数据核字（2024）第005803号

中国农业出版社出版

地址：北京市朝阳区麦子店街 18 号楼

邮编：100125

责任编辑：吕　睿

责任校对：吴丽婷

印刷：正德印务（天津）有限公司

版次：2024 年 1 月第 1 版

印次：2024 年 1 月天津第 1 次印刷

发行：新华书店北京发行所

开本：850mm × 1168mm　1/16

印张：21.5

字数：612 千字

定价：52.00 元

丛书编委会成员名单

序

信息技术的高速发展对现代社会产生着极大的促进。以云计算、大数据、物联网和人工智能等为代表的计算机技术深刻地改造着人类社会，数字城市、智慧地球正在成为现实。各种计算机学科知识每时每刻都在不断更新、不断累积，系统掌握前沿计算机知识和研究方法的高端专业人才必将越来越受欢迎。

为满足有志于在计算机方向进一步深造的考生的需求，研芝士组织撰写了"计算机考研精深解读系列丛书"，包括《数据结构精深解读》《计算机操作系统精深解读》《计算机网络精深解读》和《计算机组成原理精深解读》。本系列丛书依据最新版的《全国硕士研究生招生考试计算机科学与技术学科联考计算机学科专业基础综合考试大纲》编写而成，编者团队由本、硕、博均就读于计算机专业且长期在高校从事计算机专业教学的一线教师组成。基于对计算机专业的课程特点和研考命题规律的深入研究，编者们对大纲所列考点进行了精深解读，内容翔实严谨，重点难点突出。总体来说，丛书从以下几个方面为备考的学生提供系统化的、有针对性的辅导。

首先，丛书以考点导图的形式对每章的知识体系进行梳理，力图使考生能够在宏观层面对每章的内容形成整体把握，并且通过对最近10年联考考点题型及分值的统计分析，明确各部分的考查要求和复习目标。

其次，丛书严格按照考试大纲对每章的知识点进行深入解读、细化剖析，让考生明确并有效地掌握理论重点。

再次，书中每一节的最后都收录了历年计算机专业联考真题和40多所非联考名校部分真题，在满足408考试要求的同时，也能够满足大多数非联考名校的考研要求。编者团队通过对真题内容的详细剖析、对各类题型的统计分析以及对命题规律的深入研究，重点编写了部分习题，进一步充实了题库。丛书对所有题目均进行了详细解析，力求使考生通过学练结合达到举一反三的效果，开拓解题思路、掌握解题技巧、提高得分能力，进而全方位掌握学科核心要求。

最后，丛书进一步挖掘高频核心重难点并单独列出进行答疑。在深入研究命题规律的基础上，丛书把握命题趋势，精心组编了每章的模拟预测试题并进行详尽剖析，再现章节中的重要知识点以及本年度研究生考试可能性最大的命题方向和重点。考生可以以此为基础对每章内容的掌握程度进行自测，依据测评结果调整备考节奏，以有效地提高复习的质量和效率。

在系列丛书的编写再版过程中，收录吸取了历年来使用该套丛书顺利上岸的10000+名研究生来自北京大学、清华大学、北京航空航天大学和郑州大学的一些研究生的勘误、优化建议和意见，从而使得系列丛书能够实现理论与实践的进一步有效结合，切实帮助新一届考生提高实战能力。

回想起我当年准备研究生考试时，没有相关系统的专业课复习材料，我不得不自己从浩如烟海的讲义和参考书中归纳相关知识，真是事倍功半。相信这一丛书出版后，能够为计算机专业同学的考研之路提供极大帮助。同时，该丛书对于从事计算机领域研究或开发工作的人员亦有一定的参考价值。

北京大学 郝一龙教授

前言

“计算机考研精深解读系列丛书”是由研芝士计算机考研命题研究中心根据最新《全国硕士研究生招生考试计算机科学与技术学科联考计算机学科专业基础综合考试大纲》（以下简称《考试大纲》）编写的考研辅导丛书，包括《数据结构精深解读》《计算机操作系统精深解读》《计算机网络精深解读》和《计算机组成原理精深解读》。《考试大纲》确定的学科专业基础综合内容比较多，因此，计算机专业的考生复习时间要比其他专业考生紧张许多。使考生在短时间内系统高效地掌握《考试大纲》所规定的知识点，最终在考试中取得理想的成绩是编写本丛书的根本目的。为了达到这个目的，我们组织了一批长期在高校从事计算机专业教学的一线教师作为骨干力量进行丛书的编写，他们本、硕、博均为计算机专业，对于课程的特点和命题规律都有深入的研究。另外，在本丛书的编写再版过程中，收录吸取了历年来使用该套丛书顺利上岸的10000+名研究生的勘误优化建议和意见。

计算机学科专业基础综合是计算机考研的必考科目之一。一般而言，综合性院校多选择全国统考，专业性院校自命题的较多。全国统考和院校自命题考试的侧重点有所不同，主要体现在考试大纲和历年真题上。在考研实践中，我们发现考生常常为找不到相关真题或者费力找到真题后又没有详细的答案和解析而烦恼。因此，从考生的需求出发，我们在对《考试大纲》中的知识点进行精深解读的基础上，在习题部分不仅整理了历年全国联考408真题，而且搜集了80多所名校的许多真题，此外，还针对性地补充编写了部分习题和模拟预测题，并对书中所有习题进行深入剖析，希望帮助考生提高复习质量和效率并最终取得理想成绩。“宝剑锋从磨砺出，梅花香自苦寒来。”想要深入掌握计算机专业基础综合科目的知识点和考点，没有捷径可走，只有通过大量练习高质量的习题才能实现，这才是得高分的关键。对此，考生不应抱有任何侥幸心理。

由于时间和精力有限，我们的工作肯定也有一些疏漏和不足，在此，希望读者通过扫描封底下方二维码进行反馈，多提宝贵意见，以便我们不断完善，更好地为大家服务。

考研并不简单，实现自己的梦想也不容易，只有那些乐观自信、专注高效、坚韧不拔的考生才最有可能进入理想的院校。人生能有几回搏，此时不搏何时搏？衷心祝愿各位考生梦想成真！

编　者

上岸者说

1

我本科就读于山东省内的一所二本院校，可想而知其日常的学习氛围、各方面的设施、环境等方面都有所欠缺。当时我们本科班考研的人数超过80%，但选408的人数很少，包括我一共三个人。在许多同学眼里一个普通二本的学生选择考408有点高攀，说白了就是不自量力。一个人的命运是掌握在自己手中的，而不在于别人的口中。尽管有许多冷嘲热讽，我还是坚持了下来。

学习是讲究方式方法的，不能蛮干，再困难的事情只要方式方法正确加上刻苦的努力坚持也一定会成功的。408四门课内容非常多，大几百个知识点，难度很大，想考高分甚至比数学都难（130+）。选择一套合适的教材非常重要。多数大学科班使用的教材很经典，教学中认可度高，但使用这些教材复习计算机408多多少少有一定的瑕疵。要么是伪代码书写算法问题，这对于跨考和基础薄弱的考生第一轮复习非常不利；要么是408考试大纲中要求的不少考点书上没有；要么是内容过于大而全408不考。研芝士编写的这套《精深解读》既覆盖了408考试大纲的要求，又克服了上述的问题，同时还适于各大高校的自命题，是一套值得推荐的好教材。每一本书除了包含相应的知识点，还有历年考点的考频、知识点对应的习题及其答案解析，介绍的非常详细，适合408和自命题的考生使用。

我个人是把整个408复习分为四个阶段：基础、强化、真题和冲刺。基础阶段从1月份到6月底，主要任务是看《精深解读》四本书和研芝士题库刷题小程序，也就是所谓的过课本。看教材的同进行刷题巩固，加深对知识点的掌握。研芝士刷题小程序有上万道习题供学员刷，还有针对每一道题的视频讲解，方便随时听，这点真的赞！强化阶段从7月份到9月中旬，主要任务是主攻大题。我用的是《摘星题库——练透考点800题》，课余时间再刷研芝士刷题小程序刷题巩固知识点。9月中旬到11月为真题阶段，每2–3天刷一套真题，第一天下午的14:00–17:00严格按照考试标准完整做完一套试卷，第二天或第三天下午订正复盘，一直刷下去。一刷完所有真题后然后进行二刷三刷，二刷三刷的时候一天一套或两套，当天做当天复盘。11月到考前为冲刺阶段，这个时候研芝士模考押题四套卷（含直播课程的）就必须要登场了，我用四套卷来模考，和一刷真题的做法一样。最后不得不说四套卷预测的准，在考场上写大题的时候我惊呆了，41题的算法题和模拟卷一的41题算法题几乎一样，选择题80%的考点四套卷都涉及到了。最后408我考了100分整，这个分数不算高分，但在其他科目正常发挥的情况下，最终顺利上岸了我心仪的211目标院校。

我另外两个选考408的同学则只考了七八十分，同时，因为408走得弯路比较多占用太多时间导致其他科目也不理想，不得不调剂或二战了。还是那句话，408是难，但只要有正确的方法和刻苦的努力还是可以获得高分的。

最后，必须要说，感谢研芝士，在上岸过程中给了我至关重要的帮助。也借此机会向各位学弟学妹郑重推荐：无论你考408还是自命题，选《精深解读》+《摘星题库》+模考四套卷都不会错。研芝士题库小程序则必须要刷。衷心祝愿大家好运相伴顺利上岸！

刘学良

上岸者说 2

作为一名“双非”高校的计算机专业考生，我深知自己的基础并不好，所以我的考研备考时间从大三下学期一开学就开始了。这为期一年的“考研”磨炼，给我的学习以及生活带来很多启迪，我借助本书和大家从学习方法以及心路历程方面做一个分享。

整个专业课的复习分三轮。第一轮我将课本和精深解读系列仔仔细细地通读了一遍，这一轮一定每个角落都不能遗漏，因为第一遍读书的时候还很“懵懂”，自己很难一下子就抓到考点和重点，那最好的办法就是地毯式搜索，绝不放过每一个角落。虽然这会花费很多的时间，但是不要怕，一定要稳住！第一轮如果基础不打牢，第二遍、第三遍也很难有明显的进步。第一遍最重要的就是自己理清楚计算机专业课知识点有哪些。第二轮就需要梳理清楚知识点之间的逻辑，并标出自己薄弱的点，这个薄弱点一定要找得很细。举个例子：我发现我在看《数据结构》线性表链表的操作时，不清楚指针怎么使用。不可以这样标：《数据结构》第二章我不会。如果给自己的范围过大，那第三轮进行查漏补缺时就会发现视野范围内都是知识盲点，无从下手。等到第三轮就开始针对性复习了，要将第二轮发现的硬骨头给啃下来。经过三轮复习后，在最后的时间内，严格按照14:00~17:00的考试时间进行真题以及模拟题的练习，这个过程前期可能会发现自己仍然存在很多问题，一定稳住心态，按照刚才说的办法，继续找自己的薄弱点，一一攻克。

另外，掌握答题技巧也是取得高分的关键。在答题时，一定要有很强的时间观念。考试时间只有三个小时，而计算机专业考研题的题量一般都很大。把分握在手里才是稳稳的幸福，所以，做题一定要先把自己铁定能拿到分的题目全部做完，做完这些题目之后，开始做那些觉得自己不是很擅长的题目，切记，一定不可以只写个“解”！其实计算机考研试题很多都是没有标准答案的，只要你使用了正确的知识点进行答题，都能拿到相应的分数。而想要做到这一点，就需要在练习的过程中经常总结，坚持一段时间之后，你就会发现，其实很多题目都是一个套路走出来的。掌握这一点，拿下计算机考研专业课不在话下。

漫漫考研征途，我身边不乏聪明的、有天赋的、有基础的同学，但真正蟾宫折桂的是那些风雨无阻来教室学习的。其实大家的专业课基础都差不多，因此，在这个时间段内，谁付出的多，谁就得到的多，而且效果明显、性价比高。只要你坚持不懈，你的每一点点的努力都能真实地反映到试卷上。最后，我想和备考的大家说，计算机考研不是靠所谓的天赋，而是100%的汗水。考研路上哪有什么捷径，哪有什么运气爆棚，全部都是天道酬勤。希望你许多年之后回想起这一年，可以风轻云淡地说：“人这一辈子总要为自己的理想、为自己认定的事，不留余地地拼一把，而我做到了。”

徐泽汐

2024年全国硕士研究生招生考试计算机科学与技术学科联考计算机学科专业基础综合（408）操作系统考试大纲

Ⅰ 考试性质

计算机学科专业基础综合考试是为高等院校和科研院所招收计算机科学与技术学科的硕士研究生而设置的具有选拔性质的联考科目。其目的是科学、公平、有效地测试考生掌握计算机科学与技术学科大学本科阶段专业知识、基本理论、基本方法的水平和分析问题、解决问题的能力，评价的标准是高等院校计算机科学与技术学科优秀本科毕业生所能达到的及格或及格以上水平，以利于各高等院校和科研院所择优选拔，确保硕士研究生的招生质量。

Ⅱ 考查目标

计算机学科专业基础综合考试涵盖数据结构、计算机组成原理、操作系统和计算机网络等学科专业基础课程。要求考生系统地掌握上述专业基础课程的基本概念、基本原理和基本方法，能够综合运用所学的基本原理和基本方法分析、判断和解决有关理论问题和实际问题。

Ⅲ 考试形式和试卷结构

一、试卷满分及考试时间

本试卷满分为150分，考试时间为180分钟。

二、答题方式

答题方式为闭卷、笔试。

三、试卷内容结构

数据结构	45分
计算机组成原理	45分
操作系统	35分
计算机网络	25分

四、试卷题型结构

单项选择题	80分（40小题，每小题2分）
综合应用题	70分

① 当年《考试大纲》一般在考前3~5个月发布，这是最近年度的《考试大纲》。通常《考试大纲》每年变动很小或没有变化，如计算机网络部分近5年都没有变化。408即全国硕士招生计算机学科专业基础综合的初试科目代码。

Ⅳ 考查内容

操作系统[①]

【考查目标】

1. 掌握操作系统的基本概念、方法和原理，了解操作系统的结构、功能和服务，理解操作系统所采用的策略、算法和机制。

2. 能够从计算机系统的角度理解并描述应用程序、操作系统内核和计算机硬件协作完成任务的过程。

3. 能够运用操作系统的原理，分析并解决计算机系统中与操作系统相关的问题。

一、操作系统概述

（一）操作系统的基本概念

（二）操作系统的发展

（三）程序运行环境

1. CPU 运行模式

内核模式，用户模式。

2. 中断和异常的处理

3. 系统调用

4. 程序的链接与装入

5. 程序运行时内存映像与地址空间

（四）操作系统结构

分层，模块化，宏内核，微内核，外核。

（五）操作系统引导

（六）虚拟机

二、进程管理

（一）进程与线程

1. 进程与线程概念

2. 进程/线程的状态与转换

3. 线程的实现

内核支持的线程，线程库支持的线程。

4. 进程与线程的组织与控制

5. 进程间通信

共享内存，消息传递，管道。

（二）CPU 调度与上下文切换

1. 调度的基本概念

2. 调度的目标

3. 调度的实现

调度器/调度程序（scheduler），调度的时机与调度方式（抢占式/非抢占式），闲逛进程，内核级线程与用户级线程调度。

① 操作系统真题中，一般单项选择题10小题计20分（23~32小题）；综合应用题2题15分，合计35分。特殊情况下分值略有变动，如中断这部分内容，部分题可以用计算机组成原理的知识也可以用操作系统知识去解题。

4. 典型调度算法

先来先服务调度算法，短作业（短进程、短线程）优先调度算法，时间片轮转调度算法，优先级调度算法，高响应比优先调度算法，多级反馈队列调度算法。

5. 上下文及其切换机制

（三）同步与互斥

1. 同步与互斥的基本概念

2. 实现临界区互斥的基本方法

软件实现方法，硬件实现方法。

3. 锁

4. 信号量

5. 条件变量

6. 经典同步问题

生产者—消费者问题；读者—写者问题；哲学家进餐问题。

（四）死锁

1. 死锁的概念

2. 死锁预防

3. 死锁避免

4. 死锁检测和解除

三、内存管理

（一）内存管理基础

1.内存管理的基本概念

逻辑地址与物理地址空间，地址变换，内存共享，内存保护，内存分配与回收。

2. 连续分配管理方式

3. 分页管理方式

4. 分段管理方式

5. 段页式管理方式

（二）虚拟内存管理

1. 虚拟内存基本概念

2. 请求分页管理方式

3. 页框分配

4. 页面置换算法

最佳置换算法（OPT），先进先出置换算法（FIFO），最近最少使用置换算法（LRU），时钟置换算法（CLOCK）。

5. 内存映射文件（memory-mapped flies）

6. 虚拟存储器性能的影响因素及改进方法

四、文件管理

（一）文件系统基础

1. 文件概念

2. 文件元数据和索引节点

3. 文件的操作

建立，删除，打开，关闭，读，写。

4. 文件的保护

5. 文件的逻辑结构

6. 文件的物理结构

（二）目录

1. 目录的基本概念

2. 树形目录

3. 目录的操作

4. 硬链接与软链接

（三）文件系统

1. 文件系统的全局结构（layout）

文件系统在外存中的结构，文件系统在内存中的结构。

2. 外存空闲空间管理方法

3. 虚拟文件系统

4. 文件系统挂载（mounting）

五、输入输出（I/O）管理

（一）I/O 管理基础

1. 设备

设备的基本概念，设备的分类，I/O接口，I/O端口。

2. I/O 控制方式

轮询方式，中断方式，DMA 方式。

3. I/O 软件层次结构

中断处理程序，驱动程序，设备独立软件，用户层I/O软件。

4. 输入输出应用程序接口

字符设备接口，块设备接口，网络设备接口，阻塞/非阻塞I/O。

（二）设备独立软件

1. 缓冲区管理

2. 设备分配与回收

3. 假脱机技术（SPOOLing）

4. 设备驱动程序接口

（三）外存管理

1. 磁盘

磁盘结构，格式化，分区，磁盘调度方法。

2. 固态硬盘

读写性能特性，磨损均衡。

Ⅴ 操作系统近两年大纲对比统计表（见表1）

表1 《全国硕士研究生招生考试计算机科学与技术学科联考计算机学科专业基础综合考试大纲》近两年对比统计（操作系统）

序号	2023年大纲	2024年大纲	变化情况
1	/	/	无变化

Ⅵ 计算机操作系统近10年全国联考真题考点统计表（见表2）

表2 计算机操作系统近10年全国联考真题考点统计

联考考点		年份									
章节	考点	2015	2016	2017	2018	2019	2020	2021	2022	2023	2024
1.2	操作系统的基本概念		✓✓								
1.3	操作系统的发展与分类		✓	✓	✓			✓			✓
1.4	操作系统的运行环境	✓✓	✓	✓	✓	✓			✓		
1.5	操作系统体系结构								✓	✓	✓
2.2	进程与线程	✓			✓	✓✓	✓	✓		✓	✓
2.3	处理机调度	✓	✓	✓✓	✓	✓		✓		✓	✓
2.4	进程同步	✓	✓✓	✓✓	✓✓✓	✓		✓	✓	✓	✓
2.5	死锁	✓	✓		✓	✓		✓	✓		
3.2	内存管理基础	✓	✓	✓		✓✓	✓		✓		
3.3	虚拟内存管理	✓✓	✓✓	✓	✓	✓✓	✓	✓	✓	✓	✓
4.2	文件系统基础	✓	✓		✓		✓			✓	✓
4.3	文件系统实现			✓	✓	✓		✓			
4.4	磁盘组织与管理	✓✓		✓✓	✓	✓		✓	✓		
5.2	I/O管理概述			✓			✓		✓	✓	
5.3	I/O核心子系统	✓		✓							✓

★注：无阴影标记的√标记的为单项选择题；有阴影的√标记的考点涉及综合应用题（可能只占题目的部分分值）。

Ⅶ 计算机操作系统近10年全国联考真题各章分值分布统计（见表3）

表3 计算机操作系统近10年全国联考真题各章分值分布统计

年份	分值分布（分）					
	第一章 操作系统概述	第二章 进程管理	第三章 内存管理	第四章 文件管理	第五章 输入输出（I/O）管理	合计
2015	4	15	10	6	0	35
2016	4	14	6	9	2	35
2017	4	6	8	13	4	35
2018	4	12	8	11	0	35
2019	2	16	8	9	0	35
2020	0	15	12	4	4	35
2021	2	16	4	13	0	35
2022	2	16	6	7	4	35
2023	2	16	7	6	4	35
2024	4	15	8	4	4	35

目录

第1章

操作系统概述

第1章　操作系统概述

1.1 考点解读

本章的考点如图1.1所示，内容包括操作系统的基本概念、操作系统的发展与分类、操作系统运行环境、操作系统的体系结构四大部分。从历年联考真题命题规律及考试大纲的要求来看，本章内容通常以选择题的形式进行考查，考查的重点内容是对操作系统的功能、运行环境和提供的服务、各类操作系统的特点等概念理解。其中用户态与核心态、中断与异常、系统调用等基本概念属于常考知识点，考生需熟练掌握。了解操作系统的发展与分类和体系结构。虽然本章内容在真题中的分数占比不高（见表1.1），但本章的内容有助于考生从整体上对操作系统有一个初步的认识，并为学习后续各章知识奠定基础，并能使考生从宏观上把握知识体系和构建知识框架。

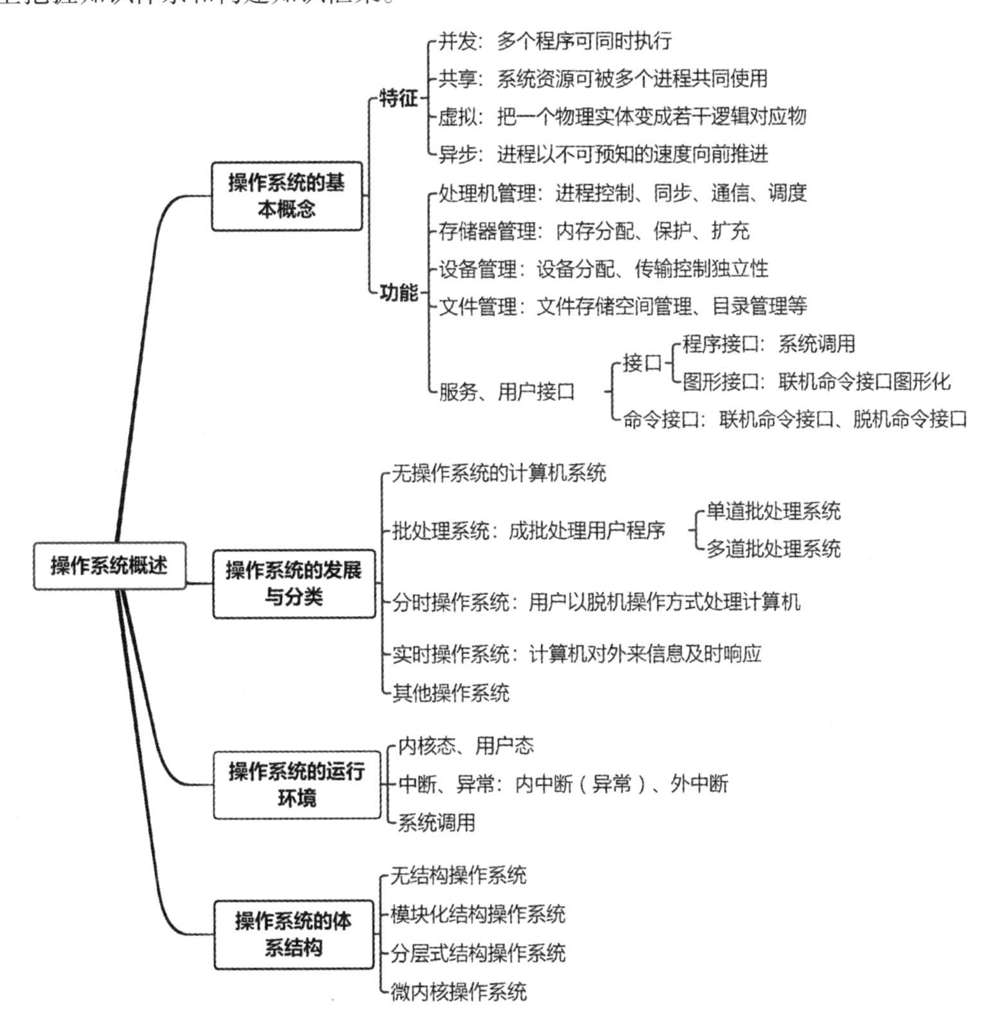

图1.1　操作系统概述考点导图

表1.1 近10年本章联考考点统计表

年份	题型		分值			联考考点
	单项选择题（题）	综合应用题（题）	单项选择题（分）	综合应用题（分）	合计（分）	
2013	1	0	2	0	2	内核态与用户态
2014	1	0	2	0	2	内核态与用户态
2015	2	0	4	0	4	中断、内核态与用户态
2016	2	0	4	0	4	批量处理系统
2017	2	0	4	0	4	中断、批量处理系统、系统调用
2018	2	0	4	0	4	中断、多任务操作系统
2019	1	0	2	0	2	系统调用
2020	0	0	0	0	0	无
2021	1	0	2	0	2	内核态指令
2022	1	0	2	0	2	特权指令

1.2 操作系统的基本概念

一个完整的计算机系统是由硬件系统和软件系统两大部分组成。其按照系统的层次结构图1.2所示，从下向上包括硬件、操作系统、应用程序、用户四大部分，其中操作系统负责管理和控制计算机硬件与软件资源，并为应用程序提供服务，是用户与硬件系统之间的接口。

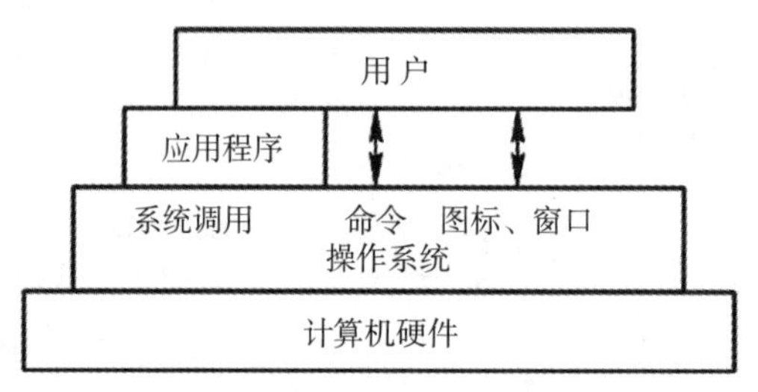

图1.2 计算机系统层次结构

操作系统（Operating System，OS）是一组控制和管理计算机硬件和软件资源，合理地对各类作业进行调度，方便用户使用计算机的程序集合。

1.2.1 操作系统的目标及作用

（1）操作系统的目标

一般地说，在计算机硬件上配置的OS，主要实现以下几点目标：

① 有效性。目的是提高系统资源利用率和系统的吞吐量。在没有配置OS的计算机系统中，诸如CPU、I/O设备等资源会经常处于空闲状态不能得到充分的利用。配置OS之后，系统并发执行，各种设备及相关资源如CPU一直保持忙碌状态，各类存储器得到有序的管理，使内存空间得到合理的组织，并得到合理的利用。这样在一定程度上提高了资源的利用率和系统的吞吐量。

② 方便性。方便性和有效性是设计操作系统时最重要的两个目标。其目的是方便用户使用计算机。计算机硬件配置了OS后，底层硬件对用户来说是透明的。用户通过OS所提供的各种命令或窗口来操作计算机系统。

③ 可扩充性。OS必须具有很好的可扩充性，才能适应计算机硬件、体系结构以及应用发展的更新要求。

④ 开放性。为保证不同厂家的计算机设备可以通过网络通信实现集成化，并能正确、有效地协同工作，不同应用之间实现移植性和互操作性，这就要求操作系统必须提供统一的开放环境，即OS具有开放性。

（2）操作系统的作用

操作系统是计算机系统的核心，它的主要功能是负责管理整个计算机系统的软硬件资源，制订各种资源的分配策略，调度系统中运行的用户程序，协调用户对资源的需求，从而使整个计算机系统能高效、有序地工作。

① OS是用户与计算机硬件系统之间的接口。从用户的角度看，操作系统是裸机上的第一层软件，与硬件密切相关，是硬件系统的首次扩充，是用户与计算机硬件系统之间的接口，如图1.2所示，用户要使用计算机系统，常见的访问方式有系统调用、命令接口、图形与窗口接口。

- 系统调用方式（程序接口）。用户程序要访问系统资源，必须通过由操作系统提供的系统调用函数才可以访问系统资源。获取系统为用户提供的服务。
- 命令方式（命令接口）。用户通过操作系统提供的命令接口输入有关系统命令来获取服务，支持和控制用户程序的运行。
- 图形、窗口方式。用户通过窗口或图标来实现对操作系统资源的访问，并取得相应的服务。

② OS是计算机系统资源的管理者。从系统资源管理的角度看，OS是计算机系统资源的管理者。引入操作系统的主要目的就是提高系统资源的利用率和吞吐量。OS通过对计算机系统的软硬件资源的有序管理，使各类资源包括处理器、存储器、I/O设备以及信息（数据和程序）等得到充分有效的利用。

③ OS实现了对计算机资源的抽象。对于无操作系统的计算机化，用户直接通过机器指令访问物理接口来控制计算机操作，这就要求用户必须对计算机的机器指令和物理接口的实现细节非常熟悉。引入OS后，如图1.3所示，用户只需通过虚拟接口来实现计算机资源的访问，接口内部的细节完全由操作系统实现，系统的软硬件资源对于用户是透明的。

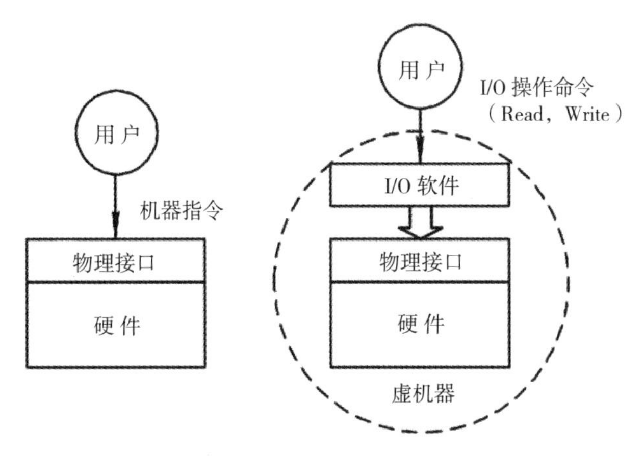

图1.3 I/O 软件隐藏了 I/O 操作实现的细节

1.2.2 操作系统的基本特征

操作系统是一种系统软件。与其他系统软件相比，操作系统具有独特的特征：并发、共享、虚拟和异步。

（1）并发（Concurrence）

操作系统的并发性是指计算机系统中同时存在多个运行的程序，具有处理和调度多个程序同时执行的能力。并发性和并行性是两个既相似又有区别的概念。并发是指两个或多个事件在同一时间间隔内发生；并行性是指两个或多个事件在同一时刻发生。

注意：同一时间间隔内（并发）和同一时刻（并行）的区别。

并发性是在多道程序的环境下，一段时间内，宏观上有多道程序在同时执行，而在每个时刻，单处理机系统的环境下每时刻仅有一道程序执行，而微观上这些程序是分时交替执行的。操作系统的并发性是通过分时得以实现的；并行性是指操作系统具有同时进行运算或操作的特性，在同一时刻进行两种或两种以上的工作。并行性需要有相关硬件的支持，如多流水线或多处理机硬件环境。例如，假如对于哲学家来说，用餐和思考是他们的唯一需要做的两件事，如果他们早上9∶00—9∶30仅用餐，在9∶30—11∶00仅思考，在11∶00—11∶30再仅用餐，那么在9∶00—11∶30这段时间内就是并发执行的；如果哲学家在这段时间内，边用餐边思考，在这段时间内就是并行执行的。

（2）共享（Sharing）

资源共享即共享，是指系统中的软硬件资源可供多个用户共同使用，不再为某个程序所独有。并发和共享是操作系统的两个最基本特征，二者之间互为存在条件。一方面，资源共享是以程序的并发为条件的，若系统不允许程序并发执行，则自然不存在资源共享问题；另一方面，若系统不能对资源共享实施有效的管理，则必将影响到程序的并发执行，甚至根本无法并发执行。

根据资源的性质不同，可将资源共享分为互斥共享和同时访问两种访问方式。

① 互斥共享方式。系统中可供共享的某些资源，如打印机、磁带机、某些变量、队列等一段时间内只允许一个进程使用，只有当前作业结束并释放后，才能允许其他作业使用，将该资源共享的方式称为互斥式共享。并把在一段时间内只允许一个进程访问的资源称为临界资源或独占资源。计算机系统中的大多数物理设备及某些软件中所用的栈、变量和表格，都属于临界资源，都需互斥的共享。例如：当作业A访问某个资源时，必须先提出请求，若此时该资源空闲，则系统便将该资源分配给作业A使用，此后有其他进程再申请访问该资源时，如若A尚未结束，则其他进程必须等待。仅当作业A访问完成并释放该资源后，才允许另一个进程对该资源进行访问。

② 同时访问方式。系统中另一类资源，如磁盘、可重入代码等，可以供多个作业在一段时间内“同时”访问。这里所说的“同时”通常指宏观上，而在微观上，这些作业是交替地对该资源进行访问即“分时共享”，但作业访问资源的顺序不会影响访问结果。

（3）虚拟（Virtual）

虚拟是指通过某种技术将一个物理实体变为若干个逻辑上对应的功能。物理实体是实际存在的，而逻辑上对应物是用户感受到的。虚拟技术包括空分复用技术（如虚拟存储器技术）和时分复用技术（如虚拟处理机技术、虚拟设备技术）。在操作系统中引入多道程序，通过分时复用技术，在一段时间间隔内宏观上单台处理器能同时运行多道程序。它给人的感觉是每道程序都有一个CPU为其提供服务。即多道程序设计技术可以把一台物理上的CPU虚拟为多台逻辑上的CPU。此外还有虚拟存储器（从逻辑上扩充存储器的容量)、虚拟设备(独占设备变为共享设备)等技术。

(4)异步性

多道程序环境允许多个程序并发执行,但由于资源等因素有限,进程以不可预知的速度向前推进,即进程的异步性。但只要在OS中配置有完善的进程同步机制,且运行环境相同,作业即便经过多次运行,也都会得到完全相同的结果。

1.2.3 操作系统的主要功能和服务

综上所述,操作系统既是管理员又是服务生。管理员的功能是负责系统中软硬件资源的管理,合理地组织计算机的工作流程;服务生的功能是为用户提供一个良好的工作环境和友好的使用界面(即为用户提供访问系统的接口,用户通过接口来获取系统服务)。操作系统管理功能和服务功能包括以下几个方面。

(1)处理器管理

处理器管理是操作系统的核心功能,主要包括进程管理和处理机调度。在多道程序环境下,进程是操作系统进行资源分配和调度的一个独立单位,因而对处理机的管理可归结为进程管理。由于在操作系统中可以同时存在多个进程工作,因此进程何时创建、何时撤销、如何管理、如何避免冲突、合理共享即进程管理最主要、最核心的任务。进程管理的主要功能包括进程控制、进程同步、进程通信、死锁处理、处理机调度等。

(2)存储器管理

存储器管理是为了给多道程序的运行提供良好的环境,方便用户使用,提高内存利用率。存储器管理的功能包括内存分配、地址映射、内存保护与共享和内存扩充等。

(3)设备管理

设备管理的主要任务是响应用户的I/O请求,方便用户使用各种设备,提高设备利用率。其主要功能包括缓冲管理、设备分配、设备处理和虚拟设备等。

(4)文件管理

计算机中的信息都是以文件的形式存在的,操作系统中负责文件管理的部分称为文件系统。其主要功能如下:

① 目录管理。目录是为方便文件管理而设置的数据结构。

② 文件操作管理。实现文件的操作,负责完成数据的读写。

③ 文件保护。提供文件保护功能,防止文件遭到破坏。

(5)用户接口

为方便用户对计算机系统进行使用和编程,操作系统向用户提供了用户接口,用户可以通过用户接口向操作系统请求特定的服务。操作系统提供的用户接口包括:命令接口、程序接口、图形界面接口。

① 命令接口:系统提供一组命令供用户直接或间接操作。根据作业的方式不同,命令接口又分为联机命令接口和脱机命令接口。

联机命令接口又称交互式命令接口,适用于分时或实时操作系统,是由一组联机命令、终端处理程序和命令解释程序组成。用户在字符显示方式的命令行界面通过键盘输入系统命令,如DOS的dir命令、Linux的ls命令等,操作系统的命令解释程序接收、解释、运行该命令。

脱机命令接口又称批处理命令接口,即适用于批处理系统,该接口由一组作业控制语言JCL组成。用户使用作业控制语言把自身对作业的控制、干预信息写到作业说明书上，由系统按照作业说明书的命令自行运行用户的作业，无需用户的干预。

② 程序接口。也称为系统调用，是程序级别的接口，系统提供一组系统调用命令供用户程序使用。用户程序可以直接通过程序接口请求获取相应的服务。

③ 图形接口。也称图形界面接口。用户以操纵鼠标为主、键盘为辅，通过对屏幕上的窗口、菜单、图标和按钮等标准界面元素进行操作来向操作系统请求服务。

1.2.4 真题与习题精编

● 单项选择题

1. 操作系统是扩充(　　)功能的第一层系统软件。

A. 软件　　B. 裸机　　C. 机器语言　　D. 中断

2. 在下列选项中，(　　)不属于操作系统提供给用户的可使用资源。

A. 中断机制　　B. 处理机　　C. 存储器　　D. I/O设备

3. 下面不是操作系统的功能的是(　　)。　　【中科院2015年】

A. CPU管理　　B. 存储管理　　C. 网络管理　　D. 数据管理

4. 操作系统的基本功能是(　　)。

A. 提供功能强大的网络管理工具　　B. 提供用户界面方便用户使用

C. 提供方便的可视化编辑程序　　D. 控制和管理系统内的各种资源

5. 并发性是指若干事件在(　　)发生。　　【南京航空航天大学2017年】

A. 同一时刻　　B. 同一时间间隔内

C. 不同时刻　　D. 不同时间间隔内

6. 单处理机系统中，可并行的是(　　)。　　【全国联考2009年】

Ⅰ. 进程与进程　　Ⅱ. 处理机与设备　　Ⅲ. 处理机与通道　　Ⅳ. 设备与设备

A. Ⅰ、Ⅱ、Ⅲ　　B. Ⅰ、Ⅱ、Ⅳ　　C. Ⅰ、Ⅲ、Ⅳ　　D. Ⅱ、Ⅲ、Ⅳ

7. 从用户的观点看，操作系统是(　　)。　　【广东工业大学2017年】

A. 用户与计算机之间的接口　　B. 控制和管理计算机系统的资源的软件

C. 合理组织计算机工作流程的软件　　D. 一个大型的工具软件

8. 在操作系统中，用户界面指的是(　　)。　　【广东工业大学2017年】

A. 硬件接口、软件接口和操作环境　　B. 命令接口、程序接口和操作环境

C. 硬件接口、命令接口和操作环境　　D. 硬件接口、命令接口和程序接口

9. 下列选项中，操作系统提供给应用程序的接口是(　　)。　　【全国联考2010年】

A. 系统调用　　B. 中断　　C. 库函数　　D. 原语

10. 现代操作系统中，最基本的两个特征是(　　)。　　【电子科技大学2014年】

A. 共享和不确定　　B. 并发和虚拟　　C. 并发和共享　　D. 虚拟和不确定

11. 为了方便用户直接或间接地控制自己的作业，操作系统向用户提供了命令接口，该接口又可进一步分为(　　)。

A. 联机用户接口和脱机用户接口　　B. 程序接口和图形接口

C. 联机用户接口和程序接口　　D. 脱机用户接口和图形接口

12. 用户可以通过(　　)两种方式来使用计算机。

A. 命令接口和函数　　B. 命令接口和系统调用

C. 命令接口和文件管理　　D. 设备管理方式和系统调用

13. 以下关于操作系统的叙述中,错误的是(　　)。

A. 操作系统是管理资源的程序

B. 操作系统是管理用户程序执行的程序

C. 操作系统是能使系统资源提高效率的程序

D. 操作系统是用来编程的程序

14. 用户程序请求操作系统服务是通过(　　)实现的。　【广东工业大学2017年】

A. 子程序调用指令　B. 访管指令　C. 条件转移指令　D. 以上三种都可以

15. 操作系统与用户通信接口通常不包括(　　)。

A. shell　B. 命令解释器　C. 广义指令　D. 缓存管理指令

1.2.5 答案精解

● 单项选择题

1.【答案】B

【精解】本题考查的知识点是操作系统的基本概念。操作系统是裸机的第一层扩充软件。故选B。

2.【答案】A

【精解】本题考查的知识点是操作系统的主要功能。操作系统作为计算机系统资源的管理者,管理着各种各样的硬件和软件资源。其中包括:处理器、存储器、文件、I/O设备以及信息(数据和程序)。中断机制包含硬件中断装置和操作系统的中断处理服务程序,中断机制并不能说是一种资源。故选A。

3.【答案】C

【精解】本题考查的知识点是操作系统的主要功能。操作系统作为计算机系统资源的管理者,管理着各种各样的硬件和软件资源。因此操作系统的功能包括:处理器、存储器、文件、I/O设备以及信息(数据和程序)等资源的管理。数据管理属于文件管理的范畴;网络管理不是操作系统的功能。故选C。

4.【答案】D

【精解】本题考查的知识点是操作系统的概念。操作系统是指控制和管理整个计算机系统的硬件和软件资源,合理地组织、调度计算机的工作和资源的分配,以便为用户和其他软件提供方便的接口与环境的程序集合。A、B、C都可理解成应用程序为用户提供的服务,是应用程序的功能,而不是操作系统的功能。故选D。

5.【答案】B。

【精解】本题考查的知识点是操作系统的特征。操作系统的特征包括并发、共享、虚拟、异步,其中并发与共享是操作系统的基本特征。本题主要考查并发与并行的概念区别。并发是指两个或多个事件在同一时间间隔内发生;并行性是指两个或多个事件在同一时刻发生。故选B。

6.【答案】D。

【精解】本题考查的知识点是操作系统概述——操作系统的概念、特征、功能和提供的服务。并行性是指两个或多个事件在同一时刻发生,而并发性是指两个或多个事件在同一时间间隔内发生。故在单处理系统中,进程与进程之间只能是并发关系。故选D。

7.【答案】A

【精解】本题考查的知识点是用户接口。从用户使用的角度看，操作系统是一台虚拟机，是对计算机硬件的首次扩充，并隐藏了硬件的操作细节，向用户提供接口，方便用户使用计算机。故选A。

8.【答案】B

【精解】本题考查的知识点是操作系统的功能及服务、运行环境。在操作系统中，用户界面包括命令接口、程序接口和操作环境。故选B。

9.【答案】A

【精解】本题考查的知识点是操作系统的主要功能及服务。用户接口主要有命令接口和程序接口（也称系统调用）。库函数是高级语言中提供与系统调用对应的函数（也有些库函数与系统调用无关），目的是隐藏“访管”指令的细节，使系统调用更为方便、抽象。但是，库函数属于用户程序而非系统调用，是系统调用的上层。故选A。

10.【答案】C

【精解】本题考查的知识点是操作系统的特征。操作系统的特征包括并发、共享、虚拟、异步，其中操作系统最基本的两个特征是并发和共享。故选C。

11.【答案】A

【精解】本题考查的知识点是操作系统的主要功能及服务。程序接口、图形接口与命令接口三者并没有从属关系。按命令控制方式的不同，命令接口分为联机用户接口和脱机用户接口。故选A。

12.【答案】B

【精解】本题考查的知识点是操作系统的主要功能及服务。操作系统向用户提供服务主要通过用户接口来实现。操作系统主要向用户提供命令接口和程序接口（系统调用），此外还提供图形接口；当然，图形接口其实是通过系统调用而实现的功能。故选B。

13.【答案】D

【精解】本题考查的知识点是操作系统的基本概念。操作系统是用来管理资源的程序，用户程序也是在操作系统的管理下完成的。配置了操作系统的机器与裸机相比，资源利用率大大提高。操作系统不能直接用来编程，故选D。

14.【答案】B

【精解】本题考查的知识点是操作系统的概念、特征、功能和提供的服务。用户程序请求操作系统服务是通过访管指令实现的，操作系统通过分析访管指令中的参数，调用相应的子程序为用户服务，故选B。

15.【答案】D

【精解】本题考查的知识点是操作系统的功能及服务。操作系统以接口的形式为用户提供服务，包括命令接口、程序接口、图形接口。其中广义指令就是系统调用命令，而命令解释器属于命令接口，shell命令解析器，它也属于命令接口。系统中的缓存全部由操作系统管理，对用户是透明的、操作系统不提供管理系统缓存的系统调用。故选D。

1.3 操作系统的发展与分类

操作系统是因客观需要而产生的，是随着计算机技术本身的发展及其应用的广泛性而逐步发展而来的。其发展过程主要历经无操作系统、批量处理系统、分时操作系统、实时操作系统、网络操作系统和分布式计算机系统等阶段。

1.3.1 无操作系统的计算机系统

在无操作系统阶段，分为人工操作方式和脱机输入输出方式。

（1）人工操作方式

计算机操作是由用户采用人工操作方式直接使用计算机硬件系统，即由程序员将事先已穿孔的纸带装入纸带输入机，在启动的同时将程序和数据输入计算机，然后启动计算机运行。当程序运行完毕并取走计算结果之后，才让下一个用户入机。这种人工操作方式有以下两方面的缺点：

① 用户独占全机。同一时间，只能有一个用户独占计算机及其全部资源。

② CPU等待人工操作。因为计算机操作完全采用人工操作，执行的过程中，下一个操作必须等待上一个操作完成之后，这个时间CPU及内存等资源都是空闲的。

（2）脱机输入输出方式

为了解决人工操作方式中存在的人机矛盾及CPU和I/O设备之间速度不匹配的矛盾，脱机输入/输出（Off-Line I/O）技术在20世纪50年代末出现了。该技术增加了外围机器设备，其过程是事先将装有用户程序和数据的纸带装入输入机，然后由外围机控制完成纸带上的数据输入到磁带上。当CPU需要调用这些程序和数据时，直接从磁带上将其高速地调入内存。这在一定程度上加入了并发的思想。

同样，当CPU需要输出时，CPU可以直接高速地把数据从内存送到磁带上，然后由另一台外围机控制完成磁带上的结果输出到相应的输出设备上，具体过程如图1.4所示。由于程序和数据的输入和输出都是在外围机的控制下完成的，不需要主机干涉，故称为脱机输入/输出方式；相反，直接在主机的控制下进行输入/输出的方式称为联机输入/输出（On-Line I/O）方式。这种脱机I/O方式的主要优点如下：

① 提高了CPU利用率。程序的输入输出由外围机完成，并不占用主机时间，从而有效提高了CPU的利用率，缓和了人机矛盾。

② 提高了I/O速度。数据从原来的低速设备在外围机的控制下装入到高速磁盘上，当CPU在运行中需要数据时，可以直接从高速的磁带或磁盘上将数据调入内存，极大地提高了I/O速度，从而缓和了CPU和I/O设备速度不匹配的矛盾，进一步提高了CPU的利用率。

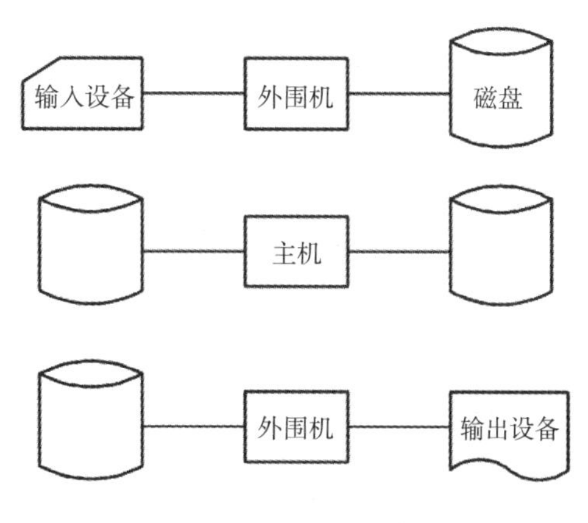

图1.4 脱机 I/O 示意图

1.3.2 批量处理系统

为进一步解决人机矛盾及CPU和I/O设备之间速度不匹配的矛盾，引入了批量处理系统。其发展历程为单道批处理系统、多道批处理系统。

（1）单道批处理系统

该系统是在内存中仅有一道程序运行的情况下完成批量作业的处理，为此，程序员需事先把程序的执行顺序规划好，启动后自动完成，无需人的干涉，提高了CPU的利用率。其主要特征如下：

① 自动性。磁带上的一批作业能自动运行，无需人工干预。

② 顺序性。磁带上的各道作业按顺序地进入内存，先调入内存的作业先完成。

③ 单道性。内存中仅有一道程序运行。

（2）多道批处理系统

在单道批处理系统中，每次主机内存中只存放一道程序，每当该程序在运行期间发出输入/输出请求后，高速的CPU便处于等待低速的I/O完成状态，导致系统的资源利用率较低。为此，为进一步提高资源的利用率和系统的吞吐量，引入了多道程序技术。

多道程序设计技术允许多个程序同时进入内存，且允许多个程序共享系统中的各种硬/软件资源交替使用CPU。当一道程序因I/O请求而暂停运行时，CPU便立即转去运行其他道程序，使系统的各类软硬件资源得到充分的利用，工作效率得到成倍的提高。

多道批量处理系统具有如下特点：

① 多道。计算机内存中同时存放多道相互独立的程序。

② 宏观上并行。同时进入系统的多道程序都处于运行过程中，即它们先后开始了各自的运行，但都未运行完毕。

③ 微观上串行。内存中的多道程序轮流占有CPU，交替执行。

多道批处理系统的主要优缺点如下：

① 资源利用率高。驻留在内存中的多道程序共享系统资源，从而使各种资源得以充分利用。

② 系统吞吐量大。系统吞吐量是指系统在单位时间内所完成的总工作量。批量系统处理交互性差，但是作业成批调入内存，使CPU和其他资源保持“忙碌”状态；并且作业切换不频繁，系统开销小。

③ 平均周转时间长。作业的周转时间是指从作业进入系统开始，直至其完成并退出系统为止所用的时间。在批处理系统中，交互性差，所有作业按顺序排队处理，因此作业从进入系统到完成周转时间长，通常需几个小时，甚至几天。

④ 无交互能力。用户一旦把作业提交给系统后，直至作业完成，用户不再参与作业的运行，这对修改和调试程序是极不方便的。

综上所述，如果要实现多道程序设计技术，需要解决好如何分配处理器的问题、多道程序的内存分配问题、I/O设备如何分配的问题、如何组织和存放大量的程序和数据的问题等。

1.3.3 分时操作系统

批处理操作系统的不足之处有二：一是没有人机交互。二是用户不能控制作业的运行，一旦出错，作业重新提交，平均周转时间过长。为此引入分时技术，产生分时操作系统。

所谓分时技术即把处理器的运行时间分成很短的时间片，按时间片轮流把处理器分配给驻留在内存的作业使用。如若有作业在分配的时间片内不能完成其计算，则该作业暂停运行，把处理器让给另一个作业使用，等待下一轮再继续运行。由于计算机速度很快，给每个用户的感觉好像是自己独占一台计算机。

分时系统是一种联机的多用户交互式的操作系统，即指在一台主机上连接了多个带有显示器和键盘的终端并由此所组成的系统，该系统允许多个用户通过各自的终端，以时间片为单位，交互式轮流地使用计算机，共享主机中的资源。分时操作系统可以分为三类：单道分时操作系统，多道分时操作系统，具有前台和后台的分时操作系统。常见的分时操作系统一般应用于查询系统中，满足许多查询用户的需要。

分时操作系统支持多道程序设计，与多道批处理系统不同的是分时操作系统实现了人—机交互、资源共享，分时操作系统具有以下主要特征：

① 同时性。又称多路性。同时有多个用户使用一台计算机，宏观上看是多个用户同时使用一个CPU，微观上是多个用户在不同时刻轮流使用CPU。

② 交互性。用户能和计算机进行人机对话。即用户根据系统响应结果进一步提出新请求。

③ 独立性。用户感觉不到计算机为其他人服务，就像整个系统为他所独占。即用户和用户之间都是独立操作，当同时操作时并不会发生冲突、破坏、混淆等现象。

④ 及时性。系统对用户提出的请求及时响应，即系统能以最快的速度将结果显示给用户。

1.3.4 实时操作系统

所谓“实时”，强调系统的响应时间快。实时操作系统（Real Time System）是系统能及时响应外部事件的请求，并在规定的时间内完成对该事件的处理，并控制所有实时任务协调一致地运行。根据截至的时间可以把实时操作系统分为：硬实时操作系统和软实时操作系统。若某个动作必须绝对地在规定的时刻或规定的时间范围发生，则称为硬实时操作系统（也称实时控制系统），如飞行器的飞行自动控制系统；若能够接受偶尔违反称为软实时操作系统（也称实时信息处理系统），如飞机订票系统、银行管理系统。及时性和可靠性是实时操作系统的主要特点。

实时操作系统与分时系统有着相似但并不完全相同的特点，下面从五个方面对这两种系统加以比较。

① 多路性。实时信息处理系统与分时系统一样具有多路性。系统按分时原则为多个终端用户服务；而对于实时控制系统，其多路性则主要体现在对多路现场信息进行采集以及对多个对象或多个执行机构进行控制。

② 独立性。实时信息处理系统与分时系统一样具有独立性。每个终端用户在向分时系统提出服务请求时，彼此操作相互独立，互不干扰；而在实时控制系统中信息的采集和对对象的控制，也彼此互不干扰。

③ 及时性。实时信息处理系统对实时性的要求与分时系统类似，都是以人所能接受的等待时间来确定的；而实时控制系统的及时性，则是以控制对象所要求的开始截止时间或完成截止时间来确定的，一般为秒级到毫秒级，甚至有的要低于100微秒。

④ 交互性。实时信息处理系统虽然也具有交互性，但在这里用户与系统的交互仅限于访问系统中某些特定的专用服务程序。它不像分时系统那样能向终端用户提供数据处理和资源共享等服务。

⑤ 可靠性。分时系统虽然也要求系统可靠，但相比之下，实时系统则要求系统具有高度的可靠性。因为任何差错都可能带来巨大的经济损失，甚至是无法预料的灾难性后果，所以在实时系统中，往往都采取了多级容错措施来保障系统的安全性及数据的安全性。

1.3.5 网络操作系统与分布式操作系统

网络操作系统把计算机网络中的各台计算机有机地结合起来，提供一种统一、经济、有效的使用各台计算机的方法，实现各台计算机之间数据相互传送。网络操作系统最主要的特点是网络中各种资源的共享及各台计算机之间的通信。

分布式计算机系统是由多台计算机组成并满足下列条件的系统：

- 系统中任意两台计算机通过通信方式交换信息；
- 系统中的每台计算机都具有同等的地位，即没有主次之分；
- 每台计算机上的资源为所有用户共享；
- 系统中的任意台计算机都可以构成一个子系统，并且还能重构；
- 任何工作都可以分布在几台计算机上，由它们并行工作、协同完成。

用于管理分布式计算机系统的操作系统称为分布式计算机系统。该系统的主要特点：分布性和并行性。分布式操作系统与网络操作系统的本质不同是分布式操作系统中的若干计算机相互协同完成同一任务。

1.3.6 其他操作系统

（1）微处理机操作系统

配置在微型机上的操作系统称为微处理机操作系统，该系统是目前使用最广泛的操作系统，常见的微型处理机系统有Windows、Linux和Macintosh等。

（2）嵌入式操作系统

嵌入式操作系统运行在嵌入式系统环境中，是对整个嵌入式系统以及它所操作和控制的各种部件装置等资源进行统一协调、调度、指挥和控制的软件系统。

嵌入式操作系统支持嵌入式软件的运行，它的应用平台之一是各种电器，该系统面向普通家庭和个人用户。由于家用电器的市场比传统的计算机市场大很多，因此嵌入式软件可能成为21世纪信息产业的支柱之一，嵌入式操作系统也必将成为软件厂商争夺的焦点，成为操作系统发展的另一个热门方向。

（3）集群系统

集群系统（Clustered System）将两个或多个独立的系统耦合起来。共同完成一项任务。集群的定义尚未定性，通常被大家接受的定义是集群计算机共享存储并通过LAN网络紧密连接。集群通常有若干个节点计算机和一个或多个监视计算机，其中监视计算机对节点进行管理控制、发布工作指令等。

集群通常用来提供高可用性，比如集群中某个节点失效，其他节点可以迅速接替其工作，使用户感觉不到服务中断。

1.3.7 真题与习题精编

- 单项选择题

1. 与单道程序系统相比，多道程序系统的优点是（　）。【全国联考2017年】

Ⅰ. CPU利用率高　Ⅱ. 系统开销小　Ⅲ. 系统吞吐量大　Ⅳ. I/O设备利用率高

A. 仅Ⅰ、Ⅲ　B. 仅Ⅰ、Ⅳ　C. 仅Ⅱ、Ⅲ　D. 仅Ⅰ、Ⅲ、Ⅳ

2. 下列关于批处理系统的叙述中，正确的是（　）。【全国联考2016年】

Ⅰ. 批处理系统允许多个用户与计算机直接交互

Ⅱ. 批处理系统分为单道批处理系统和多道批处理系统

Ⅲ. 中断技术使得多道批处理系统的I/O设备可与CPU并行工作

A. 仅Ⅱ、Ⅲ　B. 仅Ⅱ　C. 仅Ⅰ、Ⅱ　D. 仅Ⅰ、Ⅲ

3. 引入多道程序技术的前提条件之一是系统具有（　）。【电子科技大学2014年】

A. 分时功能　B. 中断功能　C. 多CPU技术　D. SPOOLing技术

4. 下列对操作系统的叙述中，正确的是（　）。【南京理工大学2013年】

A. 操作系统的程序都是在核心态下运行

B. 分时系统中常用的原则是使时间片越小越好

C. 批处理系统的主要缺点是缺少交互性

D. DOS是一个单用户多任务的操作系统

5. 在下列系统中，（　）是实时系统。【南京航空航天大学2017年】

A. 计算机激光照排系统　　B. 军用反导弹系统

C. 办公自动化系统　　D. 计算机辅助设计系统

6. 引入多道程序的目的在于（　）。【南京航空航天大学2017年】

A. 充分利用CPU，减少CPU等待时间

B. 提高实时响应速度

C. 有利于代码共享，减少主、辅存信息交换量

D. 解放CPU对外设的管理

7. （　）操作系统允许在一台主机上同时连接多台终端，多个用户可以通过各自的终端同时交互地使用计算机。【汕头大学2015年】

A. 网络　　B. 分布式

C. 分时　　D. 实时

8. 在（　）的控制下，计算机系统能及时处理由过程控制反馈的数据，并做出响应。

【广东工业大学2017年】

A. 批处理操作系统　　B. 实时操作系统

C. 分时操作系统　　D. 多处理机操作系统

9. 引入分时操作系统的主要目的是（　）。【广东工业大学2017年】

A. 提高计算机系统的交互性　　B. 提高计算机系统的实时性

C. 提高计算机系统的可靠性　　D. 提高软件的运行速度

10. 多道批处理的发展是建立在（　）硬件支持上的。【广东工业大学2017年】

A. 集成电路　　B. 高速缓存

C. 通道和中断机构　　D. 大容量硬盘

11. 某单CPU系统中有输入和输出设备各1台，现有3个并发执行的作业，每个作业的输入、计算和输出的时间均分别为2ms、3ms和4ms，且都按输入、计算和输出的顺序执行，则执行完3个作业需要的时间最少是（　）。【全国联考2016年】

A. 15ms　　B. 17ms　　C. 22ms　　D. 27ms

12. 下列关于多道程序系统的叙述中，不正确的是（　）。【全国联考2022年】

A. 支持进程的并发执行

B. 不必支持虚拟存储管理

C. 需要实现对共享资源的管理

D. 进程数越多，CPU利用率越高

1.3.8 答案精解

● 单项选择题

1.【答案】D

【精解】本题考查的知识点是操作系统的发展与分类——单道系统与多道系统概念与区别。与单道程序系统相比，多道程序系统中允许多个作业在内存中停留，共享资源，使系统长时间处于忙碌状态，各种资源可以被充分利用，CPU的利用率也大大提高。多道程序系统中作业执行效率增加，单位时间内完成的总工作量增多，I/O设备利用率也随之增加，系统吞吐量增大。但是，多道程序系统中的作业平均周转时间长，并且要采用不同的调度算法，导致其系统开销比单道程序系统大。故选D。

2.【答案】A

【精解】本题考查的知识点是操作系统的发展与分类——批量处理系统。批处理系统中无法实现用户与计算机的直接交互，只能通过事先编辑的作业控制说明书间接进行干预，Ⅰ错误；批处理系统的发展历程经过单道批处理系统和多道批处理系统，Ⅱ正确；多道批处理系统允许多个程序在CPU中运行，它们共享系统中的软件资源和硬件资源。多道批处理系统的I/O设备可与CPU并行工作，借助中断设备实现，Ⅲ正确。故选A。

3.【答案】B

【精解】本题考查的知识点是操作系统的发展与分类——批量处理系统。多道技术程序的特点是在内存中同时保持多道程序，主机以交替的方式同时处理，从而实现CPU与I/O设备的并行工作，多道程序交替执行需要中断技术的支持。因此，引入多道程序技术的操作系统必须具备中断技术。故选B。

4.【答案】C

【精解】本题考查的知识点是操作系统的发展与分类。本题考查的知识点比较综合，包括核心态和用户态、分时操作系统、批量操作系统等。操作系统的所有用户程序都是在用户态执行的；分时系统中并不是时间片越小越好，在系统中进程增多，但时间片较少的情况下，就需要CPU频繁切换进程，导致系统性能下降；批处理系统中，用户将作业提交之后，直到作业完成，都不能与自己的作业交互；DOS是单任务单用户操作系统。故选C。

5.【答案】B

【精解】本题考查的知识点是操作系统的发展与分类——实时操作系统。实时操作系统是指能及时响应外部事件请求的系统。军用反导系统需要对敌方导弹进行实时监控与拦截。故选B。

6.【答案】A

【精解】本题考查的知识点是操作系统的发展与分类——批量处理系统。在单道批处理系统中，内存中只有一道作业，无法充分利用系统资源，因此引入了多道程序设计的思想。在多道批处理系统中，所有待处理的进程形成一个队列、由作业调度程序根据适当的算法，选择若干个进程调入内存，因此充分利用了CPU和系统资源，也减少了CPU的等待时间。故选A。

7.【答案】C

【精解】本题考查的知识点是操作系统的发展与分类——分时操作系统。分时系统能很好地将一台计算机提供给多个用户同时使用，提高计算机的利用率，体现在机交互、共享主机和便于用户上机等三个方面。故选C。

8.【答案】B

【精解】本题考查的知识点是操作系统的发展与分类——实时操作系统。实时操作系统能及时响应外部发生的事件，对事件做出快速处理，并可在限定的时间内对外部的请求和信号做出响应。故选B。

9.【答案】A

【精解】本题考查的知识点是操作系统的发展与分类——分时系统。分时系统能将一台计算机同时提供给多个用户使用，体现在以下三个方面：人–机交互、共享主机、便于用户上机。综上所述，分时系统相当于在一台主机上连接多个终端，同时允许多个用户通过自己的终端交互使用计算机，共享资源。故选A。

10.【答案】C

【精解】本题考查的知识点是操作系统的发展与分类——批量处理系统。在多道批处理系统中，向系统装入多道程序并允许它们并发执行，大大提高了内存和I/O设备的利用率。当多个作业在进行切换时需要产生中断，故需要硬件的支持包括通道和中断机制。故选C。

11.【答案】B

【精解】本题考查的知识点是操作系统的发展及分类——批处理系统。这类调度题目最好画图。因CPU、输入设备、输出设备都只有一个，因此各操作步骤不能重叠，画出运行时的甘特图后就能清楚地看到不用作业的时序关系，如下表所示：

作业时间	1	2	3	4	5	6	7	8	9	10	11	12	13	14	15	16	17
1	输入		计算			输出											
2			输入			计算				输出							
3					输入				计算					输出			

12.【答案】D

【精解】并发是多道程序系统的一个基本特征，进程的并发需要实现对资源的共享管理，故A、C均是正确的。多道程序系统在普通的内存分配管理方案下就可以正常运行，对虚拟存储管理有相关的虚拟存储分配方案的支持，故B也是正确的。对多道程序系统而言，并不是进程数（多道程序度）越多，CPU利用率越高，在初期提高进程数可以提高CPU的利用率，但是当CPU利用率达到最大值后，再提高并发进程数，反而会导致CPU利用率降低，故D选项不正确。

1.4 操作系统运行环境

1.4.1 内核模式与用户模式

在计算机系统中，CPU通常运行两种不同性质的程序：一种是操作系统内核程序；另一种是用户自编程序，简称用户程序或应用程序。从操作系统的角度看，前者是管理程序，执行一系列的特权指令，后者是应用程序执行用户指令。

特权指令是指由操作系统内核使用的指令，用户程序不能执行，如I/O指令、设置中断屏蔽指令、清内存指令、存储保护指令和设置时钟指令。为了避免操作系统及其关键数据（如PCB等）受到用户程序有意或无意的破坏，通常将处理器的执行状态分为两种：内核模式与用户模式。

- 内核模式。内核模式又称管态、系统态，是操作系统管理程序执行时机器所处的状态。它具有较高的特权，能执行包括特权指令的一切指令，能访问所有寄存器和存储区。
- 用户模式。用户模式又称目态，是用户程序执行时机器所处的状态，是具有较低特权的执行状态，它只能执行规定的指令，只能访问指定的寄存器和存储区。

内核模式与用户模式这两类程序以及各自的存储空间是严格被划分的，在执行的过程中，用户模式程序不能直接调用内核模式程序，必须通过执行访问内核模式的命令（访管指令），引起中断，再由中断系统转入操作系统内的相应程序。例如，在系统调用时，将由用户模式转换到内核模式。在操作系统中，操作系统的内核包括一些与硬件关联较紧密的模块（如时钟管理、中断处理、设备驱动等）以及运行频率较高的程序（如进程管理、存储器管理、设备管理等），它们都工作在内核模式。

① 时钟管理。在计算机的各种部件中，时钟是最关键的部件。时钟的第一功能是计时，操作系统需要通过时钟管理，向用户提供标准的系统时间。另外，通过时钟中断的管理，可以实现进程的切换。如在分时操作系统中，采用时间片轮转调度的实现；在实时系统中，按截止时间控制运行的实现；在批处理系统中，通过时钟管理来衡量一个作业的运行程度等。因此，系统管理的方方面面无不依赖于时钟。

② 中断机制。键盘或鼠标的输入、进程的管理和调度、系统调用、设备驱动、文件访问等，无不依赖于中断机制。在中断机制中，其中有一小部分属于内核，负责保护和恢复中断现场的信息，转移控制权到相关的处理程序。这样可以减少终端的处理时间，提高系统的并行处理能力。

③ 原语。操作系统的核心，是内核或微内核提供核外调用的过程或函数。它不是进程而是由一组程序模块所组成，是操作系统的一个组成部分，必须在内核模式下执行，并且常驻内存，而个别系统有一部分不在管态下运行。

④ 系统控制的数据结构及处理。操作系统中需要一些用来登记状态信息的数据结构，如作业控制块、进程控制块、设备控制块、各类链表、消息队列、缓冲器、空闲登记区、内存分配表等。除此之外，还应该定义对这些数据结构的一系列操作：进程管理、存储器管理、设备管理。

- 进程管理：进程状态管理、进程调度和分派、创建与撤销进程控制块等。
- 存储器管理：存储器的空间分配和回收、内存信息保护程序、代码对换程序等。
- 设备管理：缓冲区管理、设备分配和回收等。

综上所述，内核模式指令实际上包括系统调用类指令和一些针对时钟、中断和原语的操作指令。

1.4.2 中断和异常的概念

用户模式是不能直接访问内核模式的服务，系统在运行时由用户模式转到内核模式的方式：系统调用、异常、中断。其中系统调用可以认为是用户进程主动发起的，异常和中断则是被动的。异常和中断的区别与联系如下：

- 中断（Interruption）也称外中断，指来自CPU执行指令以外的事件的发生，如外围设备中断、时钟中断，这类中断通常与当前处理机运行的程序无关。
- 异常（Exception）也称内中断或陷入（trap），指源自CPU执行指令内部的事件，如程序的非法操作码、地址越界、算术溢出、虚存系统的缺页及专门的陷入指令等引起的事件。对异常的处理一般要依赖于当前程序的运行现场，而且异常不能被屏蔽，一旦出现应立即处理。关于内中断和外中断的联系与区别如图1.5所示。

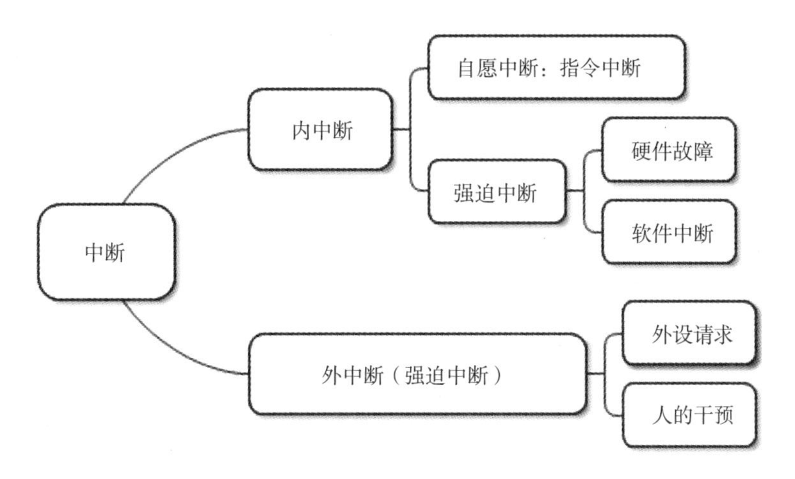

图1.5　内中断和外中断的联系

1.4.3　系统调用

因为操作系统作为用户与计算机硬件系统之间的接口，所以系统调用是用户程序取得操作系统服务的唯一途径。所谓系统调用是指用户在程序中使用“访管指令”调用由操作系统提供的子功能集合。其中每一个系统子功能称为一个系统调用命令。系统中的各种共享资源都由操作系统统一掌管，因此在用户程序中，凡是与资源有关的操作（如存储分配、进行I/O传输及文件管理等），都必须通过系统调用方式向操作系统提出服务请求，并由操作系统内核程序使用某些特权指令负责完成。

用户程序通过执行陷入指令（又称访管指令或trap指令）来发起系统调用，请求操作系统提供服务。即用户程序执行访管指令，使CPU的状态由用户模式变为内核模式，之后由操作系统内核程序再对系统调用请求做出相应处理。处理完成后，操作系统内核程序再把CPU的使用权还给用户程序（即CPU状态会从内核模式返回用户模式）。

系统这样设计的目的是用户程序不能直接执行核心程序的操作，必须通过系统调用的方式请求操作系统代为执行，以便保证系统的稳定性和安全性，防止用户程序随意更改或访问重要的系统资源，影响其他进程的运行。

因此，操作系统的运行环境层次结构可理解为：用户基于操作系统运行上层程序（如系统提供的命令解释程序或用户自编程序），而这个上层程序的运行依赖于操作系统的底层管理程序提供服务支持，当需要管理程序服务时，系统则通过硬件中断机制进入内核模式，运行管理程序；或者程序运行出现异常，被动地调用管理程序的服务，这样就通过异常处理来进入内核模式。管理程序运行结束后，用户程序需要继续运行，此时保存现场，返回用户程序断点处继续执行。系统调用的过程如图1.6所示。

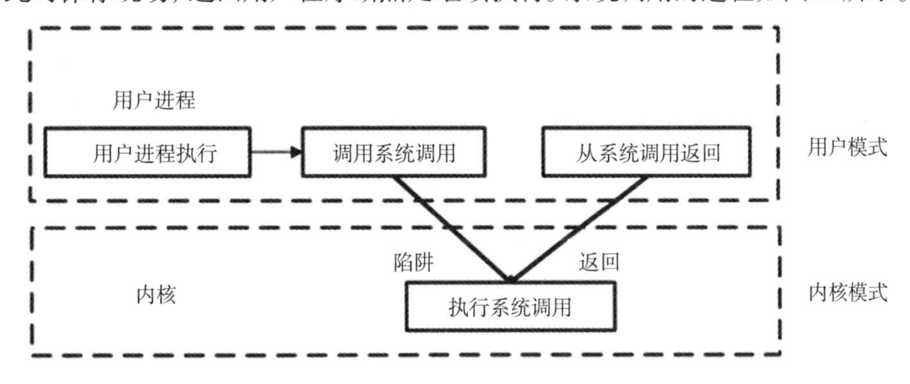

图1.6　系统调用的过程

对于本节内容，考生应该重点关注两方面：从操作系统层面来讲，重点是系统内核模式和用户模式的软件实现与切换；硬件层面结合《计算机组成原理》课程中的相关内容进行复习。

常见的用户模式转换到内核模式的事例如下：

- 用户程序要求操作系统的服务，即系统调用。
- 发生一次中断。
- 用户程序中产生了一个错误状态。
- 用户程序中企图执行一条特权指令。
- 从内核模式转向用户模式通过一条指令实现，这条指令也是特权命令，一般为中断返回指令。

注意： 由用户模式转向内核模式，不仅状态需要切换，而且所用的堆栈也可能需要用户堆栈切换为系统堆栈。因程序运行时要想由用户模式转到内核模式，则要通过访管指令实现，因此访管指令只能在用户模式使用，它不是特权指令。

1.4.4 程序的编译、链接与装入

程序要运行，必须首先将程序和数据装入内存且创建进程。而将一个用户源程序变为一个可在内存中执行的程序，一般经过以下几个步骤：

- 编译。由编译程序将用户源代码编译成若干个目标模块。
- 链接。由链接程序将编译后形成的一组目标模块，以及它们所需要的库函数链接在一起，形成一个完整的装入模块。
- 装入。由装入程序将装入模块装入内存。即构造PCB，形成进程，插入就绪队列准备运行（使用物理地址）。

程序的编译、链接和装入具体过程如图1.7所示。

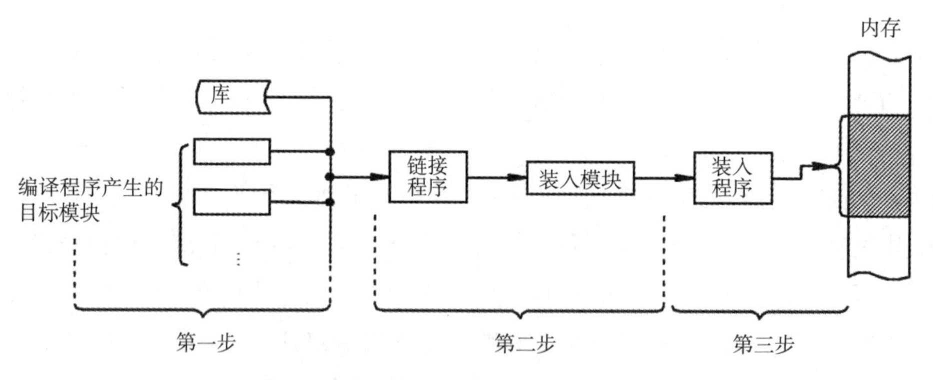

图1.7 程序的编译、链接和装入过程图

程序的链接方式主要包括以下三种：

- 静态链接。装入程序运行之前，生成可执行文件时进行。将多个目标模块及所需库函数链接成一个整体，以后不再拆开。
- 装入时动态链接。将从用户源程序编译后所得到的一组目标模块开始装入，采用边装入边链接的方式。即在装入的过程中，若涉及外部模块调用事件，装入程序再找出相应的外部目标模块，并将它装入内存，同时修改目标模块中的相对地址。其优点是便于修改和更新，便于实现共享。
- 运行时动态链接。有的模块不经常使用就暂时不装入，运行时用到了再装入，即运行时动态链接。程序运行时，将对某些模块的链接推迟到执行时才链接装入。对某些目标模块的链接，是在程序执行

中需要该目标模块时才进行的。其优点程序运行装入的内容少，加快了装入过程，而且节省大量的内存空间。

程序装入内存时的装入方式主要有以下三种：

- 绝对装入方式。完全按照目标程序中所给定的地址装入内存，即目标程序中使用的是绝对地址。该绝对地址要么由程序员设计程序时给定，要么程序员编程时采用符号地址，然后由编译程序或汇编程序转换成绝对地址。
- 可重定位装入方式。根据内存目前的使用情况，将装入模块装入到内存的某个位置。由于用户的目标程序地址往往都是从0开始的，而程序中的其他地址也往往用相对地址形式表示，因此只能采用可重定位装入方式。即装入模块中的所有逻辑地址与实际的物理地址是不相同的，要使程序能正确执行，就必须进行两种地址之间的转换。我们把装入时对目标程序中的指令地址和数据地址的修改过程称为重定位。

静态重定位是指程序装入时由装入程序一次性完成。如图1.8（a）所示，该装入方式存在以下缺点：

① 不允许目标程序运行时在内存中移动位置。

② 不允许程序运行时动态扩充内存。

③ 动态运行时装入方式。又称动态重定位，程序在内存中若发生移动，则需要采用动态运行的装入方式，该种方式是在动态运行时的装入程序，在把装入模块装入内存后，并不立即把装入模块中的相对地址转换为绝对地址，而是把这种地址转换推迟到程序真正要执行时才进行。因此，装入内存后的所有地址都仍是相对地址。显然为使指令的执行不受影响，进行这种地址的动态转换，就必须有专门的硬件机构解决，如图1.8（b）所示。

动态重定位特点包括可以将程序分配到不连续的存储区中；在程序运行之前可以只装入它的部分代码即可投入运行，然后在程序运行期间，根据需要动态申请分配内存；便于程序段的共享，可以向用户提供一个比存储空间大得多的地址空间。

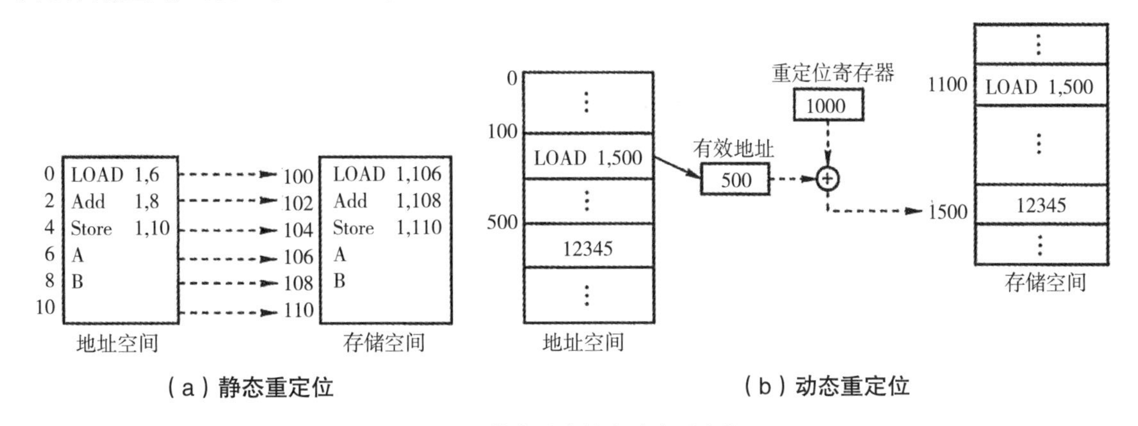

（a）静态重定位　　（b）动态重定位

图1.8 静态重定位和动态重定位

1.4.5 程序运行时内存映像与地址空间

程序经过编译连接后，将形成一个统一文件，它由几个部分组成。在程序运行时又会产生其他几个部分，各个部分代表了不同的存储区域。

（1）代码段（Code或Text）

代码段由程序中执行的机器代码组成。程序语句进行编译后，形成机器代码。在执行程序的过程中，CPU的程序计数器指向代码段的每一条机器代码，并由处理器依次运行。

（2）只读数据段（RO data）

只读数据段是程序使用的一些不会被更改的数据，使用这些数据的方式类似查表式的操作，由于这些变量不需要更改，因此只需要放置在只读存储器中即可。

（3）已初始化读写数据段（RW data）

已初始化数据是在程序中声明，并且具有初值的变量，这些变量需要占用存储器的空间，在程序执行时它们需要位于可读写的内存区域内，并具有初值，以供程序运行时读写。

（4）未初始化数据段（BSS）

未初始化数据是在程序中声明，但是没有初始化的变量，这些变量在程序运行之前不需要占用存储器的空间。

（5）堆（heap）

堆内存只在程序运行时出现，一般由程序员分配和释放。在具有操作系统的情况下，如果程序没有释放，操作系统可能在程序（例如一个进程）结束后回收内存。

（6）栈（stack）

栈内存只在程序运行时出现，在函数内部使用的变量、函数的参数以及返回值将使用栈空间，栈空间由编译器自动分配和释放。

语言目标文件的内存布局如图1.9所示。

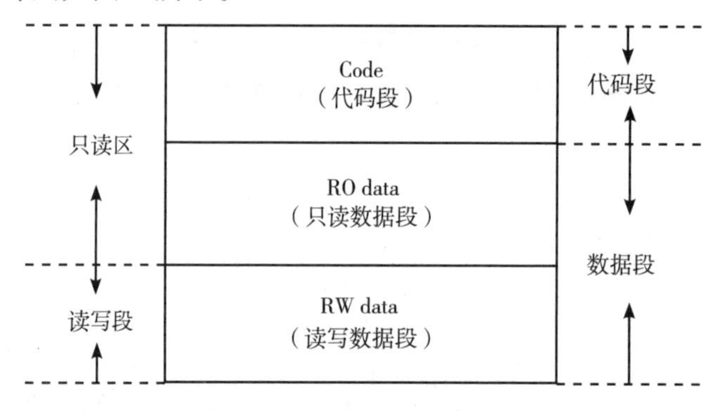

图1.9　语言目标文件的内存布局

代码段、只读数据段、读写数据段、未初始化数据段属于静态区域，而堆和栈属于动态区域。代码段、只读数据段和读写数据段将在连接之后产生，未初始化数据段将在程序初始化的时候开辟，而堆和栈将在程序的运行中分配和释放。

语言程序分为映像和运行时两种状态。在编译-连接后形成的映像中，将只包含代码段（Text）、只读数据段（RO Data）和读写数据段（RW Data）。在程序运行之前，将动态生成未初始化数据段（BSS），在程序的运行时还将动态形成堆（Heap）区域和栈（Stack）区域。

一般来说，在静态的映像文件中，各个部分称为节（Section），而在运行时的各个部分称为段（Segment）。如果不详细区分，可以统称为段。

1.4.6 真题与习题精编

● 单项选择题

1. 执行系统调用的过程包括如下主要操作：

① 返回用户态　　② 执行陷入（trap）指令

③ 传递系统调用参数　　④ 执行相应的服务程序

正确的执行顺序是（　）。【全国联考2017年】

A. ②→③→①→④　　B. ②→④→③→①

C. ③→②→④→①　　D. ③→④→②→①

2. 异常是指令执行过程中在处理器内部发生的特殊事件，中断是来自处理器外部的请求事件。下列关于中断或异常情况的叙述中，错误的是（　）。【全国联考2016年】

A. “访存时缺页”属于中断　　B. “整数除以0”属于异常

C. “DMA传送结束”属于中断　　D. “存储保护错”属于异常

3. 内部异常（内中断）可分为故障（fault）、陷阱（trap）和终止（abort）三类。下列有关内部异常的叙述中，错误的是（　）。【全国联考2015年】

A. 内部异常的产生与当前执行指令相关

B. 内部异常的检测由CPU内部逻辑实现

C. 内部异常的响应发生在指令执行过程中

D. 内部异常处理后返回到发生异常的指令继续执行

4. 下列指令中，不能在用户态执行的是（　）。【全国联考2014年】

A. trap指令　　B. 跳转指令　　C. 压栈指令　　D. 关中断指令

5. 下列选项中，会导致用户进程从用户态切换到内核态的操作是（　）。【全国联考2013年】

Ⅰ. 整数除以零　　Ⅱ. sin( )函数调用　　Ⅲ. read系统调用

A. 仅Ⅰ、Ⅱ　　B. 仅Ⅰ、Ⅲ　　C. 仅Ⅱ、Ⅲ　　D. Ⅰ、Ⅱ和Ⅲ

6. 计算机开机后，操作系统最终被加载到（　）。【全国联考2013年】

A. BIOS　　B. ROM　　C. EPROM　　D. RAM

7. 下列选项中，不可能在用户态发生的事件是（　）。【全国联考2012年】

A. 系统调用　　B. 外部中断　　C. 进程切换　　D. 缺页

8. 响应外部中断的过程中，中断隐指令完成的操作，除保护断点外，还包括（　）。

【全国联考2012年】

Ⅰ. 关中断　　Ⅱ. 保存通用寄存器的内存　　Ⅲ. 形成中断服务程序入口地址并送PC

A. 仅Ⅰ、Ⅱ　　B. 仅Ⅰ、Ⅲ　　C. 仅Ⅱ、Ⅲ　　D. Ⅰ、Ⅱ、Ⅲ

9. 下列选项中，在用户态执行的是（　）。【全国联考2011年】

A. 命令解释程序　　B. 缺页处理程序　　C. 进程调度程序　　D. 时钟中断处理程序

10. 下列选项中，操作系统提供给应用程序的接口是（　）。【全国联考2010年】

A. 系统调用　　B. 中断　　C. 库函数　　D. 原语

11. 计算机系统中有些操作必须使用特权指令完成，下面（　）操作无须使用特权指令。

【南京理工大学2013年】

A. 修改界限地址寄存器　　B. 设置定时器初值

C. 触发访管指令　　D. 关闭中断允许位

12. 程序设计时需要调用操作系统提供的系统调用，被调用的系统调用命令经过编译后，形成若干参数，并（　）。【南京航空航天大学2014年】

A. 访管指令或软中断　　B. 启动I/O指令

C. 屏蔽中断指令　　　　　　　　　　D. 通道指令

13. 下列选项中，会导致系统从用户态切换到内核态的操作是（　）。【汕头大学2015年】

Ⅰ. 算术溢出　　Ⅱ. sqrt( )函数调用　　Ⅲ. write系统调用

A. 仅Ⅰ、Ⅱ　　B. 仅Ⅰ、Ⅲ　　C. 仅Ⅱ、Ⅲ　　D. Ⅰ、Ⅱ、Ⅲ

14. 计算机系统中设置的访管指令，（　）执行。【广东工业大学2017年】

A. 只能在目态　　　　　　　　　　B. 只能在管态

C. 既可在目态，又可在管态　　　　D. 在目态和管态下都不能

15. 用户程序在目态下使用特权指令引起的中断属于（　）。

A. 硬件故障中断　　B. 程序中断　　C. 外部中断　　D. 访管中断

1.4.7 答案精解

● 单项选择题

1. 【答案】C

【精解】本题考查的知识点是操作系统运行环境——核心态与用户态、系统调用。在操作系统中、系统调用的时候首先需要传递系统调用的参数，再执行陷入命令，并使系统进入到内核态。在内核态下执行相应的服务程序以后，再返回到用户态。故选择C。

2. 【答案】A

【精解】本题考查的知识点是操作系统运行环境——中断和异常。异常也称为内中断、例外或陷入，是指CPU执行指令内部的事件，常见的异常有非法操作码、地址越界、算术溢出，虚拟存储系统的缺页、陷入指令引起的事件等。中断是指CPU执行指令外发生的事件，如设备发出的I/O中断和时钟中断等。显然“整数除以0”“存储保护错”都是CPU执行指令内部的异常，“DMA传送结束”是真正的外中断，而“访问时缺页”是CPU执行指令内部的事件，不属于中断。故选择A。

3. 【答案】D

【精解】本题考查的知识点是操作系统运行环境——中断和异常。内部异常来自于CPU和内存内部，包括程序运算引起的各种错误。一般内中断都是在指令执行的过程中产生的。通常内部异常的检测都是在CPU内部实现的。内部异常无法被屏蔽，一旦出现必须立刻处理，故其响应发生在指令执行过程中。内部异常处理后不一定会返回到发生异常的指令中，如断电。故选择D。

4. 【答案】D

【精解】本题考查的知识点是操作系统运行环境——核心态与用户态。trap指令、跳转指令和压栈指令都是在用户态执行的，只有关中断指令属于特权指令，需要在核心态执行。故选择D。

5. 【答案】B

【精解】本题考查的知识点是操作系统运行环境——中断和异常的概念。整数除0操作会发生中断异常，需要在内核态执行；read系统调用也需要在内核态执行；sin( )函数调用是在用户态下执行的。故选择B。

6. 【答案】D

【精解】本题考查的知识点是操作系统运行环境。计算机开机后，操作系统程序会被加载到内存中的系统程序区，也就是RAM。故选择D。

7. 【答案】C

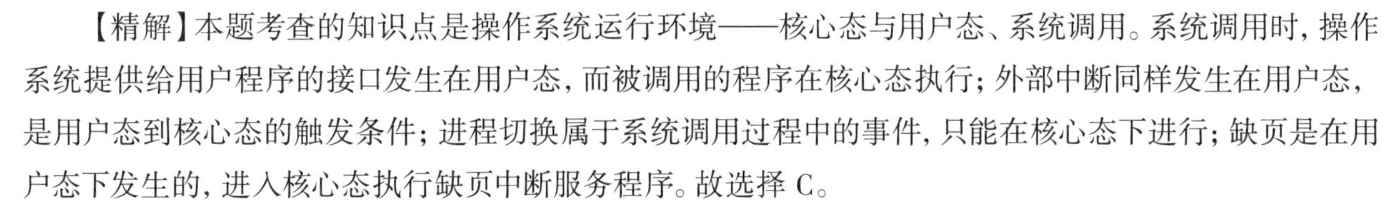

【精解】本题考查的知识点是操作系统运行环境——核心态与用户态、系统调用。系统调用时，操作系统提供给用户程序的接口发生在用户态，而被调用的程序在核心态执行；外部中断同样发生在用户态，是用户态到核心态的触发条件；进程切换属于系统调用过程中的事件，只能在核心态下进行；缺页是在用户态下发生的，进入核心态执行缺页中断服务程序。故选择 C。

8.【答案】B

【精解】本题考查的知识点是操作系统运行环境——核心态与用户态。响应外部中断时，中断隐指令的操作包括关中断、保护断点和引出中断服务程序三个步骤。故选择B。

9.【答案】A

【精解】本题考查的知识点是操作系统运行环境——核心态与用户态。缺页处理程序和时钟中断程序都在核心态执行；进程调度无须用户干预，同样在核心态执行；命令解释程序属于命令接口，在用户态执行。故选择A。

10.【答案】A

【精解】本题考查的知识点是操作系统运行环境——系统调用。操作系统据供给用户的程序接口就是系统调用。故选择A。

11.【答案】C

【精解】本题考查的知识点是操作系统运行环境——核心态与用户态。通常计算机系统的CPU执行状态分为管态和目态。管态也称为特权态或核心态。特权指令是指只能在管态执行的指令，A、B、D三项均是在管态执行的指令。访管指令是在目态执行的指令，用户程序需要调用操作系统时，就安排一条访管指令、并产生一个中断，让操作系统为用户服务。故选择C。

12.【答案】A

【精解】本题考查的知识点是操作系统运行环境——核心态与用户态、系统调用。程序设计需要系统调用，而系统调用必定要通过访管指令或软中断才能使系统进入内核态。故选择A。

13.【答案】B

【精解】本题考查的知识点是操作系统运行环境——核心态与用户态。系统由用户态切换到内核态有三种方式：系统调用、异常、外围设备中断。题干中的算术溢出属于异常，write函数就是系统调用函数，故以上两种情况会导致系统从用户态到内核态。故选择B。

14.【答案】A

【精解】本题考查的知识点是操作系统运行环境——核心态与用户态。访管指令是在目态下执行的指令。当源程序中有需要操作系统服务的要求时，编译程序就会在源程序转换的目标程序中安排一条访管指令，并设置参数。当目标程序执行时，中央处理器若取到了访管指令，就产生一个中断事件，同时中断装置会把中央处理器转为管态，并让操作系统处理该事件。故选择A。

15.【答案】D

【精解】本题考查的知识点是操作系统运行环境——核心态与用户态。程序在目态下，即在执行用户程序时引起的中断属于来自CPU的中断，不是硬件故障中断和外部中断。特权指令指的是只允许管态下使用的指令，因此目态下对特权指令的使用会实现从目态到管态的改变，即会产生访管中断。

- 硬件故障中断是由硬件故障引起的中断，比如，在使用打印机时打印机突然断电，造成硬件异常所引起的中断。

● 程序中断指的是程序在执行过程中产生的一般中断，比如，当程序有使用磁盘等要求时产生的中断，如果本题中用户程序使用的不是特权指令而是一般指令，产生的中断就应该是这种。

● 外部中断是指由外部事件引起的中断，比如单击鼠标和键盘输入等操作引起的中断。

故选择D。

1.5 操作系统体系结构

操作系统体系结构是指操作系统的构成结构，其设计目标是定义系统的目标和规格，满足用户和系统目标设计要求。

● 用户目标：系统应该方便用户使用、容易学习、可靠、安全和快速。

● 系统目标：操作系统应该容易设计、实现和维护，也应该灵活、可靠、高效且具有容错能力。

根据系统设计目标，操作系统体系结构发展历程为传统的体系结构、客户/服务器模式体系结构、面向对象的程序设计模式体系结构和微内核体系结构。

1.5.1 传统的操作系统结构

随着软件开发技术的不断发展，OS结构也在不断的更新换代。其中，传统结构的OS包括早期的无结构OS、模块化结构的OS和分层式结构的OS，而微内核结构的OS为现代结构的OS。

① 传统的操作系统结构。无结构操作系统。

② 无序的模块化结构OS。每个模块设一个子程序，相互调用，成网状结构，模块直接与硬件有关，难以维护，每一次扩充需要先打破多个关系，移植性差。这是早期系统常用的体系结构。

③ 分层式结构OS。比较成熟的OS结构，操作系统按功能分为多个模块，按相互作用关系划分不同的层次，各层之间单向依赖，没有构成循环，简化关系、修改扩充容易，一致性、可靠性和可适应性提高。所有功能模块都在核心态工作，如：UNIX和Linux操作系统。其优点在于构造和调试简单化，每层都有低一层为上一层提供功能和服务的支持。但对于层的详细定义困难，效率差。

1.5.2 客户/服务器模式

客户/服务器系统主要由客户机、服务器和网络系统三部分组成。由于客户/服务器（Client/Server）模式具有非常多的优点，故在单机微内核操作系统中几乎无一例外地都采用客户/服务器模式，将操作系统中最基本的部分放入内核中，而把操作系统的绝大部分功能都放在微内核外面的一组服务器中实现。例如用于提供对进程进行管理的进程服务器，提供虚拟存储器管理功能的虚拟存储器服务器，提供I/O设备管理的I/O设备管理服务器等，它们都在用户态下运行。客户与服务器之间是借助微内核提供的消息传递机制来实现信息交互。

1.5.3 面向对象的程序设计模式

操作系统是一个极其复杂的大型软件系统，我们不仅可以通过结构设计来分解操作系统的复杂度，还可以基于面向对象技术中的“抽象”和“隐蔽”原则控制系统的复杂性，再进一步利用“对象”“封装”和“继承”等概念来确保操作系统的“正确性”“可靠性”“易修改性”“易扩展性”等，并提高操作系统的设计速度。所谓对象，是指在现实世界中具有相同属性、服从相同规则的一系列事物的抽象，而把其中的具体事物称为对象的实例。目前面向对象技术也被广泛应用于现代操作系统的设计中。

1.5.4 微内核OS结构

微内核(MicroKernel)OS结构是在20世纪90年代发展起来的，是以客户/服务器体系结构为基础、采用面向对象技术的结构，能有效地支持多处理器，非常适用于分布式系统。

微内核是一个能实现OS功能的小型内核，运行在核心态，且常驻内存，它不是一个完整的OS，只是为构建通用OS提供基础。微内核的基本功能包括进程管理、存储器管理、进程间通信、I/O设备管理。因此操作系统由运行在核心态的内核和运行在用户态并以客户/服务器方式运行的进程两大部分组成。

1.5.5 真题与习题精编

● 单项选择题

1. 相对于传统操作系统结构，采用微内核结构设计和实现操作系统具有诸多好处，下列(　　)是微内核结构的特点。

Ⅰ.使系统更高效　　Ⅱ.添加系统服务时，不必修改内核

Ⅲ.微内核结构没有单一内核稳定　　Ⅳ.使系统更可靠

A. Ⅰ、Ⅲ、Ⅳ　　B. Ⅰ、Ⅲ、Ⅳ　　C. Ⅱ、Ⅳ　　D. Ⅰ、Ⅳ

2. 与早期的操作系统相比，采用微内核结构的操作系统具有很多优点，但是这些优点不包括(　　)。

A. 提高了系统的可扩展性　　B. 提高了操作系统的运行效率

C. 增强了系统的可靠性　　D. 使操作系统的可移植性更好

1.5.6 答案精解

● 单项选择题

1.【答案】C

【精解】本题考查的知识点是操作系统体系结构。微内核结构将操作系统的很多服务移动到内核以外(如文件系统)，且服务之间使用进程间通信机制进行信息交换，这种通过进程间通信机制进行的信息交换影响了系统的效率，所以Ⅰ错。由于内核的服务变少，且一般来说内核的服务越少内核越稳定，所以Ⅲ错。而Ⅱ、Ⅳ正是微内核结构的优点。故选择C。

2.【答案】B

【精解】本题考查的知识点是操作系统体系结构——微内核结构。微内核结构设计的目的不是提高系统的运行效率，它不是一个完整的OS，只是为构建通用OS提供基础。故选B。

1.6 操作系统引导

操作系统引导指的是将操作系统内核装入内存并启动系统的过程，系统引导通常是由一段被称为启动引导程序的特殊代码完成的，它位于系统ROM中，用来完成定位内核代码在外存的具体位置，按照要求正确装入内核至内存并最终使内核运行起来的整个系统启动过程。在该过程中，启动引导程序要完成多个初始化过程，当这些过程顺利完成后才能使用系统的各种服务。这些过程包括初始引导，内核初始化、全系统初始化。

初始引导过程主要由计算机的BIOS完成。BIOS是固化在ROM中的基本输入输出系统，其内容存储在主板ROM芯片中，主要功能是为内核运作环境进行预先检测，主要包括中断服务程序、系统设置程序、上电自检和系统启动自举程序等。中断服务程序是系统软硬件间的一个可编程接口，用于完成硬件初始化；

系统设置程序用来设置CMOS RAM的各项参数，这些参数通常表示系统基本情况、CPU特性、磁盘驱动器等部件的信息等，开机时一般按Delete键即可进入该程序界面；上电自检POST所做的工作是在计算机通电后自动对系统中各关键和主要外设进行检查，一旦在自检中发现问题，将会通过鸣笛或提示信息警告用户；系统启动自举程序是在POST完成工作后执行的，它首先按照系统CMOS设置中保存的启动顺序搜索磁盘驱动器、CD-ROM、网络服务器等有效的驱动器，读入操作系统引导程序，接着将系统控制权交给引导程序，并由引导程序装入内核代码，以便完成系统的顺序启动。

操作系统内核装入内存后，引导程序将CPU控制权交给内核，此时内核才可以开始运行。内核将首先完成初始化功能，包括对硬件、电路逻辑等的初始化，以及对内核数据结构的初始化，如页表（段表）等。

上述两个步骤完成后，最后要做的就是启动用户接口，使系统处于等待命令输入状态即可，这个阶段操作系统做的主要工作是为用户创建基本工作环境，接收、解释和执行用户程序与指令。不同系统、不同设置，全系统初始化完成后的接口表观是不同的。如果选择了图形界面，此时会显示用户账号和密码输入界面，如windows的用户经典登录界面；若使用的是命令接口，则会显示命令行形式的用户登录界面，无论是图形接口还是命令接口，要全系统初始化完成，即可使用用户名和相应密码进入操作系统环境。

1.7 虚拟机

虚拟机是通过软件模拟的具有完整硬件系统功能的，运行在一个完全隔离环境中的完整计算机系统。在实体计算机中能够完成的工作在虚拟机中都能够实现。在计算机中创建虚拟机需要将实体机的部分硬盘和内存容量作为虚拟机的硬盘和内存容量，每一个虚拟机都有独立的CMOS、硬盘和操作系统。可以像使用实体机一样对虚拟机进行操作，虚拟机技术是虚拟化技术的一种。

Linux虚拟机：一种安装在Windows上的虚拟Linus 操作环境，被称为Linux虚拟机。它实际上是一个或一组文件，是虚拟的Linux环境，但是它们的实际效果是一样的。

Java虚拟机（JVM）：是Java Virtual Machine的缩写，它是一个虚构出来的计算机，是通过在实际的计算机上仿真模拟各种计算机功能来实现的。Java虚拟机有自己完善的硬件架构， 如处理器、堆线、寄存器等，还具有相应的指令系统。Java语言的一个非常重要的特点就是与平台的无关性。而使用Java虚拟机是实现这一特点的关键。一般的高级语言如果要在不同的平台上运行，至少需要编译成不同的目标代码。而引入Java虚拟机后，Java语言在不同平台上运行时不需要重新编译。Java语言使用Java虚拟机屏蔽了与具体平台相关的信息，使得Java语言编译程序只需生成在Java虚拟机上运行的目标代码（字节码），就可以在多种平台上不加修改地运行。Java 虚拟机在执行字节码时，把字节码解释成具体平台上的机器指令执行。

另外，现在企业内部或互联网上公有云服务商提供的云主机、VPC等大多都是虚拟机，易于动态地创建、回收；集群中所有虚拟机的运行情况都能及时掌握和按需调配。虚拟化可以说是云计算的基础技术支撑。

1.8 重难点答疑

（1）试说明操作系统与硬件、其他系统软件以及用户之间的关系

【答疑】操作系统是覆盖在硬件上的第一层软件，它管理计算机的硬件和软件资源，并向用户提供良好的界面。操作系统与硬件紧密相关，它直接管理着硬件资源，为用户完成所有与硬件相关的操作，从而

极大地方便了用户对硬件资源的使用，并提高了硬件资源的利用率。操作系统是一种特殊的系统软件，其他系统软件的运行在操作系统的基础之上，可获得操作系统提供的大量服务，也就是说，操作系统是其他系统软件和硬件的接口。而一般用户使用计算机除了需要操作系统支持外，还需要用到大量的其他系统软件和应用软件，以使其工作更加方便和高效。

（2）操作系统具有哪些特征，它们之间有何关系？

【答疑】操作系统的特征有并发、共享、虚拟和异步性。它们的关系如下：

① 并发和共享是操作系统最基本的特征。为了提高计算机资源的利用率，操作系统必然要采用多道程序设计技术，使多个程序共享系统的资源，并发地执行。

② 并发和共享互为存在的条件。一方面，资源的共享以程序（进程）的并发执行为条件，若系统不允许程序并发执行，自然不存在资源的共享问题；另一方面，若系统不能对资源共享实施有效管理，协调好各个进程对共享资源的访问，也必将影响到程序的并发执行，甚至根本无法并发执行。

③ 虚拟以并发和共享为前提条件。为了使并发进程能更方便、更有效地共享资源，操作系统经常采用多种虚拟技术在逻辑上增加CPU和设备的数量以及存储器的容量，从而解决众多并发进程对有限的系统资源的竞争问题。

④ 异步性是并发和共享的必然结果。操作系统允许多个并发进程共享资源、相互合作，使得每个进程的运行过程受到其他进程的制约，不再“一气呵成”，这必然导致异步性特征的产生。

（3）并行性与并发性的区别和联系

【答疑】并行性和并发性是既相似又有区别的两个概念。并行性是指两个或多个事件在同一时刻发生，并发性是指两个或多个事件在同一时间间隔内发生。

在多道程序环境下，并发性是指在一段时间内，宏观上有多个程序同时运行，但在单处理机系统中每个时刻却仅能有一道程序执行，故微观上这些程序只能分时地交替执行。若在计算机系统中有多个处理器，则这些可以并发执行的程序便被分配到多个处理器上，实现并行执行，即利用每个处理器来处理一个可并发执行的程序。

（4）特权指令与非特权指令

【答疑】所谓特权指令，是指有特殊权限的指令，由于这类指令的权限最大，使用不当将导致整个系统崩溃，如清内存、设置时钟、分配系统资源、修改虚存的段表或者修改用户的访问权限等。为保证系统安全，这类指令只能用于操作系统或其他系统软件，不直接提供给用户使用、特权指令必须在核心态下执行。

为了防止用户程序中使用特权指令，用户态下只能使用非特权指令，核心态下可以使用全部指令，在用户态下使用特权指令时，将产生中断以阻止用户使用特权指令。所以把用户程序放在用户态下运行，而操作系统中必须使用特权指令的那部分程序在核心态下运行，保证了计算机系统的安全可靠。从用户态转换为核心态的方式包括系统调用、中断、异常。

（5）访管指令与访管中断

【答疑】访管指令是一条在用户态下执行的指令。在用户程序中，因要求操作系统提供服务而有意识地使用访管指令，从而产生一个中断事件（自愿中断），将操作系统转换为核心态，称为访管中断。访管中断由访管指令产生，程序员使用访管指令向操作系统请求服务。

用户程序引入访管指令主要原因是用户程序只能在用户态下运行。若用户程序想要完成在用户态下无法完成的工作，必须靠访管指令。访管指令本身不是特权指令，其基本功能是让程序拥有“自愿进管”的手段，从而引起访管中断。

处于用户态的用户程序使用访管指令时，系统根据访管指令的操作数执行访管中断处理程序，访管中断处理程序将按系统调用的操作数和参数转到相应的例行子程序。完成服务功能后，退出中断，返回到用户程序断点继续进行。

1.9 命题研究与模拟预测

1.9.1 命题研究

操作系统概述是从宏观上总体理解操作系统的课程体系，并详细介绍了与操作系统相关的基本概念、运行环境、体系结构及发展历程。本章常考知识点有操作系统概念的理解、操作系统特征的理解分析、各类操作系统的理解及运行环境。其中操作系统接口、核心态与用户态、多道程序技术、批量处理系统、分时系统以及实时系统是重中之重。

通过对考试大纲的解读和历年联考真题的统计与分析发现，本章的命题一般规律和特点有以下几方面：

（1）从内容上看，考点主要以对操作系统特征、运行环境、各类操作系统特点的理解及分析为主。

（2）从题型上看，均是单项选择题。

（3）从题量和分值上看，除2012年考了3道外，其余每年都会考1~2个选择题，平均占分1.6分。

（4）从试题难度上看，总体难度较小，比较容易得分。

总的来说，历年考核的内容都在大纲要求的范围之内，符合考试大纲中考查目标的要求。前几年对操作系统软硬件运行环境考查得比较多，近几年有关操作系统的发展与分类的考题频繁出现，其他的出题相对来说比较少。但本章内容对操作系统整体的知识架构进行了系统概括，考生要理解到位。

注意：2022年新考纲中添加了操作系统引导、虚拟机的考点，且操作系统引导在2021年考试中出现了综合应用题。

1.9.2 模拟预测

● 单项选择题

1. 以下有关操作系统设计目标描述错误的是（　）。

A. 操作系统的目标之一是使得计算机系统能高效地工作

B. 操作系统是一种系统程序，其目的是提供一个供其他程序执行的良好环境

C. 操作系统的目标是虚拟机

D. 操作系统的目标之一是使得计算机系统使用方便

2. 下列观点中，不是描述操作系统的典型观点的是（　）。

A. 操作系统是众多软件的集合　　B. 操作系统是用户和计算机之间的接口

C. 操作系统是资源的管理者　　D. 操作系统是虚拟机

3. 下列选项中，（　）不是操作系统必须要解决的问题。

A. 提供一组系统调用函数　　B. 管理目录和文件

C. 提供应用程序接口　　D. 提供C++语言编译器

4. 下列不属于设计实时操作系统的主要追求目标的是（　）。

A. 安全可靠　　B. 资源利用率　　C. 及时响应　　D. 快速处理

5. 下面叙述中，错误的是（　）。

A. 操作系统既能进行多任务处理，又能进行多重处理

B. 多重处理是多任务处理的子集

C. 多任务是指同一时间内在同一系统中同时运行多个进程

D. 一个CPU的计算机上也可以进行多重处理

6. 订购机票系统处理来自各个终端的服务请求，处理后通过终端回答用户，所以它是一个（　）。

A. 分时系统　　B. 多道批处理系统　　C. 计算机网络　　D. 实时信息处理系统

7. 若程序正在试图读取某个磁盘的第10个逻辑块，使用操作系统提供的（　）接口。

A. 系统调用　　B. 图形用户接口　　C. 原语　　D. 键盘命令

8. 操作系统为用户提供了多种接口，它们是（　）。

Ⅰ. 计算机高级指令　　Ⅱ. 终端命令　　Ⅲ. 图标菜单

Ⅳ. 汇编语言　　Ⅴ. C语言　　Ⅵ. 系统调用

A. Ⅰ，Ⅱ，Ⅴ　　B. Ⅱ，Ⅲ，Ⅵ　　C. Ⅲ，Ⅳ，Ⅴ　　D. Ⅱ，Ⅳ，Ⅵ

9. 操作系统的基本类型有（　）。

A. 批处理系统、分时系统及多任务系统　　B. 实时系统、批处理系统及分时系统

C. 单用户系统、多用户系统及批处理系统　　D. 实时系统、分时系统和多用户系统

10. 批处理系统的主要缺点是（　）。

A. CPU利用率低　　B. 不能并发执行　　C. 缺少交互性　　D. 以上都不是

11. 下列系统中，（　）是实时系统。

A. 火炮的自动控制系统　　B. 学生信息管理系统

C. 办公自动化系统　　D. 酒店管理系统

12. 程序设计时需要调用操作系统提供的系统调用，被调用的系统调用命令经过编译后，形成若干参数，并（　）。

A. 访管指令或软中断　　B. 启动I/O指令　　C. 屏蔽中断指令　　D. 通道指令

13. 计算机开机后，操作系统最终被加载到（　）。

A. BIOS　　B. ROM　　C. EPROM　　D. RAM

14. 下列选项中，不可能在用户态发生的事件是（　）。

A. 系统调用　　B. 外部中断　　C. 进程切换　　D. 缺页

15. 在分时系统中，时间片一定时，（　）响应时间越长。

A. 内存越多　　B. 内存越少　　C. 用户数越多　　D. 用户数越少

16. 下列关于多任务操作系统的叙述中，正确的是（　）。

Ⅰ. 具有并发和并行的特点

Ⅱ. 需要实现对共享资源的保护

Ⅲ. 需要运行在多CPU的硬件平台上

A. 仅Ⅰ　　B. 仅Ⅱ　　C. 仅Ⅰ、Ⅱ　　D. Ⅰ、Ⅱ、Ⅲ

17. 假定下列指令已装入指令寄存器，则执行时不可能导致CPU从用户态变为内核态（系统态）的是（　）。

A. DIV RO, R1　　　　;（RO）/（R1）→RO

B. INT n　　　　　　;产生软中断

C. NOT RO　　　　　;寄存器RO的内容取非

D. MOV RO, addr　　;把地址addr处的内存数据放入寄存器RO

18. 在操作系统中，只能在核心态下执行的指令是（　）。

A. 读时钟　　B. 取数　　C. 广义指令　　D. 寄存器清“0”

19. CPU处于核心态时，它可以执行的指令是（　）。

A. 只有特权指令　　B. 只有非特权指令

C. 只有“访管”指令　　D. 除“访管”指令的全部指令

20. 只能在核心态下运行的指令是（　）。

A. 读时钟指令　　B. 置时钟指令　　C. 取数指令　　D. 寄存器清零

21. 在（　）的控制下，计算机系统能及时处理由过程控制反馈的数据，并做出响应。

A. 批处理操作系统　　B. 实时操作系统　　C. 分时操作系统　　D. 多处理机操作系统

22. 在操作系统结构设计中，层次结构的操作系统最显著的不足是（　）

A. 不能访问更低的层次　　B. 太复杂且效率低

C. 设计困难　　D. 模块太少

● 简答题

1. 请简述操作系统提供的服务。

2. 何谓系统调用？简述系统调用的实现过程。

3. 批处理操作系统、分时操作系统和实时操作系统各有什么特点？

● 综合应用题

设某计算机系统有一个CPU、一台输入设备、一台打印机。现有两个进程同时进入就绪态，且进程A先得到CPU运行，进程B后运行。进程A的运行轨迹：计算50ms、打印信息100ms、再计算50ms、打印信息100ms、结束。进程B的运行轨迹：计算50ms、输入数据80ms、再计算100ms、结束。试画出它们的时序关系图（可用甘特图），并说明：

（1）开始运行后，CPU有无空闲等待？若有，在哪段时间内等待？计算CPU的利用率。

（2）进程A运行时有无等待现象？若有，在何时发生等待现象？

（3）进程B运行时有无等待现象？若有，在何时发生等待现象？

1.9.3 答案精解

● 单项选择题

1.【答案】C

【精解】本题考查的知识点是操作系统的目标。操作系统的目标包括有效性、方便性、开放性即可扩充性，而C是操作系统的作用。故选择C。

2.【答案】A

【精解】本题考查的知识点是操作系统的目标及作用。操作系统的作用：用户与计算机硬件系统之间的接口；计算机系统资源的管理者；实现了对计算机资源的抽象。选项B、C、D是对操作系统描述的三个典型的观点，A只是从软件的量上给予说明，没有说出操作系统的真正作用。故选择A。

3.【答案】D

【精解】本题考查的知识点是操作系统的目标及作用。操作系统的作用包括:(1)用户与计算机硬件系统之间的接口;(2)计算机系统资源的管理者;(3)实现了对计算机资源的抽象。选项A属于系统调用接口、B属于资源管理、C属于第一个功能用户接口,是对操作系统描述的三个典型的观点,D是为系统软件编译程序提供的服务。故选择D。

4.【答案】B

【精解】本题考查的知识点是操作系统的发展与分类——实时操作系统。实时操作系统是系统能及时响应外部事件的请求,并在规定的时间内完成对该事件的处理,并控制所有实时任务协调一致地运行。根据截止时间可以把实时操作系统分为:硬实时操作系统和软实时操作系统。若某个动作必须绝对地在规定的时刻(或规定的时间范围)发生,则称为硬实时操作系统(实时控制系统),如飞行器的飞行自动控制系统;若能够接受偶尔违反称为软实时操作系统(实时信息处理系统),如飞机订票系统、银行管理系统。A属于实时性的安全性,C,D属于可靠性,B是操作系统的追求目标,但不是实时系统必须要追求的目标。故选择B。

5.【答案】B

【精解】本题考查的知识点是操作系统的特征——并行和并发的概念。多重处理即并行执行,多任务处理即多个进程并发执行。操作系统既可以支持并发执行也可以支持并行执行,A正确;并行执行与并发执行不存在包含关系,B错误。在同一时间间隔内,系统中同时运行多个进程是并发执行的基本概念,C正确;一个CPU可以采用多核架构,可以实现并行执行,D正确。故选择B。

6.【答案】D

【精解】本题考查的知识点是操作系统的发展与分类——实时操作系统。分时系统的主要特点:交互性、及时性、独立性和多路性;多道批处理系统的主要特征是:多道性、无序性和调度性;计算机网络的主要特点是数据通信和资源共享;而实时信息处理系统强调的是根据用户提出的查询要求进行信息检索和处理,并在较短的时间内对用户作出正确的响应,与题目描述一致。故选择D。

7.【答案】A

【精解】本题考查的知识点是操作系统基本概念——作用、用户接口。操作系统作为用户与计算机硬件系统之间的接口,用户可通过三种方式使用计算机:① 命令方式;② 系统调用方式;③ 图形、窗口方式。而系统调用按功能可分为六类,包括进程管理、文件操作、设备管理、主存管理、进程通信和信息维护。本题所需要的接口就属于文件操作相关的调用。故选择A。

8.【答案】B

【精解】本题考查的知识点是操作系统的基本概念——主要功能及服务:操作系统的接口。操作系统有两种接口:命令输入和系统调用,而命令输入又可以分为命令行和图形用户界面。命令行是在终端或命令输入窗口中输入操作和控制计算机的规定的命令,既可以一条一条输入,也可以组织成一批命令,逐条自动执行,称为批处理命令。图形用户界面是我们熟知的图标和菜单形式。系统调用是我们编写程序过程中,需要计算机所做的操作,一般要按固定格式来调用。故选择B。

9.【答案】B

【精解】本题考查的知识点是操作系统的发展和分类。操作系统共有三种类型,即批处理操作系统、分时操作系统和实时操作系统。故选择B。

10.【答案】C

【精解】本题考查的知识点是操作系统的发展及分类——批量处理系统。在批处理系统中，用户一旦把作业提交给系统后，直到作业完成，用户都不能与自己的作业交互，这给程序的修改与调试增添了很大的麻烦。故选择C。

11.【答案】A

【精解】本题考查的知识点是操作系统的发展与分类——实时操作系统。同第4题，实时操作系统的主要特点是及时性和可靠性，故选择A。

12.【答案】A

【精解】本题考查的知识点是操作系统的运行环境——核心态与用户态、系统调用。程序设计需要系统调用，而系统调用必定要通过访管指令或软中断才能使系统进入内核态。故选择A。

13.【答案】D

【精解】本题考查的知识点是操作系统的运行环境。用户平时开机时首先启动的是存于主板上ROM中的BIOS程序，其次再由它去调用硬盘中的操作系统（如Windows系统），将操作系统的程序自动加载到内存中的系统区，这段区域是RAM，故选D。

14.【答案】C

【精解】本题考查的知识点是操作系统的运行环境——用户态与核心态。判断能否在用户态执行的关键在于事件是否会执行特权指令。

首先看A选项，系统调用是系统提供给用户程序调用内核函数的，当用户程序执行系统调用时，会使CPU状态从用户态切换至核心态并执行内核函数，执行结束之后将控制权还给用户程序，并且CPU状态从核心态切换至用户态。从这个过程可以看出，虽然系统调用的执行过程中CPU需要切换至核心态，但系统调用（或者引用、调用）是在用户态发生的，是系统特意为用户态设计的，因此系统调用可以发生在用户态。

B选项为外部中断，很多考生会被“中断”二字影响，认为涉及中断的都应该是核心态的事情，而不能在用户态执行，因此选错。中断在系统中经常发生，如键盘输入会引发外部中断（外部中断是指由外部事件引起的中断，比如单击鼠标和键盘输入等操作引起的中断）；进程缺页会产生缺页中断等，这些都经常发生在用户进程中，自然这些也都是用户态的事件。以键盘输入举例，一个用户进程需要用户输入一串命令，当用户用键盘输入时会引发外部中断（此时CPU还是用户态），此时系统会切换至核心态执行中断处理程序（这时CPU转变为核心态），处理程序处理之后将输入结果返回给用户程序并将CPU状态切换为用户态，中断处理结束。由此过程可见，中断的发生和处理与系统调用类似，都是发生在用户态，通过切换至核心态完成对应功能，然后返回至用户态。系统调用和中断的发生是在用户态，处理是在核心态。

再来看D选项，缺页与B选项类似，用户态执行进程缺页时会产生缺页中断（中断发生在用户态），然后系统转入核心态进行缺页中断处理，再返回用户态，将控制权交还给用户进程。因此D选项也可以发生在用户态。

进程切换实际上是对于程序状态的修改，因此要修改程序状态字，这是特权指令，必须在核心态执行。故选C。

15.【答案】C

【精解】本题考查的知识点是操作系统的发展及分类——分时操作系统。分时系统中，当时间片固定时，用户数越多，每个用户分到的时间片就越少，响应时间自然就变长，故选C。

16.【答案】C

【精解】本题考查的知识点是多任务操作系统。多任务操作系统可在同一时间内运行多个应用程序，故Ⅰ正确。多个任务必须互斥地访问共享资源，为达到这一目标，必须对共享资源进行必要的保护，故Ⅱ正确。现代操作系统都是多任务的（主要特点是并发和并行），并不一定需要运行在多CPU的硬件上，单个CPU也可满足要求，Ⅲ错误。综上所述，Ⅰ、Ⅱ正确，Ⅲ错误，故选C。

17.【答案】C

【精解】本题考查的知识点是操作系统的运行环境——核心态、用户态、异常、中断。考虑到部分指令可能出现异常（导致中断），从而转到核心态。指令A有除以零异常的可能，指令B为中断指令，指令D有缺页异常的可能，指令C不会发生异常。故选C。

18.【答案】C

【精解】本题考查的知识点是操作系统运行环境——核心态与用户态。广义指令即系统调用命令，它必然工作在核心态，所以答案为C。要注意区分"调用"和"执行"，广义指令的调用可能发生在用户态，调用广义指令的那条指令不一定是特权指令，但广义指令存在于核心态中，所以执行一定在核心态。

19.【答案】D

【精解】本题考查的知识点是操作系统的运行环境。访管指令在用户态下使用，是用户程序进入核心程序的入口，用户态下不能执行特权指令。在核心态下，CPU可以执行指令系统中的任何指令。故选D。

20.【答案】B

【精解】本题考查的知识点是操作系统运行环境。若在用户态下执行"置时钟指令"，则一个用户进程可在时间片内设置时钟，这样可能会时间片永远不会用完，进而导致该用户进程一直占用CPU，这显然不合理。故选B。

21.【答案】B

【精解】本题考查的知识点是操作系统的发展及分类。实时操作系统能及时响应外部发生的事件，对事件做出快速处理，并可在限定的时间内对外部的请求和信号做出响应。故选B。

22.【答案】A

【精解】本题考查的知识点是操作系统体现结构——层次结构。层次结构的缺点是每层只能利用低一层的功能和服务，不能访问更低层的功能与服务，层的详细定义困难，效率差。其中最明显的不足是每层只能利用低一层的功能和服务，故选A。

● 简答题

1.【考点】操作系统概述——操作系统的概念、特征、功能和提供的服务。

【参考答案】操作系统提供的服务主要有程序执行，从用户接口来描述，操作系统的主要服务包括I/O操作，文件操作、资源分配与保护、错误检测与排除等。

2.【考点】操作系统概述——操作系统的概念、特征、功能和提供的服务。

【参考答案】系统调用是操作系统提供给编程人员的唯一接口。编程人员通过系统调用，在源程序的一级动态请求和释放系统资源，调用系统中现有的功能来完成与机器硬件部分相关的工作和控制程序的执行速度等。

系统调用的实现过程：用户在程序中使用系统调用后，给出系统的调用名和参数，并产生一条相应的陷入指令，通过这条陷入指令陷入处理机制调用服务，引起处理机中断，然后保护处理机现场，获取系统调用功能号并寻找子程序入口，通过入口地址表来调用系统子程序，最后返回用户程序继续执行。

系统调用的过程如下图所示。

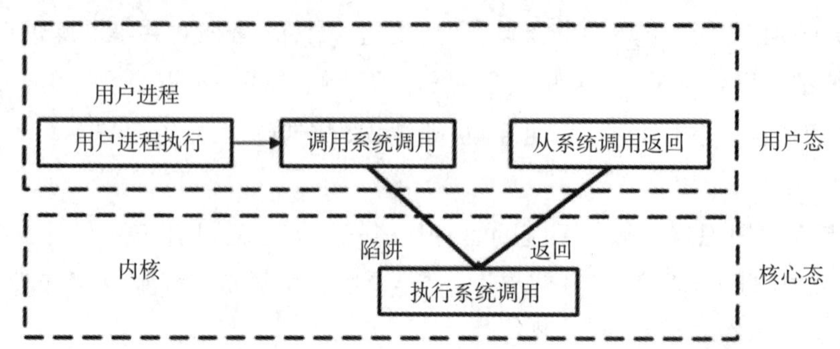

3.【考点】操作系统概述——操作系统的发展与分类。

【参考答案】系统调用是操作系统提供给编程人员的唯一接口。

（1）批处理操作系统的用户脱机使用计算机，作业是成批处理的，系统内多道程序并发执行，交互能力差。

（2）分时操作系统可让多个用户同时使用计算机，人机交互性较强，具有每个用户独立使用计算机的独占性，系统响应及时。

（3）实时操作系统能对控制对象做出及时反应，可靠性高，响应快，但资源利用率低。

● 综合应用题

1.【考点】操作系统的发展与分类——批量处理系统。

【参考答案】下图是进程的运行情况。

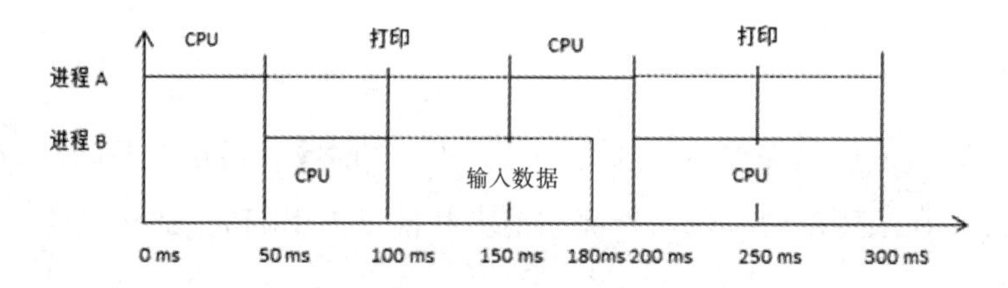

由图得知：

（1）开始运行后，CPU有空闲等待，100ms到150ms等待，等待50s，计算机CPU的利用率为250/300=83.33%。

（2）进程A为无等待现象。

（3）进程B有等待现象，等待时间为20ms（180ms到200ms等待）。

第2章

进程管理

第2章　进程管理

2.1 考点解读

进程管理的考点如图2.1所示，内容包括进程与线程、处理机调度、进程同步、死锁四部分内容。从历年联考真题命题规律（见图2.1、表2.1）及考试大纲的要求来看，进程与线程内容中重点查进程和线程的基本概念、进程和线程的区别与联系、进程状态转换、进程的控制和进程通信等；处理机调度重点考查调度的基本概念、调度的切换时机及切换过程、典型的调度算法的理解及应用。进程同步重点考查进程同步互斥基本概念和信号量基本概念的理解、经典同步问题的实际应用及计算。死锁重点考查死锁的基本概念、死锁产生的必要条件、处理死锁的策略以及死锁的预防和避免。

本章是在联考中分值占比比较高的一章，综合应用题出现的频率高，其中P、V原语操作、经典同步问题及死锁问题是本章综合应用题的考点。

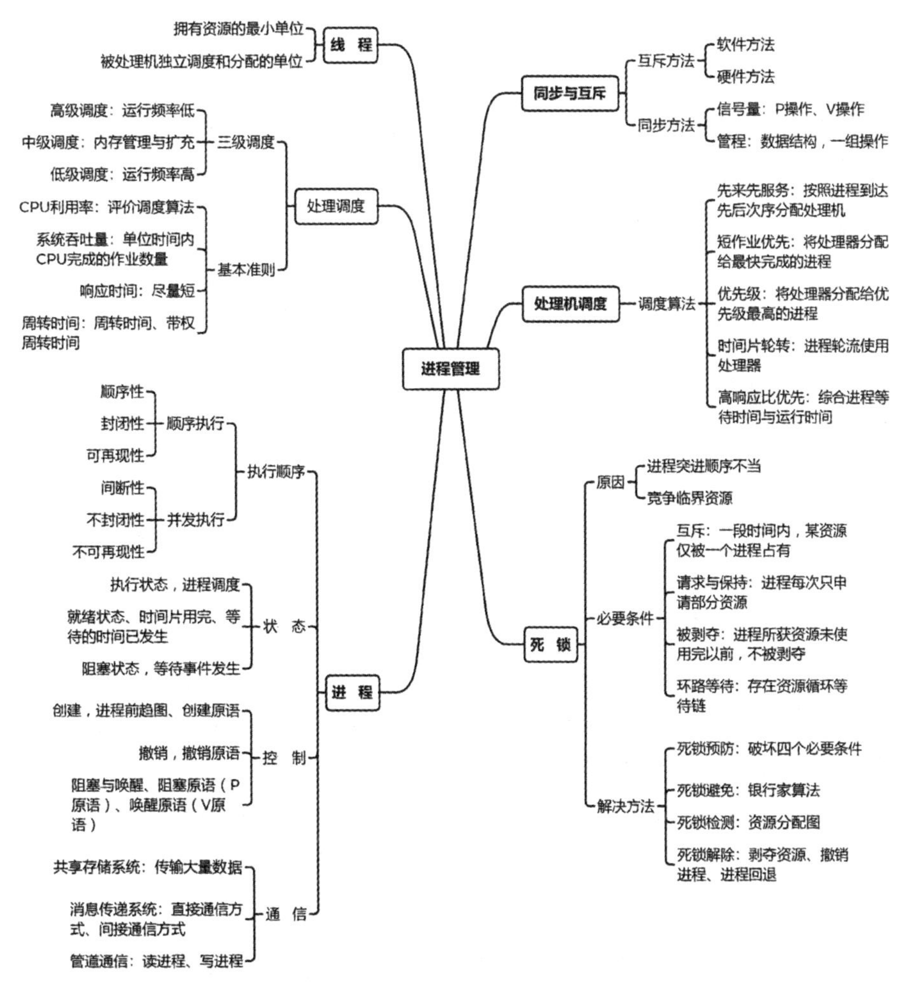

图2.1　进程管理考点导图

表2.1　近10年本章联考考点统计表

年份	题型		分值			联考考点
	单项选择题（题）	综合应用题（题）	单项选择题（分）	综合应用题（分）	合计（分）	
2013	3	1	6	7	13	经典调度算法、死锁避免、
2014	3	1	6	7	13	经典调度算法、进程状态切换、死锁避免、经典同步问题
2015	3	1	6	7	13	进程状态转换、死锁避免、死锁检测、调度方式、经典同步问题
2016	3	1	6	7	13	典型调度算法、信号量、临界区互斥的实现
2017	3	1	6	7	13	典型调度算法、调度方式、信号量机制
2018	6	0	12	0	12	典型调度算法、进程的基本概念、死锁避免、进程状态转换、管程、经典同步问题
2019	4	1	8	8	16	进程与线程、线程的基本概念、进程状态转换、典型调度算法、死锁的基本概念、银行家算法、经典同步问题
2020	4	1	8	7	15	进程调度、银行家算法、父子进程、互斥机制PV操作
2021	2	1	4	7	11	进程创建、进程调度、PV操作
2022	4	1	8	8	16	PV操作、银行家算法、过程状态转换

2.2 进程与线程

2.2.1 进程的基本概念和特征

(1) 多道程序设计技术

多道程序设计技术的基本思想是在主存中同时存放多个程序，通过共享系统资源并发执行。多道程序设计技术的目的是提高CPU的工作效率。

程序的执行过程可以分为顺序执行和并发执行。

① 程序的顺序执行

在早期无操作系统及单道批处理系统时，程序的顺序执行是指一个应用程序的若干程序段在执行时必须按照某种先后次序执行，仅当前一段程序执行完后才能执行后一段程序，即必须按着前驱图的顺序执行程序（前驱图是一个有向无循环图）。程序顺序执行的基本特征有：顺序性、封闭性、可再现性。

- 顺序性。处理器的操作严格按照程序所规定的顺序执行，即每一个操作必须在下一个操作开始之前结束。
- 封闭性。程序是在封闭的环境下运行的。即程序在运行时独占全机资源，各资源的状态只有本程序才能改变。程序一旦开始运行，其结果不受外界的影响。
- 可再现性。指只要程序执行时的环境和初始条件相同，当程序重复执行时，不论程序如何执行，执行结果相同。

② 程序的并发执行

程序的并发执行是指在同一时间间隔内可以运行多个程序，即在一个程序运行结束之前，可以与其他的程序交互运行。从宏观上看，多个程序在同时向前推进，从微观上看，任意时刻CPU上都只有一个程序在运行。在多道程序系统和分时系统中都允许程序并发执行，程序的并发执行具有间断性、失去封闭性和不可再现性的特点。

- 间断性。程序在并发执行时，因各个程序共享系统资源以及为完成同一项任务相互合作，因此，并发执行的程序之间形成了相互制约的关系，这种制约关系导致了程序在CPU上运行会出现"执行—暂停—执行"的规律，这种规律即间断性的活动规律。
- 失去封闭性。程序在进行并发执行时是通过共享资源或者合作交互来完成同一项任务，系统的状态不再只受其中一个程序的控制来执行，而是交互运行，因此失去了封闭性。
- 不可再现性。因为程序在并发执行时失去了封闭性，同一个程序重复执行后，执行结果可能不同，即执行结果与执行时间有关。例如两个程序同时往一个文件追加内容，在执行数次之后，每个文件所展现出的内容可能各不相同。

（2）进程的定义

为使程序能够并发执行，并能对并发程序加以描述和控制，引入进程（Process）的概念。进程是计算机中的程序关于某数据集合上的一次运行活动，是系统进行资源分配和调度的基本单位，是操作系统结构的基础。进程是程序的实体，引入进程的目的是使多个程序能并发执行，提高系统的资源利用率和吞吐量。

根据进程引入的目的，从不同角度对进程定义如下：

- 进程是一段程序的一次执行过程（动态性，与程序的主要区别）。
- 进程是多个程序段在同一时间间隔内正确运行过程（体现异步性）。
- 进程是具有独立功能的程序在一个具有标准数据结构上运行的过程，是系统资源分配和调度的基本单位。（体现结构性）

以上定义都在一定程度上反映了进程的主要特征。和程序相比，进程除了具有进程控制块（PCB）结构外，还具有动态性、并发性、独立性、异步性、结构性五个基本特征。

① 结构性。进程包括程序代码（程序段或文本段）、堆栈段（临时数据，如函数参数、返回地址和局部变量）、数据段（包括全局变量）、堆（进行运行期间动态分配的内存）等内容。为了使进程能够在多个程序段的同一段时间间隔内正确运行，每个进程都必须包括进程控制块，进程控制块是进程存在唯一标志。因此从结构上看，一个进程实体是由程序段、数据段和进程控制块三部分组成的。

② 动态性。主要体现在进程是程序的执行过程，每段程序在运行时都要经历进程的创建、状态转换、终止等过程，是在一个生命周期内动态的变化。动态性是区别程序的最基本特征。

③ 并发性。指在同一段时间间隔内由多个进程实体同时存在于内存中，并且在同一段时间内正确地运行。并发性也是操作系统最基本的特征，体现了进程引入的目的，是实现在一个处理机上同时完成多个程序的正常运行，提高系统资源的利用率。

④ 独立性。进程是资源分配与调度的基本单位，一个进程实体拥有独立的资源，能够独立地运行。

⑤ 异步性。指进程按异步方式运行的，即按各自独立的、不可预知的速度向前推进。

综合以上特征，进程的定义可以总结为：进程是进程实体的运行过程，是系统进行资源分配和调度的一个独立单位。

2.2.2 进程的状态与转换

（1）进程的五种变化状态

进程的异步性特征体现了进程在一个生命周期内存在多种状态。由于多个进程之间共享系统资源，它们之间相互制约，因此导致多个进程之间不断地进行状态转换。进程的状态通常包括创建态、终止态、运行态、就绪态、阻塞态五种状态。其中运行态、就绪态、阻塞态是进程的三种基本状态。

① 创建态。进程已被创建，但没内存没有分配资源，没有调入内存，创建状态还没有完全完成，此时的状态为创建状态，尚未转到就绪态。进程创建的一般步骤：第一，申请一个空白的PCB，并填写PCB中一些控制和管理进程的信息，等待调入内存，获取资源；第二，系统为该进程分配运行时所必需的资源；第三，系统将获得资源的进程转入就绪态，放入就绪队列等待调度。

② 终止态。当进程任务已完成或系统异常中断，进程会终止当前进程。进程终止的一般步骤：第一，设置当前进程为结束态；第二，等待操作系统做善后工作：完成进程终止状态信息的提取及资源的释放和回收；第三，清零PCB，删除进程。

③ 运行态。进程获得处理机运行。单处理机操作系统中，在同一时刻，只能有一个进程处于运行态。

④ 就绪态。进程以获得除处理机之外的所有资源，在就绪队列中等待处理机调度，一旦被调度即可运行。

⑤ 阻塞态。也称等待态，进程因缺少资源而暂停运行，即等待事件的发生。当前状态必须由运行态到阻塞态。

就绪态是因为缺少处理机资源，即处理机根据时间片的轮转，时间片结束后，其他资源不变，进程就从执行状态转为就绪态，其他资源不缺少。阻塞态是缺少除处理机之外的其他资源，致使进程因资源缺失而无法进行，从而进入阻塞态。

（2）进程状态转换

进程的间断性特征说明在一个生命周期中，进程之间会存在不同状态的转换。进程的五种状态转换，如图2.2所示。

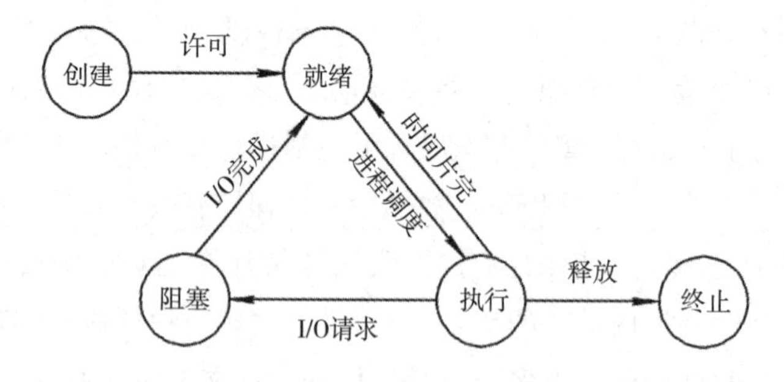

图2.2　进程的五种状态及转换

- 就绪态→运行态。就绪队列的进程当被处理机调度后，即获得处理机的时间片，此时进程从就绪态转换为运行态。
- 运行态→就绪态。占有处理机的进程，当时间片用完后，自动让出处理机，此时当前进程除了处理机外，拥有所需其他资源，此时进程由运行态转换为就绪态。
- 运行态→阻塞态。进程请求某一资源（如外设）的使用和分配或等待某一事件的发生（如I/O操作的完成）时，它就从运行态转换为阻塞态。进程以系统调用的形式请求操作系统提供服务，这是一种特殊的、由运行用户态程序调用操作系统内核过程的形式。

● 阻塞态→就绪态。进程等待的事件发生了，如I/O操作结束或中断结束时，中断处理程序必须把相应进程的状态由阻塞态转换为就绪态。

注意：从运行态变为阻塞态是一种主动的行为，而从阻塞态变为就绪态是一种被动行为。

除了以上状态以外，有些系统的进程还有挂起状态。引起挂起的原因有：

① 终端用户的请求。当终端用户因为在运行期间发现问题而无法执行，需要暂时停止正在运行的进程，若该进程处于就绪状态，挂起后，该进程就处于静止状态，也称为就绪静止。

② 父进程请求。有时父进程根据运行需要，在执行期间需要挂起自己的某个子进程，以便考查和修改该子进程，或者协调各子进程间的活动。

③ 负荷调节的需要。当实时操作系统中存在较重的工作负荷时，为了保证实时系统的及时、可靠性，需要把系统中不重要的进程挂起，实现系统的正常执行。

④ 操作系统的需要。操作系统有时会根据需要挂起某些进程，完成资源使用情况或运行记录情况的检查。

引入挂起状态后进程状态转换，如图2.3所示。

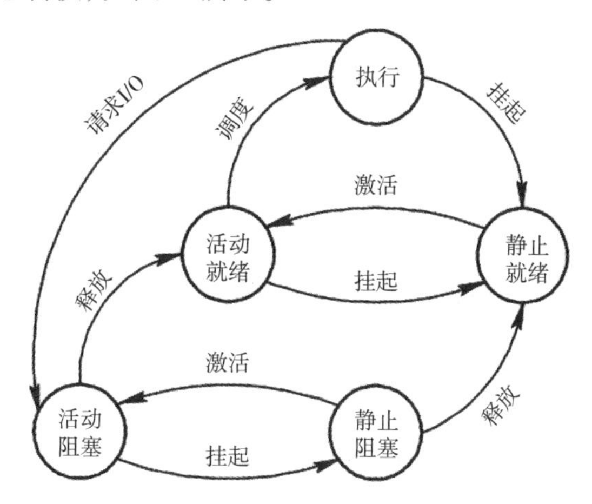

图2.3　加上挂起状态的进程状态转换图

引入挂起状态后，进程状态转换主要包括：A. 活动就绪到静止就绪转换；B. 静止就绪向活动就绪转换；C. 活动阻塞向静止阻塞转换；D. 静止阻塞到活动阻塞转换。以上转换进行时通过挂起与激活原语来实现。

2.2.3 进程控制

（1）进程图的定义

进程控制的作用是对系统中的全部进程实施有效的管理，负责进程状态的改变，其主要功能包括进程的创建、进程的撤销、进程阻塞与唤醒等。以上这些操作都是由操作系统的内核来实现的。进程图（也称进程树）就是用于描述进程间关系的一棵有向树，如图2.4所示。图中的结点代表进程，进程图的特点是一个父进程可以创建多个子进程。

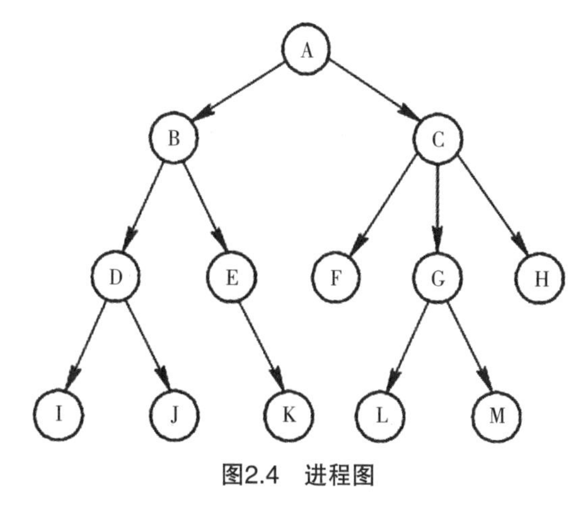

图2.4　进程图

根据进程图的结构可知，进程创建满足父子关系，一个父进程可以创建其他的子进程。子进程能继承父进程所分配的资源。在子进程被撤销时，应将其从父进程那里获得的资源归还给父进程。此外，在撤销父进程时，必须同时撤销其所有的子进程。

（2）引起进程创建的典型事件

在操作系统中，引起新进程被创建的典型事件包括用户登录、作业调度、系统提供服务和用户的应用请求等。

① 用户登录。在分时系统中，终端用户输入登录命令后，经检测合法，则系统将为该终端用户创建一个进程，并把其插入就绪队列。

② 作业调度。在批处理系统中，当作业调度根据某算法调度作业时，便将该作业从后备区调入内存，系统便为之分配资源，调用创建进程原语创建进程，并将创建成功的进程插入就绪队列。

③ 系统提供服务。用户通过系统调用的方式来获取系统的服务。为此，如有用户向系统请求服务时，系统为其专门创建一个进程来提供用户所需要的服务，例如，用户程序需要文件打印，操作系统便为它创建一个打印进程。这样，打印进程与该用户进程可以并发执行，同时还可以对完成打印任务所花费的时间进行计算。

④ 用户的应用请求。以上三个事件是由内核完成新进程的创建，而本次事件是由用户进程自己创建的新进程，例如数据的显示过程，包括数据的输入、数据的处理和数据的显示等都需要建立新进程并发执行完成。

（3）进程创建过程

在操作系统中，所有进程的操作都是通过创建原语create按着一定的步骤来完成（原语是由若干个机器指令构成的完成某种特定功能的一段程序，具有不可分割性，即原语的执行必须是连续的，在执行过程中不允许被中断）。操作系统创建一个新进程的步骤如下：

① 申请空白PCB。为新进程申请一个空白的PCB， 并指定唯一的进程标识符，若申请失败，则进程创建失败。

② 为新进程分配所需的资源。例如为新进程的程序和数据以及用户栈分配必要的内存空间。

③ 初始化进程控制块。初始化PCB的相关信息包括初始化标识信息、初始化处理机状态信息、初始化处理机控制信息等。

④ 将新进程插入就绪队列。如果进程创建成功，并且就绪队列未满，便将新进程插入就绪队列等待调度。

（4）进程的终止

引起进程终止的事件包括：正常结束、异常结束和外界干预。正常结束表示进程的任务已经完成并根据退出指示准备退出运行；异常结束表示进程运行过程中，有错误和故障事件发生，迫使进程无法进行而终止，常见的错误和故障包括越界错误、保护错误、非法指令和特权指令错误、运行超时、等待超时、算术运算错误和I/O故障；外界干预表示进程为响应外界的请求而终止进程。常见的外界干预包括操作员或操作系统干预、父进程请求、父进程终止等。

操作系统终止进程的过程如下（撤销原语）：

① 通过被终止进程的标识符检索PCB，并查看当前该进程的状态。

② 若被终止进程目前处于运行状态，立即终止该进程的运行。

③ 若被终止的进程还有子进程，则应将其所有子进程终止。

④ 将其拥有的全部资源归还给其父进程或操作系统。

⑤ 最后将被终止的进程所对应的PCB从所在队列（链表）中删除。

（5）进程的阻塞与唤醒

正在运行的进程，若在运行中缺少资源或等待的事件没有发生，进程便会进入阻塞状态。常见的引起进程阻塞的事件有请求系统服务、等待启动某种操作的完成、新数据尚未到达或无新工作可做等，当以上事件发生时，该进程会自动执行阻塞原语block将自己的运行态变为阻塞态。进程由运行状态到阻塞状态的过程是一种主动的行为。

注意：只有运行态的进程才可以转换为阻塞态。

阻塞原语的执行过程如下：

① 依据进程的标识符找到要被阻塞进程及其对应的PCB。

② 若该进程为运行态，则保护其现场，将其状态转为阻塞态，停止运行。

③ 把该PCB插入相应事件的等待队列中。

当被阻塞进程所等待的事件发生时，由相关进程（如提供数据的进程）调用唤醒原语wakeup，将该进程进行唤解。唤醒原语的执行过程如下：

① 在该事件的等待队列中找到相应进程的PCB。

② 将从等待队列中移出，并置其状态为就绪态。

③ 把该PCB插入就绪队列，等待调度程序调度。

注意：block原语和wakeup原语是一对作用相反的原语，使用时必须成对出现。被阻塞进程通过自我调用block原语来实现的阻塞，而wakeup原语则是相关进程调用来实现唤醒。在信号量机制中，一般通过PV原语来实现进程的阻塞和唤醒。

（6）进程的切换

进程的创建、撤销以及要求有系统设备完成的I/O操作，用户都是通过系统调用的方式进入内核，再由内核中的相应处理程序予以完成处理。同样，进程切换也是在内核的支持下完成。进程切换是指处理机从一个进程的运行转到另一个进程上运行，在这个过程中，进程的运行环境产生了实质性的变化。进程切换的过程如下：

① 保存处理机上下文，包括程序计数器和其他寄存器。

② 更新PCB信息。

③ 把进程的PCB移入相应的队列，如就绪、在某事件阻塞等队列。

④ 选择另一个进程执行，并更新其PCB。

⑤ 更新内存管理的数据结构。

⑥ 恢复处理机上下文。

注意：

A. 进程切换与处理机模式切换不同。处理机模式切换时，处理机逻辑上可能还在同一进程中运行。如果进程因中断或异常进入核心态运行，执行完后又需要回到用户态中刚被中断的程序中运行，则操作系统只需恢复进程进入内核时所保存的CPU现场，而无须改变当前进程的环境信息。但在进程切换中，进程改变了，同时当前进程的环境信息也会发生改变。

B. “调度”和“切换”的不同。调度是指决定资源即将分配给哪个进程的行为，是一种决策行为；切换是指实际分配的行为，是执行行为。一般来说，先有资源的调度，然后可以进行进程的切换。

2.2.4 进程的组织

进程是一个独立的运行单位，也是操作系统进行资源分配和调度的基本单位。它一般包括进程控制块、程序段和数据段三部分。

（1）进程控制块

为了描述和控制进程的运行，系统为每个进程定义了一个数据结构——进程控制块PCB（Process Control Block），它是进程实体的一部分，是进程存在的唯一标志，是操作系统中最重要的记录型数据结构。PCB一旦被创建后便常驻内存，任意时间都可以进行存取，当进程终止时，将PCB从相应的队列中删除。

进程控制块的作用是使一个在多道程序环境下不能独立运行的程序（含数据）成为一个能独立运行的基本单位，能与其他进程并发执行的进程。PCB中记录了操作系统所需的、用于描述进程的当前情况以及控制进程运行的全部信息。

表2.2展示了一个PCB的实例。PCB主要包括进程标识符、处理机状态、进程调度信息、进程控制信息等。各部分的主要说明见表2.2。

表2.2　PCB包括的主要内容

进程标识符	处理机状态	进程调度信息	进程控制信息
进程标识符（PID）	通用寄存器值	进程当前状态	程序和数据的地址
用户标识符（UID）	地址寄存器值	进程优先级	进程同步和通信机制
	指令计数器	代码运行入口地址	资源清单
	程序状态字 PSW	程序的外存地址	链接指针
	用户栈指针	进入内存时间	
		处理机占用时间	
		信号量使用	

① 进程标识符。进程标识符用于唯一地标识一个进程。一个进程通常有两种标识符：内部标识符和外部标识符。内部标识符主要是为方便系统使用，它是一个唯一的数字标识符。外部标识符是由创建者提供，通常是由字母、数字组成，由用户进程在访问该进程时使用。

② 处理机状态。处理机状态信息主要是由处理机的各种寄存器中的内容组成。处理机在运行时，许多信息都放在寄存器中。当处理机被中断时，所有这些信息都必须保存在PCB中，以便在该进程重新执行时，能从断点继续执行。

③ 进程调度信息。在PCB中存放与进程调度、进程对换相关的信息，以保证所有资源信息正确有效地工作。

④ 进程控制信息。进程控制信息主要是描述进程的状态信息，是处理机分配调度的依据。

（2）程序段

程序段就是能被进程调度程序调度到CPU执行的程序代码段。注意，程序可被多个进程共享，即多个进程可以运行同一个程序。

（3）数据段

一个进程的数据段，可以是进程对应的程序加工处理的原始数据，也可以是程序执行时产生的中间或最终结果。

2.2.5 进程的通信

进程通信是指进程之间的信息交换。根据信息量及通信效率，进程通信可以分为低级通信和高级通信。低级通信是指进程之间信息量较少且效率比较低，比如进程的互斥与同步就是一种低级通信，主要通过PV原语操作来实现。高级通信是指以较高的效率传输大量数据的通信方式。高级通信主要包括共享存储器系统、消息传递系统和管道通信系统。

（1）共享存储器系统

共享存储器系统是指在相互通信的进程之间申请建立一块可直接访问的共享存储空间，多个进程可以通过这块共享存储空间进行写/读操作来实现进程之间的通信，如图2.5所示。在对共享空间进行读/写操作时，需要通过同步互斥工具（如P操作、V操作）来保证数据的安全正确地读/写进行控制。

图2.5 共享存储器系统

根据传送数据量的大小及共享存储空间结构不同，共享存储器系统可以分为以下两种类型：

① 基于共享数据结构的通信方式。此种通信方式属于低级通信方式，结构简单，占用存储空间少，进程之间通信是通过申请建立公用数据结构来实现。例如生产者–消费者问题有界缓冲区。该通信方式，操作系统只提供共享存储器，有程序员负责公用数据结构的设置及进程间同步的处理。此种通信方式仅适用于通信效率低、传送数据量少的数据。

② 基于共享存储区的通信方式。此通信方式为高级通信方式，共享区域大，传送数据量大。此通信方式是通过在存储器中划出了一块共享存储区，诸进程可通过对共享存储区中的数据进行读或写来实现通信。

（2）消息传递系统

消息传递系统通信机制目前应用是最为广泛的，此通信系统中进程之间的数据交换是以格式化的信息（message）为单位，如网络通信中的报文格式等。程序员可以直接利用系统提供的一组通信命令（原语）来实现通信。此种通信机制数据传递量大，而且操作系统还隐藏了通信的实现细节，实现了对用户的透明性，简化了通信程序编程的复杂度。根据实现方式不同，消息传递系统可以分为以下两类：

① 直接通信方式。发送进程直接把消息发送给接收进程，并将它挂在接收进程的消息缓冲队列上，接收进程从消息缓冲队列中取得消息。

② 间接通信方式。发送进程把消息发送到某个中间实体（通常称为信箱）中，接收进程从中取得消息。这种通信方式也称信箱通信方式。该通信方式广泛应用于计算机网络中，与之相应的通信系统称为电子邮件系统。

（3）管道通信系统

管道是消息传递的特殊通信机制，以文件的格式来传递信息。所谓“管道”是指用于连接一个读进程和一个写进程以实现它们之间通信的一个共享文件，又名pipe文件。向管道（共享文件）提供输入的发送进程（即写进程），以字符流形式将大量的数据送入管道；而接受管道输出的接收进程（即读进程），则从管道中接收（读）数据。

为了协调双方的通信，管道机制必须提供以下三方面的协调能力：

① 互斥。即当有进程正在对pipe执行读/写操作时，其他进程必须等待。

② 同步。指当写（输入）进程把一定数量的数据写入pipe，便去阻塞等待，直到读（输出）进程取走数据后，再把它唤醒。当读进程读一空pipe时，也应阻塞等待，直至写进程将数据写入管道后，才将之唤醒。

③ 确定。确定对方是否存在，如果存在才能进行通信，否则阻塞。

注意：从管道读数据是一次性操作，数据一旦被读取，它就从管道中被抛弃，释放空间以便写更多的数据。管道只能采用半双工通信，即某一时刻只能单向传输，要实现父子进程双方互动通信，需要定义两个管道。

2.2.6 线程概念和多线程模型

（1）线程的基本概念

已知进程具有两个基本特性：进程是一个可拥有资源的独立单位；进程同时又是一个可独立调度和分派的基本单位，且进程间进行切换时时空开销大。为降低时空开销，使OS具有更好的并发性，引入线程。带有线程的操作系统中，进程的两个基本属性是分开的，进程是拥有资源的独立单位，线程是独立调度和分派的基本单位。

线程是操作系统能够进行运算调度的最小单位。它被包含在进程之中，是进程中的实际运作单位。一个线程指的是进程中一个单一顺序的控制流，一个进程中可以并发多个线程，每条线程并行执行不同的任务。在Unix System及SunOS中也被称为轻量进程（lightweight processes），但轻量进程更多指内核线程（kernel thread），而把用户线程（user thread）称为线程。

（2）线程的属性

在多线程OS中，通常是在一个进程中包括多个线程，每个线程都是作为CPU调度与分配的基本单位，是花费最小开销的实体。线程具有以下属性：

① 轻型实体。线程中的实体基本上不拥有系统资源，只是有一点必不可少的、能保证其独立运行的资源，比如线程实体包括程序、数据和TCB等。和进程一样，线程控制块是线程控制运行的唯一标识，用于指示被执行指令序列的程序计数器，保留局部变量、少数状态参数和返回地址等一组寄存器和堆栈。

② 独立调度和分派的基本单位。在多线程OS中，线程是能独立运行的基本单位，因而也是独立调度和分派的基本单位。由于线程很“轻”，故线程的切换非常迅速且开销小（在同一进程中的）。

③ 可并发执行。在一个进程中的多个线程之间，可以并发执行，甚至允许在一个进程中所有线程都能并发执行；同样，不同进程中的线程也能并发执行，充分利用和发挥了处理机与外围设备并行工作的能力。

④ 共享进程资源。在同一进程中的各个线程，都可以共享该进程所拥有的资源。在同一个进程中，所有线程都具有相同的地址空间（进程的地址空间），即线程可以访问该地址空间的每一个虚地址；同时还可以访问进程所拥有的已打开文件、定时器、信号量机构等。由于同一个进程内的线程共享内存和文件，所以线程之间互相通信不必调用内核。

（3）线程与进程的比较

线程具有许多传统进程所具有的特征，故又称为轻型进程（Light-Weight Process）；而把传统的进程称为重型进程（Heavy-Weight Process），它相当于只有一个线程的任务。在引入了线程的操作系统中，通常一个进程都有若干个线程，至少需要一个线程。下面，从调度、并发性、拥有资源和系统开销等方面，来比较线程与进程。

① 调度。在传统的操作系统中，拥有资源和独立调度的基本单位都是进程。在引入线程的操作系统中，线程是独立调度的基本单位，进程是拥有资源的基本单位，使传统进程的两个属性分开。在同一进程中，线程的切换不会引起进程切换。在不同进程中进行线程切换，如从一个进程内的线程切换到另一个进程中的线程时，会引起进程切换。

② 并发性。在引入线程的操作系统中，不仅进程之间可以并发执行，而且多个线程之间也可以并发执行，从而使操作系统具有更好的并发性，提高了系统的吞吐量。

③ 拥有资源。不论是传统操作系统还是设有线程的操作系统，进程都是拥有资源的基本单位，而线程不拥有系统资源（只有一点必不可少的资源），但线程可以访问其隶属进程的系统资源。若线程也是拥有资源的单位，则切换线程就需要较大的时空开销，线程的引入就没有意义了。

④ 系统开销。由于创建或撤销进程时，系统都要为之分配或回收资源，如内存空间、I/O设备等，因此操作系统所付出的开销远大于创建或撤销线程时的开销。类似地，在进行进程切换时，涉及当前执行进程CPU环境的保存及新调度进程CPU环境的设置，而线程切换时只需保存和设置少量寄存器内容，开销很小。由于同一进程中的多个线程具有相同的地址空间，致使它们之间的同步和通信的实现，也变得比较容易，且无需操作系统的干预。

（4）线程的实现

根据线程的执行任务不同，线程被分为两类：用户级线程（User-Level Thread，ULT）和内核级线程（Kernel-Level Thread，KLT）。内核级线程又称内核支持的线程。

- 用户级线程是指不依赖于操作系统核心，由应用进程利用线程库提供创建、同步、调度和管理线程的函数来控制的线程。由于用户级线程的维护由应用进程完成，不需要操作系统内核了解用户级线程的存在，因此可用于不支持内核级线程的多进程操作系统，甚至是单用户操作系统。用户级线程切换不需要内核特权，且由于用户级线程的调度在应用进程内部进行，通常采用非抢占式和更简单的规则，也无须用户态/核心态切换，因此速度特别快。当然，由于操作系统内核不了解用户线程的存在，当一个线程阻塞时，整个进程都必须等待。这时处理器时间片是分配给进程的，当进程内有多个线程时，每个线程的执行时间相对减少，图2.6（a）说明了用户级线程的实现方式。
- 内核级线程是指依赖于内核，由操作系统内核完成创建和撤销工作的线程。在支持内核级线程的操作系统中，内核维护进程和线程的上下文信息并完成线程切换工作。一个内核级线程由于I/O操作而阻塞时，不会影响其他线程的运行，图2.6（b）说明了内核级线程的实现方式。
- 组合方式的多线程实现。有些系统中线程创建完全在用户空间中完成，线程的调度和同步也在应用程序中进行。一个应用程序中的多个用户级线程被映射到一些小于等于用户级线程的数目内核级线程上。图2.6（c）说明了用户级与内核级的组合实现方式。

（5）多线程模型

部分系统同时支持用户线程和内核线程，由此产生了不同的多线程模型，即实现用户级线程和内核级线程不同的连接方式。

① 多对一模型。将多个用户级线程映射到一个内核级线程，线程管理在用户空间完成。此模式中，用户级线程对操作系统不可见（即透明）。

优点：线程管理是在用户空间进行的，因而效率比较高。

缺点：一个线程在使用内核服务时被阻塞，整个进程都会被阻塞；多个线程不能并行地运行在多处理机上。

② 一对一模型。将每个用户级线程映射到一个内核级线程。

优点：当一个线程被阻塞后，允许另一个线程继续执行，所以并发能力较强。

缺点：每创建一个用户级线程都需要创建一个内核级线程与其对应，这样创建线程的开销比较大，会影响到应用程序的性能。

③ 多对多模型。将n个用户级线程映射到m个内核级线程上，要求$m \leq n$。

特点：多对多模型是多对一模型和一对一模型的折中，既克服了多对一模型并发度不高的缺点，又克服了一对一模型的一个用户进程占用太多内核级线程而开销太大的缺点。

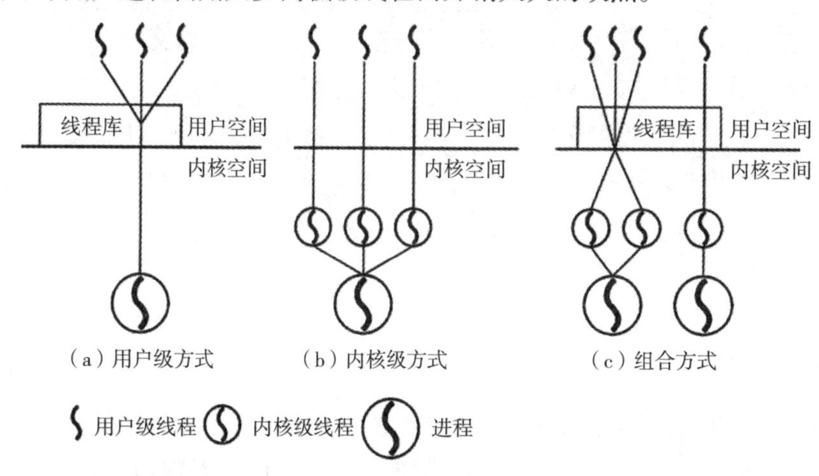

图2.6　用户级和内核级线程

2.2.7 真题与习题精编

● 单项选择题

1. 操作系统中，可以并行工作的是（　）。【南京理工大学2013年】

A. 作业　　B. 函数　　C. 进程　　D. 过程

2. 在引入线程的操作系统中，把（　）作为调度和分派的基本单位，而把（　）作为资源拥有的基本单位。【广东工业大学2017年】

A. 进程，线程　　B. 程序，线程　　C. 程序，进程　　D. 线程，进程

3. 进程的基本状态（　）可以由其他两种基本状态转变而来。【电子科技大学 2015年】

A. 就绪状态　　B. 执行状态　　C. 阻塞状态　　D. 新建状态

4. 已经获得除（　）以外的所有运行所需资源的进程处于就绪状态。【南京航空航天大学2017年】

A. 存储器　　B. 打印机　　C. CPU　　D. 磁盘空间

5. 下列进程状态的转换中，（　）是不可能发生的。【南京理工大学2013年】

A. 就绪→执行　　B. 执行→就绪　　C. 就绪→等待　　D. 等待→就绪

6. 当一个进程处于（　）状态时，称其为等待状态。【南京理工大学2013年】

A. 等待进入内存　　B. 等待协作进程的一个消息

C. 等待一个时间片　　D. 等待CPU调度

7. 进程从运行状态到阻塞状态可能是由于（　）。【西安理工大学2000年】

A. 进程调度程序的调度　　B. 现运行进程的时间片用完

C. 现运行进程执行了P操作　　D. 现运行进程执行了V操作

8. 在实时系统中，当系统中的内存资源不够满足执行紧迫任务的需求时，操作系统可能会将正在运行的进程变为（　）状态。【南京理工大学2013年】

A. 活动就绪　　B. 静止就绪　　C. 活动阻塞　　D. 静止阻塞

9. 下列事件或操作中，可能导致进程P由执行态变为阻塞态的是（　）【全国联考2022年】

Ⅰ. 进程P读文件　　Ⅱ. 进程P的时间片用完

Ⅲ. 进程P申请外设　　Ⅳ. 进程P执行信号量的wait（　）操作

A. 仅Ⅰ、Ⅳ　　B. 仅Ⅱ、Ⅲ　　C. 仅Ⅲ、Ⅳ　　D. 仅Ⅰ、Ⅲ、Ⅳ

10. 一般情况下，分时系统中处于（　）的进程最多。【燕山大学2015年】

A. 执行状态　　B. 就绪状态　　C. 阻塞状态　　D. 终止状态

11. 当一个进程（　），就要退出等待队列而进入就绪队列。【广东工业大学2017年】

A. 启动了外设　　B. 用完了规定的时间片

C. 获得了所等待的资源　　D. 能得到所等待的处理器

12. 下列选项中，导致创建新进程的操作是（　）。【全国联考2010年】

Ⅰ. 用户登录成功　　Ⅱ. 设备分配　　Ⅲ. 启动程序执行

A. 仅Ⅰ和Ⅱ　　B. 仅Ⅱ和Ⅲ　　C. 仅Ⅰ和Ⅲ　　D. Ⅰ、Ⅱ和Ⅲ

13. 下面关于父子进程关系的叙述中，正确的是（　）。【南京理工大学2013年】

A. 父进程创建子进程，只有等着父进程执行完了，子进程才能执行

B. 撤销父进程，应同时撤销子进程

C. 撤销子进程，应同时撤销父进程

D. 子进程只能使用父进程拥有资源的子集

14. 操作系统是根据（　）来对并发执行的进程进行控制和管理的。【电子科技大学2014年】

A. 进程的基本状态　　B. 进程调度算法　　C. 进程的优先级　　D. 进程控制块

15. 进程的状态和优先级信息存放在（　）。【燕山大学2015年】

A. JCB　　B. PCB　　C. 快表　　D. 页表

16. 管道通信是以（　）进行写入和读出。【南京航空航天大学2017年】

A. 消息为单位　　B. 自然字符流　　C. 文件　　D. 报文

17. 操作系统中有一组特殊的程序，它们不能被系统中断，在操作系统中称为（　）。

【南京航空航天大学2017年】

A. 初始化程序　　B. 原语　　C. 子程序　　D. 控制模块

18. 下列关于进程和线程的叙述中，正确的是（　）。【全国联考2012年】

A. 不管系统是否支持线程，进程都是资源分配的基本单位

B. 线程是资源分配的基本单位，进程是调度的基本单位

C. 系统级线程和用户级线程的切换都需要内核的支持

D. 同一进程中的各个线程拥有各自不同的地址空间

19. 在支持多线程的系统中，进程P创建的若干个线程不能共享的是（　）。【全国联考2011年】

A. 进程P的代码段　　B. 进程P中打开的文件

C. 进程P的全局变量　　D. 进程P中某线程的栈指针

20. 下面的叙述中，正确的是（　）。【中国科学院大学2015年】

A. 在一个进程中创建一个新线程比创建一个新进程所需的工作量多

B. 同一个进程中的线程间通信和不同进程中的线程间通信差不多

C. 同一进程中的线程间切换由于许多上下文相同而简化

D. 同一进程中的线程间通信需要调用内核

21. 一个进程可以包含多个线程，各线程（　）。【南京理工大学2013年】

A. 共享进程的虚拟地址空间　　B. 各线程的地址空间完全独立

C. 是资源分配的单位　　D. 共享堆栈

22. 下列选项中，降低进程优先级的合理时机是（　）。【全国联考2010年】

A. 进程时间片用完　　B. 进程刚完成I/O操作，进入就绪队列

C. 进程长期处于就绪队列　　D. 进程从就绪态转为运行态

23. 一个进程的读磁盘操作完成后，操作系统针对该进程必须做的是（　）。【全国联考2014年】

A. 修改进程状态为就绪态　　B. 降低进程优先级

C. 给进程分配用户内存空间　　D. 增加进程时间片大小

24. 下列关于管道（pipe）通信的叙述中，正确的是（　）。【全国联考2014年】

A. 一个管道可以实现双向数据传输

B. 管道的容量仅受磁盘容量大小限制

C. 进程对管道进行读操作和写操作都可能被阻塞

D. 一个管道只能有一个读写进程或一个写进程对其操作

25. 下列选项中，会导致进程从执行态变为就绪态的事件是（　）。【全国联考2015年】

A. 执行P（wait）操作　　B. 申请内存失败

C. 启动I/O设备　　D. 被高优先级进程抢占

26. 下列选项中，可能导致当前进程P阻塞的事件是（　）。【全国联考2018年】

Ⅰ. 进程P申请临界资源　　Ⅱ. 进程P从磁盘读数据

Ⅲ. 系统将CPU分配给高优先权的进程

A. 仅Ⅰ　　B. 仅Ⅱ　　C. 仅Ⅰ、Ⅱ　　D. Ⅰ、Ⅱ、Ⅲ

27. 下列关于线程的描述中，错误的是（　）。【全国联考2019年】

A. 内核级线程的调度由操作系统完成

B. 操作系统为每个用户级线程建立一个线程控制块

C. 用户级线程间的切换比内核级线程间的切换效率高

D. 用户级线程可以在不支持内核级线程的操作系统上实现

28. 下列选项中，可能将进程唤醒的事件是（　）。【全国联考2019年】

Ⅰ. I/O结束　　Ⅱ. 某进程退出临界区　　Ⅲ. 当前进程的时间片用完

A. 仅Ⅰ　　B. 仅Ⅲ　　C. 仅Ⅰ、Ⅱ　　D. Ⅰ、Ⅱ、Ⅲ

29. 多线程之间效率最高的通信方式是下列哪种方式?( ) 【中国科学院大学2016年】

A. 共享变量 B. 消息传递 C. 管道 D. 共享文件

30. 下面关于线程的叙述中正确的是( )。

A. 线程包含CPU现场,可以独立执行程序

B. 每个线程有自己独立的地址空间

C. 进程只能包含一个线程

D. 线程之间的通信必须使用系统调用函数

31. 核心级线程是指( )。

A. 内核创建的核心线程 B. 内核创建的用户线程

C. 在核心态下运行的线程 D. 在用户态下运行的线程

32. P操作可能导致( )。

A. 进程就绪 B. 进程结束 C. 进程阻塞(等待) D. 新进程创建

33. 以下哪种情况不会引起进程阻塞?( )。 【中国科学院大学2017年】

A. 持续计算已经用完时间片 B. 启动I/O操作

C. 访问文件系统 D. 等待网络新数据到达

34. 与内核态线程相比,用户态线程的优点不包括( )。 【中国科学院大学2017年】

A. 线程切换不需要转换到内核空间 B. 可以采用定制的调度算法

C. 可以避免系统调用引起进程阻塞 D. 实现与操作系统平台无关

35. 下列选项中,导致创建新进程的操作是( )。 【中国科学院大学2018年】

Ⅰ. 管理员启动Web服务 Ⅱ. 用户启动浏览器程序 Ⅲ. 用浏览器访问新的网页

A. 仅Ⅰ和Ⅱ B. 仅Ⅱ和Ⅲ C. 仅Ⅰ和Ⅲ D. Ⅰ、Ⅱ、Ⅲ

36. 下述关于进程、线程的陈述中,正确的是( )。 【北京邮电大学2016年】

Ⅰ. 进程控制块PCB记录了进程运行状态、使用资源等信息

Ⅱ. 进程I/O操作结束后,进程执行状态从等待/阻塞态变为运行态

Ⅲ. 单处理器系统中,基于共享内存的进程间通信是在用户模式下实现

Ⅳ. 在支持多线程的系统中,操作系统以线程为单位分配内存、文件等资源,以进程为单位进行CPU调度

A. Ⅰ,Ⅱ,Ⅲ,Ⅳ B. Ⅰ,Ⅱ,Ⅲ C. Ⅰ,Ⅲ D. Ⅱ,Ⅳ

37. 进程被成功创建以后,该进程的进程控制块将会首先插入到的队列是( )。

【北京邮电大学2017年】

A. 就绪队列 B. 等待队列 C. 运行队列 D. 活动队列

38. 进程之间交换数据不能通过( )途径进行。

A. 共享文件 B. 消息传递 C. 访问进程地址空间 D. 访问共享存储区

39. 在任何时刻,一个进程的状态变化( )引起另一个进程的状态变化。

A. 必定 B. 一定不 C. 不一定 D. 不可能

40. 系统进程所请求的一次I/O操作完成后,将使进程状态从( )。

A. 运行态变为就绪态 B. 运行态变为阻塞态

C. 就绪态变为运行态 D. 阻塞态变为就绪态

41. 一个进程的基本状态可以从其他两种基本状态转变过去，这个基本的状态一定是（　）。

A. 执行状态　　B. 阻塞态　　C. 就绪态　　D. 完成状态

42. 通常用户进程被建立后，（　）。

A. 便一直存在于系统中，直到被操作人员撤销

B. 随着进程运行的正常或不正常结束而撤销

C. 随着时间片轮转而撤销与建立

D. 随着进程的阻塞或者唤醒而撤销与建立

43. 进程在处理器上执行时，（　）。

A. 进程之间是无关的，具有封闭特性

B. 进程之间都有交互性，相互依赖、相互制约，具有并发性

C. 具有并发性，即同时执行的特性

D. 进程之间可能是无关的，但也可能是有交互性的

44. 在多对一的线程模型中，当一个多线程进程中的某个线程被阻塞后，（　）。

A. 该进程的其他线程仍可继续运行　　B. 整个进程都将阻塞

C. 该阻塞线程将被撤销　　D. 该阻塞线程将永远不可能再执行

45. 用信箱实现进程间互通信息的通信机制要有两个通信原语，它们是（　）。

A. 发送原语和执行原语　　B. 就绪原语和执行原语

C. 发送原语和接收原语　　D. 就绪原语和接收原语

46. PCB是进程存在的唯一标志，下列（　）不属于PCB。

A. 进程ID　　B. CPU状态　　C. 堆栈指针　　D. 全局变量

47. 在以下描述中，（　）并不是多线程系统的特征。

A. 利用线程并行地执行矩阵乘法运算

B. Web服务器利用线程响应HTTP请求

C. 键盘驱动程序为每个正在运行的应用配备一个线程，用以响应该应用的键盘输入

D. 基于GUI的调试程序用不同的线程分别处理用户输入、计算和跟踪等操作

48. 进程处于（　）时，它处于非阻塞态。

A. 等待从键盘输入数据　　B. 等待协作进程的一个信号

C. 等待操作系统分配CPU时间　　D. 等待网络数据进入内存

49. 进程创建时，不需要做的是（　）。

A. 填写一个该进程的进程表项　　B. 分配该进程适当的内存

C. 将该进程插入就绪队列　　D. 为该进程分配CPU

50. 计算机两个系统中两个协作进程之间不能用来进行进程间通信的是（　）。

A. 数据库　　B. 共享内存　　C. 消息传递机制　　D. 管道

● 填空题

1. 如果系统中有n个进程，则在等待队列中进程的个数最多为＿＿＿＿＿个。【北京大学1997年】

2. 进程通常由＿＿＿＿＿＿、＿＿＿＿＿＿和＿＿＿＿＿＿三部分组成。

【西安理工大学2001年】

3. 进程控制块PCB是进程存在的________________；程序和数据集合是进程的________________。

【西安理工大学2000年】

4. 操作系统通过__________感知进程的存在。【南京理工大学2013年】

5. 线程是进程中可____________的子任务，一个进程中可以有___________线程，每个线程都有一个__________的标识符。

● 简答题

1. 进程和线程的主要区别是什么？【西北工业大学1999年】

2. 试比较进程与程序的异同。【哈尔滨工业大学2000年】

3. 什么是进程控制块？它有什么作用？

4. 系统型线程和用户型线程有何区别？【南京航空航天大学2017年】

5. 从操作系统设计角度，谈谈进程控制块的作用。【南京航空航天大学2014年】

6. 如何理解进程的顺序性与并发性？【南京理工大学2013年】

7. 在创建一个进程时，操作系统需要完成的主要工作是什么？【浙江工商大学2015年】

2.2.8 答案精解

● 单项选择题

1.【答案】C

【精解】本题考查的知识点是进程与线程——进程概念的理解。进程是可与其他程序并发执行的程序段的一次运行过程，是系统资源分配和处理机调度的基本单位。一个作业是由一个或多个进程组成的，它并不是处理机调度的基本单位。函数和过程是程序设计语言中的两种子程序，也不是系统调度的单位。故选C。

2.【答案】D

【精解】本题考查的知识点是进程与线程——进程的概念。在传统的操作系统中，拥有资源的基本单位和独立调度、分配的基本单位都是进程。引入线程的操作系统中，则把线程作为调度和分配的基本单位，而进程作为资源拥有的基本单位。故选D。

3.【答案】A

【精解】本题考查的知识点是进程与线程——进程的状态转换。进程共有三种基本状态：阻塞、就绪和执行。只有就绪状态可由其他两种状态转换而来。故选A。

4.【答案】C

【精解】本题考查的知识点是进程与线程——进程的状态转换。当CPU的进程进入执行状态，其他已获得请求资源的进程进入就绪状态，直到获得CPU后，才能进入执行状态。故选C。

5.【答案】C

【精解】本题考查的知识点是进程与线程——进程的状态转换。进程状态由就绪变为执行的条件是进程调度；进程状态由执行变为就绪的条件是时间片用完；进程状态由等待变为就绪的条件是I/O操作完成；只有进程从就绪态变为等待态是不可能发生的。故选C。

6.【答案】B

【精解】本题考查的知识点是进程与线程——进程的状态转换。进程等待协作进程的消息到来时，称为阻塞状态，当进程的I/O完成，就从阻塞态变为就绪状态。故选B。

7.【答案】C

【精解】本题考查的知识点是进程与线程——进程的状态转换。从执行状态到阻塞状态是因为缺少资源，或者执行P操作后。故选C。

8.【答案】B

【精解】本题考查的知识点是进程与线程——进程的状态转换。当系统中的工作负担比较重时，为了满足紧迫任务的执行需求，操作系统会将暂时不紧迫的进程挂起，使其进入静止就绪的状态。故选B。

9.【答案】D

【精解】Ⅰ、Ⅲ、Ⅳ均有可能发生等待，使得进程由执行态转换为阻塞态；Ⅱ中进程P时间片用完后将会转为就绪态，故选项D正确。

10.【答案】B

【精解】本题考查的知识点是进程与线程——进程的状态转换。分时系统允许多个用户分享，使用同一台计算机，共享系统资源。分时系统将CPU的工作时间划分成若干个时间片，轮流为每个进程服务。当某个进程获得时间片进入执行状态时，其他进程处于就绪状态，等待时间片的到来。故选B。

11.【答案】C

【精解】本题考查的知识点是进程与线程——进程的状态转换。进程的等待状态又称阻塞状态。阻塞状态可由执行状态转换而来，条件是请求并等待某个事件发生。而阻塞状态到就绪状态发生的条件则是因为进程等待的某个条件发生而被唤醒，即获得了所等待的资源。故选C。

12.【答案】C

【精解】本题考查的知识点是进程与线程——进程控制。进程创建主要因为四个事件：提交一个批处理作业、在终端没有交互式作业登录、操作系统创建一个服务进程、已存在的进程创建新的进程。故选C。

13.【答案】D

【精解】本题考查的知识点是进程与线程——进程控制。子进程可与创建它的父进程并发执行，不需要等待父进程执行完毕；父进程会利用修改为wait()函数等待子进程执行完毕再撤销子进程，否则子进程将变成“孤儿进程”；当子进程运行完毕而没有撤销时，子进程将会变为“僵尸进程”，等待父进程回收子进程。因此，父进程与子进程之间不存在同时撤销的情况，子进程通过继承的方式使用其父进程资源的子集。故选D。

14.【答案】D

【精解】本题考查的知识点是进程与线程——进程组织。进程控制块（PCB）的作用是使一个在多道程序环境下不能独立运行的程序，成为一个能独立运行的单位。换句话说，操作系统是根据进程控制块来对并发执行的进程进行控制和管理的。故选D。

15.【答案】B

【精解】本题考查的知识点是进程与线程——进程组织。进程控制块（PCB）是进程存在的唯一标识，它存储着进程的状态和优先级等信息。故选B。

16.【答案】B

【精解】本题考查的知识点是进程与线程——进程通信。管道是指用于连接一个读进程和一个写进程，并实现进程之间通信的一种共享文件。写进程负责向管道提供输入，数据格式是字符流。读进程负责接收管道数据。故选B。

17.【答案】B

【精解】本题考查的知识点是进程与线程——进程通信。原语是指由若干个机器指令构成的完成某种特定功能的一段程序，原语必须连续执行，具有不可分割性。原语在执行过程中不允许被中断，不同层次之间通过使用原语来实现信息交换。故选B。

18.【答案】A

【精解】本题考查的知识点是进程与线程——线程的概念。无论是否引入线程，进程始终是资源分配的基本单位。同一进程内的各个线程共享地址空间，线程是调度的基本单位。在用户级线程中，有关线程管理的工作均由应用程序完成，内核不进行干预。故选A。

19.【答案】D

【精解】本题考查的知识点是进程与线程——进程与线程的关系。进程是资源分配的基本单位，线程是处理机调度的基本单位。进程内部的代码段、进程打开的文件和进程的全局变量都是进程的资源，被进程内部的线程共享。线程的栈指针是其本身私有的，不能与其他线程共享。故选D。

20.【答案】C

【精解】本题考查的知识点是进程与线程——进程与线程的关系。线程也称“轻量级进程”，创建一个新的线程比创建一个新进程所需要的工作量要小很多。同一进程内的各个线程共享该进程的资源，它们之间的通信要比不同进程之间通信简单，并且同一进程间因为有许多相同的上下文资源，使得切换工作简单。不同进程间的通信需要调入内核。故选C。

21.【答案】A

【精解】本题考查的知识点是进程与线程——进程与线程概念的理解。每个进程都有独立的地址空间，同一进程内部不同线程共享进程的虚拟地址空间，一个线程的资源可以直接提供给其他线程使用，故各线程的地址空间不完全独立。线程是系统调度的基本单位，进程才是资源分配的基本单位。堆通常与进程相关，用于存储全局变量，栈是每个线程独有的，保存其运行状态和局部变量。故选A。

22.【答案】A

【精解】本题考查的知识点是进程与线程——进程状态转换。A中进程时间片用完，可降低其优先级以让其他进程被调度进入执行状态。B中进程刚刚完成I/O，进入就绪队列等待被处理机调度，为了让其尽快处理I/O结果，故应提高优先级。C中进程长期处于就绪队列，为不至于产生饥饿现象，也应适当提高优先级。D中进程的优先级不应该在此时降低，而应在时间片用完后再降低。故选A。

23.【答案】A

【精解】本题考查的知识点是进程与线程——进程状态转换。进程申请读磁盘操作时，因为要等待I/O操作完成，会把自身阻塞，此时进程变为阻塞态；I/O操作完成后，进程得到了想要的资源，会从阻塞态转换到就绪态（这是操作系统的行为）。而降低进程优先级，分配用户内存空间和增加进程的时间片大小都不一定会发生，故选A。

24.【答案】C

【精解】本题考查的知识点是进程与线程——进程通信。管道实际上是一种固定大小的缓冲区，管道对于管道两端的进程而言，就是一个文件，但它不是普通的文件，不属于某种文件系统，而是自立门户、单独构成的一种文件系统，并且只存在于内存中。它类似于通信中半双工信道的进程通信机制，一个管道可以实现双向的数据传输，而同一时刻只能最多有一个方向的传输，不能两个方向同时进行。管道的容量大小通常为内存上的一页，它的大小并不受磁盘容量大小的限制。当管道满时，进程在写管道会被阻塞，而当管道空时，进程在读管道会被阻塞，故选C。

25.【答案】D

【精解】本题考查的知识点是进程与线程——进程状态转换。P（wait）操作表示进程请求某一资源，A、B和C都因为请求某一资源会进入阻塞态，而D只是被剥夺了处理机资源，进入就绪态，一旦得到处理机即可运行。故选D。

26.【答案】C

【精解】本题考查的知识点是进程与线程——进程状态转换。进程等待某资源为可用（不包括处理机）或等待输入/输出完成均会进入阻塞态，故Ⅰ、Ⅱ正确；Ⅲ中情况发生时，进程进入就绪态，故Ⅲ错误，故选C。

27.【答案】B

【精解】本题考查的知识点是进程与线程——线程的实现。用户级线程是指不依赖于操作系统核心，由应用进程利用线程库提供创建、同步、调度和管理线程的函数来控制的线程。由于用户级线程的维护由应用进程完成，不需要操作系统内核了解用户级线程的存在，因此可用于不支持内核级线程的多进程操作系统，甚至是单用户操作系统。用户级线程切换不需要内核特权，且由于用户级线程的调度在应用进程内部进行，通常采用非抢占式和更简单的规则，也无须用户态/核心态切换，因此速度特别快。所以B错，C和D正确。内核级线程是指依赖于内核，由操作系统内核完成创建和撤销工作的线程，A正确。故选B。

28.【答案】C

【精解】本题考查的知识点是进程与线程——进程状态转换。Ⅰ中I/O结束，说明资源释放，等待时间唤醒；Ⅱ中某进程退出临界区后，释放资源，等待资源的进程也将被唤醒，Ⅲ中当前时间片用完，进程从运行状态转为就绪状态。故选C。

29.【答案】C

【精解】本题考查的知识点是进程与线程——进程通信。进程高级通信包括：共享存储器系统、消息传递系统和管道通信系统。共享存储器系统是指在相互通信的进程之间申请建立一块可直接访问的共享存储空间，多个进程可以通过这块共享存储空间进行写/读操作来实现进程之间的通信，其A、D属于共享存储器系统；消息传递系统通信机制目前应用是最为广泛的，此通信系统中进程之间的数据交换是以格式化的信息（message）为单位的；管道是消息传递的特殊通信机制，以文件的格式来传递信息，信息量有限，同时还要判断当前是否有信息。管道通信系统是指用于连接一个读进程和一个写进程以实现它们之间通信的一个共享文件，又名pipe文件。向管道（共享文件）提供输入的发送进程（即写进程），以字符流形式将大量的数据送入管道；而接受管道输出的接收进程（即读进程），则从管道中接收（读）数据。独自具有管道机制，可以完成互斥的通信，不需要判断申请，减少开销，效率高。故选C。

30.【答案】A

【精解】本题考查的知识点是进程与线程——线程概念的理解。进程管理机制存在一个明显的局限性，就是进程的创建、通信和调度开销比较大，影响了并行程序的执行效率。为此，操作系统引入了线程概念和线程管理机制。线程是进程中的一个程序执行单元。进程中的多个线程共享进程的地址空间和其他资源，包括程序、数据、文件、通信端口等。因此，线程之间可以直接交换数据。故选A。

31.【答案】B

【精解】本题考查的知识点是进程与线程——线程的实现。线程的实现方法有三种：在用户空间中实现、在内核中实现和前面两种方法的混合实现。在用户空间中实现线程时不需要操作系统内核的支持，通过用户空间中的多线程库实现线程的创建、管理和调度。而在内核中实现线程时，需要操作系统在已有的进程管理机制下实现线程的管理和调度机制。在用户空间中实现的线程称为用户级线程（ULT）；在内核中实现的线程称为核心级线程（KLT）。线程像进程一样，在用户态下执行用户程序，在核心态下执行内核程序。为了提高内核的执行效率，操作系统也会创建一些线程专门完成内核的特定功能，如电源管理、缓冲区刷新等。这些专门执行内核程序的线程称为核心线程。故选B。

32.【答案】C

【精解】本题考查的知识点是进程与线程——进程状态转换。首先P操作时申请资源、占有资源，如果执行过P操作后，使用此资源的进程就会处于等待状态。故选C。

33.【答案】A

【精解】本题考查的知识点是进程与线程——进程状态转换。时间片用完，进程进入就绪状态。进程请求某一资源的使用或等待某一事件的发生，进入阻塞状态。故选A。

34.【答案】C

【精解】本题考查的知识点是进程与线程相关概念的理解。对一个进程而言，其所有线程的管理数据结构均在该进程的用户空间中，管理线程切换的线程库也在用户地址空间运行，因此进程不必切换到内核方式来做线程管理，A正确；在不干扰OS调度的情况下，不同的进程可以根据自身需要选择不同的调度算法，对自己的线程进行管理和调度，B正确；用户级线程的实现与OS平台无关，因为对于线程管理的代码是属于用户程序的一部分，所有的应用程序都可以对之进行共享。用户级线程甚至可以在不支持线程机制的操作平台上实现，D正确。故选C。

35.【答案】A

【精解】本题考查的知识点是进程与线程——进程控制。管理员启动web服务可以导致创建新进程，用户启动浏览器程序会创建新进程。浏览器访问新网页不会创建新进程。故选A。

36.【答案】C

【精解】本题考查的知识点是进程与线程——进程状态转换。I/O结束后，还有分配CPU才能进入运行状态。所以Ⅱ错了，排除法选。Ⅳ也明显错了。故选C。

37.【答案】A

【精解】本题考查的知识点是进程与线程——进程控制。新创建成功的进程将插入就绪队列。即在进程创建的过程中，如果进程创建成功，并且就绪队列未满，便将新进程插入就绪队列等待调度。故选A。

38.【答案】C

【精解】本题考查的知识点是进程与线程——进程通信。每个进程包含独立的地址空间，进程各自的地址空间是私有的，只能执行自己地址空间中的程序，且只能访问自己地址空间中的数据，相互访问会导致指针的越界错误。因此，进程之间不能直接交换数据，但可利用操作系统提供的共享文件、消息传递、共享存储区等进行通信。故选C。

39.【答案】C

【精解】本题考查的知识点是进程与线程——进程状态转换。一个进程的状态变化可能会引起另一个进程的状态变化。例如，一个进程时间片用完，可能会引起另一个就绪进程的运行。同时，一个进程的状态变化也可能不会引起另一个进程的状态变化。例如，一个进程由阻塞态转变为就绪态就不会引起其他进程的状态变化。故选C。

40.【答案】D

【精解】本题考查的知识点是进程与线程——进程状态转换。I/O操作完成之前进程在等待结果，状态为阻塞态；完成后进程等待事件就绪，变为就绪态。故选D。

41.【答案】C

【精解】本题考查的知识点是进程与线程——进程状态转换。只有就绪状态可以有两种状态转变过去。时间片到，运行态变为就绪态；当所需要资源到达时，进程由阻塞态转变为就绪态。故选C。

42.【答案】B

【精解】本题考查的知识点是进程与线程——进程状态转换。进程有它的生命周期，不会一直存在于系统中，也不一定需要用户显式地撤销。进程在时间片结束时只是就绪，而不是撤销。阻塞和唤醒是进程生存期的中间状态。进程可在完成时撤销，或在出现内存错误等时撤销。故选B。

43.【答案】D

【精解】本题考查的知识点是进程与线程——进程概念的理解、状态转换。A和B都说得太绝对，进程之间有可能具有相关性，也有可能是相互独立的。C错在“同时”。故选D。

44.【答案】B

【精解】本题考查的知识点是进程与线程——线程的实现。在多对一的线程模型中，用户级线程的“多”对操作系统透明，即操作系统并不知道用户有多少线程。故该进程的一个线程被阻塞后，该进程就被阻塞，进程的其他线程当然也都被阻塞。故选B。

45.【答案】C

【精解】本题考查的知识点是进程与线程——进程通信。用信箱实现进程间互通信息的通信机制要有两个通信原语，它们是发送原语和接收原语。故选C。

46.【答案】D

【精解】本题考查的知识点是进程与线程——进程控制。进程实体主要是代码、数据和PCB。因此，要清楚了解PCB内所含的数据结构内容，主要有四大类：进程标志信息、进程控制信息、进程资源信息、CPU现场信息。由上述可知，全局变量与PCB无关，它只与用户代码有关。故选D。

47.【答案】C

【精解】本题考查的知识点是进程与线程——线程相关概念的理解。A、D考查线程的并发性，B考查线程作为进程的一个任务完成操作。他们速度都比较快，且任务少。而整个系统只有一个键盘，而且键盘输入是人的操作，速度比较慢，完全可以使用一个线程来处理整个系统的键盘输入。故选C。

48.【答案】C

【精解】本题考查的知识点是进程与线程——进程状态转换。进程有三种基本状态，处于阻塞态的进程由于某个事件不满足而等待。这样的事件一般是I/O操作，如键盘等，或是因互斥或同步数据引起的等待，如等待信号或等待进入互斥临界区代码段等，等待网络数据进入内存是为了进程同步。而等待CPU调度的进程处于就绪态，只有C是非阻塞态。故选C。

48.【答案】D

【精解】本题考查的知识点是进程与线程——进程组织。进程创建原语完成的工作：向系统申请一个空闲PCB，为被创建进程分配必要的资源，然后将其PCB初始化，并将此PCB插入就绪队列，最后返回一个进程标志号。当调度程序为进程分配CPU后，进程开始运行。所以进程创建的过程中不会包含分配CPU

的过程，这不是进程创建者的工作，而是调度程序的工作。故选D。

50.【答案】A

【精解】本题考查的知识点是进程与线程——进程通信。进程间的通信主要有管道、消息传递、共享内存、文件映射和套接字等。数据库不能用于进程间通信。故选A。

● 填空题

1.【答案】n

【精解】等待中的进程除了缺少CPU外，还缺少其他资源，如果其他资源获得不了，就始终在等待队列。

2.【答案】程序段，数据段，进程控制块

【精解】本题考查的知识点是进程的组织，进程实体由程序段、数据段、进程控制块三部分组成。

3.【答案】标志，实体

【精解】本题考查的知识点是进程的组织，进程实体由程序段、数据段、进程控制块三部分组成。其中PCB是进程的唯一标志，程序和数据集合是进程的实体。

4.【答案】PCB

【精解】本题考查的知识点是进程的组织，PCB是进程的唯一标志。

5.【答案】独立执行，一个或多个，唯一

【精解】本题考查的知识点是进程和线程的关系理解。线程可以独立执行，一个进程可以包括一个或多个线程，线程有唯一的线程标识及线程控制块。

● 简答题

1.【参考答案】进程和线程是构造操作系统的两个基本元素，两者之间的主要区别是：

（1）调度方面：线程作为调度分派的基本单位。

（2）并发性方面：进程之间可以并发执行。

（3）拥有资源方面：进程是拥有资源的基本单位，线程除少量必不可少的资源外，基本上不拥有资源，但它可以访问其隶属进程的资源。

（4）系统开销：进程间切换时要涉及进程环境的切换，开销比较大，而线程间切换只需保存和设置少量的寄存器内容，因此进程间切换的系统开销远大于线程间切换的系统开销。

2.【参考答案】进程和程序是紧密相关而又完全不同的概念。

（1）每个进程实体中包含了程序段、数据段这两个部分，因此说进程和程序是紧密相关的。但从结构上看，进程实体中除了程序段和数据段外，还必须包含一个数据结构，即进程控制块PCB。

（2）进程是程序的一次执行过程，因此是动态的；动态性还表现在进程由创建产生、由调度而执行、由撤销而消亡，即它具有一定的生命周期。而程序则只是一组指令的有序集合，并可永久地存放在某种介质上，其本身不具有动态的含义，因此是静态的。

（3）多个进程实体可同时存放在内存中并发执行，其实这正是引入进程的目的。而程序的并发执行具有不可再现性，因此程序不能正确地并发执行。

（4）进程是一个能够独立运行、独立分配资源和独立接受调度的基本单位。而因程序不具有PCB，所以它是不可能在多道程序环境下独立运行的。

（5）进程和程序不一一对应。同一个程序的多次运行，将形成多个不同的进程；同一个程序的一次执行也可以产生多个进程；而一个进程也可以执行多个程序。

3.【参考答案】进程控制块PCB是一个记录进程属性信息的数据结构，是进程实体的一部分，是操作系统中最重要的数据结构。

当操作系统要调度某进程执行时，需要从该进程的PCB中查询其现行状态和优先级调度参数；在调度到某进程后，要根据其PCB中保存的处理机状态信息去设置和恢复进程运行的现场，并根据其PCB中的程序和数据的内存地址来找到其程序和数据；进程在执行过程中，当需要与其他进程通信时，也要访问其PCB；当进程因某种原因而暂停执行时，又需要将断点的现场信息保存在其PCB中。系统在建立进程的同时就建立了该进程的PCB，在撤销一个进程时也就撤销其PCB。

由此可知，操作系统根据PCB来对并发执行的进程进行控制和管理，PCB是进程存在的唯一标志。

4.【参考答案】用户型线程和系统型线程主要有以下区别：

(1) 系统型线程依赖于内核；用户型线程不依赖于内核。

(2) 系统型线程是由操作系统内核完成创建和撤销的线程；用户型线程是由应用进程利用线程库提供创建、同步、调度和管理线程函数来控制的线程。

(3) 一个系统型线程因I/O操作被阻塞时，不会影响其他进程的运行；由于操作系统不了解用户型线程的存在，当一个线程被阻塞时，整个进程必须等待。

5.【参考答案】进程控制块是操作系统为每个进程定义的数据结构，作用是使程序能够独立运行。进程控制块能使一个在多道程序环境下不能独立运行的程序成为一个能独立运行的单位。因此，进程控制块是为了保证程序并发执行而创建的。

6.【参考答案】进程的顺序性是指处理机操作严格按照进程规定的顺序执行，即每一个进程开始执行以前，必须保证其上一个进程已执行完毕。进程的并发性是指多个进程同时在内存中时，能在一段时间内同时运行。

7.【参考答案】操作系统创建进程时需要完成五个操作：

(1) 操作系统发现请求创建新进程事件后，调用进程创建原语Create。

(2) 申请空白进程控制块。

(3) 为新进程分配资源。

(4) 初始化进程控制块。

(5) 将新进程插入就绪队列

2.3 处理机调度

2.3.1 调度的基本概念

(1) 调度的基本概念

在多道程序系统中，进程只有通过处理机调度后，才可以获得处理机而执行。但一般情况下，进程的数量都远远比处理机的个数多，如何将处理机分配给进程是操作系统的核心问题。处理机调度过程即从就绪队列中，依据某种调度算法选择一个进程以获得处理机运行的过程。处理机是操作系统的核心资源，处理机调度既是多道程序操作系统的基础，也是操作系统设计的最核心问题。

(2) 调度层次

在多道程序环境下，一个作业自提交到执行，在大部分操作系统中都要历经多级调度，如高级调度、中级调度和低级调度。而通常情况下，操作系统的运行性能在很大程度上取决于调度，可见调度问题是多道程序的关键问题。

对于不同操作系统，可能需要调度的级别不一样，如分时操作系统仅设置了进程调度，但通常情况下，一个作业一旦提交直到完成，往往需要经历以下三级调度，如图2.7所示。

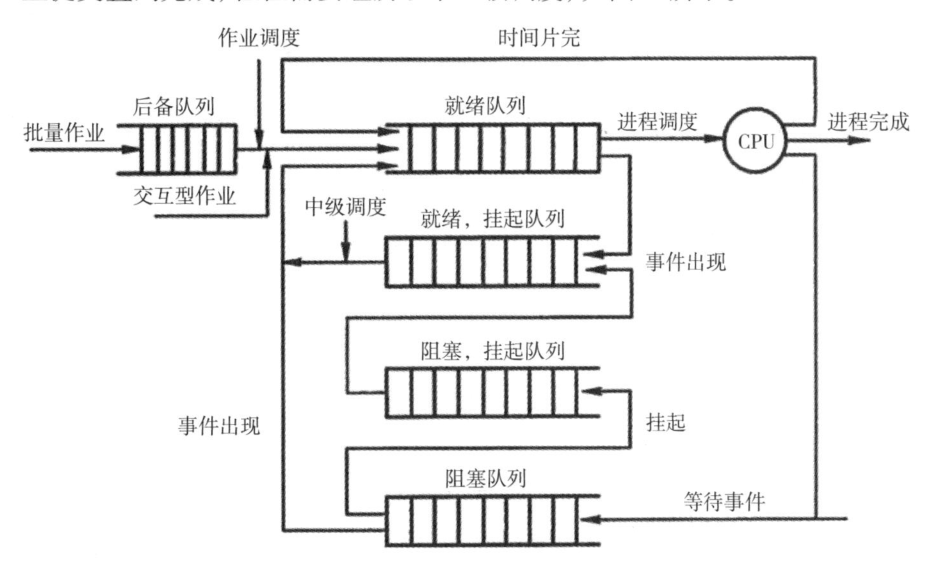

图2.7 处理机的三级调度

① 高级调度。又称作业调度或长调度，其主要功能是依据作业控制块中的信息，检索系统是否具有满足用户作业的资源需求，如果有，则根据某特定算法从外存的后备队列中选取某些作业调入内存，并为它们创建进程、分配必要的资源。然后再将新创建的进程插入就绪队列，准备执行。简单地说，高级调度就是内存与辅存之间的调度，要求一个作业只调入一次、调出一次。在多道批处理系统中，大部分作业都要经历作业调度，而其他系统中通常不需要设置作业调度。因为作业调度的执行频率较低，一般一次作业调度耗时几分钟。

② 中级调度。又称内存调度。引入中级调度是为了提高内存利用率和系统吞吐量。即系统把内存中暂时阻塞的进程调到外存等待，同时把该进程的状态修改为挂起状态。当被调出的进程具备运行条件且内存又有空闲时，由中级调度根据某种调度算法来决定，将外存上的那些已具备运行条件的就绪进程，再重新调入内存，并修改其状态为就绪状态，挂在就绪队列上等待。

③ 低级调度。又称为进程调度，其主要功能是按照某种算法决定就绪队列中哪个进程获得处理机，并有分配程序将处理机分配给被选中的进程。进程调度是操作系统中最基本的一种调度，执行频率高，一次进程调度仅需几十毫秒，在多道处理、分时、实时三中类型的OS中，都必须配置这一调度。

进程调度的基本过程包括三个步骤：首先，保存处理机的现场信息；其次，按基种算法选取进程；最后，把处理器分配给进程。因此，进程调度应包括排队器、分派器及上下文切换机制三大基本机制。各个机制的作用如下：

A. 排队器。为了提高进程调度的效率，在系统中，所有的就绪进程按照一定的方式排成一个或多个队列，以便调度程序能快速地找到它。

B. 分派器（分派程序）。将进程调度程序将选定的进程从就绪队列中取出。

C. 上下文切换机制。对处理机进行切换时，会出现两次的上下文切换。系统首先保存当前进程的上下文，装入分派程序的上下文，最后移除分派程序。把选中的进程的CPU现场信息装入各个对应的寄存器。

(3)三级调度的联系

作业调度从外存的后备队列中选择一批作业进入内存，为它们建立进程，这部分进程被送入就绪队列，进程调度从就绪队列中选出一个进程，并把其状态改为运行态，把CPU分配给它。中级调度是为了提高内存的利用率，系统将那些暂时不能运行的进程挂起来。当内存空间宽松时，通过中级调度选择具备运行条件的进程，将其唤醒。

① 作业调度为进程活动做准备，进程调度使进程正常运行起来，中级调度将暂时不能运行的进程挂起，中级调度处于作业调度和进程调度之间。

② 作业调度次数少，中级调度次数略多，进程调度频率最高。

③ 进程调度是最基本的，不可或缺。

2.3.2 调度时机、切换与过程

进程调度和切换程序都是操作系统内核程序。当请求调度的事件发生后，方可运行进程调度程序，当新的就绪进程被调度后，进程间的切换才可以行。从理论讲，以上三件事情应该按照顺序来执行，而在操作系统实际的设计中，当系统内核程序运行时，在某时发生了引起进程调度的因素，并不一定会马上进行调度与切换。

现代操作系统中，当进程调度的因素发生了，而不能进行进程的调度与切换的情况有以下几种：

① 在处理中断的过程中。中断处理过程复杂，在实现上很难做到进程切换，而且中断处理是系统工作的一部分，逻辑上不属于某一进程，不应被剥夺处理机资源。

② 进程在操作系统内核程序临界区中。进入临界区后，需要独占式地访问共享数据，理论上必须加锁，以防止其他并行程序进入，在解锁前不应切换到其他进程运行，以加快该共享数据的释放。

③ 其他需要完全屏蔽中断的原子操作。如加锁、解锁、中断现场保护、恢复等原子操作。在原子操作过程中，所有的中断都要屏蔽，当然进程调度与切换也不能运行。

如果在上述过程中发生了引起调度的条件，并不能马上进行调度和切换、应置系统的请求调度标志，直到上述过程结束后才进行相应的调度与切换。

现代操作系统中，应该进行进程调度与切换的情况如下：

① 当发生引起调度条件，且当前进程无法继续运行下去时，可以马上进行调度与切换。如果操作系统只在这种情况下进行进程调度，就是非剥夺（非抢占式）调度。

② 当中断处理结束或自陷处理结束后，返回被中断进程的用户态程序执行现场前，若置上请求调度标志，即可马上进行进程调度与切换。如果操作系统支持这种情况下的运行调度程序，就实现了剥夺方式（抢占式）的调度。

进程切换往往在调度完成后立刻发生，它要求保存原进程当前切换点的现场信息，恢复被调度进程的现场信息。现场切换时，操作系统内核将原进程的现场信息推入到当前进程的内核堆栈来保存它们，并更新堆栈指针。内核完成从新进程的内核栈中装入新进程的现场信息、更新当前运行进程空间指针、重设PC寄存器等相关工作之后，开始运行新的进程。

闲逛进程是pid为0的进程，它是一个是交换进程，也称作空闲进程。系统空闲进程的唯一目的是使CPU等待下一个计算或进程进入。空闲线程使用零优先级，该优先级低于普通线程，因此允许它们在操作系统运行合法进程时被从队列中推出。然后，一旦CPU完成该工作，就可以再次处理系统空闲进程，使

空闲线程始终处于“就绪”状态（如果尚未运行），这样会使CPU处于运行状态，并等待操作系统对其进行处理。

2.3.3 调度的基本准则

不同的调度算法具有不同的调度策略，针对不同的系统、不同的作用类型，应该选择不同的调度算法。因此在选择调度算法时，考生一定要考虑算法的基本策略及所具有的特性。为了比较处理机调度算法的优劣，人们提出不少评价准则，最常见常考的有如下几种：

（1）CPU利用率

CPU是操作系统最重要、最昂贵的资源，其利用率是评价调度算法优劣的重要指标。对于批处理以及实时系统，CPU的利用率要求达到比较高的水平，而对于PC或者某些不强调利用率的系统来说，CPU利用率可能并不是最主要的。

（2）系统吞吐量

系统吞吐量表示单位时间内CPU完成作业的数量。作业的长短在一定程度上决定了系统吞吐量。因此根据作业的长短来选择不同的调度的算法，在一定程度上也会对系统的吞吐率产生很大的影响。

（3）周转时间

在系统中，对于每个作业来说，完成作业所需要的时间是衡量系统性能的一个指标，一般用周转时间或带权周转时间来衡量。

① 周转时间。周转时间是指从作业提交到作业完成所消耗的时间，包括作业等待、在就绪队列中排队、在处理机上运行以及进行输入/输出操作等所花费时间的总和。

周转时间T_i用公式表示为：

$$周转时间T_i=作业i完成时间-作业i提交时间$$

② 平均周转时间。平均周转时间是指多个作业周转时间的平均值。n个作业的平均周转时间T公式如下：

$$T=\left(\frac{T_1+T_2+\cdots+T_n}{n}\right)=\frac{1}{n}\sum_{i=1}^{n}T_i$$

③ 带权周转时间。带权周转时间是指作业周转时间与作业实际运行时间的比值。作业i的带权周转时间W_i的公式表示为：

$$W_i=\frac{作业i的周转时间}{作业i的实际运行时间}=\frac{T}{T_s}$$

④ 平均带权周转时间。平均带权周转时间是指多个作业带权周转时间的平均值。平均带权周转时间W的公式表示为：

$$W=\frac{1}{n}\sum_{i=1}^{n}\frac{T_i}{T_s}$$

（4）等待时间

等待时间是指进程处于等待获取处理机状态的时间之和。处理机调度算法实际上并不影响作业执行或输入/输出操作的时间，只影响作业在就绪队列中等待所花的时间。因此，等待时间也是衡量一个调度算法优劣准则之一。

（5）响应时间

响应时间是指从用户提交作业请求到系统首次产生响应所用的时间。在交互式系统中，周转时间可能不是最好的评价准则，但响应时间可以作为衡量调度算法的重要准则之一。对于用户来说，调度策略应尽量降低响应时间，使响应时间处在用户能接受的范围之内。

在系统中的调度算法不可能满足所有用户和系统要求。相反，一般的调度算法都从以下两个方面来设计调度程序：一方面要满足特定系统用户的要求（如某些实时和交互进程快速响应要求），另一方面要考虑系统的整体效率（如减少整个系统进程平均周转时间），同时还要考虑调度算法的开销。

2.3.4 调度方式

所谓进程调度方式是指当某一个进程正在处理机上运行的过程中，如果存在一个优先级更高的进程进入就绪队列，此时处理机应该如何进行分配的方式。

① 非剥夺调度方式。又称非抢占方式：指当一个进程正在处理机上运行时，即使有优先级更高的进程进入就绪队列，当前进程不会把处理机分配给新进的进程而继续执行，直到该进程完成或等待某种事件发生而进入阻塞状态时，才把处理机分配给优先级高的进程。

即在非剥夺调度方式下，一旦把CPU分配给一个进程，该进程就会一直保持CPU直到该过程终止或转换到阻塞状态。该方式的优点是实现简单、系统开销小、适用于大多数的批处理系统，但它不能用于分时系统和大多数的实时系统。

② 剥夺调度方式。又称抢占方式：指当一个进程在处理机上运行的过程中，若有优先级更高的进程进入就绪队列，则当前进程立即暂停正在运行的进程，将处理机分配给优先级高的进程。

采用剥夺式的调度在一定程度上可以提高系统吞吐率和响应效率，但"剥夺"不能随意执行，必须遵循如优先权、短进程优先和时间片等原则。

2.3.5 典型调度算法

在OS中调度的实质就是一种资源分配策略，因此，调度算法是指根据系统的资源采用某分配策略对资源进行分配的方式方法。为实现不同的系统目标采用不同的调度算法。常见的经典调度算法如下。

（1）先来先服务（FCFS）调度算法

FCFS调度算法是一种最简单的调度算法，该调度算法既可以用于作业调度，也可以用于进程调度。在作业调度中，该算法调度是按照先来先服务的方式将最先进入就绪队列的作业最先分配处理机而运行，直到完成或因某种原因而阻塞时才释放处理机。

FCFS调度算法实例，假设系统中有5个作业，它们的提交时间分别是0、1、2、3、4，运行时间依次是4、3、4、2、4，系统采用FCFS调度算法，这组作业的平均等待时间、平均周转时间和平均带权周转时间见表2.3。

表2.3　FCFS调度算法的性能

作业号	提交时间	运行时间	开始时间	等待时间	完成时间	周转时间	带权周转时间
1	0	4	0	0	4	4	1
2	1	3	4	3	7	6	2
3	2	4	7	5	11	9	2.25
4	3	2	11	8	13	10	5
5	4	4	13	9	17	13	3.25

平均等待时间 $t=(0+3+5+8+9)/5=5$；

平均周转时间 $T=(4+6+9+10+13)/5=8.4$;

平均带权周转时间 $W=(1+2+2.5+5+3.25)/5=2.75$。

FCFS调度算法属于不可剥夺算法。从等待时间上看,它是相对公平的。但是它对短作业来说,如果在之前有长作业先占有CPU,则短作业就会等待很长时间。因此在分时系统和实时系统中一般不采用此调度算法。不过,一般情况下,该调度算法不单独使用,而是和其他调度算法一起使用。FCFS调度算法的特点是:算法简单,但效率低;对长作业比较有利,但对短作业不利;有利于CPU繁忙型作业,而不利于I/O繁忙型作业。

(2)短作业优先(SJF)调度算法

短作业优先调度算法是指对短作业(进程)优先调度的算法。SJF调度算法是从外存后备队列中选择一个或若干个估计运行时间最短的作业,将它们调入内存运行,直到完成或等待某事件发生而阻塞时,才释放处理机。

例如,考虑表2.3中给出的一组作业,若系统采用短作业优先调度算法,其平均等待时间、平均周转时间和平均带权周转时间见表2.4。

表2.4 SJF调度算法的性能

作业号	提交时间	运行时间	开始时间	等待时间	完成时间	周转时间	带权周转时间
1	0	4	0	0	4	4	1
2	1	3	6	5	9	8	2.67
3	2	4	9	7	13	11	2.75
4	3	2	4	1	6	3	1.5
5	4	4	13	9	17	13	3.25

平均等待时间$t=(0+5+7+1+9)/5=4.4$;

平均周转时间$T=(4+8+11+3+13)/5=7.8$;

平均带权周转时间$W=(1+2.67+2.75+1.5+3.25)/5=2.234$。

SJF调度算法有以下几点不可忽视的缺点:

- 该算法对长作业不利,由表2.3、表2.4可知,SJF调度算法中长作业的周转时间会增加。例如,如果有一个长作业进入系统的后备队列,由于调度程序总是优先调度短作业,将导致长作业长期不被调度,可能会出现"饥饿"现象。
- 没有考虑作业的紧迫程度,因而不能保证紧迫性作业会得到及时处理。
- 由于作业的长短只是根据用户所提供的估计执行时间而定的,而用户有可能会有意或无意地缩短其作业的估计运行时间,致使此算法不一定能真正做到短作业优先调度。注意:SJF调度算法的平均等待时间、平均周转时间最少。

(3)优先级调度算法(priority-scheduling algorithm,PSA)

以上两种算法都没有考虑到作业的紧迫程度,在作业调度的过程中不可避免地会有非常紧迫的作业,综合考虑作业的紧迫程度,引入了优先级调度算法,优先级是根据作业的紧迫程度设定。此算法可以应用到批处理系统和实时操作系统中。采用此调度策略进行作业调度时,系统从外存后备队列中选择优先级最高的作业首先装入内存,然后按着优先级的先后顺序插入就绪队列。

在优先级调度算法中,依据正在运行的进程遇到更高优先级的进程时处理机调度的方式不同,可以把优先级调度算法分为两种：非抢占式优先级调度算法与抢占式优先级调度算法。

- 非抢占式优先级调度算法是指当一个进程正在处理机上运行时，即使有优先级更高的进程进入就绪队列，当前进程不会把处理机分配给新进的进程而继续执行，直到该进程完成或等待某种事件发生而进入阻塞状态时，才把处理机分配给优先级高的进程。
- 抢占式优先级调度算法是指当一个进程在处理机上运行的过程中，若有优先级更高的进程进入就绪队列，则当前进程立即暂停正在运行的进程，将处理机分配给优先级高的进程。.

其中优先级的类型包括静态优先级和动态优先级，其定义如下：

- 静态优先级：在创建进程时即确定的，且在进程运行的整个过程中是一直不变的。该优先级主要和进程类型、进程对资源的要求、用户要求有关。
- 动态优先级：在进程运行的过程中，系统根据进程执行情况动态变化的优先级，其优先级是不确定的。

在系统中，进程优先权的设置基本原则如下：

- 系统进程的优先权>用户进程的优先权；
- 交互型进程>非交互型进程；
- I/O型进程>计算型进程。

（4）高响应比优先调度算法

以上三种算法中，FCFS是按照作业到达的时间来设定优先权，SJF是按照作业估计运行的时间长短来设定优先权，估计运行时间越短优先级越高。高响应比优先调度算法是综合考虑每个作业的等待时间和估计运行时间长短而设计该算法的优先级是动态优先级，其优先级由等待时间和要求服务时间或者进程运行时间决定。该优先级的具体变化规律如下公式：

$$优先级=\frac{等待时间+运行时间}{运行时间}$$

因为等待时间加上运行时间即响应时间，因此优先级又称响应比R的公式如下：

$$响应比R=\frac{等待时间+运行时间}{运行时间}=\frac{响应时间}{运行时间}$$

由以上公式可知：

① 当不同作业等待时间相同时，则运行时间越短，其优先权越高，可见该算法有利于短作业。

② 当运行时间相同时，作业的优先级由其等待时间决定，等待时间越长，其优先级越高。从这方面看，该算法又是先来先服务算法。

③ 对于长作业，作业的优先级可以随着等待时间的增加而升高，当长作业的等待时间足够长时，其优先级即可升到很高，从而得到处理机来执行。克服了饥饿状态，可见该算法可以兼顾长作业。

（5）时间片轮转调度算法

在分时系统中，进程调度算法通常选择时间片轮转调度算法。在系统运行过程中，时间片轮转调度算法是指将所有就绪进程按其到达时间的先后次序排成一个队列，进程调度程序总是选择就绪队列中第一个进程执行，并按规定执行一个时间片（时间片的大小固定，如100ms）。在执行完一个时间片后，即使进程并没有运行完成，系统计时器也即刻发出时钟中断请求，调度程序通过此信号停止该进程的运行，并将该进程送往就绪队列的队尾；然后，把处理机分配给就绪队列中下一个首进程。这样所有的进程按照顺序依次轮流获得、释放时间片方式循环执行，直到任务完成。

在时间片轮转调度算法中，时间片的大小直接影响系统的性能。如果时间片太长，使得所有进程都能在一个时间片内执行完成，时间片轮转算法便退化到FCFS算法，无法满足分时系统的交互要求；相反，如果时间片太短，对于短作业来说可以快速完成，但进程会频繁发生中断，进行上下文切换，增加系统的开销。一般情况下，时间片的大小应略大于一次典型的交互所需要的时间。这样可使大多数进程在一个时间片内完成。

例如：时间片分别为$q=1$和$q=4$时，A、B、C、D、E五个进程的运行情况。图2.8、表2.9反映了$q=1$和$q=4$时各个进程的运行情况、平均周转时间和带权平均周转时间。其中，图中的RR（Round Robin）表示轮转调度算法。

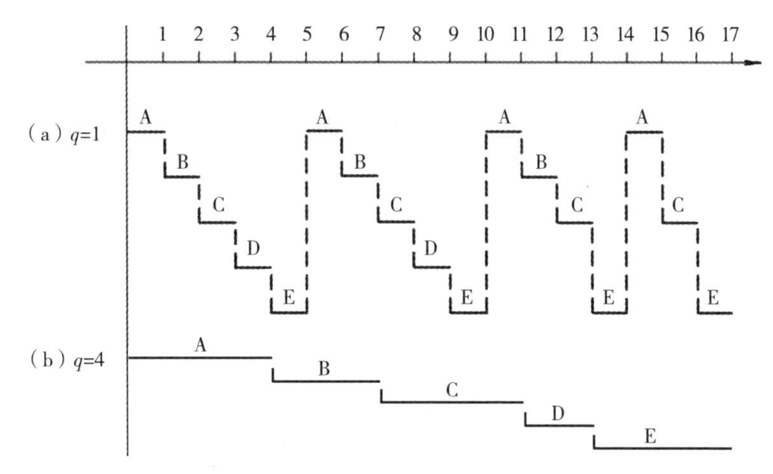

图2.8　$q=1$和$q=4$时的进程运行情况

表2.9　$q=1$ 和 $q=4$ 时的周转时间

时间片 \ 作业情况	进程名	A	B	C	D	E	平均
	到达时间	0	1	2	3	4	
	服务时间	4	3	4	2	4	
RR $q=1$	完成时间	15	12	16	9	17	
	周转时间	15	11	14	6	13	11.8
	带权周转时间	3.75	3.67	3.5	3	3.33	3.46
RR $q=4$	完成时间	4	7	11	13	17	
	周转时间	4	6	9	10	13	8.4
	带权周转时间	1	2	2.25	5	3.33	2.5

时间片的长短主要由系统的响应时间、就绪队列中的进程数目和系统的处理能力等因素来确定。

（6）多级反馈队列调度算法

多级反馈队列调度算法综合前几种算法的优点，摒弃了前面算法的不足，是目前公认的最优的算法。如图2.10所示，该算法是通过动态调整进程优先级和时间片大小的方式来兼顾多方面的系统目标。例如，为提高系统吞吐量和缩短平均周转时间而照顾短进程；为获得较好的I/O设备利用率和缩短响应时间而照顾I/O型进程；同时，也不必事先估计进程的运行时间。

多级反馈队列调度算法实现的基本过程如下：

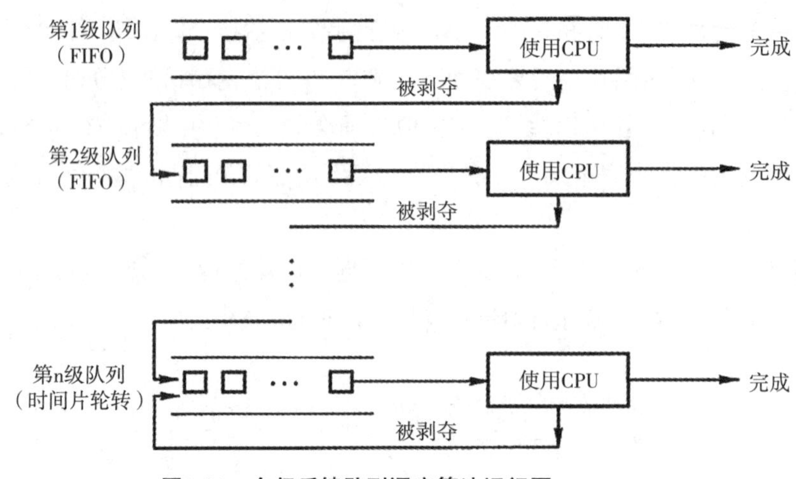

图2.10　多级反馈队列调度算法运行图

① 应设置多个就绪队列，并为各个队列赋予不同的优先级，第1级队列的优先级最高，第2级队列次之，其余队列的优先级逐次降低。

② 赋予各个队列中进程执行时间片的大小也各不相同，在优先级越高的队列中，每个进程的运行时间片就越小。

③ 当一个新进程进入内存后，首先将它放入第1级队列的末尾，按FCFS原则排队等待调度。当轮到该进程执行时，如它能在该时间片内完成，便可准备撤离系统；如果它在一个时间片结束时尚未完成，调度程序便将该进程转入第2级队列的末尾，再同样地按FCFS原则等待调度执行；如果它在第2级队列中运行一个时间片后仍未完成，再以同样的方法放入第3级队列……如此下去，当一个长进程从第1级队列依次降到第n级队列后，在第n级队列中便采用时间片轮转的方式运行。

④ 仅当第1级队列为空时，调度程序才调度第2级队列中的进程运行；仅当第1~（i−1）级队列均为空时，才会调度第i级队列中的进程运行。如果处理机正在执行第i级队列中的某进程时，又有新进程进入优先级较高的队列（第1~（i−1）中的任何一个队列），则此时新进程将抢占正在运行进程的处理机，即由调度程序把正在运行的进程放回到第i级队列的末尾，把处理机分配给新到的更高优先级的进程。

多级反馈队列调度算法具有很好的性能，能够满足如下多种用户类型运行：

① 终端型作业用户。终端型作业用户所提交的作业大多属于交互型作业，短作业巨多，所以这些进程基本上会在第一队列所规定的时间片内便完成，用户交互性好，用户满意度高。

② 短批处理作业用户。对于很短的批处理型作业，类似于终端型作业一样，作业基本上会在第一队列所规定的时间片内便完成，周转时间较短。

③ 长批处理作业用户。对于长作业，它会采用时间片轮转算法，依次在第1，2，…，n个队列中运行，经过轮转方式运行，用户最终得到全部的处理。

2.3.6 上下文切换机制

进程是操作系统对处理器中运行的程序的一种抽象。现代的多任务操作系统中，通常可同时运行很多进程，但每个进程都好像自己独占、使用计算机资源。实际上，操作系统通过处理器调度让处理器交替执行多个进程中的指令，实现不同进程中指令交替执行的机制称为“上下文切换（context switching）”。

进程的物理实体和支持进程运行的环境合称为进程的上下文。由用户的程序块、数据块和堆栈等组成的用户区地址空间，被称为用户级上下文；由进程标识信息、现场信息、控制信息和系统内核栈等组成的系统区地址空间，被称为系统级上下文；此外，还包括处理器中各个寄存器的内容，被称为寄存器上下文。在进行进程上下文切换时，操作系统把换下进程的寄存器上下文保存到系统级上下文的现场信息位置。用户级上下文地址空间和系统级上下文地址空间一起构成了一个进程的整个存储器映像。

上下文切换机制：当对处理机进行切换时，将发生两对上下文切换操作。对于第一对，将保存当前进程的上下文，而装入分派程序的上下文，以便分派程序运行；对于第二对，将移出分派程序而把新选进程的CPU现场信息装入处理机的相应寄存器中。如图2.11所示。

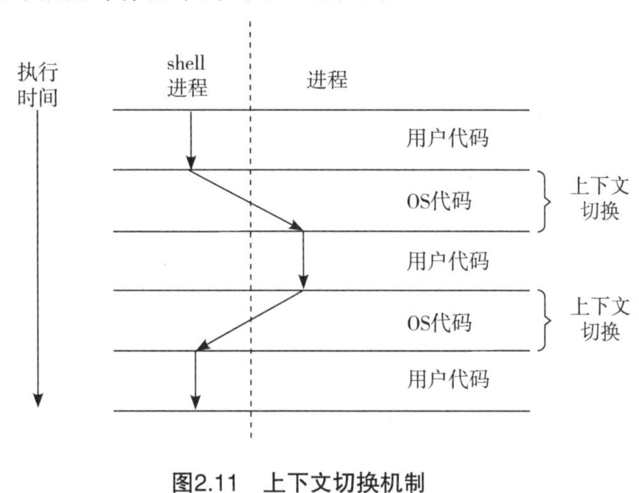

图2.11 上下文切换机制

2.3.7 真题与习题精编

● 单项选择题

1. 任何时刻总是让具有最高优先数的进程占用处理器，此时采用的进程调度算法是（ ）。

A. 非抢占式的优先数调度算法　　B. 时间片轮转调度算法

C. 先来先服务调度算法　　D. 抢占式的优先数调度算法

2. 决定一个程序是否能占用处理机执行，是由（ ）机构决定。【燕山大学2015年】

A. 进程调度　　B. 作业调度　　C. 内存管理　　D. 设备管理

3. 下面的情况中进程调度可能发生的时机有（ ）。【南京理工大学 2013年】

（1）正在执行的进程时间片用完

（2）正在执行的进程提出I/O请求后进入等待状态

（3）有新的用户登录进入系统

（4）等待硬盘读取数据的进程获得了所需的数据

A. （1）　　B. （1）（2）（3）（4）

C. （1）（2）（4）　　D. （1）（3）（4）

4. 操作系统中，很多事件会引起调度程序的运行，但下列事件中不一定引起操作系统调用程序运行是（ ）。【南京航空航天大学2014年】

A. 当前运行着的进程出错　　B. 当前运行着的进程请求输入输出

C. 有新的进程进入就绪状态　　D. 当前运行的进程时间片用完

5. 在非抢占调度方式下，运行进程执行V原语后，其状态（ ）。【广东工业大学2017年】

A. 不变　　B. 要变　　C. 可能要变　　D. 可能不变

6. 对于相同的进程序列，下列进程调度算法平均周转时间最短的是（　）。【南京理工大学2013年】

A. 先来先服务法　B. 短作业优先法　C. 优先数法　D. 时间片轮转法

7. 下列与进程调度有关的因素中，在设计多级反馈队列调度算法时需要考虑的是（　）。

【全国联考2020年】

Ⅰ. 就绪队列的数量

Ⅱ. 就绪队列的优先级

Ⅲ. 各就绪队列的调度算法

Ⅳ. 进程在就绪队列间的迁移条件

A. 仅Ⅰ、Ⅱ　B. 仅Ⅲ、Ⅳ　C. 仅Ⅱ、Ⅲ、Ⅳ　D. Ⅰ、Ⅱ、Ⅲ和Ⅳ

8. 在各种作业调度算法中，若所有作业同时到达，则平均等待时间最短的算法是（　）。

A. 先来先服务　B. 高优先权优先　C. 短作业优先　D. 高响应比优先

9. 下面关于优先权大小的叙述中正确的是（　）。

A. 用户进程的优先权，应高于系统进程的优先权

B. 在动态优先权中，随着作业的等待时间的增加，其优先权将随之增加

C. 资源要求多的作业，其优先权应高于资源要求少的作业

D. 长作业的优先权，应高于短作业的优先权

10. 假设下述四个作业同时到达，当使用最高优先数优先调度算法时，作业的平均周转时间为（　）。

作业	所需运行时间	优先数
1	2	4
2	5	9
3	8	1
4	3	8

A. 4.5　B. 10.5　C. 4.75　D. 10.25

11. 一个作业8：00到达系统，估计运行时间为1小时，若10：00开始执行该作业，其响应比是（　）。

A. 2　B. 1　C. 3　D. 0.5

12. 系统采用二级反馈队列调度算法进行进程调度。就绪队列Q1采用时间片轮转调度算法，时间片为10ms；就绪队列Q2采用短进程先调度算法；系统优先调度Q1队列中的进程，当Q1为空时系统才会调度Q2中的进程；新创建的进程首先进入Q1；Q1中的进程执行一个时间片后，若未结束，则转入Q2。若当前Q1、Q2为空，系统依次创建进程Pl、P2后即开始进程调度，P1、P2需要的CPU时间分别为30ms和20ms，则进程P1、P2在系统中的平均等待时间为（　）。【全国联考2019年】

A. 25ms　B. 20ms　C. 15ms　D. 10ms

13. 某系统采用基于优先级的非抢占式进程调度策略，完成一次进程调度和进程切换的系统时间开销为1μs。在*T*时刻就绪队列中有3个进程P1、P2和P3，其在就绪队列中的等待时间、需要的CPU时间和优先级见下表。

进程	等待时间	需要的CPU时间	优先级
P1	30μs	12μs	10
P2	15us	24μs	30
P3	18us	36μs	20

若优先级值大的进程优先获得CPU，从T时刻起系统开始进程调度，则系统的平均周转时间为（ ）。【全国联考2018年】

A. 54μs B. 73μs C. 74μs D. 75μs

14. 假设4个作业到达系统的时刻和运行时间见下表。

作业	到达时刻t	运行时间
Jl	0	3
J2	1	3
J3	1	2
J4	3	1

系统在t=2时开始作业调度。若分别采用先来先服务和短作业优先调度算法，则选中的作业分别是（ ）。【全国联考2017年】

A. J2、J3 B. J1、J4 C. J2、J4 D. J1、J3

15. 下列有关基于时间片的进程调度的叙述中，错误的是（ ）。【全国联考2017年】

A. 时间片越短，进程切换的次数越多，系统开销也越大

B. 当前进程的时间片用完后，该进程状态由执行态变为阻塞态

C. 时钟中断发生后，系统会修改当前进程在时间片内的剩余时间

D. 影响时间片大小的主要因素包括响应时间、系统开销和进程数量等

16. 下列调度算法中，不可能导致“饥饿”现象的是（ ）。【全国联考2014年】

A. 时间片轮转 B. 静态优先数调度 C. 非抢占式短作业优先 D. 抢占式短作业优先

17. 某系统正在执行三个进P1、P2和P3，各进程的计算（CPU）时间和I/O时间比例见下表。

进程	计算时间	I/O时间
P1	90%	10%
P2	50%	50%
P3	15%	85%

为提高系统资源利用率，合理的进程优先级设置应为（ ）。【全国联考2013年】

A. P1>P2>P3 B. P3>P2>P1 C. P2>P1=P3 D. P1>P2=P3

18. 下列选项中，满足短任务优先且不会发生饥饿现象的调度算法是（ ）。【全国联考2011年】

A. 先来先服务 B. 高响应比优先 C. 时间片轮转 D. 非抢占式短任务优先

19. 在高响应比进程调度算法中，其主要影响因素是（ ）。【电子科技大学 2015年】

A. 等待时间 B. 剩余运行时间 C. 已运行时间 D. 静态优先级

20. 高响应比优先的进程调度算法综合考虑了进程的等待时间和计算时间，响应比定义是（ ）。【南京理工大学2013年】

A. 进程周转时间与等待时间之比 B. 进程周转时间与计算时间之比

C. 进程等待时间与计算时间之比 D. 进程计算时间与等待时间之比

21. 操作系统中调度算法是核心算法之一，下列关于调度算法的论述中，正确的是（ ）。【南京航空航天大学2014年】

A. 先来先服务调度算法既对长作业有利，也对短作业有利

B. 时间片轮转调度算法只对长作业有利

C. 实时调度算法也要考虑作业的长短问题

D. 高响应比优先调度算法既有利于短作业，又兼顾长作业，还实现了先来先服务

22. 采用时间片轮转法调度是为了（　）。【南京航空航天大学2017年】

A. 多个终端都能得到系统的及时响应　B. 先来先服务

C. 优先级较高的进程得到及时调度　D. 需CPU时间最短的进程先做

23. 分时系统中进程调度算法通常采用（　）。【广东工业大学2017年】

A. 响应比高者优先　B. 时间片轮转　C. 先来先服务　D. 短作业优先

24. 进程调度算法的选择常考虑因素之一是使系统有最高的吞吐率，为此应该是（　）。

【北京邮电大学2017年】

A. 不让处理机空闲　B. 能够处理尽可能多的系统进程

C. 响应时间短　D. 用户能和系统交互

25. 好的CPU调度算法应当是（　）。【北京邮电大学2018年】

A. 降低系统吞吐率　B. 提高系统CPU利用率

C. 提高进程周转时间　D. 提高进程等待时间

26. 进程调度主要负责（　）。

A. 选作业进入内存　B. 选一个进程占有CPU

C. 建立一个进程　D. 撤销一个进程

27. 在操作系统中引入并发可以提高系统效率。若有三个进程Pl、P2和P3，按照Pl、P2到P3的优先次序运行，采用可抢占式调度，其运行过程如下：

（1）P1：计算6ms，I/O8ms，计算2ms；

（2）P2：计算12ms，I/O6ms，计算2ms；

（3）P3：计算4ms，I/O8ms，计算4ms。

不计系统开销，相比单通道顺序运行，多道并发可以节省的时间和CPU利用率分别是（　）。

A. 14ms；79%　B. 16ms；83%　C. 12ms；75%　D. 22ms；100%

28. 设有3个作业，其运行时间分别为2h、5h、3h，假定它们同时到达，并在同一处理机上以单道运行方式运行，则平均周转时间最小的执行顺序是（　）。

A. J1，J2，J3　B. J3，J2，J1　C. J2，J1，J3　D. J1，J3，J2

29. 下列调度算法中，（　）调度算法是绝对可抢占的。

A. 先来先服务　B. 时间片轮转　C. 优先级　D. 短进程优先

● 综合应用题

1. 单道批处理系统中，有四个作业，其有关情况见下表。在采用高响应比优先调度算法时分别计算其平均周转时间T和平均带权周转时间W。【西安理工大学2001年】

作业	J1	J2	J3	J4
提交时间/h	8.0	8.6	8.8	9.0
运行时间/h	2.0	0.6	0.2	0.5

2. 假定要在一台处理机上执行下列作业： 【西北工业大学2000年】

作 业	执行时间	优先级
1	10	3
2	1	1
3	2	3
4	1	4
5	5	2

且假定这些作业在时刻0以1，2，3，4，5的顺序到达。

（1）说明分别使用FCFS，RR（时间片=1），SJF以及非剥夺式优先级调度算法时，这些作业的执行情况。

（2）针对上述每种调度算法，给出平均周转时间和平均带权周转时间。

3. 假设某系统中有五个进程，每个进程的执行时间（单位：ms）和优先数如下（优先数越小，其优先级越高）。 【西北工业大学1999年】

进程	执行时间	优先数
P1	10	3
P2	1	1
P3	2	5
P4	1	4
P5	5	2

如果在0时刻，各进程按P1，P2，P3，P4，P5的顺序同时到达，试说明：当系统分别采用先来先服务的调度算法、可剥夺的优先级调度算法、时间片轮转法（时间片为1ms）时，各进程在系统中的执行情况，并计算在上述每种情况下进程的平均周转时间。

4. 在一个单道批处理系统中，一组作业的提交时刻和运行时间见下表。 【西北大学1998年】

作业	提交时间	运行时间
1	8：00	1.0
2	8：50	0.50
3	9：00	0.20
4	9：10	0.10

试计算以下三种作业调度算法的平均周转时间T和平均带权周转时间W：

（1）先来先服务；（2）短作业优先；（3）响应比高者优先。

5. 在一个批处理单道系统中，采用响应比高者优先的作业调度算法。当一个作业进入系统后就可以开始调度，假定作业都是仅计算，忽略调度花费的时间。现有三个作业，进入系统的时间和需要计算的时间见下表：

作业	进入系统时间	需要计算时间	开始时间	完成时间	周转时间
1	9：00	60分钟			
2	9：10	45分钟			
3	9：25	25分钟			

（1）求出每个作业的开始时间、完成时间及周转时间并填入表中。

（2）计算三个作业的平均周转时间应为多少。

6. 有4个进程P1, P2, P3, P4, 它们进入就绪队列的先后次序为P1、P2、P3、P4, 它们的优先数和需要的处理器时间见下表。假定这四个进程在执行过程中不会发生等待事件, 忽略进行调度等所花费的时间, 从某个时刻开始进程调度, 请回答下列问题:

(1) 写出分别采用“先来先服务”调度算法选中进程执行的次序; 计算出各进程在就绪队列中的等待时间以及平均等待时间。

(2) 写出分别采用“非抢占式的优先数”(固定优先数) 调度算法选中进程执行的次序; 计算出各进程在就绪队列中的等待时间以及平均等待时间。

(3) 写出分别采用“时间片轮转”(时间片大小为5) 调度算法选中进程执行的次序; 计算出各进程在就绪队列中的等待时间以及平均等待时间。

进 程	处理器时间	优先数
P1	8	3
P2	6	1
P3	22	5
P4	4	4

7. 有一个具有两道作业的批处理系统, 其作业调度采用短作业优先调度算法, 进程调度采用抢占式优先级调度算法。作业的运行情况见下表, 其中, 作业的优先数即进程的优先数, 优先数越小, 优先级越高。

作业名	达到时间	运行时间	优先数
1	8 : 00	40	5
2	8 : 20	30	3
3	8 : 30	50	4
4	8 : 50	20	6

(1) 列出所有作业进入内存的时间及结束的时间(以分为单位)。

(2) 计算平均周转时间。

8. 假设某计算机系统有4个进程, 各进程的预计运行时间和到达就绪队列的时刻见下表(相对时间, 单位为“时间配额”)。试用可抢占式短进程优先调度算法和时间片轮转调度算法进行调度(时间配额为2)。分别计算各个进程的调度次序及平均周转时间。

进程	达到就绪队列时刻	预计运行时间
P1	0	8
P2	1	4
P3	2	9
P4	3	5

9. 某进程调度程序采用基于优先数(priority)的调度策略, 即选择优先数最小的进程运行, 进程创建时由用户指定一个nice作为静态优先数。为了动态调整优先数, 引入运行时间cpuTime和等待时间waitTime, 初值均为0。进程处于执行态时, cpuTime定时加1, 且waitTime置0; 进程处于就绪态时, cpuTime置0, waitTime定时加1。请回答下列问题: 【全国联考2016年】

(1) 若调度程序只将nice的值作为进程的优先数, 即priority=nice, 则可能会出现饥饿现象。为什么?

(2) 使用nice、cpuTime和waitTime设计一种动态优先数计算方法, 以避免产生饥饿现象, 并说明

waitTime的作用。

2.3.8 答案精解

● 单项选择题

1.【答案】D

【精解】本题考查的知识点是处理机调度——进程方式。处理机调度方式分为两种：抢占式调度方式和非抢占式调度方式。抢占方式是指当一个进程在处理机上运行的过程中时，若有优先级更高的进程进入就绪队列，则当前进程立即暂停正在运行的进程，将处理机分配给优先级高的进程。非抢占方式是指当一个进程正在处理机上运行时，即使有优先级更高的进程进入就绪队列，当前进程不会把处理机分配给新进的进程而继续执行，直到该进程完成或等待某种事件发生而进入阻塞状态时，才把处理机分配给优先级高的进程。故选D。

2.【答案】A

【精解】本题考查的知识点是处理机调度——进程调度的基本概念。作业调度是使作业获得竞争处理机的机会，而进程调度是让某个就绪的进程在处理机上运行。故选A。

3.【答案】B

【精解】本题考查的知识点是处理机调度——进程调度时机、切换及过程。正在执行的进程时间片用完后进入就绪状态，系统会调入一个新的进程到内存中执行；正在执行的进程提出I/O请求后进入等待状态，系统同样会调度新的进程执行；有新用户登录系统说明有新的进程到达，若处理机空闲，可进行进程调度；等待获取数据的进程得到数据后，若处理机空闲，可立刻进入到执行状态。故选B。

4.【答案】C

【精解】本题考查的知识点是处理机调度——进程调度时机、切换及过程。当前执行的进程出错，系统会终止该进程的执行，调入一个新的进程执行；当前执行的进程请求输入/输出时，说明其执行完毕，将进入等待状态，系统会执行其他进程；当前执行的进程时间片用完，系统会调度下一个进程获得时间片，执行该进程；有新的进程进入就绪状态，只能说明该进程获得了资源等待被执行。若采用非抢占式调度算法，系统当前有正在执行的进程，不会进行进程调度。故选C。

5.【答案】A

【精解】本题考查的知识点是处理机调度——进程调度方式。进程调度方式有两种：抢占方式和非抢占方式。在抢占方式下，一旦有优先级高于当前执行的进程优先级时，低优先级进程便立刻转让处理机。而非抢占方式恰巧相反，即便有高优先级的进程到来，处理机仍然执行当前的进程，直到当前进程结束，或有其他原因转让处理机。故选A。

6.【答案】B

【精解】本题考查的知识点是处理机调度——调度准则。平均周转时间=所有进程周转时间和/进程数量，短作业优先法具有最短的平均周转时间，因为进程的执行时间固定，周转时间受等待时间影响。故选B。

7.【答案】D

【精解】本题考查多级反馈队列调度算法。多级反馈队列调度需要综合考虑优先级数量、优先级之间的转换规则等，Ⅰ、Ⅱ、Ⅲ、Ⅳ均正确。故本题选D。

8.【答案】C

【精解】本题考查的知识点是处理机调度——经典调度算法。根据高响应比的优先权公式：

优先权 $=\frac{\text{等待时间}+\text{运行时间}}{\text{运行时间}}$，当等待时间相同时，短作业优先，这样保证每个作业的等待时间都不会过长，平均等待时间=$\frac{\text{所有作业的等待时间}}{\text{作业总数}}$，先来先服务和高优先权的等的时间不确定，并且最优的时间都是按照短作业排序，等待时间最短。故选C。

9. 【答案】B

【精解】本题考查的知识点是处理机调度——经典调度-高优先权调度算法。其中优先权的类型包括静态优先权和动态优先权。静态优先权是在创建进程时即确定的，且在进程运行的整个过程中是一直不变的。该优先权主要和进程类型、进程对资源的要求、用户要求有关。而题中C说得太绝对，动态优先权是在进程运行的过程中，系统根据进程执行情况动态变化的优先权，其优先权势不确定的。B是根据优先权的公式：优先权 $=\frac{\text{等待时间}+\text{运行时间}}{\text{运行时间}}$ 可知，随着等待时间的动态增加，优先权在不断增加，B正确，在系统中，进程优先权的设置基本原则如下：① 系统进程的优先权高于用户进程的优先权；② 交互型进程高于非交互型进程；③ I/O型进程高于计算型进程。但A和D都说得太绝对。故选B。

10. 【答案】D

【精解】本题考查的知识点是处理机调度——调度的基本准则。周转时间是指从作业提交到作业完成所消耗的时间，包括作业等待、在就绪队列中排队、在处理机上运行以及进行输入/输出操作等所花费时间的总和。周转时间T_i=作业i完成时间-作业i提交时间；平均周转时间是指多个作业周转时间的平均值。n个作业的平均周转时间T公式如下：

$$T=\left(\frac{T_1+T_2+\cdots+T_n}{n}\right)=\frac{1}{n}\sum_{i=1}^{n}T_i$$

具体分析见下表。

作业号	优先数	提交时间	运行时间	开始时间	等待时间	完成时间	周转时间
1	4	0	2	8	8	10	10
2	9	0	5	0	0	5	5
3	1	0	8	10	10	18	18
4	8	0	3	5	5	8	8

平均周转时间为：(10+5+18+8)/4=10.25，故选D。

11. 【答案】C

【精解】本题考查的知识点是处理机调度——典型调度算法。等待时间加上运行时间即响应时间，其响应比R的公式如下：响应比 $R=\frac{\text{等待时间}+\text{运行时间}}{\text{运行时间}}=\frac{\text{响应时间}}{\text{运行时间}}$，本题中，等待时间为10−8=2小时，运行时间1小时，R=(2+1)/1=3。故选C。

12. 【答案】C

【精解】本题考查的知识点是处理机调度——典型调度算法。因为系统各个队列空闲，故P1，P2首先放到Q1队列中，它们的运行时间为30ms，20ms，时间片是10ms，说明P1、P2都运行不完，而进入Q2队列，在Q1队列中，P1和P2的等待时间分别为10ms、10ms，在Q2队列中，短进程优先，所以P2直接运行，P1等待，当P2运行完后运行P1，所以在Q2队列中P1和P2的等待时间分别是10ms、0ms；因此平均等待时间应该为(10+10+10+0)/2=15ms。故选C。

13.【答案】D

【精解】本题考查的知识点是处理机调度——调度方式。由优先权可知，进程的执行顺序为P2→P3→P1。P2的周转时间为1+15+24=40μs；P3的周转时间为18+1+24+1+36=80μs；P1的周转时间为30+1+24+1+36+1+12=105μs；平均周转时间为（40+80+105）/3=225/3=75μs，故选D。

14.【答案】D

【精解】本题考查的知识点是处理机调度——典型调度算法。系统处于t=2时，已经到达的作业有J1、J2和J3，J1到达的时间最早，若采用先来先服务调度算法，J1将会首先运行；J3的运行时间最短，若采用短作业优先调度算法，J3将会首先运行。故选D。

15.【答案】B

【精解】本题考查的知识点是处理机调度——进程调度及状态转换。进程的时间片用完后将进入就绪态，等待下一个时间片的到来。时间片越短，每个进程执行的时间也越短，因此系统将频繁切换各进程，大大增加了开销。故选B。

16.【答案】A

【精解】本题考查的知识点是处理机调度——典型进程调度。采用静态优先级调度，系统始终会选择优先级高的进程执行，可能会导致到达时间较早，但优先级较低的进程长时间得不到执行。短作业优先调度无论是抢占式还是非抢占式，都可能导致优先级低的长作业长时间得不到调度。只有时间片轮转调度算法可以保证所有作业在某个时间段内都被执行过，不会导致“饥饿”现象。故选A。

17.【答案】B

【精解】本题考查的知识点是处理机调度——调度方式。为了合理地设置进程优先级，应综合考虑进程的CPU时间和I/O时间。对于优先级调度算法，一般来说，I/O型作业的优先权高于计算型作业的优先权，这是由于I/O操作需要及时完成，它没有办法长时间地保存所要输入/输出的数据，所以考虑到系统资源利用率，要选择I/O繁忙型作业有更高的优先级。故选B。

18.【答案】B

【精解】本题考查的知识点是处理机调度——典型调度算法。高响应比优先调度算法兼顾了进程的执行时间与等待时间。在等待时间相同的情况下，作业执行时间越短响应比越高。作业等待时间增加，响应比也会随之增加，因此不会出现“饥饿”现象。先来先服务调度算法和时间片轮转调度算法无法满足短作业优先条件，非抢占式短任务优先调度算法会产生“饥饿”现象。故选B。

19.【答案】A

【精解】本题考查的知识点是处理机调度——高响应比优先调度算法。高响应比优先调度算法是按照进程优先权来控制其执行顺序的，优先权越高的进程，越先执行。优先权=（等待时间+要求服务时间）/要求服务时间，由此得出当进程要求服务时间相同（执行时间）时，等待时间越长，优先权越高。故选A。

20.【答案】B

【精解】本题考查的知识点是处理机调度——高响应比优先调度算法。高响应比优先调度算法可描述为：优先权=（等待时间+要求服务时间）/要求服务时间。其中，等待时间+要求服务时间就是周转时间。故选B。

21.【答案】D

【精解】本题考查的知识点是处理机调度——经典调度算法。先来先服务算法对短作业不利，若当前系统中有先到达，并且正在执行的长作业，则后到达的短作业需要一直等待，直到长作业执行完毕；时间片轮转调度算法既对长作业有利，又对短作业有利，因为在某段时间内，所有作业都会得到执行的机会；实时调度算法是据进程的紧迫程度，为其设定执行的优先级，与作业本身的执行时间无关；高响应比调度算法综合考虑了进程的等待时间与执行时间，对长作业和短作业均有利，并且作业等待的时间越长，优先数就越高，实现了“先来先服务”的策略。故选D。

22.【答案】A

【精解】本题考查的知识点是处理机调度——时间片轮转调度算法。时间片轮转调度算法的好处是在某段时间内保证所有的进程都得到执行，使多个终端都能得到系统的及时响应。时间片轮转调度算法与进程的到达时间、优先级和需要执行的时间均无关。故选A。

23.【答案】B

【精解】本题考查的知识点是处理机调度——经典调度算法。分时系统中通常采用时间片轮转算法，操作系统给每个进程分配一个时间片，即该进程允许运行的时间。一旦进程执行时间到达时间片的长度，即便没有执行完毕，也要让出处理机。故选B。

24.【答案】B

【精解】本题考查的知识点是处理机调度——经典调度算法。调度算法是指根据系统的资源采用某分配策略对资源进行分配的方式方法。通过资源的合理分配能够尽量的处理更多的任务，提高系统的吞吐率。故选B。

25.【答案】B

【精解】本题考查的知识点是处理机调度——进程调度的理解。调度算法是指根据系统的资源采用某分配策略对资源进行分配的方式方法。通过资源的合理分配能够尽量的处理更多的任务，提高CPU的利用率，从而提高系统的吞吐率。故选B。

26.【答案】B

【精解】本题考查的知识点是处理机调度——进程调度概念的理解。进程调度主要负责选择下一个将要运行的进程，即程运行与进程占用CPU是同一过程。故选B。

27.【答案】A

【精解】本题考查的知识点是处理机调度——多道程序的工作方式。解决此类问题的关键一般是根据进程的优先级和时序关系画出时序图，注意I/O设备不能抢夺，CPU可以根据优先级来抢夺。根据题意，进程运行时序图如下：

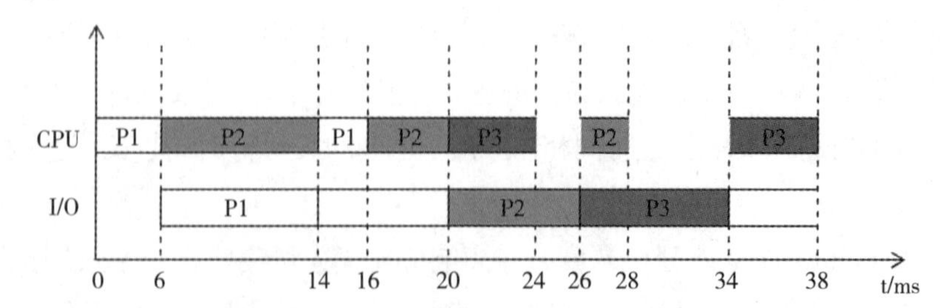

单道运行时需要耗时：6+8+2+12+6+2+4+8+4=52（ms）；

从表中分析，并发运行时需要耗时：6+8+2+4+4+2+2+6+4=38（ms）；

节省时间为：52−38=14（ms）；

CPU效率为：（6+8+2+4+4+2+4）/38=79%。

故选A。

28.【答案】D

【精解】本题考查的知识点是处理机调度——平均周转时间的概念。周转时间=等待时间+运行时间，平均周转时间=总周转时间/n。在本题中：

选项A的顺序J1，J2，J3的平均周转时间是（2+7+10）/3=19/3=6.3（小时）；

选项B的顺序J3，J2，J1的平均周转时间是（3+8+10）/3=21/3=7（小时）；

选项C的顺序J2，J1，J3的平均周转时间是（5+7+10）/3=22/3=7.3（小时）；

选项D的顺序J1，J3，J2的平均周转时间是（2+5+10）/3=17/3=5.7（小时）。

综合以上结果，故选D。

29.【答案】B

【精解】本题考查的知识点是处理机调度——经典调度算法中的时间片轮转算法。时间片轮转算法是按固定的时间配额来运行的，时间一到，不管是否完成，当前的进程必须撤下，调度新的进程，因此它是由时间配额决定的、是绝对可抢占的。而优先级算法和短进程优先算法都可分为抢占式和不可抢占式。故选B。

● 综合应用题

1.【考点】经典调度算法及调动准则。

【参考答案】分析响应比高者优先调度算法是指在每次调度作业运行时，先计算后备作业队列中每个作业的响应比，然后挑选响应比最高的投入运行。

在8.0小时，因为只有作业J1到达，系统先将作业J1投入运行。作业J1运行两个小时后完成。这时三个作业都已到达，要计算三个作业的响应比，然后使响应比最高的投入运行。三个作业的响应比为：

作业J2的响应比=1+（10.0−8.6）/0.6=3.33；

作业J3的响应比=1+（10.0−8.8）/0.2=7；

作业J4的响应比=1+（10.0−9.0）/0.5=3。

从计算的结果来看，作业J3的响应比最高，所以让作业J3先执行。作业J3执行0.2小时后完成，此时作业J2和作业J4的响应比为：

作业J2的响应比=1+（10.2−8.6）/0.6=3.67；

作业J4的响应比=1+（10.2−9.0）/0.5=3.4。

从计算的结果来看，作业J2的响应比最高，所以再让作业J2执行。

可见，四个作业的执行次序为：作业J1，作业J3，作业J2，作业J4。

计算结果见下表。

作业号	到达时间	运行时间	开始时间	完成时间	周转时间	带权周转时间
1	8.0	2.0	8.0	10.0	2.0	1.0
2	8.6	0.6	10.2	10.8	2.2	3.67
3	8.8	0.2	10.0	10.2	1.4	7
4	9.0	0.5	10.8	11.3	2.3	4.6

平均周转时间为：T=（2.0+2.2+1.4+2.3）/4=1.975；

平均带权周转时间为：W=（1.0+3.67+7+4.6）/4=3.98。

2.【考点】经典调度算法及调动准则。

【参考答案】(1)采用FCFS的调度算法时，各作业在系统中的执行情况见下表。

作业执行次序	执行时间	优先数	等待时间	周转时间	带权周转时间
1	10	3	0	10	1
2	1	1	10	11	11
3	2	3	11	13	6.5
4	1	4	13	14	14
5	5	2	14	19	3.8

系统中作业的平均周转时间为：$T=(10+11+13+14+19)/5=13.4$；

系统中作业的平均带权周转时间为：$W=(1+11+6.5+14+3.8)/5=7.26$。

(2)采用RR(时间片=1)时，各作业在系统中的执行情况为：

(1, 2, 3, 4, 5), (1, 3, 5), (1, 5, 1, 5, 1, 5), (1, 1, 1, 1, 1)

假设作业1~5的周转时间分别为$T_1 \sim T_5$，显然：$T_1=19$, $T_2=2$, $T_3=7$, $T_4=4$, $T_5=14$。系统中作业的平均周转时间为：$T=(19+2+7+4+14)/5=9.2$。

假设作业1~5的带权周转时间分别为$W_1 \sim W_5$，那么：$W_1=19/10=1.9$, $W_2=2/1=2$, $W_3=7/2=3.5$, $W_4=4/1=4$, $W_5=14/5=2.84$。

系统中作业的带权平均周转时间为：$W=(1.9+2+3.5+4+2.8)/5=2.84$。

(3)采用SJF算法时，各作业在系统中的执行情况见下表。

作业执行次序	执行时间	优先数	等待时间	周转时间	带权周转时间
2	1	1	0	1	1
4	1	4	1	2	2
3	2	3	2	4	2
5	5	2	4	9	1.8
1	10	3	9	19	1.9

系统中作业的平均周转时间为：$T=(1+2+4+9+19)/5=7.0$；

系统中作业的平均带权周转时间为：$W=(1+2+2+1.8+1.9)/5=1.74$。

(4)采用非剥夺的优先级调度算法时，各作业在系统中的执行情况见下表(假设优先数越小优先级越高)。

作业执行次序	执行时间	优先数	等待时间	周转时间	带权周转时间
2	1	1	0	1	1
5	5	2	1	6	1.2
1	10	3	6	16	1.6
3	2	3	16	18	9
4	1	4	18	19	19

系统中作业的平均周转时间为：$T=(1+6+16+17+19)/5=12.0$；

系统中作业的带权平均周转时间为：$W=(1+1.2+1.6+9+19)/5=6.36$。

3.【考点】考点为经典调度算法及调动准则。

【参考答案】(1) 采用FCFS的调度算法时，各进程在系统中的执行情况见下表。

进程执行次序	执行时间	优先数	等待时间	周转时间/ms
P1	10	3	0	1
P2	1	1	10	6
P3	2	5	11	16
P4	1	4	13	17
P5	5	2	14	19

系统中进程的平均周转时间为：T=(10+11+13+14+19)/5=13.4ms。

(2) 采用非剥夺的优先级调度算法时，各进程在系统中的执行情况见下表。

进程执行次序	执行时间	优先数	等待时间	周转时间/ms
P2	1	1	0	1
P5	5	2	1	6
P1	10	3	6	16
P4	1	4	16	17
P3	2	5	17	19

系统中进程的平均周转时间为：T=(1+6+16+17+19)/5=11.8ms。

(3) 采用时间片轮转法（时间片为1ms）时，各进程在系统中的执行情况为：

(P1, P2, P3, P4, P5), (P1, P3, P5), (P1, P5, P1, P5, PL P5), (P1, P1, P1, P1, P1)

假设，进程P1~P5的周转时间分别为T_1~T_5，显然，T_1=19ms，T_2=2ms，T_3=7ms，T_4=4ms，T_5=14ms。

系统中进程的平均周转时间为：T=(19+2+7+4+14)/5=9.2ms。

4.【考点】经典调度算法及调动准则。

【参考答案】(1) 采用先来先服务作业调度算法时，作业的运行情况见下表。

作业执行次序	提交时间	运行时间	开始时刻	完成时刻	周转时间	带权周转时间
1	8：00	1.0	8：00	9：00	1.0	1.0
2	8：50	0.05	9：00	9：50	1.0	2.0
3	9：00	0.20	9：50	9：70	0.7	3.5
4	9：10	0.10	9：70	9：80	0.7	7.0

所以，平均周转时间为：T=(1.0+1.00+0.7+0.7)/4=0.85。

平均带权周转时间为：W=(1.0+2.0+3.5+7.0)/4=3.375。

(2) 采用短作业优先调度算法时，作业的运行情况见下表。

作业执行次序	提交时间	运行时间	开始时刻	完成时刻	周转时间	带权周转时间
1	8：00	1.0	8：00	9：00	1.0	1.0
3	8：50	0.20	9：00	9：20	0.2	1.0
4	9：10	0.10	9：20	9：30	0.2	2.0
2	8：50	0.50	9：30	9：80	1.3	2.6

所以，平均周转时间为：T=(1.0+0.2+0.2+1.3)/4=0.675。

平均带权周转时间为：W=(1.0+1.0+2.0+2.6)/4=1.65。

（3）采用响应比高者优先作业调度算法时，作业的运行情况见下表。

作业执行次序	提交时间	运行时间	开始时刻	完成时刻	周转时间	带权周转时间
1	8：00	1.0	8：00	9：00	1.0	1.0
3	9：00	0.20	9：00	9：20	0.2	1.0
2	8：50	0.50	9：20	9：70	1.2	2.4
4	9：10	0.10	9：70	9：80	0.7	7.0

所以，平均周转时间为：T=（1.0+0.2+1.2+0.7）/4=0.775。

平均带权周转时间为：W=（1.0+1.0+2.4+7.0）/4=2.85。

5.【考点】经典调度算法及调动准则。

【参考答案】（1）每个作业的开始时间、完成时间及周转时间见下表。

作业	进入系统时间	需要计算时间	开始时间	完成时间	周转时间
1	9：00	60min	9：00	10：00	60min
2	9：10	45min	10：25	11：10	120min
3	9：25	25min	10：00	10：25	60min

（2）平均周转时间：（60+120+60）/3=80min。

6.【考点】经典调度算法及调动准则。

【参考答案】

（1）先来先服务算法选择进程的顺序依次为P1、P2、P3、P4。

进程P1等待时间为0；

进程P2等待时间为8；

进程P3等待时间为8+6=14；

进程P4等待时间为8+6+22=36。

平均等待时间为（0+8+14+36）/4=14.5。

（2）非抢占式的优先数算法选择进程的顺序依次为P3、P4、P1、P2。

进程P1等待时间为4+22=26；

进程P2等待时间为22+4+8=34；

进程P3等待时间为0；

进程P4等待时间为22。

平均等待时间为（26+34+0+22）/4=20.5。

（3）时间片轮转进程调度顺序为P1、P2、P3、P4、P1、P2、P3、P3、P3、P3。

进程P1等待两次，时间为0+（5+5+4）=14；

进程P2等待两次，时间为5+（5+4+3）=17；

进程P3等待两次，时间为（5+5）+（4+3+1）=18；

进程P4等待1次，时间为5+5+5=15。

平均等待时间为（14+17+18+15）/4=16。

7.【考点】经典调度算法及调动准则。

【参考答案】具有两道作业的批处理系统，内存只存放两道作业，它们采用抢占式优先级调度算法竞争CPU，而将作业调入内存采用的是短作业优先调度。8：00，作业1到来，此时内存和处理机空闲，作业1进入内存并占用处理机；8：20，作业2到来，内存仍有一个位置空闲，故将作业2调入内存，又由于作业2的优先数高，相应的进程抢占处理机，在此期间8：30作业3到来，但内存此时已无空闲，故等待。直至8：50，作业2执行完毕，此时作业3、4竞争空出的一道内存空间，作业4的运行时间短，故先调入，但它的优先数低于作业1，故作业1先执行。到9：10时，作业1执行完毕，再将作业3调入内存，且由于作业3的优先数高而占用CPU。所有作业进入内存的时间及结束的时间见下表。

作业	到达时间	运行时间	优先数	进入内存时间	结束时间	周转时间
1	8：00	40min	5	8：00	9：10	70min
2	8：20	30min	3	8：20	8：50	30min
3	8：30	50min	4	9：10	10：00	90min
4	8：50	20min	6	8：50	10：20	90min

（2）平均周转时间为（70+30+90+90）/4=70min。

8.【考点】考点为经典调度算法及调动准则。

【参考答案】（1）按照可抢先式短进程优先调度算法，进程运行时间见下表。

进程	到达就绪队列时刻	预计执行时间	执行时间段	周转时间
P1	0	8	0~1；10~17	17
P2	1	4	1~5	4
P3	2	9	17~26	24
P4	3	5	5~10	7

①时刻0，进程P1到达并占用处理器运行。

②时刻1，进程P2到达，因其预计运行时间短，故抢夺处理器进入运行，P1等待。

③时刻2，进程P3到达，因其预计运行时间长于正在运行的进程，进入就绪队列等待。

④时刻3，进程P4到达，因其预计运行时间长于正在运行的进程，进入就绪队列等待。

⑤时刻5，进程P2运行结束，调度器在就绪队列中选择短进程，Pa符合要求，进入运行，进程P1和进程P3则还在就绪队列等待。

⑥时刻10，进程Pa运行结束，调度器在就绪队列中选择短进程，P1符合要求，再次进入运行，而进程P3则还在就绪队列等待。

⑦时刻17，进程P;运行结束，只剩下进程P3，调度其运行。

⑧时刻26，进程P3运行结束。

平均周转时间=[（17–0）+（5–1）+（6–2）+（10–3）]/4=13。

（2）按照时间片轮转调度算法进程时间分配见下表。

进程	到达就绪队列时刻	预计执行时间	执行时间段	周转时间
P1	0	8	0~2；8~10；16~18；21~23	23
P2	1	4	2~4；10~12	11
P3	2	9	4~6；12~14；18~20；23~25；25~26	24
P4	3	5	6~8；14~16；20~21	18

平均周转时间=（（23–0）+（12–1）+（26–2）+（21–3））/4=19。

9.【考点】优先级调度算法及调动准则。

【参考答案】(1)由于采用了静态优先数，当就绪队列中总有优先数较小的进程时，优先数较大的进程一直没有机会运行，因而会出现饥饿现象。

(2)优先数priority的计算公式为priority=nice+k_1×cpuTime-k_2×waitTime，其中$k_1>0$，$k_2>0$，用于分别调整cpuTime和waitTime在priority中所占的比例。waitTime可使长时间等待的进程优先数减少，从而避免出现饥饿现象。

2.4 进程同步

2.4.1 进程同步的基本概念

在多道程序中，并发执行的不同进程之间存在着不同的相互制约关系。引入进程同步的目的是协调进程之间的相互制约关系，使系统中诸进程之间能够按照一定的规划共享资源和互相合作，从而使并发执行的进程具有可再现性。这种实现同步的机制即称同步机制。

(1)两种形式的制约关系

在多道程序中，由于各进程之间要实现共享资源互相合作，为此各进程之间可能存在直接相互制约和间接相互制约的两种关系。

① 直接相互制约关系(同步)。这种制约主要来源于进程间的相互合作、交互信息，即如果一个进程不能收到另一个进程所提供的信息，则该进程就无法运行。例如，有一输入进程A通过单缓冲区向进程B提供数据。当该缓冲区空时，进程B因不能获得所需数据而阻塞，而当进程A把数据输入缓冲区后，进程B将被唤醒；反之，当缓冲区已满时，进程A因不能再向缓冲区投放数据而阻塞，当进程B将缓冲区数据取走后便可唤醒A。

② 间接相互制约关系(互斥)。这种制约关系源于系统中多个进程之间存在竞争共享资源，如共享CPU、共享I/O设备等，这种竞争关系成为互斥关系。即某一进程要求使用某种共享资源，而该资源正被另一进程占用，并且该资源不允许两个进程同时使用，那么该进程只好等待直到占有该资源的进程释放资源后方可使用。这种制约关系简称“进程—资源—进程”。

这两种制约关系的主要区别是：同类进程即为互斥关系，不同类进程即为同步关系，如消费者与消费者就是互斥关系，消费者和生产者就是同步关系。

(2)临界资源与临界区

系统中一般很多进程可以共享各种资源，但其中很多资源在一个时间段只运行一个进程。为此，临界资源是指在一个时间段内只允许一个进程使用的资源。例如很多物理设备属于硬件临界资源，如打印机、磁带器等。另外，系统中还有很多可以被多个进程共享的变量、数据软件临界资源。

由临界资源的特性可知，在访问临界资源时必须互斥地进行。在每个进程中，访问临界资源是通过一段互斥代码来实现，即人们把每个进程访问临界资源的那段代码称为临界区。为了保证临界资源的正确使用，可以把访问临界资源的过程分成四个部分：

- 进入区：为了保证能够正确的进入临界区使用临界资源，在进入区之前要检查是否允许进入临界区，如果允许进入临界区，则应设置正在访问临界区的标志，以阻止其他进程同时进入临界区。
- 临界区：进程中访问临界资源的那段代码，又称临界段。
- 退出区：将正在访问临界区的标志清除。

● 剩余区：除以上部分代码外的其他代码。

```
do {
    entry section;          // 进入区
    critical section;       // 临界区
    exit section;           // 退出区
    remainder section;      // 剩余区
} while (true)
```

注意：

① 临界资源和临界区是两个比较容易混淆且不同的概念。临界资源是一种系统资源，不同进程通过互斥的方式访问临界资源；而临界区则是每个进程中访问临界资源的一段代码，不同进程的临界区可以不同，且临界区前后需要设置进入区和退出区以进行检查和恢复。

② 每个进程的临界区代码可以不相同。临界区代码的目的是要访问临界资源，因此在进入临界区之前必须进行检查，而每个进程对临界资源要做什么操作，这些临界资源及互斥同步管理是无关的。比如，当有两个进程对磁带机进行操作时，A进程要写磁带前半部分，B进程要读磁带后半部分，这两个进程对磁带操作的部分就是这两个进程各自的临界区，不能同时执行，因为内容是不相同的，所以不可认为临界资源相同，访问这些资源的代码也是相同的。

（3）互斥与同步

由上面两种制约关系可知：互斥又称间接制约关系。当一个进程已经进入临界区使用临界资源时，另一个进程必须等待，当占用临界资源的进程退出临界区并释放临界资源后，另一进程方可允许访问该临界资源。

同步又称直接制约关系，多个进程为了完成系统之间有序的相互合作，保证进程按一定的规则或是时序正确地完成任务，并实现程序的可再现性。

为防止不同的进程同时进入共享临界区，可以通过软件设置方法和硬件的同步机制来完成，但更多的是在系统中设置专门的同步机制来协调各个进程之间的运行。为此，所有同步机制都应遵循以下准则：

① 空闲让进。当临界区已经被释放处于空闲状态时，可以允许请求进入临界区的一个进程进入临界区，可以更有效地利用临界资源。

② 忙则等待。当已有进程进入临界区时，表明临界资源被占有，其他的进程要想访问该临界资源必须等待，直到临界资源被释放。保证资源的互斥访问。

③ 有限等待。对于要访问临界资源的进程来说，一般情况要保证能在规定的时间范围内进入临界区，否者放弃临界资源，防止出现“死等”的状态。

④ 让权等待。当进程在规定时间内不能进入临界区访问临界资源时，应立即释放处理器，以免“忙等”。

2.4.2 实现临界区互斥的基本方法

目前实现临界区互斥的基本方法主要有软件实现和硬件实现两种。

（1）软件实现法

在访问临界资源的临界区时，临界区的前后分别有进入区和退出区，在进入区要设置和检查一些标志来显示是否有进程已经进入临界区中，如果已有进程占有临界区，则在进入区通过循环检查进行等待，当进程释放资源离开临界区后，在退出区进行访问临界区的标志修改。

常见的软件实现方法如下：

① 单一标志法。该算法是设置一个公用整型变量turn，用来表示允许进入临界区的进程编号，即若turn=0，则允许P0进程进入临界区，否则循环检查当前允许进入临界区的编号是否与自己的进程编号一致，如一致，则允许进程进入临界区，否则还继续等待。当该进程完成资源访问并释放临界资源后，再退出去修改允许进入临界区的标志为下一个要访问临界区的进程编号。例如两个进程P0，P1通过单一标志法来访问同一临界资源过程如下：

```
// P0进程
while (turn!=0);          // 进入区
critical section;         // 临界区
turn=1;                   // 退出区
remainder section;
```

```
//P1进程
while (turn!=1);          // 进入区
critical section;         // 临界区
turn = 0;                 // 退出区
remainder section;        // 剩余区
```

该方法可以保证对临界资源互斥地访问，但该算法存在的主要问题是，两个进程必须交替次序进入临界区，这样很容易造成“空闲等待”的现象，如当进程P0退出临界区后将turn置为1，以便允许进程P1进入临界区，但如果进程P1暂时不需要访问该临界资源，这样允许P0进入临界区的标志就不能得到满足，进而P0无法再次进入临界区访问临界资源，严重违背了“空闲让进”的同步机制准则，造成资源无法利用充分。

② 双标志法先检查。算法的基本思想是每个进程在访问临界区资源之前，先查看一下临界资源是否正被访问，若正被访问，该进程需等待；否则，进程才进入自己的临界区。为此，该算法设置了一个数据flag[*i*]，该数据是为了显示第*i*个进程是否进入临界区，如第*i*个元素值为FALSE，表示P_i进程未进入临界区，值为TRUE，表示P_i进程进入临界区。算法思路：如果两个进程P_i和P_j，在进入临界区访问临界资源之前，先判断一方是否已经进入临界资源，如果是，另一方就进入等待，否者进入临界区，并标志flag[]的状态为true。例如下面一段代码：

```
// Pi 进程
while (flag[j]);          // ①
flag[i] = TRUE;           // ③
critical section;
flag[i] = FALSE;
remainder section;
```

```
// Pj 进程
while (flag[i]);          // ② 进入区
flag[j] = TRUE;           // ④ 进入区
critical section;         // 临界区
flag[j] = FALSE;          // 退出区
remainder section;        // 剩余区
```

本算法改进后，本算法不用交替进入临界区，可以连续使用，解决了上一算法违背“空闲让进”的问题。本算法的缺点是当两个进程都未进入临界区时，它们各自的访问标志都为FALSE，若此时刚好两个进程同时或时间允许范围内都想进入临界区，在进入区前，两个进程都检查发现对方的标志值为FALSE，这时两个进程同时进入了各自的临界区违背了同步机制准则“忙则等待”。例如：上面算法按照①②③④执行时，会同时进入临界区（违背“忙则等待”）。即在检查对方flag之后和切换自己flag 之前有一段时间，结果都检查通过。

③ 双标志法后检查。“双标志法先检查算法”的算法思想是先检查另一方的进程是否进入临界区的状态标志，然后再设置自己的状态标志。由于进程在检测和放置中可插入另一个进程到达的这一个时间

段，可能会造成两个进程在分别检测后，出现了两个进程同时进入临界区的问题。在“双标志法后检查算法”中，状态标志结构和上一算法类似，不同之处是本算法的设计思想是在检查对方进程是否进入临界区的状态标志之前先设置自己标志为TRUE，如果检查到对方状态标志为TURE，则本进程等待；否则进入临界区。

```
// Pi进程
flag[i] = TRUE;          // 进入区
while (flag[j]);         // 进入区
critical section;        // 临界区
flag[i] = FLASE;         // 退出区
remainder section;       // 剩余区
```

```
// Pj进程
flag[j] = TRUE;          // 进入区
while (flag[i]);         // 进入区
critical section;        // 临界区
flag [j] = FLASE;        // 退出区
remainder section;       // 剩余区
```

本算法解决了上一算法的两个进程同时进入临界区的现象。但有可能存在两个进程都进不了临界区的问题。例如，当两个进程同时想进入临界区时，它们首先分别将自己的状态标志设置为TRUE，然后再去检查对方的状态，各自发现对方已经占有临界区，则将自己处于等待状态。结果两个进程同时处于等待状态无法进入临界区访问临界资源。造成“死等”现象，违背了同步机制“有限等待”的准则。

④ Peterson’s Algorithm。本算法综合了“双标志法先检查”和“双标志法后检查”的优点，为了避免两个进程同时处于无限期等待而无法进入临界区，又增加了一个变量turn，用来表示是否允许进入临界区的进程标识。

```
// Pi进程
flag[i]=TURE; turn=j;           // 进入区
while (flag[j]&&turn==j);       // 进入区
critical section;               // 临界区
flag[i] = FLASE;                // 退出区
remainder section;              // 剩余区
```

```
// Pj进程
flag[j] = TRUE;turn=i;          // 进入区
while (flag[i] && turn == i);   // 进入区
critical section;               // 临界区
flag[j] = FLASE;                // 退出区
remainder section;              // 剩余区
```

该算法保证两个进程同时要求进入临界区时，只允许一个进程进入临界区，实现完全正常工作。本算法通过flag[]状态标志完成互斥的访问临界区，通过变量turn解决了两个进程同时进入临界区的问题，避免了“饥饿”现象。

（2）硬件实现法

软件实现方法应用广，但全利用软件方法实现进程互斥有很大的局限性，在某些时候，必须采用硬件机构来实现临界资源的互斥访问给予支持。硬件方法的主要思想是用一条指令完成标志的检查和修改这两个操作，因而保证了检查操作与修改操作不被打断；或通过中断屏蔽的方式来保证检查和修改作为一个整体执行。因此，硬件实现法主要采用中断屏蔽和硬件指令的方式来完成[①]。

① 中断屏蔽方法。当一个进程正在使用处理机执行它的临界区代码时，要防止其他进程再进入其临界区访问的最简单方法是屏蔽所有中断发生。因为CPU引起进程切换是通过中断完成的。屏蔽中断阻止其他进程进入临界区，这样就能保证当前运行进程将临界区代码顺利地执行完，保证了互斥地访问临界资源，然后再执行开中断。其典型模式为：

```
{
关中断;
```

① 注意：本部分一般会在计算机组成原理中出现题目，而在操作系统中基本上没有该类型的题。

临界区;

开中断;

}

这种方法缺点是限制了处理机交替执行程序的能力;处理机执行的效率下降;若中断屏蔽后没有再开中断,系统可能会引起终止。

② 硬件指令方法。TestAndSet指令:该条指令是原子操作(在执行过程中不允许被中断),其功能是将读出的指定标志设置为真。该指令的功能描述如下:

```
boolean TestAndSet (boolean *lock){
    boolean old;
    old = *lock;
    *lock = true;
    return old;
}
```

其布尔变量lock是每个临界资源的共享变量,该变量具有两种状态:true表示正被占用,初值为false。进程在进入临界区访问临界资源之前,利用TestAndSet检查和修改标志lock;若有进程在临界区,则重复检查,临界区空闲。通过该指令来实现进程的互斥算法,具体描述如下:

```
while TestAndSet (& lock);
// 进程的临界区代码段
lock=false;
// 进程的其他代码
```

Swap指令:该指令的功能是完成两个字节内容的交换。其功能描述如下:

```
Swap (boolean *a, boolean *b){
        boolean temp;
        Temp = *a;
        *a = *b;
        *b = temp;
}
```

注意: 以上对TestAndSet和Swap指令的描述仅仅是功能实现,并非软件实现定义,事实上它们是由硬件逻辑直接实现的,不会被中断。

进程利用Swap指令来实现互斥的算法,除了为每个临界资源设置了一个共享布尔变量lock,初值为false;还应该为每个进程中再设置一个局部布尔变量key,用于与lock交换信息。在进入临界区之前先利用Swap指令交换lock与key的内容,然后检查key的状态;当检查发现有进程在临界区时,重复交换和检查过程,直到临界区空闲。具体的描述如下:

```
key=true;
while (key!=false)
Swap (&lock, &key);
// 进程的临界区代码段
lock=false;
// 进程的其他代码
```

由上面指令分析来看，硬件方法采用处理器的指令原语，不归中断的直接逻辑控制来实现访问临界资源的互斥性，并能很好地将检查和修改操作合为一体不可分割。因此，硬件实现法有自己的优缺点。

优点：应用范围广，可以适用于任意数目的进程；标志设置简单；支持一个进程内可以有多个临界区，通过多设立几个共享布尔变量即可。

缺点：临界区的进入需要有处理机的参与，因此处理机的利用率不高；同时算法设计简单，从等待队列中随机选择进程进入临界区，这样可能会出现部分进程一直选不上，导致“饥饿”现象。

2.4.3 锁

（1）锁的概念

在操作系统中，可以保证互斥的同步机制称为锁。通过锁机制，能够保证临界区中操作数据的一致性。锁可以理解为一个共享变量，拥有两种状态：空闲状态和上锁状态。

（2）锁的基本操作

锁有两个基本操作：闭锁和开锁。闭锁就是将锁锁上，其他进程/线程不能进入；开锁就是相关工作完成后，将锁打开，其他进程/线程可以进入了。

闭锁操作有两个步骤：①等待锁达到打开状态；②获得锁并锁上。

注意，闭锁的两个操作应该是原子操作，不能分开，否则就会留下穿插的空档，造成锁的功效丧失。可行的方法是采用原子级汇编指令test and set 和swap等。

开锁操作只需一步：打开锁，即把锁状态修改为空闲状态。

（3）锁应该具备的特性

① 锁的初始状态需为打开状态。

② 进临界区前必须获得锁。

③ 出临界区时必须打开锁。

④ 如果其他进程/线程持有锁则必须等待。

2.4.4 信号量

以上方法均能实现互斥问题，但它们都存在不同程度的缺点。软件实现法最显著的缺点是算法太复杂，效率不高、不直观，还可能会出现忙等的现象；而对于硬件实现法来说，存在用户进程采用中断屏蔽方法实现互斥机制，这样可能出现“让权等待”等的缺点。

因此，为了采用更简单的方法解决互斥问题，在1965年，荷兰著名的计算机科学家Dijkstra提出了一种信号量同步机制，其基本思想是采用标准原语操作来解决多个相互合作的进程之间的信号同步，其标准原语有wait（S）和signa（S）访问，也可记为“P操作”和“V操作”。常见的信号量机制如下：

（1）整型信号量

整型信号量用一个资源数目的整型量S表示，用原语wait和signal操作，即PV操作来访问。整型信号量引入了P、V操作，通过P操作申请进入临界区访问资源，V操作是释放资源。其过程可描述为：

```
wait(S){
        while(S<=0);
        S=S-1;
}
signal(S){
        S=S+1;
```

```
P(S){
        while(S<=0);
        S=S-1;
}
V(S){
        S=S+1;
}
```

在上面wait操作中，当信号量S=0，wait即进入连续测试状态。因此，该机制违背了“让权等待”的准则，而是使进程处于“忙等”的状态。

（2）记录型信号量[①]

为了解决整形信号量“忙等”现象，记录型信号量采用一种数据结构来记录访问资源的信息。该数据结构包括一个表示资源数目的整型变量value和一个用于链接所有等待该资源的进程链表L。记录型信号量的数据结构表示为：

```
typedef struct{
    int value;
    struct process *L;
} semaphore;
```

相应的原语wait和signal互斥操作如下：

```
void wait (semaphore S){     // 相当于申请资源
    S.value--;
    if (S.value<0){
        add this process to S.L;
        block(S.L);
    }
}
```

wait操作，S.value--，表示进程申请一个该类资源，当S.value<0时，表示该类资源已分配完毕，则调用block原语，自我阻塞，放弃处理机，并插入到该类资源的等待队列S.L中，可见该机制遵循了“让权等待”的准则。

```
void signal (semaphore S){     // 相当于释放资源
    S.value++;
    if (S.value<=0){
        remove a process P from S.L;
        wakeup(P);
    }
}
```

signal操作，表示进程释放一个资源，使系统中可供分配的该类资源数增1，故S.value++。若加1后仍是S.value<=0，则表示在S.L中仍有等待该资源的进程被阻塞，故还应调用wakeup原语，将S.L中的第一个等待进程唤醒。

（3）信号量的应用

信号量主要应用在实现进程之间的同步、互斥及描述前趋关系，考生应重点掌握信号量在同步与互斥的应用上，对于前趋关系描述的应用简单了解。

① 信号量实现进程同步。同步问题是多个进程进行合作的过程。假设进程P1和P2并发执行。其中P1中有一条语句S1，P2中有一条语句S2，要求S1必须在S2之前执行。为了实现同步，在实现算法中增加一变量S，表示进程P1、P2同步的公共信号量，初值为0。具体的实现算法如下：

① 根据最近10年的大纲及考点分析，AND型信号量与信号量集在考试中从未涉及，而且这两项的内容就是对前面两种信号量的一种扩充，因此本书不再涉及相关知识，为考生节约时间。

```
semaphore S = 0;        // 设置一个公共信号量，并初始化
P1(){
    // …
    S1;                 // 语句x
    V(S);               // 告诉进程P2，语句S1已经完成
}
P2(){
    // …
    P(S);               // 检查语句S1是否运行完成
    S2;                 // 检查无误，运行S2语句
    // …
}
```

在本例题中，考生要理解PV的操作，P是申请资源，V是释放资源，由上面实现算法来看，在S初值为0，只有在P1()先执行V操作释放资源后，P2执行到P(S)申请资源时才不会阻塞。因只有在进程P1中的S1执行完后，执行V操作，把P2从阻塞队列中放回就绪队列，当P2得到处理机时，S2才可以得以执行。

② 信号量实现进程互斥[①]。互斥问题主要是解决进程互斥地进入临界区访问临界资源。即在单位时间间隔内只允许一个进程访问临界资源。下面实例通过信号量来实现进程互斥。

假设有进程P1和P2并发执行，两者有各自的临界区，但系统要求每次只能有一个进程进入自己的临界区。因此，采用信号量实现互斥：设置一个表示可用资源数信号量N，初值为1（因为只有一个资源），要实现两进程的互斥进入临界区，只需要将临界区放在P（N）和V（N）之间即可。

```
semaphore S = 1;        // 定义表示可用资源数的信号量，并初化
P1(){
    // …
    P(S);               // 准备申请访问临界资源，加锁
                        // 进程P1的临界区
    V(S);               // 访问结束，释放资源，解锁
    // …
}
P2(){
    // …
    P(S);               // 准备申请访问临界资源，加锁
                        // 进程P2的临界区
    V(S);               // 访问结束，释放资源，解锁
    // …
}
```

每个进程的PV操作成对出现，在没有进程在临界区时，任意一个进程要进入临界区，首先要执行P操作，申请资源，加锁，S的值减1变为0，然后进入临界区；当有进程存在于临界区时，S的值为0，如果再有进程要进入临界区，此时临界资源已经被占用，该进程只能等待被阻塞，直至在临界区中的进程退出释放资源、解锁，即信号量实现临界区的互斥的方式。

③ 信号量实现前驱关系。信号量也可以用来描述程序之间或者语句之间的前驱关系。图2.12给出了一个前驱图，其中S1，S2，S3…S6是最简单的程序段（只有一条语句）。为使各程序段能正确执

① 注意：互斥是不同进程对同一信号量执行P、V操作，一个进程成功对信号量执行了P操作后进入临界区，并在退出临界区后，由该进程本身对该信号量执行V操作。

行，应设置若干个初始值为“0”的信号量。例如，为保证S1→S2、S1→S3的前驱关系，应分别设置信号量a1、a2。同样，为了保证S2→S4、S2→55、S3→56、S4→S6、S5→S6，应设置信号量bl、b2、c、d、e。

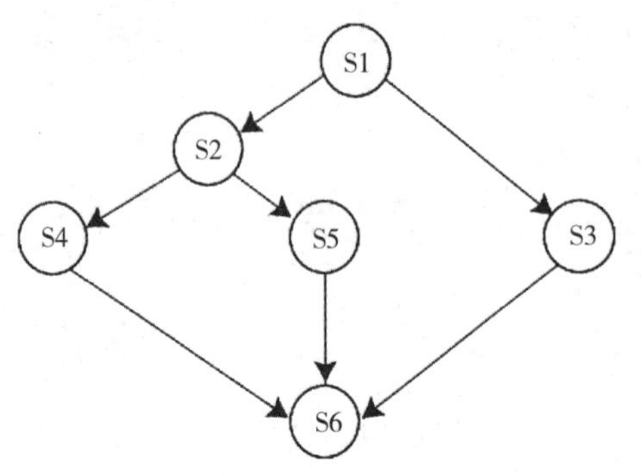

图2.12 前驱关系图

```
semaphore al=a2=bl=b2=c=d=e=0;  // 初始化信号量
S1() {
    // …
    V(al); V(a2);              // S1已经运行完成
}
S2(){
    P(al);                     // 检查S1是否运行完成
    // …
    V(bl); V(b2);              // S2已经运行完成
}
S3(){
    P(a2);                     // 检查S1是否已经运行完成
    // …
    V(c);                      // S3已经运行完成
}
S4(){
    P(bl);                     // 检查S2是否已经运行完成
    // …
    V(d);                      // S4已经运行完成
}
S5(){
    P(b2);                     // 检查S2是否已经运行完成
    // …
    V(e);                      // S5已经运行完成
}
S6(){
```

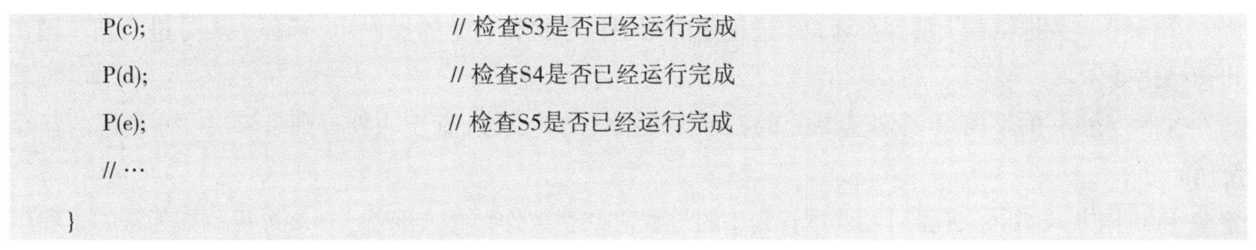

```
    P(c);                       // 检查S3是否已经运行完成
    P(d);                       // 检查S4是否已经运行完成
    P(e);                       // 检查S5是否已经运行完成
    // …
}
```

（4）分析进程同步和互斥问题的方法步骤

① 关系分析。分析问题中有几个进程，然后分析它们之间同步、互斥及前驱关系中的哪关系。确定关系后，根据题意按典型案例规范改写实现算法。

② 整理好思路。通过1）之后，找准解决问题的关键点，理清解决思路，最后根据思路确定P操作、V操作顺序结构。

③ 设置信号量。通过以上两步，确定需要的信号量及其数目，设定初值。

2.4.5 管程

（1）管程的定义

微处理机通过计算机系统对各种硬件资源和软件资源进行管理，为此，所有的软硬件资源均可用数据结构抽象地描述其资源特性，其他的资源信息只是用少量信息和对资源所执行的操作来表征该资源，却没有资源的内部结构和实现细节。

管程是由一组局部的变量对局部变量进行操作的一组过程以及对局部变量进行初始化的语句序列构成的一个软件模块。

（2）管程的组成

如图2.13所示，管程的组成包括以下几个方面：

① 管程的名称的定义。

② 局部于管程的共享结构数据说明。

③ 对该数据结构进行操作的一组过程。

④ 对局部于管程的共享数据设置初始值的语句。

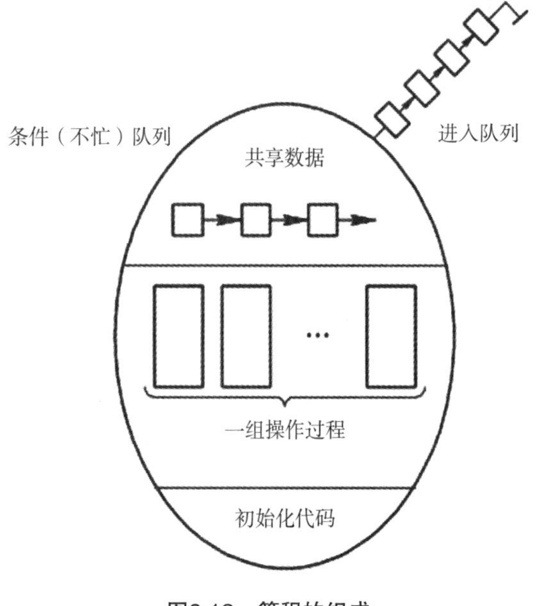

图2.13 管程的组成

（3）管程的基本特性

① 管程内的局部变量只能被局限于管程内的过程所访问；反之亦然，即局部于管程内的过程只能访问管程内的变量。

② 任何进程只能通过调用管程提供的过程入口进入管程。

③ 任一时刻，最多只能有一个进程在管程中执行。

保证进程互斥进入管程是由编译器负责，即管程是一种编程语言的构件，它的实现需要编译器的支持。

（4）管程与进程的区别

管程和进程不同，主要体现在以下几个方面：

① 数据结构定义目的及使用的范围不同。进程定义的是私有数据结构PCB，管程定义的是公共数据结构，如消息队列等。

② 对各自数据结构上的操作不同。进程是由顺序程序执行有关的操作，而管程主要是进行同步操作和初始化操作。

③ 引入的目的不同。引入进程的目的在于实现系统的并发性，而引入管程则是解决共享资源的互斥使用问题。

④ 工作方式不同。进程通过调用管程中的过程对共享数据结构实行操作，该过程就如通常的子程序一样被调用，因而管程为被动工作方式，进程则为主动工作方式。

⑤ 并发性不同。进程之间能并发执行，而管程则不能与其调用者并发。

⑥ 作用不同。进程具有动态性，由“创建”而诞生，由“撤销”而消亡，而管程则是操作系统中的一个资源管理模块，供进程调用。

2.4.6 条件变量

（1）管程的引入

信号量同步存在以下缺点。

同步操作分散：同步操作分散在各个进程中，使用不当就可能导致各进程死锁（如P、V操作的次序错误、重复或遗漏）。

易读性差：要了解对于一组共享变量及信号量的操作是否正确，必须通读整个系统或者并发程序。

由于信号量同步存在上述缺点，科学家提出了管程，其基本思想是：把信号量操作原语封装在一个对象内部，即将共享变量以及对共享变量能够进行的所有操作集中在一个模块中。

（2）管程的基本概念

管程是关于共享资源的数据结构及一组针对该资源的操作所构成的软件模块。

进程可在任何需要的时候调用管程中的过程。管程有一个很重要的特性，即任一时刻管程中只能有一个活跃进程，这一特性使管程能有效地完成互斥。

（3）条件变量及其操作

进入管程时的互斥由编译器负责。另外，还需要一种办法使得进程在无法继续运行时被阻塞，解决的方法是引入条件变量以及相关的两个操作：wait 和signal。

当一个管程过程发现它无法继续运行时（例如，生产者发现缓冲区满），它会在某个条件变量上（如full）执行wait操作。该操作导致调用进程自身阻塞，并且还将另一个以前等在管程之外的进程调入管程。

另一个进程，比如消费者，可以唤醒正在睡眠的伙伴进程，这可以通过对其伙伴正在等待的一个条件变量执行signal完成。为了避免管程中同时有多个活跃进程，需要一条规则来通知在signal之后该怎么办，针对此问题，不同学者提出了不同的处理方法。

2.4.7 经典同步问题

（1）生产者—消费者问题

生产者—消费者问题是相互合作进程关系的一种抽象，是有限缓冲区问题bounded buffer，常用来说明同步原语的能力，是一种典型同步问题。有多种变型、多种不同情况。分析方法如下：

① 分析同步进程之间存在着哪些关系。

- 所有进程间互斥访问公用缓冲池。
- 生产者速度快时，缓冲池满，需要生产者等待，消费者先去消费。
- 消费者速度快时，缓冲池空，需要消费者等待，生产者先去生产。

② 确定算法描述中P、V操作的位置顺序。

③ 信号量数量的设置。

例1 一组消费者和一组生产者，利用1个缓冲区为n。

一组生产者进程和一组消费者进程共享一个初始为空、大小为n的缓冲区，只有缓冲区没满时，生产者才能把消息放入到缓冲区，否则必须等待；只有缓冲区不空时，消费者才能从中取出消息，否则必须等待。由于缓冲区是临界资源，它只允许一个生产者放入消息，或者一个消费者从中取出消息。

算法实现问题分析：

A. 进程之间的关系分析。生产者和消费者对缓冲区互斥访问是互斥关系，同时生产者和消费者又是一个相互协作的关系，只有生产者生产之后，消费者才能消费，他们也是同步关系。

B. 确定算法描述中P、V操作的位置顺序分析。本题只涉及生产者和消费者两个进程，且二者正好仅存在着互斥关系和同步关系。只需按照互斥和同步的规范设定PV操作的位置即可。

C. 信号量定义及置初值。设置互斥信号量mutex，初值为1，用于控制互斥访问缓冲池，信号量full，初值为0，用于记录当前缓冲池中“满”缓冲区数；信号量empty，初值为n，用于记录当前缓冲池中“空”缓冲区数。

生产者-消费者进程的算法设计如下：

```
semaphore mutex=1;          // 访问缓冲区的互斥信号量
semaphore empty=n;          // 空闲缓冲区，当为n时，表示缓冲区空闲个数为n
semaphore full=0;           // 缓冲区初始化为空，当full为n，表示缓冲区满
producer() {                // 生产者进程
    while(1){
        produce an item in nextp; // 生产数据
        P(empty);                      // 获取空缓冲区单元
        P(mutex);                      // 进入临界区
        add nextp to buffer;           // 将数据放入缓冲区
        V(mutex);                      // 离开临界区，释放互斥信号量
        V(full);                       // 满缓冲区数加1
    }
}

consumer() {                           // 消费者进程
    while(1){
        P(full);                       // 获取满缓冲区单元
        P(mutex);                      // 进入临界区
        remove an item from buffer;    // 从缓冲区中取出数据
        V(mutex);                      // 离开临界区，释放互斥信号量
        V(empty);                      // 空缓冲区数加1
        consume the item;              // 消费数据
    }
}
```

注意：

A. P(full)/P(empty)与P(mutex)的操作不可互换。对资源信号量进行P操作必须先操作，然后再互斥信号量进行P操作，这样可以避免死锁现象。比如，在某一时刻，缓冲区已满，如果生产者先进行P(mutex)操作，占有缓冲池访问权，然后再进行P(empty)操作的话，会导致P(empty)失败，因为此时缓冲池已满，没有可用的缓冲区资源，empty=0，这样的话，生产者不但无法进行运行，同时还占有缓冲池的访问权无法释放，从而导致生产者和消费者都无法进程操作，出现死锁的现象。而V(full)/V(empty)与V(mutex)的属于释放资源，执行完毕就释放，没有特别的顺序要求。

B. mutex互斥信号量设置必要性的问题。对于一个生产者和一个消费者的问题中，生产者与消费者本身属于同步关系，因此二者通过empty与full两个资源信号量完全可以实现同步，互斥信号量mutex可以不要。而如果在多生产者和多消费者的情况下，需要确保多个生产者或者多个消费者互斥地访问缓冲池，否则会导致入出错，因此必须设置mutex互斥信号量，以保证对缓冲池的互斥访问。因此考生必须牢记：只要有多个同类进程就一定要定义互斥信号量；若仅有一个同类进程的话，互斥信号的设置没有必须设置的要求。

常见的生产者和消费者的问题还有：

- 一个生产者和一个消费者，利用n个缓冲区的问题：增加了互斥的关系。
- 多个生产者和多个消费者，利用n个缓冲区，每个消息只能被消费一次。
- 一类生产者和多类消费者，如爸爸、儿子和女儿。
- 多类生产者和多类消费者，如爸爸、妈妈、儿子和女儿。
- 生产者和生产者之间也存在同步关系，如仓库问题。

归结进程为一系列操作序列，在不同的操作之间寻找同步关系。

例2 多类生产者和多类消费者，利用一个缓冲区为1。

桌子上有一只盘子，每次只能向其中放入一个水果。爸爸专向盘子中放苹果，妈妈专向盘子中放橘子，儿子专等吃盘子中的橘子，女儿专等吃盘子中的苹果。只有盘子为空时，爸爸或妈妈就可向盘子中放一个水果；仅当盘子中有自己需要的水果时，儿子或女儿可以从盘子中取出。

算法实现问题分析：

A. 进程之间的关系分析。分析本题的要求：每次只能向盘中放入一只水果，由此可知，爸爸和妈妈是互斥关系。爸爸和女儿、妈妈和儿子是同步关系，而且这两对进程必须连起来，儿子和女儿之间没有互斥和同步关系，因为他们是选择条件执行，不可能并发。

B. 确定算法描述中P、V操作的位置顺序分析。题目中有四个进程，可以抽象为两个生产者和两个消费者被连接到大小为1的缓冲区上。

C. 信号量定义及值的设定。首先设置互斥信号量plate，初值为1，用于表示是否允许向盘子放入水果；信号量apple，初值为0，用于表示盘子中是否有苹果，初始盘子为空，不许取，若apple=l可以取；信号量orange，初值为0，用于表示盘子中是否有橘子，初值盘子为空，不许取，若orange=l可以取。具体实现算法代码如下：

```
semaphore plate=l, apple=0, orange=0;
dad() {                                        // 父亲进程
    while(1){
```

```
            prepare an apple;
            P(plate);                               // 互斥向盘中取、放水果
            put the apple on the plate;             // 向盘中放苹果
            V(apple);                               // 允许取苹果
        }
}

mom() {                                             // 母亲进程
    while(1) {
            prepare an orange;
            P(plate);                               // 互斥向盘中取、放水果
            put the orange on the plate;            // 向盘中放橘子
            V(orange);                              // 允许取橘子
        }
}

son() {                                             // 儿子进程
    while(1){
            P(orange);                              // 互斥向盘中取橘子
            take an orange from the plate;
            V(plate);                               // 允许向盘中取、放水果
            eat the orange;
        }
}

daughter() {                                        // 女儿进程
    while(1) {
            P(apple);                               // 互斥向盘中取苹果
            take an apple from the plate;
            V(plate);                               // 运行向盘中取、放水果
            eat the apple;
        }
}
```

（2）读者—写者问题

读者和写者问题是一个多用户共享数据库系统的建模问题，即多个用户进程共享一个文件或者主存的一块空间的数据区域，只读取数据区域的进程（读者）同时访问数据区域时不会产生副作用，只允许向数据区域写数据的进程（写者）之间或者写者与读者同时访问数据区域时，可能会有数据不一致的冲突问题。为保证读者与写者能够正确的读写，在访问数据区域时做以下要求：

① 允许多个读者同时对文件或者数据区进行读操作。

② 在同一时刻只允许一个写者向文件或数据区中写信息。

③ 在任一个写者完成写操作之前不允许其他读者或写者对文件或数据区操作。

④ 写者执行写操作前，应等所有正在对文件或数据区进行读写的读者或写者全部退出。

为解决读者与写者的问题，目前有多种不同的策略，都与优先级有关。

① 读者优先：第一读者-写者问题，写者可能饥饿。

② 排队策略或先来先服务。

③ 写者优先：第二读者-写者问题，读者可能饥饿。

④ 某个进程既是写者又是读者的问题。

例1 读者优先算法

读者优先是指进程在执行的过程中，如果存在读进程，写进程将被向后推迟，并且只要有读进程处于活动状态，访问文件或数据区域的访问权都会首先分配给读进程。

对读者与写者问题的算法实现分析如下：

A. 进程之间的关系分析。由题目分析知读者和写者是互斥的，写者和写者也是互斥的，而读者和读者不存在互斥问题。

B. 确定算法描述中P、V操作的位置顺序分析。读者和写者两个进程中，写者相对来说比较简单，它和任何进程互斥，用互斥信号量的P、V操作即可解决。读者进程相对来说比较复杂，因为它必须实现与写者互斥的同时还要实现与其他读者的同步，因此为了解决读者问题，除了进行P、V操作外，还需要一个计数器变量，用它来判断当前是否有读者读文件。当有读者的时候写者是无法写文件的，当没有读者的时候写者才可以写文件。同时这里不同读者对计数器的访问也应该是互斥的。

C. 信号量设置。首先设置计数器信号量readercount，初值为0，用来记录当前读者数量；设置互斥信号量reader_mutex，初值为1，用于保证多个读者对于信号量readercount的互斥；设置互斥信号rw_mutex，初值为1，用于保证读者和写者的互斥访问。

具体的算法实现描述如下：

```
int readercount=0;                    // 用于记录当前的读者数量
semaphore reader_mutex=1;             // 用于保证多个读者对于信号量readercount的互斥
semaphore rw_mutex=1;                 // 用于保证读者和写者互斥地访问文件
writer() {                            // 写者进程
   while(1){
         P(rw_mutex);                 // 互斥访问共享文件
         Writing;                     // 写入
         V(rw_mutex);                 // 释放共享文件
   }
}

reader() {                            // 读者进程
   while(1){
         P(reader_mutex);             // 互斥访问count变量
```

```
        if(readercount==0)              // 当第一个读进程读共享文件时
            P(rw_mutex);                // 阻止写进程写
        readercount ++;                 // 读者计数器加1
        V(reader_mutex);                // 释放互斥变量count
        reading;                        // 读取
        P (reader_mutex);               // 互斥访问count变量
        readercount --;                 // 读者计数器减1
        if (readercount ==0)            // 当最后一个读进程读完共享文件
            V(rw_mutex);                // 允许写进程写
        V (reader_mutex);               // 释放互斥变量 count
    }
}
```

该算法可以实现读者和写者的互斥的访问资源，当读进程太多时，会出现写进程进入忙等状态。

例2 写者优先算法

和读者优先问题相比，写作优先要求在读进程正在读共享文件时，如果有写进程请求访问文件，此时会禁止后续读进程的请求访问，等当前正在读共享文件的读进程执行完毕便执行写进程，并且只有在无写进程请求访问的才允许读进程再次运行。为了实现写者优先问题，需另设置一个信号量firstw_metux，初始值为1，实现写优先得互斥信号量。其他分析同读者优先问题。

```
int readercount = 0;                    // 用于记录当前的读者数量
semaphore reader_mutex = 1;             // 用于保护更新count变量时的互斥
semaphore rw_mutex =1;                  // 用于保证读者和写者互斥地访问文件
semaphore firstw_metux=1;               // 用于实现 "写优先"
writer(){
    while(1){
        P(firstw_metux);                // 在无写进程请求时进入
        P(rw_mutex);                    // 互斥访问共享文件
        writing;                        // 写入
        V(rw_mutex);                    // 释放共享文件
        V(firstw_metux);                // 恢复对共享文件的访问
    }
}
reader() {                              // 读者进程
    while(1){
        P(firstw_metux);                // 在无写进程请求时进入
        P(reader_mutex);                // 互斥访问count变量
        if(readercount ==0)             // 当第一个读进程读共享文件时
```

```
            P(rw_mutex);                    // 阻止写进程写
        count++;                            // 读者计数器加1
        V(reader_mutex);                    // 释放互斥变量count
        V(firstw_metux);                    // 恢复对共享文件的访问
        reading;                            // 读取
        P(reader_mutex);                    // 互斥访问count变量
        readercount --;                     // 读者计数器减1
        if(readercount ==0)                 // 当最后一个读进程读完共享文件
            V(rw_mutex);                    // 允许写进程写
        V(reader_mutex);                    // 释放互斥变量count
    }
}
```

此算法也能保证读者和写者的互斥及同步关系，但是会出现读者忙等的现象。

例3 相对公平算法（先来先服务）

进程按着先来先服务的顺序进行读写操作，如果当前正在进行写操作，并且正在等待的也是写操作，后续的读操作要等待先到达的写者操作完成后可以进行读操作。如果当前是读操作，后面跟的是读操作，则可以申请访问读操作。该算法跟读者优先算法相比，除以上的信号量外，需要另外设置一个信号量writer_mutex，其初值为1，用于表示是否存在正在写或者等待的写者，若存在，则禁止新读者进入。具体的算法实现过程如下：

```
int readercount=0;                      // 用于记录当前的读者数量
semaphore reader_mutex=1;               // 用于保证多个读者对于信号量readercount的互斥
semaphore rw_mutex=1;                   // 用于保证读者和写者互斥地访问文件
semaphore writer_mutex=1;               // 用于判断是否存在正在写或者等待的写者，如果存在，禁止新近读者获取
                                           访问权
writer() {                              // 写者进程
    while(1){
        P(writer_mutex);                // 检测是否有写者存在，无写者时进入
        P(rw_mutex);                    // 互斥访问共享文件
        Writing;                        // 写入
        V(rw_mutex);                    // 释放共享文件
        V(writer_mutex);
    }
}

reader () {                             // 读者进程
    while(1){
        P(writer_mutex);                // 检测是否有写者存在，无写者时进入
        P(reader_mutex);                // 互斥访问count变量
```

```
        if(readercount==0)                  // 当第一个读进程读共享文件时
            P(rw_mutex);                    // 阻止写进程写
        readercount ++;                     // 读者计数器加1
        V(reader_mutex );                   // 释放互斥变量count
        V(writer_mutex);
        reading;                            // 读取
        P(reader_mutex);                    // 互斥访问count变量
        readercount --;                     // 读者计数器减1
        if(readercount ==0)                 // 当最后一个读进程读完共享文件
            V(rw_mutex);                    // 允许写进程写
        V(reader_mutex);                    // 释放互斥变量 count
    }
}
```

（3）哲学家进餐问题

哲学家进餐问题是指环绕一张桌子坐着5位哲学家就餐，桌子上仅有5根筷子，且5根筷子分布在每两个哲学家中间。哲学家在进餐期间只做两个动作：进餐和思考。在进餐时，哲学家需要同时拿起他左边和右边的两根筷子，在思考时，哲学家将同时将两根筷子放回原处。其时哲学家进餐问题可以看作并发进程访问临界资源的一个典型问题。其中，筷子是临界资源，两个哲学家不能同时使用一根筷子。

① 进程之间的关系分析。5个哲学家中，相邻的两个哲学家对其中间的筷子的使用是互斥访问关系。

② 确定算法描述中P、V操作的位置顺序分析。本题目涉及5个进程。解决问题的主要问题是如何保证哲学家能够顺利拿到一双筷子就餐，且不造成死锁或饥饿现象。解决思路：一是让哲学家们能同时拿到两根筷子；二是制定每位哲学家的动作规则，所有的动作按着规则执行。

③ 信号量定义及置初值。对筷子用一个信号量数组chopsticks [5]={1,1,1,1,1}来表示，用于对5个筷子的互斥访问。其中哲学家序号按顺序编号为0～4，且哲学家i左边筷子的编号为i，哲学家右边筷子的编号为（i+1）%5。

具体算法实现如下：

```
semaphore chopstick[5] = {1,1,1,1,1};         // 定义信号量数组chopstick[5]，并初始化
philosopher(int i){                           // i号哲学家的进程
    while(1){
        P(chopstick[i] );                     // 取左边筷子
        P(chopstick[(i+1)%5] );               // 取右边筷子
        eat;                                  // 进餐
        V(chopstick[i]);                      // 放回左边筷子
        V(chopstick[(i+l)%5]);                // 放回右边筷子
        think;                                // 思考
    }
}
```

该种方法可以实现互斥，但是当5个哲学家同时就餐时，每个哲学家拿到左手边的筷子，再拿右手边筷子时，所有的筷子已经被占有，所有哲学家处于等待阻塞，从而导致死锁的现象。要解决此问题，需要对哲学家进餐做一些限制条件。具体的方法如下：

A. 在同一时间内，最多允许4位哲学家进餐。

B. 每位哲学家在进餐前，确保其左右两边的筷子同时可用时，他才拿起筷子进餐。

C. 对哲学家按顺时针进行编号，并规定奇数号的哲学家先拿左边筷子，偶数号的哲学家先拿右边筷子。

下面采用第二种方法，并设置取筷子的信号量mutex，初值为1，用于表示筷子的互斥量。具体算法实现如下：

```
semaphore chopstick[5] = {1,1,1,1,1};          // 初始化信号量
semaphore mutex=l;                             // 设置取筷子的信号量
philosopher(int i){                            // i号哲学家的进程
    while(1){
        P(mutex);                              // 在取筷子前获得互斥量
        P(chopstick [i]);                      // 取左边筷子
        P(chopstick[(i+1)%5]);                 // 取右边筷子
        V(mutex);                              // 释放取筷子的信号量
        eat;                                   // 进餐
        V(chopstick[i]);                       // 放回左边筷子
        V(chopstick[(i+l)%5]);                 // 放回右边筷子
        think;                                 // 思考
    }
}
// 采用第三种方法的具体算法实现
semaphore chopstick[5] = {1,1,1,1,1};          // 初始化信号量
philosopher(int i)//i=1,2,3,4,5
{
    while(1){
      think;
      eat;
          if(i%2!=0)                           // 判断是否为奇数号哲学家，若为奇数号哲学家，则先拿左边筷子
          {
            P(chopstick [i]);                  // 取左边筷子
            P(chopstick[(i+1)%5]);             // 取右边筷子
            eat;
            V(chopstick[i]);                   // 放回左边筷子
            V(chopstick[(i+l)%5]);             // 放回右边筷子
          }
```

```
        else                              // 若为偶数号哲学家，则先拿右边筷子
        {
            P(chopstick[(i+1)%5]);        // 取右边筷子
            P(chopstick [i]);             // 取左边筷子
            eat;
            V(chopstick[(i+l)%5]);        // 放回右边筷子
            V(chopstick[i]);              // 放回左边筷子
        }
    }
}
```

2.4.8 真题与习题精编

● 单项选择题

1. 在同一时刻，只允许一个进程访问的资源称为（　）。【南京理工大学2013年】

A. 共享资源　　B. 临界区　　C. 临界资源　　D. 共享区

2. 在对记录型信号量的P操作的定义中，当信号量的值为（　）时，执行P操作的进程变为阻塞态。【南京理工大学2013年】

A. 大于0　　B. 小于0　　C. 等于0　　D. 小于等于0

3. 某进程对信号量s执行P操作后进入相应等待队列，则信号量的值在执行P操作前最大为（　）。【南京理工大学2013年】

A. −1　　B. 2　　C. 3　　D. 0

4. 若系统中有5个并发进程涉及某个相同的变量A，则变量A的相关临界区是由（　）临界区构成。【广东工业大学2017年】

A. 2个　　B. 3个　　C. 4个　　D. 5个

5. 若x是管程内的条件变量，则当进程执行x.wait（）时所做的工作是（　）。【全国联考2018年】

A. 实现对变量x的互斥访问　　B. 唤醒一个在x上阻塞的进程

C. 根据x的值判断该进程是否进入阻塞状态　　D. 阻塞该进程，并将之插入x的阻塞队列中

6. 在下列同步机制中，可以实现让权等待的是（　）。【全国联考2018年】

A. Peterson 方法　　B. swap指令　　C. 信号量方法　　D. TestAndSet指令

7. 属于同一进程的两个线程threadl和thread2并发执行，共享初值为0的全局变量x。threadl和thread2实现对全局变量x加1的机器级代码描述如下。

thread1	thread2
mov R1, x　　//(x)−R1 inc R1　　//(R1)+1−R1 mov x,R1　　//(R1)−x	mov R2, x　　//(x)−R2 inc R2　　//(R2)+1−R2 mov x,R2　　//(R2)−x

在所有可能的指令执行序列中，使x的值为2的序列个数是（　）。

A. 1　　B. 2　　C. 3　　D. 4

8. 使用TSL（Test and Set Lock）指令实现进程互斥的伪代码如下所示。

```
do{
      …
   while(TSL( &lock));
   critical section;
   lock= FALSE;
      …
}while(TRUE)
```

下列与该实现机制相关的叙述中，正确的是（　）。【全国联考2016年】

A. 退出临界区的进程负责唤醒阻塞态进程

B. 等待进入临界区的进程不会主动放弃CPU

C. 上述伪代码满足“让权等待”的同步准则

D. while(TSL(&lock))语句应在中断状态下执行

9. 进程P1和P2均包含并发执行的线程，部分伪代码描述如下所示。

```
//进程P1                          //进程P2
    int x=0;                          int x=0;
    Thread1()                         Thread3()
    {  int a; a=1;                    {  int a; a=x;
       x+=1;                             x+=3;
    }                                 }
    Thread2()                         Thread4()
    {  int a; a=2;                    {  int b; b=x;
       x+=2;                             x+=4;
    }                                 }
```

下列选项中，需要互斥执行的操作是（　）。【全国联考2016年】

A. a=1与a=2　　B. a=x与b=x　　C. x+=1与x+=2　　D. x=1与x+=3

10. 下列关于管程的叙述中，错误的是（　）。【全国联考2016年】

A. 管程只能用于实现进程的互斥

B. 管程是由编程语言支持的进程同步机制

C. 任何时候只能有一个进程在管程中执行

D. 管程中定义的变量只能被管程内的过程访问

11. 有两个并发执行的进程P1和P2，共享初值为1的变量x。P1对x加1，P2对x减1，加1和减1操作的指令序列分别如下所示。

```
//加1操作                                          //减1操作
loud  R1, x          //取到寄存器R1中             loud R2, x
inc  R1                                           dec  R2
store  x, R1         //将R1的内容存入x            store  x, R2
```

两个操作完成后x的值（　）。【全国联考2011年】

A. 可能为-1或3　　B. 只能为1

C. 可能为0、1或2　　D. 可能为-1、0、1或2

12. 设与某资源关联的信号量初值为3，当前值为1。若M表示该资源的可用个数，N表示等待该资源的进程数，则M、N分别是（　）。【全国联考2010年】

A. 0、1　　B. 1、0　　C. 1、2　　D. 2、0

13. 进程P0和P1的共享变量定义及其初值为

```
boolean flag[2];
int turn=0;
flag[0]=FALSE;
flag[1]=FALSE;
```

若进程P0和P1访问临界资源的类C伪代码实现如下所示。

```
void P0()    //进程P0
{
   while(TRUE)
   {
       flag[0]=TRUE;
       turn=1;
       while(flag[1]&&(turn==1));
            临界区;
            flag[0]=FALSE;
   }
}
```

```
void P1()    //进程P1
{
   while(TRUE)
   {
       flag[1]=TRUE;
       turn=0;
       while(flag[0]&&(turn==0));
            临界区;
            flag[1]=FALSE;
   }
}
```

则并发执行进程P0和P1时，产生的情形是（　）。【全国联考2010年】

A. 不能保证进程互斥进入临界区，会出现“饥饿”现象

B. 不能保证进程互斥进入临界区，不会出现“饥饿”现象

C. 能保证进程互斥进入临界区，会出现“饥饿”现象

D. 能保证进程互斥进入临界区，不会出现“饥饿”现象

14. 生产者和消费者问题用于解决（　）。【中国科学院大学2015年】

A. 多个并发进程共享一个数据对象的问题

B. 多个进程之间的同步和互斥问题

C. 多个进程共享资源的死锁与“饥饿”问题

D. 利用信号量实现多个进程并发的问题

15. 共享变量是指（　）访问的变量。

A. 只能被系统进程　　B. 只能被多个进程互斥

C. 只能被用户进程　　D. 可被多个进程

16. 临界区是指（　）。

A. 一组临界资源的集合　　B. 可共享的一块内存区

C. 访问临界资源的一段代码　　D. 请求访问临界资源的代码

17. 不需要信号量能实现实现的功能是（　）。

A. 进程同步　　B. 进程互斥

C. 执行的前趋关系　　D. 进程的并发执行

18. 有五个进程共享一个互斥段，如果最多允许两个进程同时进入互斥段，则所采用的互斥信号量初

值应该是(　)。

A. 5　　B. 2　　C. 1　　D. 0

19. 两个优先级相同的并发进程P1和P2，它们的执行过程如下所示，假设当前信号量$s1=0$，$s2=0$，当前的$z=2$，进程运行结束后，x、y和z的值分别为(　)。

```
进程P1          进程P2
…               …
y:=1;           x:=1;
y:=y+2;         x:=x+1;
z:=y+1;         P(s1);
V(sl);          x:=x+y;
P(s2);          z:=x+z;
y:=z+y;         V(s2);
…               …
```

A. 5, 9, 9　　B. 5, 9, 4　　C. 5, 12, 9　　D. 5, 12, 4

20. 下列准则中实现临界区互斥机制必须遵循的是(　)。　【全国联考2016年】

Ⅰ. 两个进程不能同时进入临界区

Ⅱ. 允许进程访问空闲的临界资源

Ⅲ. 进程等待进入临界区的时间是有限的

Ⅳ. 不能进入临界区的执行态进程立即放弃CPU

A. 仅Ⅰ、Ⅳ　　B. 仅Ⅱ、Ⅲ　　C. 仅Ⅰ、Ⅱ、Ⅲ　　D. 仅Ⅰ、Ⅲ、Ⅳ

21. 若一个信号量的初值为3，经过多次PV操作后当前值为−1，这表示等待进入临界区的进程数是(　)。

A. 1　　B. 2　　C. 3　　D. 4

22. 两个旅行社甲和乙为旅客到某航空公司订飞机票，x形成互斥资源的是(　)。

A. 旅行社　　B. 航空公司

C. 飞机票　　D. 旅行社与航空公司

23. 以下不是同步机制应遵循的准则是(　)。

A. 让权等待　　B. 空闲让进

C. 忙则等待　　D. 无限等待

24. 以下(　)属于临界资源。

A. 磁盘存储介质　　B. 公用队列

C. 私用数据　　D. 可重入的程序代码

25. 在操作系统中，要对并发进程进行同步的原因是(　)。

A. 进程必须在有限的时间内完成　　B. 进程具有动态性

C. 并发进程是异步的　　D. 进程具有结构性

26. 进程A和进程B通过共享缓冲区协作完成数据处理，进程A负责产生数据并放入缓冲区，进程B从缓冲区读数据并输出。进程A和进程B之间的制约关系是(　)。

A. 互斥关系　　B. 同步关系

C. 互斥和同步关系　　D. 无制约关系

27.(　　)定义了共享数据结构和各种进程在该数据结构上的全部操作。

A. 管程　　B. 类程　　C. 线程　　D. 程序

28. 在用信号量机制实现互斥时，互斥信号量的初值为(　　)。

A. 0　　B. 1　　C. 2　　D. 3

29. 有三个进程共享同一程序段，而每次只允许两个进程进入该程序段，若用PV操作同步机制，则信号量S的取值范围是(　　)。

A. 2, 1, 0, -1　　B. 3, 2, 1, 0

C. 2, 1, 0, -1, -2　　D. 1, 0, -1, -2

30. 对于两个并发进程，设互斥信号量为mutex(初值为1)，若mutex=0，则(　　)。

A. 表示没有进程进入临界区

B. 表示有一个进程进入临界区

C. 表示有一个进程进入临界区，另一个进程等待进入

D. 表示有两个进程进入临界区

31. 下述(　　)选项不是管程的组成部分。

A. 局限于管程的共享数据结构

B. 对管程内数据结构进行操作的一组过程

C. 管程外过程调用管程内数据结构的说明

D. 对局限于管程的数据结构设置初始值的语句

32. 以下关于管程的叙述中，错误的是(　　)。

A. 管程是进程同步工具，解决信号量机制大量同步操作分散的问题

B. 管程每次只允许一个进程进入管程

C. 管程中signal操作的作用和信号量机制中的V操作相同

D. 管程是被进程调用的，管程是语法范围，无法创建和撤销

33. 对信号量*S*执行P操作后，使该进程进入资源等待队列的条件是(　　)。

A. S.value<0　　B. S.value<=0

C. S.value>0　　D. S.value>=0

34. 如果有4个进程共享同一程序段，每次允许2个进程进入该程序段，若用信号量PV操作作为同步机制，则信号量*S*为-1时表示什么？(　　)。【中国科学院大学2017年】

A. 有2个进程进入了该程序段

B. 有1个进程在等待

C. 有2个进程进入了程序段，有1个进程在等待

D. 有1进程进入了该程序段，其余3个进程在等待

35. 在多进程的系统中，为了保证公共变量的完整性，各进程应互斥进入临界区，所谓临界区是指(　　)。【北京邮电大学2017年】

A. 一个缓冲区　　B. 一段数据区

C. 同步机制　　D. 一段程序

36. 用信号量*S*控制8个进程互斥地使用资源A，A有5个实例。假设进程每次申请使用A的1个资源实例，则*S*可能的最大值、最小值分别是(　　)。【北京邮电大学2018年】

A. 8，5　　B. 5，-3　　C. 8，-3　　D. 5，-5

37. 下面关于临界区的叙述中正确的是（　）。

A. 临界区可以允许规定数目的多个进程同时执行

B. 临界区只包含一个程序段

C. 临界区是必须互斥地执行的程序段

D. 临界区的执行不能被中断

38. 两个进程合作完成一个任务。在并发执行中，一个进程要等待其合作伙伴发来消息，或者建立某个条件后再向前执行，这种制约性合作关系被称为进程的（　）。

A. 互斥　　B. 同步　　C. 调度　　D. 伙伴

● 综合应用题

1. 什么是P、V操作？试用P、V操作描述读者-写者问题。要求允许几个阅读者可以同时读该数据集，而一个写者不能与其他进程（不管是写者还是读者）同时访问该数据集。　【西安交通大学1999年】

2. 某高校计算机系开设有网络课并安排了上机实习，假设机房共有$2m$台机器，有$2n$名学生选该课，规定：

（1）两个学生组成一组，各占一台机器，协同完成上机实习。

（2）有一组两个学生到齐，并且此时机房有空闲机器时，该组学生才能进入机房。

（3）上机实习由一名教师检查，检查完毕，一组学生同时离开机房。

试用P、V操作模拟上机实习过程。　【北京大学1997年】

3. 消息缓冲通信技术是一种高级通信机制，由HANSEN首先提出。　【西安交通大学2000年】

（1）试叙述高级通信机制与低级通信机制P、V原语操作的区别。

（2）请给出消息缓冲通信机制（有界缓冲）的基本工作原理。

（3）试设计相应的数据结构，并用P、V原语操作实现Send和Receive原语。

4. 在一个飞机订票系统中，多个用户共享一个数据库。多用户同时查询是可以接收的，但若一个用户要订票需更新数据库时，其余所有用户都不可以访问数据库。请画出用户查询与订票的逻辑框图。要求：当一个用户订票而需要更新数据库时，不能因不断有查询者的到来而使他长期等待。　【西北大学2000年】

5. 桌子上有一只盘子，每次只能放一只水果。爸爸专向盘子中放苹果，妈妈专向盘子中放橘子，一个儿子专等吃盘子中的橘子，一个女儿专等吃盘子中的苹果。用PV操作实现他们之间的同步机制。

【复旦大学1997年/南京理工大学2004年】

6. 一个供应商用汽车给某超市送货，并把汽车上的货物用超市的三轮车运到仓库中。超市的工作人员也用三轮车从仓库中取货去出售。假设共有3辆三轮车，仓库中只能容纳10辆三轮车的货物，且每次从汽车上取货只能供给一辆三轮车，仓库也只能容纳一辆三轮车进入。考虑相关信号量的定义及初值，并写出用P、V操作实现向仓库中送货及从仓库中取货的同步算法。　【西安交通大学2005年】

7. 三个进程P1、P2、P3互斥使用一个包含N（$N>0$）个单元的缓冲区。P1每次用produce()生成一个正整数并用put()送入缓冲区某一空单元中；P2每次用getodd()从该缓冲区中取出一个奇数并用countodd()统计奇数个数；P3每次用geteven()从该缓冲区中取出一个偶数并用counteven()统计偶数个数。请用信号量机制实现这三个进程的同步与互斥活动，并说明所定义的信号量的含义。要求用伪代码描述。

【全国联考2009年】

8. 一个理发店由一个有N张椅子的等候室和一个放有一张理发椅的理发室组成。若没有要理发的顾客，则理发师就去睡觉，若一个顾客走进理发店且所有的椅子都被占用了，则该顾客就离开理发店，若理发师正在为人理发，则该顾客就找一张空椅子坐下等待，若理发师在睡觉，则顾客就唤醒他。试用信号量设计一个协调理发师和顾客的程序。【西安电子科技大学2000年】

9. 多个进程共享一个文件，其中只读文件的称为读者，只写文件的称为写者。读者可以同时读，但写者只能独立写。请：【中国科学院软件研究所1995年】

（1）说明进程间的相互制约关系，应设置哪些信号量?

（2）用P、V操作写出其同步算法。

（3）修改上述的同步算法，使得它对写者优先，即一旦有写者到达，后续的读者必须等待。而无论是否有读者在读文件。

10. 有n（$n \geqslant 3$）位哲学家围坐在一张圆桌边，每位哲学家交替地就餐和思考。在圆桌中心有m（$m \geqslant 1$）个碗，每两位哲学家之间有1根筷子。每位哲学家必须取到一个碗和两侧的筷子之后，才能就餐，进餐完毕，将碗和筷子放回原位，并继续思考。为使尽可能多的哲学家同时就餐，且防止出现死锁现象，请使用信号量的P、V操作（wait()、sgd()操作）描述上述过程中的互斥与同步，并说明所用信号量及初值的含义。

【全国联考2019年】

11. 某进程中有3个并发执行的线程thread1、thread2和thread3，其伪代码如下所示：

```
//复数的结构类型定义
typedef struct
{
    float a;
    float b;
}cnum
cnum x, y, z; //全局变量
//计算两个复数之和
cnum add (cnum p, cnum q)
{
    cnum s;
    s.a=p.a+q.a;
    s.b=p.b+q.b;
    return s;
}

thread1
{
    cnum w;
    w=add(x, y);
    ...
}

thread2
{
    cnum w;
    w=add(y, z);
    ...
}

thread3
{
    cnum w;
    w.a=1;
    w.b=1;
    z=add(z, w);
    y=add(y, w);
    ...
}
```

请添加必要的信号量和P、V（或wait()、signal()）操作，要求确保线程互斥访问临界资源，并且最大程度地并发执行。【全国联考2017年】

12. 有A、B两人通过信箱进行辩论，每个人都从自己的信箱中取得对方的问题。将答案和向对方提出的新问题组成一个邮件放入对方的邮箱中。假设A的信箱最多放M个邮件，B的信箱最多放N个邮件。初始时A的信箱中有x个邮件（$0<x<M$），B的信箱中有y个邮件（$0<y<N$）。辩论者每取出一个邮件，邮件数减1。A和B两人的操作过程描述如下所示：

```
A{
    while(TRUE){
        从A的信箱中取出一个邮件;
        回答问题并提出一个新问题;
        将新邮件放入B的信箱;
    }
}
CoEnd

B{
    while(TRUE){
        从B的信箱中取出一个邮件;
        回答问题并提出一个新问题;
        将新邮件放入A的信箱;
    }
}
```

当信箱不为空时，辩论者才能从信箱中取邮件，否则等待；当信箱不满时，辩论者才能将新邮件放入信箱，否则等待；请添加必要的信号量和P、V（或wait()、signal()）操作，以实现上述过程的同步。要求写出完整过程，并说明信号量的含义和初值。 【全国联考2015年】

13. 系统中有多个生产者进程和多个消费者进程，共享一个能存放1000件产品的环形缓冲区（初始为空），当缓冲区未满时，生产者进程可以放入其生产的一件产品，否则等待；当缓冲区未空时，消费者进程可以从缓冲区取走一件产品，否则等待。要求一个消费者进程从缓冲区连续取走10件产品后，其他消费者进程才可以取产品。请使用信号量的P、V（wait()、signal()）操作实现进程间的互斥与同步。要求写出完整的过程，并说明所用信号量的含义和初值。 【全国联考2014年】

14. 某博物馆最多可容纳500人同时参观，有一个出入口，该出入口一次仅允许一个人通过，参观者的活动描述如下所示。

```
CoBegin
  参观者进程i:
  {
    …
    进门;
    …
    参观;
    …
    出门;
    …
  }
CoEnd
```

请添加必要的信号量和P、V（或wait()、signal()）操作，以实现上述过程中的互斥与同步。要求写出完整的过程，说明信号量的含义并赋初值。 【全国联考2015年】

15. 某银行提供1个服务窗口和10个供顾客等待的座位。顾客到达银行时，若有空座位，则到取号机上领取一个号，等待叫号。取号机每次仅允许一位顾客使用。当营业员空闲时，通过叫号选取一位顾客，并为其服务。顾客和营业员的活动过程描述如下所示。

```
CoBegin
{
   process顾客i
   {
        从取号机获得一个号码;
        等待叫号;
        获得服务;
}
   process 营业员
   {
        while(TRUE)
```

```
            {
                叫号;
                为顾客服务;
            }
        }
    }
CoEnd
```

请添加必要的信号量和P、V（或wait()、signal()）操作，实现上述过程中的互斥与同步。要求写出完整的过程，说明信号量的含义并赋初值。【全国联考2011年】

16. 三个进程P0、P1、P2互斥使用一个仅包含1个单元的缓冲区。P0每次用produce()生成1个正整数，并用put()送入缓冲区。对于缓冲区中的每个数据，P1用get1()取出一次并用compute()计算其平方值，P2用get2()取出一次compute2()计算其立方值。请用信号量机制实现进程P0、P1、P2之间的同步与互斥关系，并说明所定义信号量的含义，要求用伪代码描述。【电子科技大学2014年】

17. 某双车道公路中一小段因发生塌方事故，变成了单车道，（对向行驶的车辆无法同时同行），如下图所示。为保证车辆顺利通行，必须对经过塌方路段的车辆予以控制。请用信号量描述此控制过程，并说明信号量含义。【电子科技大学2015年】

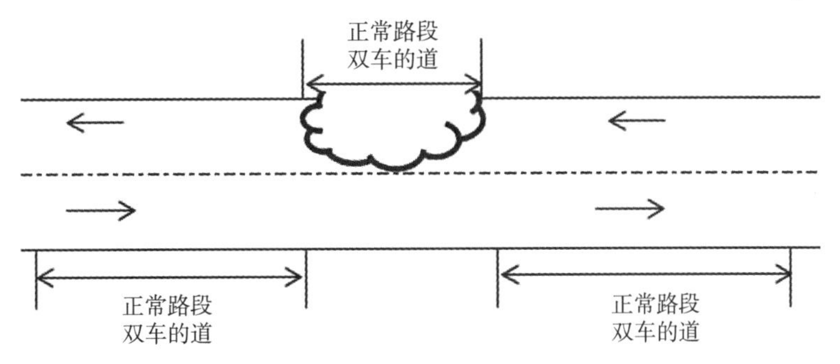

18. 有一材料保管员负责管理纸和笔，另有A，B两组工人，A组工人每个都有染料，B组工人每个都有布，一个工人只要能得到另一种材料就可以染布。有一个可以放材料的盒子，当盒子为空时保管员取一件材料放入盒子中。当盒子有工人所需材料时，每次只允许一个工人从盒子中取出自己所需材料。试用信号量和P、V操作描述它们的同步关系。【桂林电子科技大学2016年】

19. 某由西向东的单行车道有一卡脖子的路段AB（如下图所示），为保证行车的安全需设计一个自动管理系统，管理原则如下：

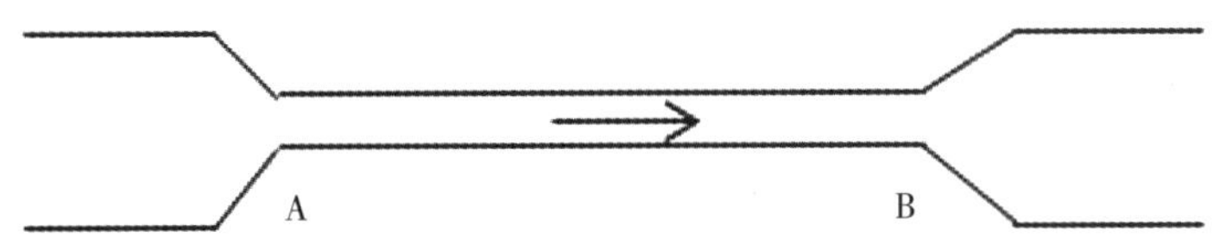

当AB段之间无车行驶时，可让到达A点的一辆车进入AB段行驶；

当AB段有车行驶时，让到达A点的车等待；

当在AB段行驶的车驶出B点后，可让等待在A点的一辆车进入AB段。

请回答下列问题：【广东工业大学2017年】

（1）把每一辆需经过AB段的车辆看作是一个进程，则这些进程在AB段执行时，它们之间的关系应是同步还是互斥？

（2）用P、V操作管理AB段时，应怎样定义信号量，给出信号量的初值以及信号量可能取值的含义。

（3）若每个进程的程序如下，请在方框中填上适当的P、V操作，以保证行车的安全。

```
Parbegin
Process(a-b)i(i=1,  2,  …)
Begin
    到达A点;
  [            ]
    在AB段行驶;
    到达B点;
  [            ]
    驶出B点;
    end;
Parend
```

20. 银行负责办理业务有3个柜台，每个柜台有一名银行职员负责相关业务，有N个供用户等待的椅子。如果没有顾客，则银行职员便休息；当有顾客到来时，唤醒银行职员。每位顾客进入银行后，如果还有空椅子则顾客到取号机领取一个号并且坐在椅子上等待，如果顾客进入银行后发现没有空椅子就离开银行。请用信号量和P、V操作正确编写银行职员进程和顾名进程并发的程序。【桂林电子科技大学2015年】

21. 某寺庙有小和尚和老和尚若干，水井一口，水缸一只，水桶三个。小和尚用水桶从井中打水倒入水缸，老和尚用水桶从水缸中取水使用。水缸可容十桶水。水井径窄，每次只能容一个水桶取水。水缸每次倒入、取出的水量仅为一桶，且不可以同时进行。试用信号量和P、V操作给出小和尚、老和尚的活动过程。

【汕头大学2017年】

22. 进程同步机制都应遵循的准则是什么？以下程序中，P1和P2并发执行是否满足进程同步机制应遵循的准则，为什么？

【南京航空航天大学2014年】

```
    …
var statusl, status2: boolean;
/*进程P1*/
Repeat
While satus2 do no-op;
    Status1 = true
    临界区代码;
    Status1 = false
    剩余区代码;
Until false;

/*进程P2*/
Repeat
While statusl do no-op;
```

```
        Status2 = true
        临界区代码;
        Status2 = false
        剩余区代码;
    Until false;
    …
```

23. 设公共汽车上驾驶员和售票员的活动分别如下图所示。驾驶员的活动：启动车辆，正常行车，到站停车；售票员的活动：关车门，售票，开车门。在汽车不断地到站、停车、行驶的过程中，这两个活动有什么同步关系？用信号量和P、V操作实现它们的同步。【华中理工大学1999年】

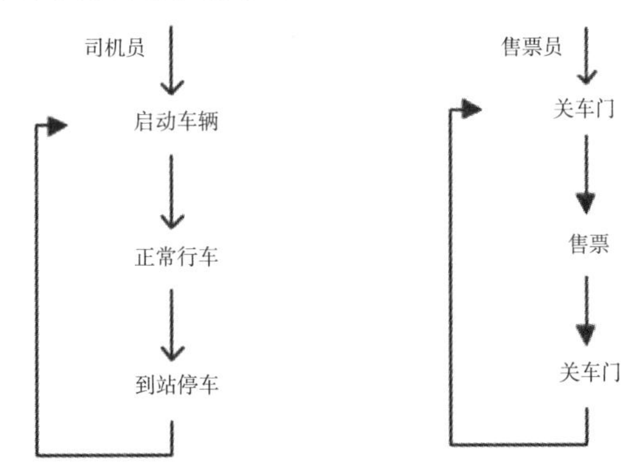

2.4.9 答案精解

● 单项选择题

1.【答案】C

【精解】本题考查的知识点是进程同步——进程同步的基本概念。同一时刻只允许一个进程访问的资源，称为临界资源或独占资源。故选C。

2.【答案】B

【精解】本题考查的知识点是进程同步——信号量。对于记录型信号量，每执行一次P操作，信号量的值都会减1。当信号量的值为负时，说明系统中无可用临界资源，进程进入阻塞态。故选B。

3.【答案】D

【精解】本题考查的知识点是进程同步——信号量。进程对信号量执行P操作后，进人等待队列，此时系统中没有可分配的资源，信号量的值为–1，故信号量s的值在执行P操作之前最大为0。故选D。

4.【答案】D

【精解】本题考查的知识点是进程同步——临界资源的概念理解。临界资源要求各进程之间采取互斥方式访问，一次只允许一个进程访问资源。临界区就是每个进程中访问临界资源的代码。五个并发进程都有访问变量A的代码，每个进程中都有相关的临界区，因而有五个临界区。故选D。

5.【答案】D

【精解】本题考查的知识点是进程同步——管程。“条件变量”是管程内部说明和使用的一种特殊变量，其作用类似于信号量机制中的“信号量”，都用于实现进程同步。需要注意的是，在同一时刻，管程中只能有一个进程在执行。若进程A执行了x.wait()操作，则该进程会阻塞，并挂到条件变量x对应的阻塞队列上。这样，管程的使用权被释放，就可以有另一个进程进入管程。若进程B执行了x.signal()操作，则会唤醒x对应的阻塞队列的队首进程。在Pascal语言的管程中，规定只有一个进程要离开管程时才能调用signal()操作。故选D。

6.【答案】C

【精解】本题考查的知识点是进程同步——信号量。硬件方法实现进程同步时不能实现让权等待，故B、D错误；Peterson算法满足有限等待但不满足让权等待，故A错误；记录型信号量由于引入阻塞机制，消除了不让权等待的情况，故选C。

7.【答案】B

【精解】本题考查的知识点是进程与线程——进程同步。仔细阅读两个线程代码可知，threadl和thread2均是对x进行加1操作，x的初始值为0，若要使得最终x=2，只能先执行完threadl再执行thread2，或先执行完thread2再执行threadl，故仅有2种可能，故选B。

8.【答案】B

【精解】本题考查的知识点是进程同步——同步的四个准则。当进程退出临界区的时候将lock置为FALSE，唤醒的是就绪状态的进程，故A选项错误；若等待进入临界区的进程一直停留在while循环中，则不会主动放弃CPU，故B选项正确；进程一直处于while循环中不会释放处理器，上述伪代码不满足“让权等待”原则，故C选项错误；若while(TSL（&lock）)在关状态下执行，当TSL(&lock)一直非TRUE时，不再开中断，系统可能会因此停止，故D选项错误。故选B。

9.【答案】C

【精解】本题考查的知识点是进程同步——同步与互斥关系。当两个操作的执行顺序不同导致结果不同时，就需要进行互斥操作。对于A选项，P1中两个对a赋值的操作并不影响最终结果；同理，B选项的两个操作也是相对独立的；C选项中对a进行不同的加法操作，执行顺序不同，最终a的值也会不同，故需要互斥进行，D选项的两个操作不在一个范围内，互不干扰。故选C。

10.【答案】A

【精解】本题考查的知识点是进程同步——管程。一个管程定义了一个数据结构和能被并发进程所执行的组操作，A选项错误、B选项正确；管程具有许多特点，如每次只能有一个进程在管程中执行，局限于管程的数据只能被局限于管程内部的进程所访问，C选项、D选项正确。故选A。

11.【答案】C

【精解】本题考查的知识点是进程同步。将P1中的三条语句依次标号为1、2、3，P2中的三条语句依次标号为4、5、6。当执行次序为1、2、3、4、5、6时，得到的结果为1；当执行次序为1、2、4、5、6、3时，得到的结果为2；当执行次序为4、5、1、2、3、6时，得到的结果为0。-1在本题中是无法得到的。故选C。

12.【答案】B

【精解】本题考查的知识点是进程同步——信号量。关联信号量初值为3，当前为1，说明系统中有两个资源已被占用。关联信号量的值不为负，表示当前系统可以为进程分配资源，可分配的资源数为1且无等待的进程。故选B。

13.【答案】D

【精解】本题考查的知识点是进程同步——信号量。这个算法可以保证两个进程安全地访问临界区且不会发生无限等待。先来的进程先访问临界区，后来的进程互斥地访问临界区。故选D。

14.【答案】B

【精解】本题考查的知识点是进程同步——经典同步问题。生产者-消费者问题是一个著名的同步问题，它描述的是有若干个生产者进程在生产产品，并将这些产品提供给消费者进程消费。为使生产者进程与消费者进程能并发执行，设置了一个具有n个缓冲区的缓冲池，实现对缓冲池的互斥使用。故选B。

15.【答案】D

【精解】本题考查的知识点是进程同步——进程的互斥与同步。共享变量是被多个进程访问的变量，因此为了实现共享资源正确的使用，采用两种制约关系来访问共享资源变量。故选D。

16.【答案】C

【精解】本题考查的知识点是进程同步——进程同步的基本概念。每个进程中访问临界资源的那段程序称为临界区（临界资源是一次仅允许一个进程使用的可轮流分享的资源）。使用时，每次只准许一个进程进入临界区，一旦一个进程进入临界区之后，不允许其他进程同时进入。故选C。

17.【答案】D

【精解】本题考查的知识点是进程同步——信号量。在多道程序系统中，信号量机制是一种有效的实现进程同步与互斥的工具。进程执行的前趋关系实质上是指进程的同步关系。除此以外，只有进程的并发执行不需要信号量来控制，故选D。

18.【答案】B

【精解】本题考查的知识点是进程同步——信号量。因为最多允许两个进程同时进入互斥段，所以信号量为2。如果一个互斥段可以同时允许两个进程进入，则相当于有两个互斥段。故选B。

19.【答案】C

【精解】本题考查的知识点是进程同步——信号量。本题考查并发进程的特点，并结合信号量进行同步的原理。由于进程并发，所以进程的执行具有不确定性，在P1、P2执行到第一个P、V操作前，应该是相互无关的。

现在考虑第一对是$s1$的P、V操作，由于进程P2是P($s1$)操作，所以，它必须等待P1执行完V($s1$)操作以后才可继续运行，此时x、y、z的值分别为3、3、4，当进程P1执行完V($s1$)以后便在P($s2$)上阻塞，此时P2可以运行直到V(s2)，此时x、y、z值分别为5、3、9，进程P1继续运行直到结束，最终的x、y、z值分别为5、12、9。故选C。

20.【答案】C

【精解】Ⅰ,Ⅱ,Ⅲ分别符合互斥、空闲让进、有限等待的原则。不能立即进入临界区的进程可以选择等待部分时间，Ⅳ错误。故C正确。

21.【答案】A

【精解】本题考查的知识点是进程同步——信号量。信号量是一个特殊的整型变量，只有初始化和PV操作才能改变其值。通常，信号量分为互斥量和资源量，互斥量的初值一般为1，表示临界区只允许一个进程进入，从而实现互斥。当互斥量等于0时，表示临界区已有一个进程进入，临界区外尚无进程等待；当互斥量小于0时，表示临界区中有一个进程，互斥量的绝对值表示在临界区外等待进入的进程数。同理，资源信号量的初值可以是任意整数，表示可用的资源数，当资源量小于0时，表示所有资源已全部用完，而且还有进程正在等待使用该资源，等待的进程数就是资源量的绝对值。故选A。

22.【答案】C

【精解】本题考查的知识点是进程同步——进程同步的基本概念。一张飞机票不能售给不同的旅客，因此飞机票是互斥资源，其他因素只是为完成飞机票订票的中间过程，与互斥资源无关。故选C。

23.【答案】D

【精解】本题考查的知识点是进程同步——进程同步的基本概念。同步机制的四个准则是空闲让进、忙则等待、让权等待和有限等待。故选D。

24.【答案】B

【精解】本题考查的知识点是进程同步——进程同步的基本概念。临界资源与共享资源的区别在于，在一段时间内能否允许被多个进访问（并发使用），显然磁盘属于共享设备。公用队列可供多个进程使用，但一次只可供一个进程使用，试想若多个进程同时使用公用队列，势必造成队列中的数据混乱而无法使用。私用数据仅供一个进程使用，不存在临界区问题，可重入的程序代码一次可供多个进程使用。故选B。

25.【答案】C

【精解】本题考查的知识点是进程同步——进程同步的基本概念。进程同步是指进程之间一种直接的协同工作关系，这些进程的并发是异步的，它们相互合作，共同完成一项任务。

26.【答案】C

【精解】本题考查的知识点是进程同步——进程同步的基本概念。并发进程因为共享资源而产生相互之间的制约关系，可以分为两类：① 互斥关系，指进程之间因相互竞争使用独占型资源（互斥资源）所产生的制约关系；② 同步关系，指进程之间为协同工作需要交换信息、相互等待而产生的制约关系。本题中两个进程之间的制约关系是同步关系，进程B必须在进程A将数据放入缓冲区后才能从缓冲区中读出数据。此外，共享的缓冲区一定是互斥访问的，所以它们也具有互斥关系。故选C。

27.【答案】A

【精解】本题考查的知识点是进程同步——管程。管程定义了一个数据结构和能为并发进程所执行（在该数据结构上）的一组操作，这组操作能同步进程并改变管程中的数据。故选A。

28.【答案】B

【精解】本题考查的知识点是进行同步——信号量。互斥信号量的初值为1，P操作成功则将其减1，禁止其他进程进入；V操作成功则将其加1，允许等待队列中的一个进程进入。故选B 。

29.【答案】A

【精解】本题考查的知识点是进程同步——信号量。因为每次允许两个进程进入该程序段，信号量最大值取2，至多有三个进程申请，则信号量最小为-1，所以信号量可以取2、1、0、-1。故选A。

30.【答案】B

【精解】本题考查的知识点是进程同步——信号量。临界区不允许两个进程同时进入，D选项明显错误。mutex的初值为1，表示允许一个进程进入临界区，当有一个进程进入临界区且没有进程等待进入时，mutex减1，变为0。故选B。

31.【答案】C

【精解】本题考查的知识点是进程同步——管程。管程由局限于管程的共享变量说明、对管程内的数据结构进行操作的一组过程及对局限于管程的数据设置初始值的语句组成。故选C。

32.【答案】C

【精解】本题考查的知识点是进程同步——管程。管程的signal操作与信号量机制中的V操作不同，信号量机制中的V操作一定会改变信号量的值$S=S+1$。而管程中的signal操作是针对某个条件变量的，若不存在因该条件而阻塞的进程，则signal不会产生任何影响。故选C。

33.【答案】A

【精解】本题考查的知识点是进程同步——信号量。参见记录型信号量的解析。此处极易出S.value的物理概念题，现总结如下：

- S.value>0，表示某类可用资源的数量。每次P操作，意味着请求分配一个单位的资源。
- S.value<=0，表示某类资源已经没有，或者说还有因请求该资源而被阻塞的进程。
- S.value<=0时的绝对值，表示等待进程数目。

一定要看清题目中的陈述是执行P操作前还是执行P操作后。故选A。

34.【答案】C

【精解】本题考查的知识点是进程同步——信号量。同步信号量S初始值设置为2，表示还有两个进程可以进入该程序段。信号量S为-1时，有一个程序段尝试进入该程序段，其中两个进程进入，一个进程在等待进入。故选C。

35.【答案】D

【精解】本题考查的知识点是进程同步——临界资源的概念理解。临界资源要求各进程之间采取互斥方式访问，一次只允许一个进程访问资源。临界区就是每个进程中访问临界资源的代码。故选D。

36.【答案】B

【精解】本题考查的知识点是进程同步——信号量。信号量是一个特殊的整型变量，只有初始化和PV操作才能改变其值。通常，信号量分为互斥量和资源量，互斥量的初值一般为1，表示临界区只允许一个进程进入，从而实现互斥。当互斥量等于0时，表示临界区已有一个进程进入，临界区外尚无进程等待；当互斥量小于0时，表示临界区中有一个进程，互斥量的绝对值表示在临界区外等待进入的进程数。同理，资源信号量的初值可以是任意整数，表示可用的资源数，当资源量小于0时，表示所有资源已全部用完，而且还有进程正在等待使用该资源，等待的进程数就是资源量的绝对值。5个临界区，最多有5个信号量，3个处于等待，故选B。

37.【答案】C

【精解】本题考查的知识点是进程同步——进程同步的基本概念。临界段（临界区）的概念包括两个部分：① 临界资源指必须互斥访问的资源。例如，需要独占使用的硬件资源，多个进程共享的变量、结构、队列、栈、文件等软件资源。② 临界区指访问临界资源的必须互斥地执行的程序段，即当一个进程在某个临界段中执行时，其他进程不能进入相同临界资源的任何临界段。故选C。

38.【答案】B

【精解】本题考查的知识点是进程同步——进程同步的基本概念。并发进程因为共享资源而产生相互之间的制约关系，可以分为两类：① 互斥关系，指进程之间因相互竞争使用独占型资源（互斥资源）所产生的制约关系；② 同步关系，指进程之间为协同工作需要交换信息、相互等待而产生的制约关系。本题中两个进程之间的制约关系是同步关系。故选B。

● 综合应用题

1.【考点】进程同步——经典问题同步。

【参考答案】读者—写者问题是经常出现的一种同步问题。计算机系统中的数据(文件、记录)常被多个进程共享,但其中某些进程可能只要求读数据(称为Reader):另一些进程则要求修改数据(称为Writer)。就共享数据而言,Reader和Writer是两种不同类型的进程。一般地,两个或两个以上的Reader进程同时访问共享数据时不会产生副作用,但若某个Writer和其他进程(Reader或Writer)同时访问共享数据时,则可能产生错误。为了避免错误,同时尽可能地让读者进程和写者进程并发运行,只要保证任何一个写者进程能与其他进程互斥访问共享数据即可。这个问题称为读者—写者问题。下面使用信号量机构来描述这一问题。

P、V操作是定义在信号量s上的两条原语,它是解决进程同步与互斥的有效手段。

定义下列信号量:互斥信号量rmutex,初值为1,用于使读者互斥地访问读者计数器,共享变量rcount:互斥信号量wmutex,初值为1,用于实现写者之间以及写者与读者之间互斥地访问共享数据集。则用信号量和P、V操作描述读者—写者问题如下:

```
Semaphore rmutex wmutex;
Integer rcount;
rmutex=wmutex=1;
rcount=0;
reader()
{
    while(1)
    {
            …
            P(rmutex);
            rcount = rcount+1
            if(rcount=l) then P(wmutex);
            V(rmutex);
            perfonn read operations;
            P(rmutex);
            rcount = rcount-1;
            if(rcount = 0) then V(wmutex);
            V(rmutex);
            …
    }0
}
writer()
{
    while(1)
```

```
    {
        …
        P(wmutex);
        perform write operations;
        V(wmutex);
        …
    }
}
```

2.【考点】进程同步——信号量机制。

【参考答案】在本题中，为了保证系统的控制流程，增加了Monitor进程，用于控制学生的进入和计算机分配。从题目本身来看，虽然没有明确写出这一进程，但实际上这一进程是存在的。因此，在解决这类问题时，需要对题目加以认真分析，找出其隐蔽的控制机制。

上机实习过程可描述如下：

```
Semaaphore student, computer, enter, finish, check;
student = 0;
computer = 2m;
enter = 0;
finish = 0;
check = 0;
Student()
{
    V(student);              {表示有学生到达}
    P(computer);             {获取一台计算机}
    P(enter);                {等待允许进入}
    DO it with partner;
    V(finish);               {表示实习完成}
    P(check);                {等待教师检查}
    V(computer);             {释放计算机资源}
}
Teacher()
{
    While(1){
        P(finished);         {等待学生实习完成}
        P(finished);         {等待另一学生实习完成}
        check the work;
        V(check);            {表示检查完成}
        V(check);            {表示检查完成}
```

```
    }
}
Monitor()
{
    While(1)
    {
        P(student);          {等待学生到达}
        P(student);          {等待另一学生到达}
        V(enter);            {允许学生进入}
        V(enter);            {允许学生进入}
    }
}
```

3.【考点】进程通信、进程同步。

【参考答案】(1)高级通信机制与低级通信机制P、V原语操作的主要区别:

①交换信息量方面。利用P、V原语操作作为进程间的同步互斥工具是理想的,但进程间只能交换一些信息,基本上只能是控制信息,缺乏传输消息的能力。而高级通信不仅能较好地解决进程间的同步互斥问题,且能很好交换大量消息,是理想的进程通信工具。

②通信对用户透明方面。用户要用P、V原语进行进程间的通信必须在程序中增加P、V编程,这样做不但增加了编程的复杂性,不便对程序有直观的理解,同时由于编程不当,有可能出现死锁,难以查找其原因。而高级通信机制不但能高效传输大量信息,且操作系统隐藏了进程通信的实现细节,即通信过程对用户是透明的。这样就大大地简化了通信程序编制上的复杂性。

(2)所谓消息(Message),是指一组信息,消息缓冲区是含有如下信息的缓冲区:

指向发送进程的指针:Sptr;

指向下一信息缓冲区的指针:Nptr;

消息长度:Size;

消息正文:Text。

消息缓冲通信机制的基本工作原理:把消息缓冲区作为进程通讯的一个基本单位,为了实现进程之间的通讯,系统提供了发送原语Send(A)和接收原语Receive(B)。每当发送进程欲发送消息时,发送进程用Send(A)原语把欲发送的消息从发送区复制到消息缓冲区,并将它挂在接收进程的消息队列末尾。如果该接收进程因等待消息而处于阻塞状态,则将其换醒。而每当接收进程欲读取消息时,就用接收原语Receive(B)从消息队列头取走一个消息放到自己的接收区。

(3)消息缓冲通信机制中,消息队列属于临界资源,故在PCB中设置了一个用于互斥的信号量mutex,而每当有进程要进入消息队列时,应对信号量mutex实行P操作,退出消息队列后,应对信号量mutex实行V操作。由于接受进程可能会收到几个进程发来的消息,故应将所有的消息缓冲区链成一个队列,其队头由接收进程PCB中的队列头指针Hptr指出。

为了表示队列中的消息的数目,在PCB中设置了信号量,每当发送进程发来一个消息,并将它挂在接收进程的消息队列上时,便在Sn上执行V操作;而每当接收进程从消息队列上读取一个消息时,先对Sn执行P操作，再从队列上移出要读取的消息。

用P、V原语操作实现Send原语和Receive原语的处理流程如下：

```
Procedure Send(receiver,Ma)            {发送原语}
{
    getbuf(Ma,size,i);                 {申请消息缓冲区}
    i.sender=MA. Sender;               {将发送区的信息发送到消息缓冲区}
    i.size=MA. Size;
    i.text=MA. text;
    i.next=0;
    getid(PCB set,receive,j);          {获得接收进程的内部标识符}
    P(j.mutex);
    insert(j.Hptr,i);                  {消息缓冲区插入到消息队列首}
    V(j.Sn);
    V(j.mutex);
}
Procedure Receive(Mb)                  {接收原语}
{
    internal name j;                   {接收进程内部标识符}
    P(j.Sn);
    P(j.mutex);
    remove(j.Hptr,i);                  {从消息队列中移出第一个消息}
    V(j.mutex);
    MB. Sender=i.Sender;               {将消息缓冲区中的信息复制到接收区}
    MB. Size=i.Size;
    MB. text=i.text;
}
```

4.【考点】进程同步——经典调度算法读者—写者问题。

【参考答案】本题是典型的读者—写者问题。查询操作是读者，订票操作是写者，而且要求写者优先。为了达到这一控制效果，可以引入一个变量rc，用于记录当前正在运行的读者进程数。每个读者进程进入系统后需对rc值加1。当rc值由0变为1时，说明是第一个读者进程进入，因此需要该读者进程对控制写者进程的信号量Srw进行P操作，以便与写者进程互斥运行：当rc值由非0值增加时，说明不是第一个读者进程，此时控制写者进程的信号量已经过P操作控制禁止写者进程进入，因此不需要再次对该信号量进行P操作。当读者进程退出时，需对rc做减1操作。如发现减1后m值变为0，说明是最后一个读者进程退出，因此需要该读者进程对控制写者进程的信号量Srw进行V操作，以便使写者进程能够进入。资源计数变量rc也是一个临界资源，需要用信号量Src对它进行互斥访问控制。为了提高写者的优先级，我们还增加了一个信号量S，用以在写进程到达时封锁其后续的读者进程。用户查询与订票的逻辑框图如下图所示。

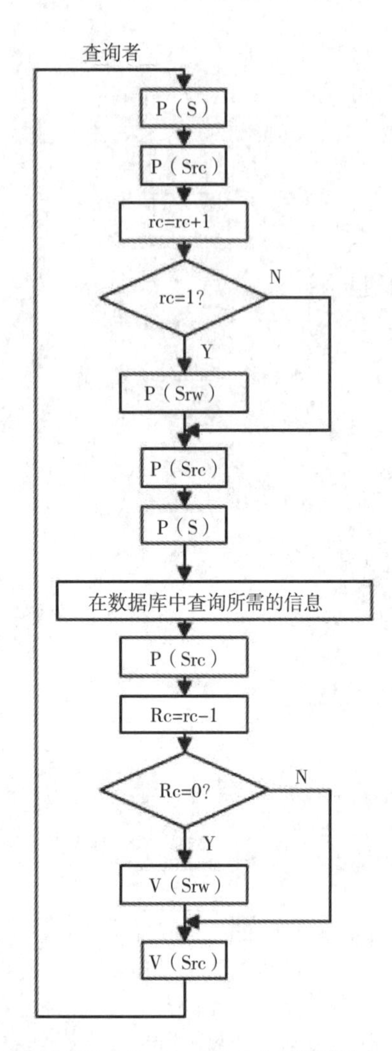

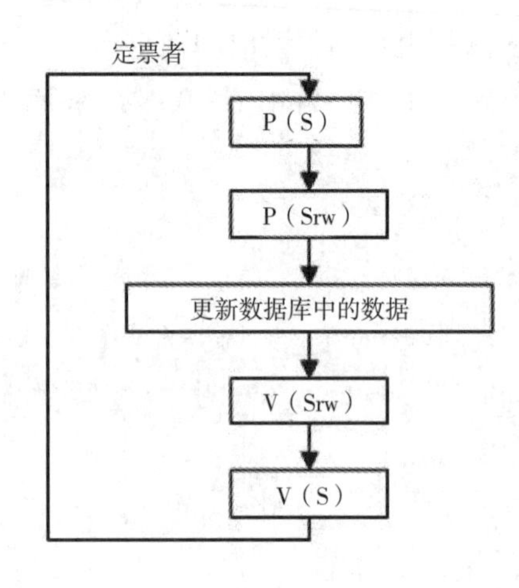

5.【考点】进程同步——经典问题同步。

【参考答案】由于爸爸和妈妈可以同时向盘子放水果，所以盘子是临界资源，应设置一个互斥信号量empty来实现放水果的互斥，其初值为1。此外爸爸和女儿、妈妈和儿子之间存在同步关系，即分别设置信号量apple和orange来分别实现这种同步关系，其初值均为0。

```
Semaphore empty=1, apple=orange=0;
void father()
{
    while(1)
    {
        wait(empty);
        放苹果;
        signal(apple);
    }
}
void mother()
{
```

```
    while(1)
    {
            wait(empty);
            放橘子;
            signal(orange);
    }
}
void daughter()
{
    while(1)
    {
            wait(applel);
            取苹果;
            signal(empty);
    }
}
void son()
{
    while(1)
    {
            wait(orange);
            取橘子;
            signal(empty);
    }
}
main()
{
      cobegin{
            father();
            mother();
            daughter();
            son();
    }
}
```

6.【考点】进程同步——经典问题同步。

【参考答案】题目的限制条件暗示着临界资源的存在。如本题中，仓库只能容纳一辆车进入，且最多容纳10辆车的货物，则仓库显然是需要互斥使用的缓冲区资源。共有三辆小车，则三轮车也是受限资源；汽车一次取货只能供给一辆小车，则汽车也是互斥资源。为所有的互斥资源设置信号量如下：

```
S=3(控制三轮车数量)
mutex1=1(控制互斥访问汽车)
mutex2=1(控制互斥访问仓库)
empty=10(仓库容量)
full=0(仓库现有库存量,供给超市)

从汽车到仓库进程
in()
{   while(1)
    {
        P(empty);
        P(S);
        P(mutex1);
        从汽车上取货;
        V(mutex1);
        去仓库;
        P(mutex2);
        入仓库装货;
        V(mutex2);
        V(S);
        V(full);
    }
}
从仓库到超市进程:
Out()
{
    While(1)
    {
        P(full);
        P(S);
        P(mutex2);
        从仓库取货;
        V(mutex2);
        V(empty);
        去超市;
        V(S);
    }
}
```

7.【考点】进程同步——信号量。

【参考答案】互斥资源：缓冲区只能互斥访问，因此设置互斥信号量mutex。

同步问题：P1、P2因为奇数的放置与取用而同步，设同步信号量odd；P1、P3因为偶数的放置与取用而同步，设置同步信号量even；P1、P2、P3因为共享缓冲区，设同步信号量empty，初值为N。程序如下：

```
semahpore empty=N, even=0, odd=0, mutex=1;
P1()
{
    while(1)
    {
        x=produce();
        wait(empty);
        wait(mutex);
        put(x);
        if x%2==0
            signal(even);
        else
            signal(odd);
        signal(mutex);
    }
}
P2()
{
    while(1)
    {
        wait(odd);
        wait(mutex);
        getodd();
        countodd();
        signal(mutex);
        signal(empty);
    }
}
P3()
{
    while(1)
    {
    wait(even);
```

```
        wait(mutex);
        geteven();
        counteven();
        signal(mutex);
        signal(empty);
    }
}
```

8.【考点】进程同步——经典问题同步。

【参考答案】本题中，顾客进程和理发师进程之间存在着多种同步关系：

① 只有在理发椅空闲时，顾客才能坐到理发椅上等待理发师理发，否则顾客便必须等待；只有当理发椅上有顾客时，理发师才可以开始理发，否则他也必须等待。这种同步关系类似于单缓冲（理发椅）的生产者和消费者问题中的同步关系，故可以通过信号量empty（初值为1）和full（初值为0）来控制。

② 理发师为顾客理发时，顾客必须等待理发的完成，并在理发完成后由理发师唤醒他，这可单独使用一个信号量cut来控制，初值为0。

③ 顾客理完发后必须向理发师付费，并等理发师收费后顾客才能离开；而理发师则需等待顾客付费，并在收费后唤醒顾客以允许他离开，这可分别通过两个信号量payment和receipt来控制，初值都为0。

④ 等候室中的*N*张沙发是顾客进程竞争的资源，故还需为它们设置了一个资源信号量sofa，初值为*n*。

⑤ 为了控制顾客的人数，使顾客能在所有的沙发都被占用时离开理发店，还必须设置一个整型变量count来对理发店中的顾客进行计数，该变量将被多个顾客进程互斥地访问并修改，这可通过一个互斥信号量mutex来实现，初值为1：

```
Guest()
{
    while(1){
        P(mutex);
        if (count>n)
        {
            V(muetx);
            离开理发店;
        }
        else
        {
            count=count+1;
            if(count>1)
            {
                P(sofa);
                在沙发中就座;
                P(empty);
                从沙发上起来;
```

```
                V(sofa);
            }
            else{   /*count=1*/
                P(empty);
                在理发椅上就座;
                V(full);
                P(cut);
                理发;
                付费;
                V(payment);
                P(receipt);
                从理发椅上起来;
                V(empty);
                P(mutex);
                count=count-1;
                V(mutex);
                离开理发店;
            }
        }
    }
}
 Barber()
 {
     While(1){
         p(full);
         替顾客理发;
         v(cut);
         p(payment);
         收费;
         v(receipt);
     }
}
```

9.【考点】进程同步——经典问题同步。

【参考答案】(1)进程间的相互制约关系有三类:

① 读者之间允许同时读。

② 读者与写者之间须互斥。

③ 写者之间须互斥。

为解决读者、写者之间的同步，应设置两个信号量和一个共享变量：读互斥信号量rmutex，用于使读者互斥地访问共享变量count，其初值为1，写互斥信号量wmutex，用于实现写者与读者的互斥及写者及写者的互斥，其初值为1，共享变量count，用于记录当前正在读文件的读者数目，初值为0。

（2）进程间的控制算法如下：

```
Reader()
{    while(1)
     {
          p(rmutex);
          if(count=0)
          p(wmutex);
          count=count+1;
          v(rmutex);
          读文件;
          p(rmutex);
          count=count-1;
          if(count=0)
          v(wmutex);
          v(rmutex);
     }
}
Writer()
{
   While(1)
   {
          p(wmutex);
          写文件;
          v(wmutex);
           …
   }
}
```

（3）为了提高写者的优先级，增加一个信号量s，其初值为1，表示未有写进程正在写。用于在写进程到达后封锁后续的读者。

其过程如下：

```
Reader()
{
  While(1)
```

```
    {
        p(s);
        p(rmutex);
        if(count=0) p(wmutex);
        count=count+1;
        v(rmutex);
        v(s);
        读文件;
        p(rmutex);
        count=count-1;
        if(count=0) v(wmutex);
        v(rmutex);
        …
    }
}
Writer()
{
    while(1)
    {
        p(s);
        p(wmutex);
        写文件;
        v(mutex);
        v(s);
        …
    }
}
```

10.【考点】进程同步——经典问题同步。

【参考答案】

```
// 信号量
semaphore bowl;                    // 用于协调哲学家对碗的使用
semaphore chopsticks[n];           // 用于协调哲学家对筷子的使用
for(inti=0;i<n;i++)
chopsiceks[i].value=1;             // 设置两个哲学家之间筷子的数量
bowl.value = min(n-1,m):           // bowl.value>=n-1, 确保不死锁
// 哲学家i的程序
```

```
Philosopher(int i)
{
        while(1){
            思考;
            P(bowl);                    // 取碗
            P(clhopsticks[i]);          // 取左边筷子
            P(chopsticks[(i+1)% n]);  // 取右边筷子
            就餐;
            V(chopsticks[i]);
            V(chopsticks[(i+1)% n]);
            V(bowl);
        }
}
```

11.【考点】进程同步——信号量。

【参考答案】设置互斥信号量mutex_y1用于thread1和thread3对变量y的互斥访问；设置互斥信号量mutex_y2用于thread2和thread3对变量的互斥访问，设置互斥信号量mutex_z用于变量z的互斥访问。三个信号量的初值均为1，互斥代码如下所示。

```
Semaphore mutex_y1=1;
Semaphore mutex_y2=1;
Semaphore mutex_z=1;
thread1()
{
    cnum w;
    P( mutex_y1);
    w=add(x, y);
    V( mutex_y1);
    …
}
thread2()
{
    cnum w;
    P( mutex_y2);
    P( mutex_z);
    w=add(y, z);
    V(mutex_z);
    V(mutex_ y2);
    …
```

```
}
thread3()
{
    cnum w;
    w.a=1;
    w.b=l;
    P(mutex_z);
    z=add(z, w);
    V(mutex_ x);
    P(mutex_ y1);
    y=add(y, w);
    V(mutex_ y1);
    …
}
```

12.【考点】进程同步——经典问题同步。

【参考答案】过程描述如下所示：

```
semaphore   Now_A=x;              // Now_A代表信箱A中当前的邮件数量
semaphore   Else_A=M-x;           // Elsc_A代表信箱A中还可以存放的邮件数量
semaphore   Now_B=y;              // Now_B代表信箱B中当前的邮件数
semaphore   Else_B=N-y;           // Else_B代表信箱B中还可以存放的邮件数量
semaphore   mutex_A=1;            // mutex_A作为信箱A的互斥条件
semaphore   mutex_B=1;            // mutex_B作为信箱B的互斥条件
A(){
    while(1){
        P(Now_A);
        P(mutex_A);
        从A的信箱中取出一个邮件;
        V(mutex_A);
        V(Else_A);
        回答问题并提出一个新问题;
        P(EIse_B);
        P(mutex_B);
        将新邮件放入B的信箱;
        V(mutex_B);
        V(Now_B);
    }
}
B(){
```

```
    while(1){
            P(Now_B);
            P(mutex_B);
            从B的信箱中取出一个邮件;
            V(mutex_B);
            V(Else_B);
            回答问题并提出一个新问题;
            P(Else_A);
            P(mutex_A);
            将新邮件放入A的信箱;
            V(mutex_A);
            V(Now_ A);
    }
}
```

13.【考点】进程同步——经典问题同步。

【参考答案】一共需要设置四个信号量：mutexl、mutex2、empty和full。Mutex1控制不同消费者连续取10件商品操作对缓冲区的互斥访问，初值为l；mutex2用于控制生产者进程和消费者进程互斥访问临界区，初值为l；empty代表缓冲区的空位数，初值为1 000；full代表缓冲区的产品数，初值为0。过程描述如下所示：

```
semaphore mutexl=1;
semaphore mutex2=1;
semaphore empty= 1000;
semaphore full=0;
producer(){
    while(true){
            生产一个产品;
            P(empty);
            P(mutex2);
            把产品放入缓冲区;
            V(mutex2);
            V(full);
    }
}
consumer(){
    while(true) {
            P(mutexl);
            for(int i=0;i<= 10;++i){
                    P(full);
```

```
            P(mutex2);
            从缓冲区取出一件产品;
            V(mutex2);
            V(empty);
        }
      V(mutex1);
   }
}
```

14.【考点】进程同步——经典问题同步。

【参考答案】设置两个信号量，分别为empty和mutex。empty信号量表示博物馆可容纳的最多人数，初值是500；mutex信号量用于出入口的人员控制，初值为1。P、V操作描述如下所示：

```
semaphore empty =500;
semaphore mutex=1;
参观者进程i:
visiter()
{
    P( empty);
    P(mutex);
    进门;
    V( mutex);
    参观;
    P( mutex);
    出门;
    V( mutex);
    V( empty);
    …
}
```

15.【考点】进程同步——经典问题同步。

【参考答案】取号机为互斥资源，由于一次只能有一位顾客取号，故设置信号量mutex控制用户对取号机的互斥使用，初始值为1。共有10个空座位可以让顾客排队等待被服务，故设置空座位信号量empty，初始值为10，设置信号量full表示当前等待服务的顾客数，初值为0。同步操作过程如下所示：

```
process顾客i:
Customers ()
{
    P( empty);
    P( mutex);
    从取号机获得一个号码;
    V( mutex);
```

```
        V(full);
        等待叫号;
        V( empty);
        获得服务;
    }
    process营业员:
    Salesmen ()
    {
        while( TRUE)
        {
            P(full);
            叫号;
            为顾客服务;
        }
    }
```

16.【考点】进程同步——经典问题同步。

【参考答案】伪代码描述如下所示:

```
Semaphore mutex=1;                    // 缓冲区互斥
Semaphore square=0, cube=0;           // 平方的同步信号量与立方的同步信号量
Semaphore empty=1;                    // 同步信号量为empty, 初始值为1
CoBegin
P0(){
    While(true){
        P(empty);                     // 判断是否为空
        P(mutex);
        produce();
        put();                        // 存放
        V(mutex);
        V(square);
        V(cube);
    }
}
P1(){
    While(true){
        P(mutex);
        getl();                       // 取出第一个数
        computel();
        V(mutex);
```

```
        }
}
P2(){
        While(true){
                P(mutex);
                get2();                     // 取出第二个数
                compute2();
                V(mutex);
                V(empty);                   // 清空缓存
        }
}
CoEnd
```

17.【考点】进程同步——经典问题同步。

【参考答案】设置两个信号量countA和countB，分别表示从左往右行驶的车辆数目和从右往左行驶的车辆数目，初值均为0；设置两个互斥信号量Sa和Sb，分别实现对countA和countB的互斥访问，初值均为1；设置互斥信号量mutex，实现两个方向的车辆对单车道的互斥使用，过程描述如下所示：

```
Cobegin
{
        从左往右行驶的车辆进入单行道;
        P(Sa);
        If(countA= 0)
                P(mutex);
        countA++;
        V(Sa);
        通过单行道
        P(Sa);
        countA--;
        If(counA= =0)
                V(mutex);
        V(Sa);
        从右往左行驶的车辆进入单行道;
        P(Sb);
        If(countB==0)
                P(mutex);
        countB++;
        V(Sb);
        通过单行道;
```

```
        P(Sb);
            countB--;
        If(countB==0)
            V(mutex);
            V(Sb);
    }
    CoEnd
```

18.【考点】进程同步——经典问题同步。

【参考答案】设置两个信号量cloth和dye表示A、B两组工人需要的材料，初值均为0；设置信号量empty表示盒子是否为空，初值为1；设置信号量mutex表示对盒子的互斥访问，初值为1。同步关系描述如下所示：

```
Semaphore cloth=0;
Semaphore dye=0;
Semaphore empty=1;
Semaphore mutex=1;
CoBegin
process Administrator
{
    while(true)
    {
        拿到一个材料;
        P(empty);
        P(mutex);
        将材料放入盒子;
        V(mutex);
        if(cloth)
            V(cloth)
        else
            V(dye)
    }
}
processA()
{
    while( true)
    {
        P(cloth);
        P(mutex);
        拿到布;
```

```
            V(mutex);
            V(empty);
        }
}
processB()
{
        while(true)
        {
            P(dye);
            P(mutex);
            拿到染料;
            V(mutex);
            V(empty);
        }
}
CoEnd
```

19.【考点】考点为进程同步——经典问题同步。

【参考答案】(1)互斥。

(2)设置信号量countA，表示当前由A向B行驶的车辆数，初值为0；设置互斥信号量*S*实现对countA的互斥访问，初值为1；设置互斥信号量mutex，实现多辆汽车对卡脖子路段的互斥使用，初值为1。

(3)两个方框中的代码如下所示。

```
方框1:
    P(Sa);
    if(countA= =0)
        P(mutex);
    countA++;
    V(Sa);
方框2:
    P(Sa);
    countA--;
    if(countA==0)
        V(mutex);
        V(Sa);
```

20.【考点】考点为进程同步——经典问题同步。

【参考答案】顾客相当于生产者，柜员相当于消费者，所有顾客领取号码后就进入了一个等待队列，该等待队列相当于缓冲区。这个问题基本符合一般意义的生产者-消费者问题，但又有所不同，不同在于顾客(即生产者)“取号进入等待队列”操作不需要与柜员(消费者)同步，所以，只需要两个信号量即可，一个用于互斥访问等待队列（对于顾客，就是互斥使用柜员机取号；对于柜员，就是叫号时候互斥访问等待队列），一个用于柜员“叫号”操作与顾客的同步。具体的程序设计如下：

```
Semaphore waiting=0;              // 顾客数量，初值为0
Semaphore mutex=1                 // 顾客数量的互斥操作，初值为1
Semaphore table=3;                // 柜台信号量，初值为3
Semaphore chair=N;                // 椅子的信号量，初值为N
Semaphore ready=finish=0          // 同步银行职员与顾客的信号量，初值均为0
Process cook()                    // 银行职员进程
{
    While(true)
    {
        P(ready);                 // 有顾客到达柜台
        为顾客服务;
        V(finish);                // 服务完毕
    }
}
process customer()                // 顾客进程
{
    P(mutex);                     // 寻找空座椅
    if(waiting <= N)              // 找到空座椅，留下等待服务
    {
        waiting++;                // 等待的顾客人数加1
        V(mutex);                 // 允许其他顾客寻找座椅
    }
    else                          // 没有空座椅，离开
    {
        V(mutex);
        离开;
    }
    P(mutex);                     // 离开座椅 ，前往柜台
    waiting--;                    // 等待的顾客数减1
    V(mutex);                     // 空椅子数量加1
    P(table);                     // 到达柜台，等待服务
    V(ready);                     // 开始接受服务
    P(finish);                    // 服务结束
    V(table);                     // 离开柜台
}
```

21.【考点】进程同步——经典问题同步。

【参考答案】设置信号量empty表示水缸中能装多少桶水，初始值为10；设置信号量full表示水缸中已有多少桶水，初始值为0；设置信号量buckets表示有多少个空桶可用，初始值为3；设置信号量mutex_a表示对井的互斥使用，初始值为1；设置信号量mutex_b表示对缸的互斥使用，初始值为1，活动过程描述如下所示：

```
Semaphore empty= 10;
Semaphore full=0;
Semaphore buckets=3;
Semaphore mutex_a=1;
Semaphore mutex_b=1;
young_monk()
{
    while(true)
    {
        P(empty);
        P(buckets);
        去井边;
        P(mutex_a);
        取水;
        V(mutex_a);
        回寺庙;
        P(mutex_b);
        将水桶中的水倒入水缸中;
        V(mutex_b);
        V(bukets);
        V(full);
    }
}
old_mook()
{
    while(true)
    {
        P(full);
        P(buckets);
        P(mutex_b);
        从水缸中取水;
        V(mutex_b);
```

```
            取水;
            V(buckets);
            V(empty);
    }
}
```

22.【考点】进程同步——经典问题同步。

【参考答案】进程同步机制遵循的准则有：空闲让进、忙则等待、有限等待、让权等待。P1和P2未满足同步准则，由于status1与status2未赋初值，可能会使P1、P2无限等待。

23.【考点】进程同步——经典问题同步。

【参考答案】汽车行驶过程中，司机活动与售票员活动之间的同步关系为：

售票员关车门后，向司机发开车信号，司机接到开车信号后启动车辆，在汽车正常行驶过程中售票员售票，到站时司机停车，售票员在车停后开车门让乘客上下车。

因此司机启动车辆的动作必须与售票员关车门的动作取得同步；售票员开车门的动作也必须与司机停车取得同步。

本题中，设置两个信号量s1，s2，s1表示是否允许司机启动汽车，其初值为0，s2表示是否允许售票员开门，其初值为0。描述如下：

```
Driver:begin
        repeat
            p(s1);
            启动车辆;
            正常行驶;
            到站停车;
            v(s2);
            until false;
        end
```

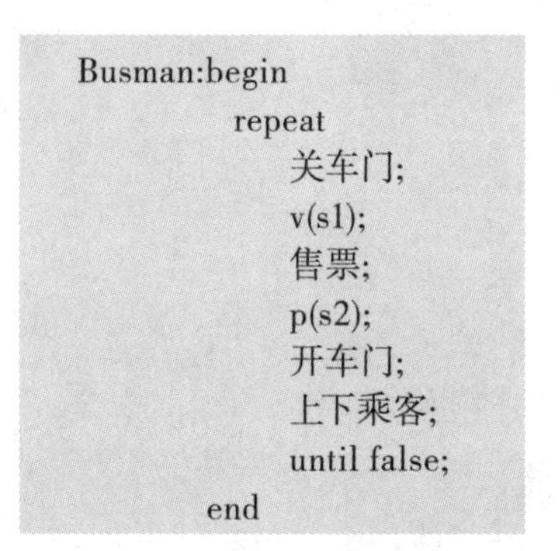

```
Busman:begin
        repeat
            关车门;
            v(s1);
            售票;
            p(s2);
            开车门;
            上下乘客;
            until false;
        end
```

2.5 死锁

2.5.1 死锁概念

（1）死锁的定义

在多道程序系统中，多个进程的并发执行改善了资源利用率，提高了系统的处理能力，但也可能会带来新的问题——死锁。如图2.14所示，某计算机系统中仅有一台打印机R1和一台读卡机R2，供进程P1、P2共享，假定进程P1已经占用打印机，进程P2已经占用读卡机。在P1未释放打印机之前，又提出请求使用正被P1占用的读卡机R2，与此同时P2在未释放读卡机R2之前，又提出请求使用正被P1占用着的打印机R1，这样P1、P2进程则处于无休止地等待下去，均无法继续执行，这种状态称为死锁状态。所谓死锁是指多个进程（至少两个进程及以上）因竞争不可剥夺性资源（或系统共享资源）而使多个进程处于相互等待（僵局）状态，若无外力作用，所有进程都将无法向前执行。

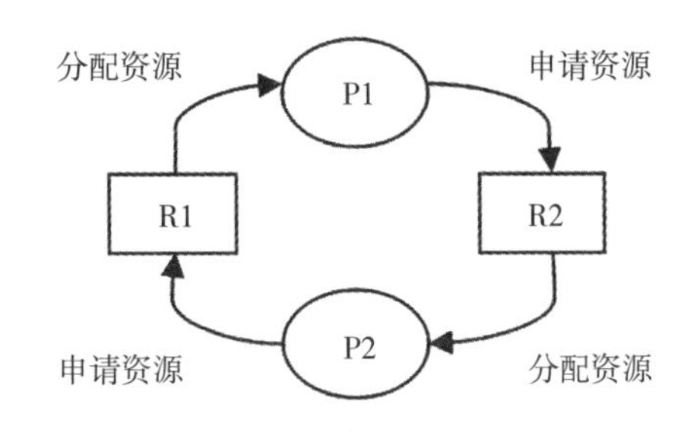

图2.14 死锁实例

（2）死锁产生的原因及必要条件

① 死锁产生的原因。操作系统设计的目的就是使并发进程共享利用系统资源。从不同的角度，可以把系统资源分为可剥夺资源和不可剥夺资源。可剥夺资源是指一个进程可以强行的将该资源从另一个占有该资源的进程中抢占走，并给自己使用的资源，如CPU；不可剥夺资源是指当一个进程占有该资源后，其他进程不得占有该资源，只有当占有该资源的进程主动释放该资源后，其他进程才可以使用的资源，在资源使用的过程中不能强制被占有，如打印机、磁盘器等。依据死锁的定义分析，产生死锁的根本原因是竞争系统资源和进程推进顺序不当。当系统资源刚好满足进程使用时，进程的推进顺序不当就很容易导致进程彼此占有对方需要的资源，从而导致死锁。死锁产生有以下原因：

● 竞争系统资源：通常情况下系统拥有的不可剥夺资源不能满足多个进程运行的需要，因此，多个进程在运行中，因对不可剥夺的资源进程竞争而陷入僵局，产生死锁。

● 进程推进顺序非法：在多个进程运行过程中，如果请求和释放资源的顺序不当，也可能会导致死锁。例如，两个并发进程P1、P2分别占有资源R1、R2，如果进程P1再申请资源R2，进程P2再申请资源R1时，两者都没有资源可满足而陷入僵局。

② 死锁产生的必要条件。死锁的产生必须同时满足以下4个条件，下面条件中任一条件不成立，死锁就不可能产生。

● 互斥条件：进程要求对所分配的资源是指一种不可剥夺的资源，互斥访问，即在同一个时间间隔内，只运行一个进程占有资源，一旦访问的资源已经被访问，其他请求进程只能处于等待状态。

● 不可剥夺条件：进程所获得的资源在没有使用完毕之前，该资源不能被其他进程强行占有，只能等待资源主动释放，其他的进程才可以访问。

● 请求和保持条件：一个进程已经保持了至少一个资源，但又提出了新的资源请求，而新申请的资源已被其他进程占有，那么该进程请求资源被阻塞，且保持自己原有的资源不放，这样就出现资源僵持，不能向下执行。

● 循环等待条件：存在一种进程资源的循环等待链，链中每一个进程已获得的资源同时被链中下一个进程所请求。即存在一个处于等待状态的进程集合{P1, P2, …, Pn}，其中Pi等待的资源被P（i+1）占有，（i=0, 1, …, n−1），Pn等待的资源被P0占有，这样形成一个死循环。

死锁的产生，以上4个条件缺一不可。因此，破坏以上4个条件的任何一个或几个就可以避免死锁的产生。

2.5.2 死锁的处理策略

系统避免死锁发生方法通常是通过设法破坏产生死锁的4个必要条件之一或更多；如果系统已经发生死锁，可以通过一种方法对系统进行检测，发现死锁并解除死锁，恢复系统正常运行。常见的处理死锁的策略包括：死锁预防、死锁避免、死锁检测与解除。

（1）死锁预防

通过设置某些限制条件，从进程调度方法去破坏死锁产生的4个必要条件中的一个或几个，来预防死锁的发生。

（2）死锁避免

该方式是一种事先预防的策略，不是通过破坏必要条件，而是在资源的动态分配过程中，采取某种策略避免系统进入不安全状态，从而避免死锁的发生。

（3）死锁的检测

在进程的运行过程中，不做任何预防措施，且不采取任何限制性措施，允许进程发生死锁。然后通过系统的检测机构及时地检测出死锁的发生。

（4）死锁的解除

通过死锁检测机构发现系统出现死锁时，应立即采取措施将系统从死锁中解脱出来，常用的策略有剥夺资源和撤销进程。

注意：预防死锁和避免死锁都属于事先预防策略，预防死锁是通过比较严格的限制条件来预防死锁，实现简单，但可能导致系统的效率低，资源利用率低；避免死锁没有任何限制条件，只是通过某种算法来判断当前对进程的资源分配是否处于安全状态，来避免死锁的发生，实现复杂。

2.5.3 死锁预防

综上所述，预防死锁的主要策略是通过对条件严格限制，破坏产生死锁的四个必要条件。下面针对每个条件进行详细分析。

（1）破坏“互斥条件”

在多道程序系统中，多个进程并发运行，要保证进程的可再现性，对于共享资源的访问必须互斥访问，对于不可剥夺的临界资源访问也必须互斥访问，因此，通过破坏互斥条件来预防死锁的产生不可行。

（2）破坏“不可剥夺条件”

破坏不可剥夺条件是指对于一个进程如果已经获得某些资源，如果请求新的资源不能立即得到满足，则该进程将必须释放其已经获得的所有资源，如有需求，重新申请。这种方法一般情况下比较适用于可剥夺资源如CPU。不适合不可剥夺资源，如打印机、磁盘机等。该策略实现起来比较复杂，主要体现在两个方面，一方面是一旦释放目前所拥有的资源，会造成前一段时间工作全部失效，对于不可剥夺资源可能会出现数据丢失等问题；另一方面是重复申请和释放资源会增加系统开销，降低系统吞吐量。一般情况下，因访问不可剥夺资源而出现死锁时，不会采取破坏不剥夺条件来防止死锁产生。

（3）破坏“请求与保持条件”

结合请求与保持条件的特点，为预防死锁产生，通过采用预先静态分配方法，在进程处于就绪状态时，就一次性申请进程运行时所需要的全部资源（除CPU），如果存在某些资源不能得到满足，则不能运行该进程，如果全部资源都申请成功，则立即运行进程，并且所有的资源在运行期间一直归当前进程所有，不再被其他进程请求，或者不再请求其他资源。这样预防出现请求与保持的条件，进而预防死锁的出现。

该策略实现简单，但会出现系统资源被严重浪费，还有可能因为某些资源长期被其他进程占用时，部分进程可能会出现“饥饿”现象。

（4）破坏“循环等待条件”

为了破坏环路等待条件，资源分配时可以采用有序资源分配法。即将系统中的所有资源都按类型顺序为每个资源进行编号，进程请求资源的规则是严格按照编号递增顺序请求资源，并且要求同类资源一次申请完毕。例如：当进程提出请求资源R，则后续的请求按照递增的顺序只能请求排在R后面的资源，不能请求编号排在R前面的资源。这样限制了循环请求资源，预防了死锁的产生。该方法主要缺点是限制新设备的增加和造成资源浪费。

2.5.4 死锁避免

死锁避免算法也属于事先预防方法，此方法不是通过事先采取某种限制措施来破坏死锁的必要条件，而是系统在动态分配资源的过程中，首先计算此次资源分配的安全性，防止系统进入一种不安全状态，来避免发生死锁。相对于预防死锁来说，此方法限制条件较弱，系统性能较好。

（1）安全状态

所谓安全状态，是在某一时刻，系统能够按某种顺序（或序列，如P1，P2，…，P*n*）来为每个进程分配其所需的资源，直至每个进程都能获得最大资源的需求，保证所有进程都顺序完成。此时称 P1，P2，…，P*n*为安全序列。如果系统中不存在一个安全序列，则称系统处于不安全状态。

见表2.4，假设有三个进程分别是P1、P2、P3；他们共享一类资源，资源总数为10个，进程P1、P2、P3最大需求资源数分别为10、7、4，进程P1、P2、P3已经分配资源数分别为3、2、2；尚有3个资源没有分配。问在T0时刻是否安全。

表2.4 T0时刻资源分配表

进程名称	最大需求资源数	已分配资源数	可用资源数
P1	10	3	3
P2	7	2	
P3	4	2	

在T0时刻是安全的，因为存在一个安全序列P3，P2，P1，只要系统按照此顺序分配资源，即不会出现死锁。首先把3个可用资源拿出2个给P3，P3执行完后，释放所有资源，目前可用资源变为5个，然后再把5个资源全部分配给P2，使得P2顺利完成，并释放全部资源，可用资源变为7个，最后在将7个资源分配给P1，使P1顺利完成，并释放资源，因此T0时刻是安全的。

注意：并不是所有处于不安全状态的系统就一定会发生死锁，但是只要系统处于安全状态就不会发生死锁。

（2）银行家算法

狄克斯特拉（Dijkstra）的银行家算法是最具有代表性的死锁避免算法。该算法的基本思想：按照银行家制定的规则给进程分配资源，如果某一进程是首次申请资源时，首先要查看该进程所需的最大资源需求数，如果系统可用资源可以满足它的最大需求量，则按当前的申请量为其分配资源，否则就推迟分配。如果某一进程是在执行中继续申请资源时，先检查该进程已占用的资源数与本次申请的资源数之和是否超过了该进程对资源的最大需求量。若超过则拒绝分配资源，若没有超过则再测试系统现存的资源能否满足该进程尚需的最大资源量，若能满足则按当前的申请量分配资源，否则也要推迟分配。

① 银行家算法定义的数据结构描述。为实现银行家算法，需要定义若干个数据结构，主要包括：可利用资源向量Available、最大需求矩阵Max、分配矩阵Allocation、需求矩阵Need。假定系统中有n个进程（P1, P2, …, Pn）、m类资源（R1, R2, …, Rm），银行家算法定义的数据结构具体描述如下：

- 可利用资源向量Available：为一个含有m个元素的数组，每一个元素代表一类可用的资源数目。如果Available[i]=K表示第i类资源的现有空闲数量为K，该数组的初始值为系统中所配置的该类资源的数目，其数值随着该类资源的分配和回收而动态改变。
- 最大需求矩阵Max：为一个$n \times m$矩阵，它定义了系统中n个进程中的每一个进程对m类资源的最大需求，如果Max[i][j]=K表示第i个进程对第j类资源的最大需求数为K。
- 分配矩阵Allocation：为一个$n \times m$矩阵，定义了系统中每一类资源当前已分配给每一进程的资源数。如果AlloCation[i][j]=K，则表示进程i当前已分得j类资源的数目为K。
- 需求矩阵Need：为一个$n \times m$矩阵，定义了每个进程尚需分配的各类资源数。如果Need[i][j]=K，则表示进程i还需要j类资源的数目为K。

注意：上述三个矩阵间存在下述关系为：

$$Need[i][j] = Max[i][j] - Allocation[i][j]$$

② 银行家算法实现过程描述。设Request$_i$是进程P$_i$的请求向量，如果Request$_i$[j]=K，表示进程P$_i$需要j类资源数为K个。当P$_i$发出资源请求后，系统按下述步骤进行检查：

A. 如果Request$_i$[j] <= Need[i][j]，便转向步骤②；否则认为出错，因为它所需要的资源数已超过它所需要的最大值。

B. 如果Request$_i$[j] <= Available[j]，便转向步骤③；否则，表示尚无足够资源，P$_i$须转入等待。

C. 系统试探着把资源预分配给进程P$_i$，并修改下面数据结构中的数值：

Available[j] = Available[j] − Request$_i$[j];

Allocation[i][j] = Allocation[i][j] + Request$_i$[j];

Need[i][j] = Need[i][j] − Request$_i$[j]。

D. 系统执行安全性算法，检查此次资源分配后系统是否处于安全状态。若安全，则真正将资源分配给进程P$_i$，完成本次分配；否则，将本次的试探预分配作废，恢复③的资源分配状态，并置进程P$_i$为等待状态。

③ 安全算法实现过程描述。

A. 设置一个长度为m的向量Work和长度为n的向量Finish。Work用于保存进程继续运行所需的各类资源数目，Finish用于判断是否有足够的资源分配给进程。其初始值表示为：Work=Available；Finish[i]=false（i=1, 2, 3, …, n）（若为true，资源足够分配）。

B. 从进程集合查找满足下列条件的进程：

Finish[i]=false;

Need[i][j]<=Work[j]；　若找到，执行③，否则，执行④。

C. 如果进程P$_i$获得资源并进入了安全序列，可顺利执行，直至完成，并释放出分配给该进程的所有资源，并进行一下操作：

Work[j]=Work[j]+Allocation[i][j];

Finish[i]=true;

go to step②。

D. 如果系统中进行资源分配的所有进程都能得到资源，即Finish[*i*]=true，则表示系统处于安全状态，否则，系统处于不安全状态。

（3）银行家算法举例

假设系统中有3种类型的资源A、B、C和5个进程P0、P1、P2、P3、P4，A资源的数量为10，B资源的数量为5，C资源的数量为7。在T0时刻系统状态见表2.5。系统采用银行家算法实施死锁避免策略。完成对以下问题的分析：

① T0时刻是否为安全状态？若是，请给出安全序列。

② 在T0时刻若进程P1发出资源请求Request（1，0，2），是否能够实施资源分配？

③ 在②的基础上P4发出资源请求Request（3，3，0），是否能够实施资源分配？

④ 在③的基础上P0发出资源请求Request（0，2，0），是否能够实施资源分配？

表2.5 T0时刻系统状态

进程	Max			Allocation			Need			Available		
	A	B	C	A	B	C	A	B	C	A	B	C
P0	7	5	3	0	1	0	7	4	3	3	3	2
P1	3	2	2	2	0	0	1	2	2			
P2	9	0	2	3	0	2	6	0	0			
P3	2	2	2	2	1	1	0	1	1			
P4	4	3	3	0	0	2	4	3	1			

解答：

① 利用银行家算法对T0时刻的资源分配情况进行分析，可得此时刻的安全性分析情况，见表2.6。

表2.6 安全状态分析表

进程	Work			Need			Allocation			Work+Allocation			Finish
	A	B	C	A	B	C	A	B	C	A	B	C	
P1	3	3	2	1	2	2	2	0	0	5	3	2	True
P3	5	3	2	0	1	1	2	1	1	7	4	3	True
P4	7	4	3	4	3	1	0	0	2	7	4	5	True
P2	7	4	5	6	0	0	3	0	2	10	4	7	True
P0	10	4	7	7	4	3	0	1	0	10	5	7	True

具体分析情况如下，

A. 由表2.5，利用安全算法系统安全状态分析。向量Work的初值等于Available={3，3，2}；

B. 根据安全算法第二步可知，可以找到进程P1的Need1{1，2，2}<Work{3，3，2}，可以将资源预分配给P1，执行完毕后，执行Work[*j*]=Work[*j*]+Allocation[*i*][*j*]可得到：

Work= Work{3，3，2}+ Allocation[1]{ 2，0，0}={5，3，2}

按着以上步骤依次类推，直到所有的进程都得到资源并顺利完成，所有的Finish向量都是True的状态。可以找到一个安全序列{P1、P3、P4、P0、P2}。因此，可以判断系统是安全的，可以立即把P1所申请的资源分配给它。

② P1请求资源Request (1, 0, 2)，系统按银行家算法进行检查。

A. Request1 (1, 0, 2) ≤Need (1, 2, 2)

B. Request1 (1, 0, 2) ≤Available[1] (3, 3, 2)

C. 系统试探分配，修改相应的向量，形成的资源变化情况见表2.7。

表2.7　P1分配资源后的有关资源变化情况

进程	Max			Allocation			Need			Available		
	A	B	C	A	B	C	A	B	C	A	B	C
P0	7	5	3	0	1	0	7	4	3	2	3	0
P1	3	2	2	3	0	2	0	2	0			
P2	9	0	2	3	0	2	6	0	0			
P3	2	2	2	2	1	1	0	1	1			
P4	4	3	3	0	0	2	4	3	1			

在利用安全性算法检查此时系统是否安全，见表2.8。

表2.8　P1分配资源后的安全状态分析表

进程	Work			Need			Allocation			Work+Allocation			Finish
	A	B	C	A	B	C	A	B	C	A	B	C	
P1	2	3	0	0	2	0	3	0	2	5	3	2	True
P3	5	3	2	0	1	1	2	1	1	7	4	3	True
P4	7	4	3	4	3	1	0	0	2	7	4	5	True
P0	7	4	5	7	4	3	0	1	0	7	5	5	True
P2	7	5	5	6	0	0	3	0	2	10	5	7	True

由安全性算法检查可知，可以找到一个安全序列{P1、P3、P4、P0、P2}。因此，系统是安全的，可以立即把P1所申请的资源分配给它。

③ P4发出资源请求Request (3, 0, 0)，系统按照银行家算法进行检查：

A. Request4 (3, 3, 0) ≤Need4 (4, 3, 1)

B. Request4 (3, 3, 0) ≮Available[4] (2, 3, 0)，所以只能让P4等待。

④ P0发出资源请求Request (0, 2, 0)，系统按照银行家算法进行检查：

A. Request0 (0, 2, 0) ≤Need0 (7, 4, 3)

B. Request0 (0, 2, 0) ≤Available[0] (2, 3, 0)

C. 系统试探分配，修改相应的向量，形成的资源变化情况见表2.9。

表2.9 P0请求分配资源后相关资源的变化情况表

进程	Allocation			Need			Available		
	A	B	C	A	B	C	A	B	C
P0	0	3	0	7	2	3	2	1	0
P1	3	0	2	0	2	0			
P2	3	0	2	6	0	0			
P3	2	1	1	0	1	1			
P4	0	0	2	4	3	1			

利用安全算法进行安全性检查，目前可利用资源Available（2，1，0）已不能满足任何进程的需要，故系统进入不安全状态，此时系统将不分配资源。

2.5.5 死锁检测和解除

死锁预防与死锁避免都属于一种事先预防措施，都在系统分配资源时施加不同程度的限制条件。如果系统在分配资源时没有做任何条件限制，则应该提供检测和解除死锁的策略。

（1）资源分配图（Resource Allocation Graph）

资源分配图是一个有向图。通过资源分配图可以更好地描述系统死锁问题。如图2.15资源分配图所示。图中一个圆圈代表一个进程，一个方框代表一类资源，方框中的一个小圆代表一类资源中的一个资源。图2.15中有两个进程P1、P2，两类资源R1、R2，R1中包括3个资源，R2中包括2个资源。另外图中还有两种类型的边，一种是从进程到资源的有向边称请求边，表示该进程请求了一个该类资源；另一种是从资源到进程的边称分配边，表示该类资源已经有一个资源被分配给了该进程。图2.15中有6条边，其中2条请求边，4条分配边。

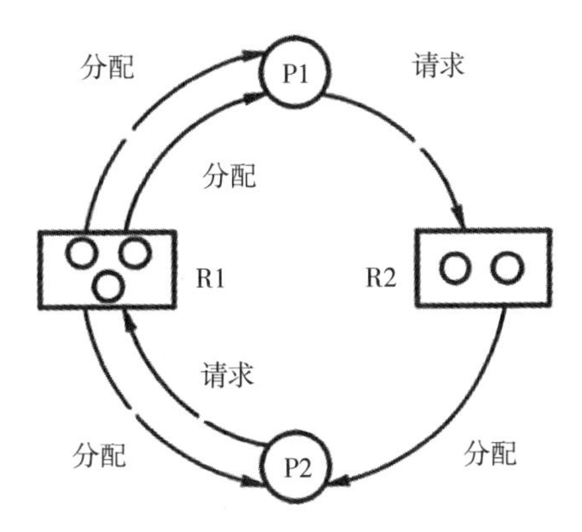

图2.15 资源分配图

资源分配图用有向图可以定义为一个二元组G（N，E），具体定义如下：

① N为图中的结点集合。图中N分为两部分，一部分是进程结点P={P1，P2，…，Pn}和一部分是资源结点R={r1，r2，…，rn}，N=PUR。在图2.15中，P={P1，P2}，R={R1，R2}，N={R1，R2}∪{P1，P2}。

② E为图中边的集合。其中E中的任一条边$e \in E$，且都是有序边，连接着P中的一个结点和R中的一个结点，e={p_i，r_i}是资源请求边，由进程p_i指向资源r_i，表示进程p_i请求一个单位的r_i资源。e={r_i，p_i}是资源分配边，由资源r_i指向进程p_i，表示把一个单位的资源r_i分配给进程p_i。在图2.15中，E={（P1，R2），（P2，R1），（R1，P1），（R1，P1），（R1，P2），（R2，P2）}，其中{（P1，R2），（P2，R1）}为请求边，{（R1，P1），（R1，P1），（R1，P2），（R2，P2）}为分配边。

（2）死锁定理

系统死锁状态可以用资源分配图简化的方法来检测。具体的简化过程如图2.16所示。

① 在资源分配图中，首先找到一个既不阻塞又非独立的进程结点P_i，该节点存在有向边，且若进程P_i请求资源时，请求的资源数小于等于目前系统中该类资源现有的数量，如图2.16中的P1请求一个R2资源，系统中有2个这样的资源，满足条件。这样，该节点P_i就能够获得所需资源顺利执行，直至运行完毕，释放其占有的全部资源，相应的在资源分配图中通过消去P_i所有的请求边和分配边，使之成为孤立的结点。在图2.16（a）中，将P1的两个分配边和一个请求边消去，便得到图2.16（b）所示的情况。

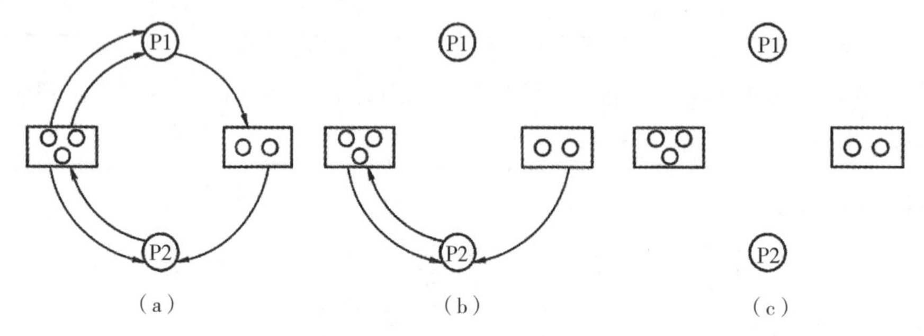

图2.16　资源分配简化图

② 进程P_i资源全部释放后，一些因等待该资源而被阻塞的进程即可唤醒，原来的阻塞进程因获取资源而进入就绪状态，处理机调度后，运行直到结束，同时释放所有资源，消去图中所对应的边。依次类推，将图中满足条件的所有进程运行结束，如果最后能够消去图中所有的边，则称在该图为可完全简化图，否则称不可完全简化。如果能够完全简化，则判定系统是安全的，不存在死锁，否则系统会产生死锁。在图2.16中，进程P2就满足后执行，根据1）的方法进行一系列简化后，图2.16（c）所示的状态，即完全简化图，该系统是安全的。

因此，死锁定理的必要条件是当且仅当S状态的资源分配图是不可完全简化的。

（3）死锁的解除

根据死锁定理进行检查死锁的状态，一旦系统出现不可完全简化状态（不安全状态）或某进程请求的资源在系统中不足，则该系统便将进入死锁。系统一旦出现死锁，就应该采取相应的策略来解除死锁，以免影响系统性能。常见解除死锁的方法如下：

① 资源剥夺法。强占某些进程的资源分配给死锁进程来解除其死锁状态，进而使系统正常运行，但剥夺资源时应防止被强占资源的进程长期处于等待状态。

② 撤销进程法。采用某种算法强制结束部分或者全部死锁进程，释放资源强来解除死锁。

③ 进程回退法。采取某种算法让部分进程回退到足以回避死锁的地步，要求进程在运行过程中保存历史信息，设置还原点，退回过程中自动释放资源，解除死锁状态。

2.5.6 真题与习题精编

● 单项选择题

1. 操作系统中产生死锁的根本原因是（　）。【南京航空航天大学2014年】

A. 资源分配不当和CPU太慢　　B. 系统资源数量不足

C. 作业调度不当和进程推进顺序不当　　D. 用户数太多和CPU太慢

2. 对资源编号，要求进程按序号顺序申请资源，是破坏了死锁必要条件中的（　）条件。

【汕头大学2015年】

A. 互斥　　B. 请求与保持　　C. 不可剥夺　　D. 循环等待

3. 除了进程竞争资源，因为资源不足可能出现死锁以外，不适当的（　）也可能产生死锁。

A. 进程优先权　　B. 资源的线性分配　　C. 进程推进顺序　　D. 分配队列优先权

4. 发生死锁的必要条件有四个，要防止死锁的发生，可以破坏这四个必要条件，但破坏（　）条件是不太实际的。

A. 互斥　　B. 请求和保持　　C. 不剥夺　　D. 环路等待

5. 银行家算法是一种（　）算法。

A. 解除死锁　　B. 避免死锁　　C. 预防死锁　　D. 检测死锁

6. 若系统中有n（$n \geqslant 2$）个进程，每个进程均需要使用某类临界资源2个，则系统不会发生死锁所需的该类资源总数至少是（　）。【全国联考2021年】

A. 2　　B. n　　C. $n+1$　　D. $2n$

7. 某系统中有A、B两类资源各6个，t时刻资源分配及需求情况见下表。【全国联考2020年】

进程	A已分配数量	B已分配数量	A需求总量	B需求总量
P1	2	3	4	4
P2	2	1	3	1
P3	1	2	3	4

t时刻安全性检测结果是（ ）。

A. 存在安全序列P1、P2、P3　　B. 存在安全序列P2、P1、P3

C. 存在安全序列P2、P3、P1　　D. 不存在安全序列

8. 下列关于死锁的叙述中，正确的是（　）。【全国联考2019年】

Ⅰ. 可以通过剥夺进程资源解除死锁

Ⅱ. 死锁的预防方法能确保系统不发生死锁

Ⅲ. 银行家算法可以判断系统是否处于死锁状态

Ⅳ. 当系统出现死锁时，必然有两个或两个以上的进程处于阻塞态

A. 仅Ⅱ、Ⅲ　　B. 仅Ⅰ、Ⅱ、Ⅳ　　C. 仅Ⅰ、Ⅱ、Ⅲ　　D. 仅Ⅰ、Ⅲ、Ⅳ

9. 假设系统中有4个同类资源，进程P1、P2和P3；需要的资源数分别为4、3和1，P1、P2和P3已申请到的资源数分别为2、1和0，则执行安全性检测算法的结果是（　）。【全国联考2018年】

A. 不存在安全序列，系统处于不安全状态

B. 存在多个安全序列，系统处于安全状态

C. 存在唯一安全序列P3、P1、P2，系统处于安全状态

D. 存在唯一安全序列P3、P2、P1，系统处于安全状态

10. 系统中有3个不同的临界资源R1、R2和R3，被4个进程pl、p2、p3及p4共享。各进程对资源的需求：p1申请R1和R2，p2申请R2和R3，p3申请R1和R3，p4申请R2。若系统出现死锁，则处于死锁状态的进程数至少是（　）。【全国联考2016年】

A. 1　　B. 2　　C. 3　　D. 4

11. 若系统S1采用死锁避免方法，S2采用死锁检测方法。下列叙述中，正确的是（　）。

【全国联考2015年】

Ⅰ. S1会限制用户申请资源的顺序，而S2不会

Ⅱ. S1需要进程运行所需资源总量信息，而S2不需要

Ⅲ. S1不会给可能导致死锁的进程分配资源，而S2会

A. 仅Ⅰ、Ⅱ　　B. 仅Ⅱ、Ⅲ　　C. 仅Ⅰ、Ⅲ　　D. Ⅰ、Ⅱ、Ⅲ

12. 某系统有n台互斥使用的同类设备，三个并发进程分别需要3、4、5台设备，可确保系统不发生死锁的设备数n最小为（　）。【全国联考2014年】

A. 9　　B. 10　　C. 11　　D. 12

13. 下列关于银行家算法的叙述中正确的是（　）。【全国联考2013年】

A. 银行家算法可以预防死锁

B. 当系统处于安全状态时，系统中一定无死锁进程

C. 当系统处于不安全状态时，系统中一定会出现死锁进程

D. 银行家算法破坏了死锁必要条件中的“请求和保持”条件

14. 假设5个进程P0、P1、P2、P3、P4共享三类资源R1、R2、R3，这些资源总数分别为18、6、22。T0时刻的资源分配情况见下表，此时存在的一个安全序列是（　）。【全国联考2012年】

进程	已分配资源			资源最大需求		
	R1	R2	R3	R1	R2	R3
P0	3	2	3	5	5	10
P1	4	0	3	5	3	6
P2	4	0	5	4	0	11
P3	2	0	4	4	2	5
P4	3	1	4	4	2	4

A. P0, P1, P2, P3, P4　　B. P1, P0, P3, P4, P2

C. P2, P1, P0, P3, P4　　D. P3, P4, P2, P1, P0

15. 某时刻进程的资源使用情况见下表。

进程	已分配资源			尚需分配			可用资源		
	R1	R2	R3	R1	R2	R3	R1	R2	R3
P1	2	0	0	0	0	1	0	2	1
P2	1	2	0	1	3	1			
P3	0	1	1	1	3	1			
P4	0	0	1	2	0	0			

此时的安全序列是（　）。【全国联考2011年】

A. P1, P2, P3, P4　　B. P1, P3, P2, P4

C. P1, P4, P3, P2　　D. 不存在的

16. 系统中资源R的数量为12，进程P1、P2、P3对资源R的最大需求分别为10、4、9。若当前已分配给P1、P2、P3的资源R的数量分别为5、2、2，则系统（　）。【电子科技大学2015年】

A. 处于不安全状态

B. 处于安全状态，且安全序列为P1→P2→P3

C. 处于安全状态，且安全序列为P2→P3→P1

D. 处于安全状态，且安全序列为P2→P1→P3

17. 若系统中有五台打印机，有多个进程均需要使用两台，规定每个进程一次仅允许申请一台，则至多允许（　）个进程参与竞争，而不会发生死锁。【南京理工大学2013年】

A. 5　　B. 2　　C. 3　　D. 4

18. 系统中有4个进程都要使用某类资源。若每个进程最多需要3个该类资源，为保证系统不发生死锁，系统应提供该类资源至少是（　）。【南京理工大学2013年】

A. 3个　　B. 4个　　C. 9个　　D. 12个

19. 死锁产生的四个必要条件是：互斥（　）、环路等待和不剥夺。【中国科学院大学2015年】

A. 释放和阻塞　　B. 请求和阻塞　　C. 请求和保持　　D. 请求和释放

20. 假设具有5个进程的进程集合P={P0, P1, P2, P3, P4}，系统中有三类资源A、B、C，假设在某时刻有如下状态，见下表。

	Allocation	Max	Available
	ABC	ABC	ABC
P0	003	004	xyz
P1	100	175	
P2	135	235	
P3	002	064	
P4	001	065	

请问当x, y, z取下列哪些值时，系统是处于安全状态的？

Ⅰ. 1, 4, 0　　Ⅱ. 0, 6, 2　　Ⅲ. 1, 1, 1　　Ⅳ. 0, 4, 7

A. Ⅱ、Ⅲ　　B. Ⅰ、Ⅱ　　C. 仅Ⅰ　　D. Ⅰ、Ⅲ

21. 下列关于死锁的说法中，正确的有（　）。

Ⅰ. 死锁状态一定是不安全状态

Ⅱ. 产生死锁的根本原因是系统资源分配不足和进程推进顺序非法

Ⅲ. 资源的有序分配策略可以破坏死锁的循环等待条件

Ⅳ. 采用资源剥夺法可以解除死锁，还可以采用撤销进程方法解除死锁

A. Ⅰ、Ⅲ　　B. Ⅱ　　C. Ⅳ　　D. 四个说法都对

22. 死锁检测时检查的是（　）。

A. 资源有向图　　B. 前驱图　　C. 搜索树　　D. 安全图

23. 以下有关资源分配图的描述中，正确的是（　）。

A. 有向边包括进程指向资源类的分配边和资源类指向进程申请边两类

B. 矩形框表示进程，其中圆点表示申请同一类资源的各个进程

C. 圆圈结点表示资源类

D. 资源分配图是一个有向图，用于表示某时刻系统资源与进程之间的状态

24. 解除死锁通常不采用的方法是（　）。

A. 终止一个死锁进程　　B. 终止所有死锁进程

C. 从死锁进程处抢夺资源　　D. 从非死锁进程处抢夺资源

25. 采用资源剥夺法可以解除死锁，还可以采用（　）方法解除死锁。

A. 执行并行操作　　B. 撤销进程

C. 拒绝分配新资源　　D. 修改信号量

26. 下列情况中，可能导致死锁的是（　）。

A. 进程释放资源　　B. 一个进程进入死环

C. 多个进程竞争资源出现了循环等待　　D. 多个进程竞争使用共享型的设备

● 综合应用题

1. 系统有同类资源m个，供n个进程共享，若每个进程对资源的最大需求量为k。试问：当m、n、k的值分别为下列情况时（见下表），是否会发生死锁？

序号	m	n	k	是否会死锁	说明
1	6	3	3		
2	7	3	3		
3	13	6	3		

2. （1）产生死锁的主要原因是什么？

（2）有哪些处理死锁的基本方法？静态分配资源的方法属于哪种处理死锁的方法?而银行家算法属于哪种死锁处理方法？

（3）设系统中有三种类型的资源（A，B，C）和五个进程（P1，P2，P3，P4，P5），A的资源的数量为17，B的资源的数量为5，C的资源的数量为20，在T0时刻状态见下表。

资源 进程	最大资源需求量			已分配资源需求量		
	A	B	C	A	B	C
P1	5	5	9	2	1	2
P2	5	3	6	4	0	2
P3	4	0	11	4	0	5
P4	4	2	5	2	0	4
P5	4	2	4	3	1	4

剩余资源数	A	B	C
	2	3	3

系统采用银行家算法实施死锁处理策略。【南京航空航天大学2014年】

① T0时刻是否为安全状态？若是请给出安全序列。

② 在T0时刻，若进程P2请求资源（0，3，4），是否能实施资源分配？为什么？

③ 在②基础上，若进程P4请求资源（2，0，1），是否能实施资源分配？为什么？

④ 在③基础上，若进程P1请求资源（0，2，0），是否能实施资源分配？为什么？

3. 设系统中有下述解决死锁的方法：

（1）银行家算法。

（2）检测死锁，终止处于死锁状态的进程，释放该进程占有的资源。

（3）资源预分配。

简述哪种办法允许最大的并发性，即哪种办法允许更多的进程无等待地向前推进。请按“并发性”从大到小对上述三种办法排序。

2.5.7 答案精解

● 单项选择题

1.【答案】C

【精解】本题考查的知识点是死锁——死锁的根本原因。系统中产生死锁的根本原因是资源有限，并且进程推进顺序不当。故选C。

2.【答案】D

【精解】本题考查的知识点是死锁——死锁的必要条件。产生死锁有四个必要条件：互斥条件、请求与保持条件、不剥夺条件和循环等待条件。破坏其中任何一个条件都可以避免死锁的发生。如果所有进程资源的请求那必须按照资源序号递增的次序提出，在所形成的资源分配图中不会出现环路，因而破坏了循环等待条件。故选D。

3.【答案】C

【精解】本题考查的知识点是死锁——死锁的根本原因。依据死锁的定义分析，产生死锁的根本原因是竞争系统资源和进程推进顺序不当非法。故选C。

4.【答案】A

【精解】本题考查的知识点是死锁——死锁的处理策略。在多道程序系统中，多个进程并发运行，要保证进程的可再现性，对于共享资源的访问必须互斥访问，对于不可剥夺的临界资源访问也必须互斥访问，因此，通过破坏互斥条件来预防死锁的产生不可行。故选A。

5.【答案】B

【精解】本题考查的知识点是死锁——死锁避免。Dijkstra的银行家算法是最具有代表性的死锁避免算法。故选B。

6.【答案】C

【精解】本题考查死锁。该系统有n个进程，即会发生死锁的进程数目是n，即每个进程均占有一个临界资源，而处于等待另一个资源的僵局，再增加一个资源，僵局即可打破。故本题答案为C。

7.【答案】B

【精解】此道题作出需求矩阵NEED=MAX-ALLOCATED即可。

Need=Max−Allocated

$$\begin{matrix} & A \quad B & & A \quad B & & A \quad B \end{matrix}$$

$$=\begin{bmatrix} 4 & 4 \\ 3 & 1 \\ 3 & 4 \end{bmatrix}-\begin{bmatrix} 2 & 3 \\ 2 & 1 \\ 1 & 2 \end{bmatrix}=\begin{bmatrix} 2 & 0 \\ 1 & 0 \\ 2 & 2 \end{bmatrix}$$

同时，由ALLOCATED矩阵得知当前AVAILABLE为（1，0）。由需求矩阵可知，初始只能满足P2需求。P2释放资源后AVAILABLE变为（4，1）。此时仅能满足P1需求，P1释放后可以满足P3。

故得到顺序P2→P1→P3。B正确。

8.【答案】B

【精解】本题考查的知识点是死锁——死锁产生的必要条件。产生死锁有四个必要条件：互斥条件、请求与保持条件、不剥夺条件和循环等待条件。破坏其中任何一个条件都可以避免死锁的发生。故Ⅰ、Ⅱ、Ⅳ是正确的，Ⅲ的银行家算法是避免死锁最有效的算法，而不是判断系统死锁的状态。故选B。

9.【答案】A

【精解】本题考查的知识点是死锁——死锁避免。根据题意分析，剩下的资源只下一个，如果把该资源分为P3，P3执行结束后，只能释放一个资源，还不能满足P1、P2的需要，所以找不到一个安全序列，处于不安全状态，故选A。

10.【答案】C

【精解】本题考查的知识点是死锁——死锁的基本概念，死锁产生的主要原因是资源分配不足和进程顺序推进非法。可使其中某个进程满足其请求条件，查看其他进程是否处于死锁状态。假设给p4分配资源R2，p4运行完毕释放R2。再给其他三个进程分配资源时，无论如何分配都会出现死锁，满足死锁的“请求和保持”条件。若先给p1分配资源R1和R2，其他三个进程亦会出现死锁。其他分配情况均会产生死锁，故系统处于死锁状态的进程数至少为3。故选C。

11.【答案】B

【精解】本题考查的知识点是死锁——死锁处理策略。限制用户资源申请顺序是为了破坏“循序与等待”条件，属于死锁预防范畴。死锁避免最常用的算法就是银行家算法，该算法需要知道系统中总资源数、每个进程已分配的资源数和每个资源请求的资源数。通过矩阵运算，得到各进程的运行序列，系统不会给可能产生死锁的序列分配资源。死锁检测中，系统为进程分配资源时不采取任何措施，只提供死锁检测和解除的手段。故选B。

12.【答案】B

【精解】本题考查的知识点是死锁——资源分配。三个进程分别需要3、4、5台设备，如果给这三个进程分配2、3、4台设备，则每个进程都不能执行，且都还需要一台设备。若给其中一个进程再分配一台设备，执行完毕后会释放其所有设备，再将设备分配给其余两个进程，都可以顺利执行，故需要最少设备台数是2+3+4+1=10台。故选B。

13.【答案】B

【精解】本题考查的知识点是死锁——死锁避免。银行家算法是避免死锁的方法，而不是预防死锁的方法。破坏死锁的某个条件也是预防死锁的方法，而非银行家算法的作用。银行家算法中，系统处于安全状态下必然不会产生死锁，系统处于不安全状态时，可能产生死锁，也可能不会产生死锁。故选B。

14.【答案】D

【精解】本题考查的知识点是死锁——死锁避免。当前系统中剩余R1、R2、R3资源数分别是2、3、3，各进程需求矩阵见下表。

资源 进程	需求		
	R1	R2	R3
P0	2	3	7
P1	1	3	3
P2	0	0	6
P3	2	2	1
P4	1	1	0

由需求矩阵可知，当前系统状态下P1和P3对R3资源的需求数大于剩余数，排除A、C两项。若首先给P1分配资源，P1完成后三类资源的剩余数分别是6、3、6，无法满足P0进程，排除B选项。若首先给P3分配资源，P3完成后可满足其他任意进程需要，存在安全序列P3、P4、P2、P1、P0。故选D。

15.【答案】D

【精解】本题考查的知识点是死锁——死锁避免。当前可用资源满足P1的请求，将剩余资源分配给P1，P1执行完毕后剩余的三种剩余可用资源数分别是2、2、1，此时余下的进程中只有P4可以执行，排除A，B两项。P4执行完毕后，系统中可用的资源分别为2、2、2，此时无法满足剩余两个进程P2和P3，所以系统中不存在安全序列。故选D。

16.【答案】D

【精解】本题考查的知识点是死锁——死锁避免，银行家算法。利用银行家算法对当前系统资源分配进行评估，当前系统剩余资源数为12−5−2−2=3，其中P2当前需要的资源数为4−2=2<3，故可为P2进行资源分配。当P2完成以后，系统剩余资源数为2+3=5，而当前P1需要的资源数为10−5=5，故可满足分配要求。当P1完成以后，系统剩余资源数为5+5=10，此时P3需求的资源数为9−2=7<10，故P3也可正常工作。综上所述，系统存在安全序列P2、P1、P3。故选D。

17.【答案】D

【精解】本题考查的知识点是死锁——死锁的概念理解。系统中有5台打印机，每个进程需要使用2台。当有4个进程各申请了1台打印机后，当前系统中还有1台打印机可以分配，满足任一进程的需求，不会产生死锁。故选D。

18.【答案】C

【精解】本题考查的知识点是死锁——死锁的概念理解。系统中有4个进程，每个进程需要3个资源，先给每个进程分配2个资源，共需要8个资源，此时需要系统中还有1个空闲资源，分配给任一进程，才不会发生死锁，故至少需要9个资源。故选C。

19.【答案】C

【精解】本题考查的知识点是死锁——死锁的必要条件。死锁产生的四个必要条件是：互斥、请求和保持、环路等待和不剥夺。故选C。

20.【答案】C

【精解】本题考查的知识点是死锁——银行家算法。

$$\text{Need} = \text{Max} - \text{Allocation} = \begin{bmatrix} 0 & 0 & 4 \\ 1 & 7 & 5 \\ 2 & 3 & 5 \\ 0 & 6 & 4 \\ 0 & 6 & 5 \end{bmatrix} - \begin{bmatrix} 0 & 0 & 3 \\ 1 & 0 & 0 \\ 1 & 3 & 5 \\ 0 & 0 & 2 \\ 0 & 0 & 1 \end{bmatrix} = \begin{bmatrix} 0 & 0 & 1 \\ 0 & 7 & 5 \\ 1 & 0 & 0 \\ 0 & 6 & 2 \\ 0 & 6 & 4 \end{bmatrix}$$

Ⅰ：根据need矩阵可知，当Available为（1，4，0）时，可满足P2的需求；P2结束后释放资源，Available为（2，7，5）可以满足P0、P1、P3、P4中任一进程的需求，所以系统不会出现死锁，处于安全状态。

Ⅱ：当Available为（0，6，2）时，可以满足进程P0、P3的需求；这两个进程结束后释放资源，Available为（0，6，7），仅可以满足进程P4的需求；P4结束并释放后，Available为（0，6，8），此时不能满足余下任一进程的需求，系统出现死锁，故当前处在非安全状态。

Ⅲ：当Available为（1，1，1）时，可以满足进程P0、P2的需求；这两个进程结束后释放资源，Available为（2，4，9），此时不能满足余下任一进程的需求，系统出现死锁，处于非安全状态。

Ⅳ：当Available为（0，4，7）时，可以满足P0的需求，进程结束后释放资源，Available为（0，4，10），此时不能满足余下任一进程的需求，系统出现死锁，处于非安全状态。

综上分析：只有Ⅰ处于安全状态。故选C。

21.【答案】D

【精解】本题考查的知识点是死锁——死锁概念的理解。

Ⅰ正确：因为死锁状态时不安全状态的子集，并非所有不安全状态都是死锁状态，但当系统进入不安全状态后，便可能进入死锁状态；反之，只要系统处于安全状态，系统便可避免进入死锁状态；死锁状态必定是不安全状态。

Ⅱ正确：这是产生死锁的两大原因。

Ⅲ正确：在对资源进行有序分配时，进程间不可能出现环形链，即不会出现循环等待。

Ⅳ正确：资源剥夺法允许一个进程强行剥夺其他进程占有的系统资源。而撤销进程强行释放一个进程已占有的系统资源，与资源剥夺法同理，都通过破坏死锁的“请求和保持”条件来解除死锁。

故选D。

22.【答案】A

【精解】本题考查的知识点是死锁——死锁检测。死锁检测一般采用两种方法：资源有向图法和资源矩阵法、前驱图只是说明进程之间的同步关系，搜索树用于数据结构的分析，安全图并不存在。注意死锁避免和死锁检测的区别：死锁避免是指避免死锁发生，即死锁没有发生；死锁检测是指死锁已出现，要把它检测出来。故选A。

23.【答案】D

【精解】本题考查的知识点是死锁——死锁定理。进程指向资源的有向边称为申请边，资源指向进程的有向边称为分配边，A选项张冠李戴；矩形框表示资源，其中的圆点表示资源的数目，选项B错；圆圈结点表示进程，选项C错；选项D的说法是正确的。故选D。

24.【答案】D

【精解】本题考查的知识点是死锁——死锁的解除。解除死锁的方法有：① 剥夺资源法：挂起某些死锁进程，并抢占它的资源，将这些资源分配给其他的死锁进程；② 撤销进程法：强制撤销部分甚至全部死锁进程并剥夺这些进程的资源。故选D。

25.【答案】B

【精解】本题考查的知识点是死锁——死锁的必要条件。资源剥夺法允许一个进程强行剥夺其他进程所占有的系统资源。而撤销进程强行释放一个进程已占有的系统资源，与资源剥夺法同理，都通过破坏死锁的“请求和保持”条件来解除死锁。拒绝分配新资源只能维持死锁的现状，无法解除死锁。故选B。

26.【答案】C

【精解】本题考查的知识点是死锁——死锁的必要条件。引起死锁的4个必要条件：互斥、占有并等待、非剥夺和循环等待。本题中，出现了循环等待的现象，意味着可能会导致死锁。进程释放资源不会导致死锁，进程自己进入死循环只能产生“饥饿”，不涉及其他进程。共享型设备允许多个进程申请使用，故不会造成死锁。再次提醒，死锁一定要有两个或两个以上的进程才会导致，而饥饿可能由一个进程导致。故选C。

● 综合应用题

1.【考点】死锁资源分配——这个公式考试一定要记牢固。

【参考答案】本题考查的知识点是死锁——死锁产生的必要条件。不发生死锁要求，必须保证至少有一个进程能得到所需的全部资源并执行完毕，同类资源m个，供n个进程共享，若每个进程对资源的最大需求量为k，则$m>n(k-1)+1$时，一定不会发生死锁。见下表。

序号	m	n	k	是否会死锁	说 明
1	6	3	3	可能会	$6<3(3-1)+1$
2	7	3	3	不会	$7\geq 3(3-1)+1$
3	13	6	3	不会	$13=6(3-1)+1$

2.【考点】死锁产生的必要条件及死锁的处理策略和银行家算法的理解。

【参考答案】(1)产生死锁的原因可以归结为以下两点：一是竞争资源，当系统中供多个进程共享的资源如打印机、公用队列等，其数目不足以满足诸进程的需要时，会引起诸进程对资源的竞争而产生死锁；二是进程间推进顺序非法，进程在运行过程中，请求和释放资源的过程不当，也会导致产生进程死锁。

（2）处理死锁的方法：预防死锁、避免死锁、检测死锁和解除死锁。

静态分配资源的方法要求进程在其运行之前一次性申请所需要的全部资源，在它申请的资源数未满足前不投入运行。一旦投入运行，这些资源就一直归它所有，也不再提出其他资源请求，这样做破坏了“请求与保持”条件，属于预防死锁的方法。

银行家算法是在某一时刻，系统能按照某种顺序来为每个进程分配所需要的资源，直至最大需求，使每个进程都可以顺利完成，则称此时的系统为安全状态，否则为不安全状态。这种处理死锁的方法属于避免死锁。

（3）先根据Allocation数量和Max数量计算各进程的Need资源数见下表。

资源 进程	Max			Allocation			Need		
	A	B	C	A	B	C	A	B	C
P1	5	5	9	2	1	2	3	4	7
P2	5	3	6	4	0	2	1	3	4
P3	4	0	11	4	0	5	0	0	6
P4	4	2	5	2	0	4	2	2	1
P5	4	2	4	3	1	4	1	1	0

① 现在对T0时刻的状态进行安全分析如下。

由于Available向量为（2，3，3），因此Work向量初始化为（2，3，3）。

因为存在安全序列（P4，P2，P3，P5，P1），见下表，所以T0时刻处于安全状态。

资源 进程	Work			Need			Allocation			Work+Allocation			Finish
	A	B	C	A	B	C	A	B	C	A	B	C	
P4	2	3	3	2	2	1	2	0	4	4	3	7	True
P2	4	3	7	1	3	4	4	0	2	8	3	9	True
P3	8	3	9	0	0	6	4	0	5	12	3	14	True
P5	12	3	14	1	1	0	3	1	4	15	4	8	True
P1	15	4	8	3	4	7	2	1	2	17	5	20	True

② T0时刻由于Available向量为（2，3，3），而P2请求资源向量为（0，3，4），明显C资源的数量不足，所以不能实施资源分配。

③ 进程P4需求的资源数（2，0，1）小于当前系统可利用的资源数（2，3，3）。先尝试把P4申请的资源分配，这时可用资源变为（0，3，2）。

系统当前的状态见下表。

资源 进程	Max			Allocation			Need			Available		
	A	B	C	A	B	C	A	B	C	A	B	C
P1	5	5	9	2	1	2	3	4	7			
P2	5	3	6	4	0	2	1	3	4			
P3	4	0	11	4	0	5	0	0	6	0	3	2
P4	4	2	5	4	0	5	0	2	0			
P5	4	2	4	3	1	4	1	1	0			

由上表可知，当前系统中存在安全序列（P4，P2，P3，P1），系统处于安全态可以将资源分配给P4。

④ 分配给P4资源后当前系统的状态见下表。

进程＼资源	Work			Need			Allocation			Work+Allocation			Finish
	A	B	C	A	B	C	A	B	C	A	B	C	
P4	0	3	2	0	2	0	4	0	5	4	3	7	True
P2	4	3	7	1	3	4	4	0	2	8	3	9	True
P3	8	3	9	0	0	6	4	0	5	12	3	14	True
P5	12	3	14	1	1	0	3	1	4	15	4	18	True
P1	15	4	18	3	4	7	2	1	2	17	5	20	True

P1申请资源数（0，2，0）小于当前系统剩余资源（0，3，2），故试着把P1申请的资源分配给它，系统的状态见下表。

进程＼资源	Max			Allocation			Need			Available		
	A	B	C	A	B	C	A	B	C	A	B	C
P1	5	5	9	2	3	2	3	2	7	0	1	2
P2	5	3	6	4	0	2	1	3	4			
P3	4	0	11	4	0	5	0	0	6			
P4	4	2	5	4	0	5	0	2	0			
P5	4	2	4	3	1	4	1	1	0			

3.【考点】死锁的基本概念、死锁处理策略、死锁检测。

【精解】死锁在系统中不可能完全消灭，但我们要尽可能地减少死锁的发生。对死锁的处理方法：忽略、检测与恢复、避免和预防，每种方法对死锁的处理从宽到严，同时系统并发性由大到小。这里银行家算法属于避免死锁，资源预分配属于预防死锁。

死锁检测方法可以获得最大的并发性。并发性排序：死锁检测方法、银行家算法、资源预分配法。

2.6 重难点答疑

根据对本章的联考考点分析，本章重点需要考生建立进程概念，理解和掌握进程的状态转换、进程同步及其经典同步问题的解决，掌握处理机调度的基本概念及经典调度算法的应用，理解并掌握死锁的概念、必要条件及处理死锁的方法。为更好地掌握本章内容，下面对以下重点、难点问题做进一步答疑，为考生进一步深入理解提供保障。

1. 进程基本概念的理解

【答疑】进程是操作系统进行资源分配和独立运行的基本单位，理解进程需掌握以下几个问题：

（1）进程引入的目的。引入进程的主要目的是使内存中的多道程序能够正确的并发执行。为保证进程能够正确地并发执行，进程实体具有自己的数据结构及同步机制，进程实体的数据结构包括：PCB（进程的唯一标识符）、程序段和数据段，各个进程通过宏观上进程同步（互斥访问）的方式实现进程间的通信，保证进程并发执行。

（2）进程和程序的区别与联系。进程是程序的运行过程，它们之间既有联系又有区别，除了从结构上区分外，还主要从动态性、并发性、独立性和异步性上比较进程和程序的区别。

- 结构上：进程是由PCB、程序段和数据段组成，而程序是组有序的指令的集合。
- 动态性：这是进程和程序的基本区别。进程是程序的一次执行过程，是动态创建及消亡的过程，具有生命周期，是动态的；而程序是一组代码的集合，是静态的，是长期保存的。

● 并发性：同一段时间间隔内由多个进程实体同时存在于内存中，并且正确地运行，提高系统资源的利用率，也是引入进程的主要目的；而程序是静态的，不存在运行并发性。

● 独立性：进程是操作系统进行资源分配和独立运行的基本单位，拥有独立的资源，进程可以创建进程，而程序不仅具有独立的资源，也不能创建新的程序。

● 异步性：多个进程实体能够在同一时间段同时运行，一个任务完成可能不是按照正常顺序一次性运行完毕，而是走走停停完成的。程序不具有该特征。

（3）进程基本状态。执行、就绪、阻塞之间的状态转换及转换的条件。

（4）进程控制块。进程的唯一标识，如果没有进程控制块，说明进程没有创建成功，就不能进行并发执行。

2. 进程同步的基本概念

【答疑】对进程同步的理解，重点是对以下概念较好地理解及掌握：

（1）临界资源。指同一段时间内只允许一个进程访问的资源，该资源包括可抢占资源和不可抢占资源，进程同步实质是对临界资源进行互斥的访问。死锁即访问不可抢占资源而进入阻塞状态的情况。

（2）临界区。进程访问临界资源的那段代码称为临界区。为了实现互斥的访问临界资源，两个或多个进程不能同时进入临界区，这就引出了同步机制及后期的经典同步问题。

（3）同步机制应遵循的准则。“空闲让进”“忙则等待”“有限等待”“让权等待”四个准则，考生要理解每一个准则如果不遵循，系统会出现什么后果。

3. 经典进程的同步问题

【答疑】以生产者和消费者为例，分析经典进程的同步问题的解题方法：

（1）确定进程。首先根据问题的含义，确定问题中有哪些进程，因为进程是动作的主体，在生产者——消费者问题中，每个生产者和每个消费者都是动作的主体，所以他们都是独立的进程。然后考虑每个进程应该完成哪些动作。比如生产者的动作就是不断地生产下一个产品，把产品放到空闲缓冲区中。最后，根据进程所做的动作为每个进程写出不同的同步算法。因所有的生产者和消费者的动作都一样，所以算法是一样的。

（2）确定互斥和同步的关系。进程间相互制约的关系有两种：一种是进程之间竞争使用临界资源，只允许单个使用，称互斥关系（竞争关系）；另一种是进程之间协同完成任务，在关键点上等待另一个进程发来的消息，以便协同一致，是一种协作关系，也称同步关系。首先考虑问题中哪些资源属于临界资源，需要互斥；哪些地方有哪些进程在哪些地方协调完成那些动作，需要同步。如生产者-消费者问题中的空闲缓冲区、满缓冲区（或缓冲区中的产品）以及in、out变量（in、out变量被当作一个组合，看成一个资源）均是临界资源，对它们的访问都需要互斥。

（3）整理实现进程互斥的思路。为实现临界资源的互斥访问，可以为每类临界资源设置一个信号量，初值为临界资源的初始个数，并在算法中访问资源以前的位置插入信号量的wait操作，完成临界资源访问的位置插入信号量的signal操作，另外，要为每一类同步关系设置一个初值为0的信号量，在算法中等待动作的位置插入信号量的wait操作，在被等待的动作完成的位置插入信号量的signal操作。如生产者-消费者问题的空闲缓冲区，需为它设置一个初值为n的信号量empty；生产者放产品时要使用它，所以，在放产品之前加wait（empty）；产品从缓冲中取走后，该缓冲就不再被使用，它被消费者释放，归还给系统，所以取走产品之后要加signal（empty）。

（4）正确的程序书写及阅读方式。根据上述分析过程的思路书写程序，同时根据互斥和同步的关系，正确阅读程序。如由于生产者–消费者问题属于并发互斥访问，因此在阅读时应采取交替阅读的方式。

4. 进程调度算法的理解

【答疑】进程调度角度算法是本章内容的重点，也是考点，因此必须理解到位，对于进程调度算法的理解要弄清楚以下问题：

（1）引起进程调度的因素有哪些，并能根据题意分析问题

① 正在执行的进程正常终止或异常终止。

② 正在执行的进程因某种原因而阻塞。具体包括：

- 提出I/O请求后被阻塞；
- 在调用wait操作时因资源不足而阻塞；
- 因其他原因执行block原语而阻塞等。

③ 在引入时间片的系统中，时间片用完。

④ 在抢占调度方式中，就绪队列中某进程的优先权变得比当前正在执行的进程高，或者有优先权更高的进程进入就绪队列。

（2）经典调度算法的理解及应用

① 先来先服务（FCFS）和短作业优先（SJF）。这两个算法比较简单，前者是根据时间到来的顺序来服务，是一种不可剥夺算法，时间相对公平，但是它对短作业来说，短作业之前有长作业先占有CPU，则短作业就会等待很长时间。短作业优先依据用户所提供的估计执行时间而定，有利于短作业，而用户估计执行的时间有可能是不准确的，此算法不一定能真正做到短作业优先调度，该算法没有考虑紧迫程度。以上两种算法主要考查概念的理解及等待时间、平均周转时间，带权的平均周转时间的计算。

② 优先级调度算法。优先级调度算法是将处理机分配给就绪队列中优先权最高的进程调度算法。该算法又分为抢占式和非抢占式优先级调度算法。此算法中要了解系统会根据哪些因素来确定一个进程的优先权，在动态优先权中又根据哪些因素动态调整优先权。

③ 高响应比优先调度算法。以响应比作为进程的优先权的调度算法。该算法中要对响应比的定义及响应的优点理解到位。响应比的公式如下：

$$\text{响应比}R=\frac{\text{等待时间}+\text{运行时间}}{\text{运行时间}}=\frac{\text{响应时间}}{\text{运行时间}}$$

有公式可知该调度算法的优点如下：

- 若作业的等待时间相同时，则运行时间短的作业优先权高，短作业优先。
- 若作业运行时间相同时，则等待时间长的作业优先权高，这样先到者优先。
- 若作业较长，作业的优先权可以随着等待时间的增加而升高，从而保证长作业不会长期得不到服务，克服了饥饿状态。

④ 时间片轮转调度算法：该算法就是就绪进程按着FCFS的方式按着时间片轮流占有CPU的调度方式，这种算法重点是时间片的确定，不同的时间片该算法的优劣不同，一般时间片的大小要略大于一次典型的交互所需要的时间。

⑤ 多级反馈队列调度算法。该算法设置了多个就绪队列，每个队列的优先级不同，来实现多级优先级的调度。对于该调度算法考生要重点理解的是，该算法采用什么规则将进程插入不同的就绪队列里，各就绪队列又是按什么方法进行调度的，为什么多级反馈队列调度更好地满足各种类型用户的需求。这些

在前面知识点都有详细的介绍。

5. 死锁的基本概念

【答疑】死锁概念主要从以下三方面理解：

(1) 死锁产生的原因。死锁产生的根本原因是资源竞争和进程推进顺序非法。操作系统的基本特征是并发和共享，因为多道程序的并发操作，使进程推进顺序是异步进行的，因此就为死锁产生提供了条件；共享资源是提高操作系统资源利用率的最根本方法，但同时也为多个进程同时访问共享资源出现竞争提供了条件。所以资源竞争和进程推进顺序异步是操作系统不可避免的，可见死锁产生的可能性是不可避免的。

(2) 产生死锁的必要条件。死锁产生的四个必要条件："互斥条件""请求与保持条件""不可剥夺条件""环路等待条件"，考生重点思考，为什么任一条件不满足就不会产生死锁。

(3) 预防死锁的策略。依据产生死锁的四个必要条件，预防死锁的方法通常采用破坏四个必要条件的其中一个即可，其中互斥条件不能破坏，其他三种条件都可以通过什么样的方式方法破坏，是考生学习时应思考的问题。

(4) 死锁与饥饿的区别。所谓死锁是指多个进程（至少两个进程及以上）因竞争不可剥夺性资源（或系统共享资源）而使多个进程处于相互等待状态（僵局），若无外力作用，所有进程都将无法向前执行。所谓饥饿是指一个或多个进程无限期阻塞（IndefiniteBlocking）称饥饿（Starvation），即一个进程多个在信号量内无穷等待的情况。饥饿产生的原因是指系统在动态分配资源的过程中，根据分配策略，有的进程可能会出于长时间等待，或者长时间某些进程不能完成任务或者完成任务没有意义的现象称为饥饿。饥饿不一定会出现死锁。其中死锁和饥饿的主要区别：一是进入饥饿状态的进程可能只有一个，而处于死锁状态至少两个进程。二是饥饿状态可能是就绪状态，只是在长时间等待，而死锁状态的进程处于阻塞状态。

6. 银行家算法理解

【答疑】避免死锁的算法中最有代表性的算法是银行家算法，对银行家算法重点从以下几点内容理解：

(1) 首先明白避免死锁的实质在于如何防止系统进入不安全状态。不安全状态的检测通过安全算法来实现。考生要理解不安全状态不等于死锁状态，也不是必定会导致死锁；然后进一步理解，不安全状态会使某些进程因请求的资源无法满足而进入饥饿状态，如若多个进程进入不安全状态极易出现死锁状态。在分配资源之前首先通过安全性检查算法找出安全序列，然后在分配资源，如若不满足安全序列，则不分配资源。

(2) 在银行家算法中用到的可利用资源向量Available、最大需求矩阵Max、分配矩阵Allocation、需求矩阵Need等数据结构，以及在安全性检查算法中用到的工作向量Work和完成向量Finish等数据结构，考生应对它们的物理意义和相互关系有较好的理解。

(3) 安全性检查算法的目的是寻找一个安全序列。考生应了解，进程在满足什么条件时，其对应资源的最大需求可以得到满足，则可顺利完成；当进程完成后，考生应理解如何修改工作向量Work和完成向量Finish。

(4) 在利用银行家算法避免死锁时，考生要了解什么时候系统可以为提出资源请求的进程实行分配资源；什么时候才可以正式将资源分配给进程。以上内容请参照银行家算法精解。

2.7 命题研究与模拟预测

2.7.1 命题研究

进程管理是操作系统五大管理功能之一，其内容包括进程管理和处理机调度两大块的内容，是年年考试的重点，也是难点。

通过对考试大纲的解读和历年联考真题的统计与分析发现，本章的命题一般规律和特点有以下几方面：

（1）从内容上看，考点主要以对进程概念和特征的理解、进程状态切换及其切换条件的理解、处理机调度概念的理解、经典调度算法的理解及应用、进程同步的概念理解及应用分析，死锁的概念、必要条件及处理策略的理解、银行家算法的理解及应用等为主。其中进程的概念、进程调度、信号量机制、进程同步和互斥，进程死锁是本章的重中之重，必须重点掌握，另外P、V原语操作、同步问题、经典调度算法、死锁问题及银行家算法是综合应用题高频知识点。

（2）从题型上看，除2010、2012、2018外，其余每年都有选择题和综合应用题。

（3）从题量和分值上看，选择题一般在4~6道，综合题1道。除2010年、2012年之外，其余每年分值都在12分以上，平均占分12分。

（4）从试题难度上看，选择题需要理解概念的基础分析，属于中等难度，综合题应用题中，调度问题中等难度，经典同步问题有点难度。

总的来说，本章内容是本课程的重点，以历年联考看，本章综合应用题出现的概率在80%以上。因此，对于本章内容，考生除了要掌握基本的概念和基本的原理外，还要求考生能运用这些基本原理去分析和解决问题，其中P、V原语操作、同步问题及死锁问题都有可能出综合应用题。

注意：2022年新考纲新增了锁、上下文切换机制、条件变量等概念，但2022年考题中没有出现，有可能会在2023年考题中出现。

2.7.2 模拟预测

● 单项选择题

1. 下面关于进程状态转换理解错误的是（　）。

A. 打印机完成工作后，会有另一个进程进入就绪状态

B. 当进程被创建成功后，进程立即获得CPU运行，由就绪状态到执行状态

C. 当进程执行P操作进入临界区后，会有进程进入阻塞状态

D. 分时系统中，当时间片用完后，就绪队列队首进程有就绪状态转到执行状态

2. 计算机系统中，进程并发执行的相对速度与（　）有关。

A. 由进程的实体的数据结构有关

B. 由进程的运行时间和等待时间决定

C. 与进程的调度策略方法有关

D. 进程被创建成功的时间有关

3. 设与某资源相关联的信号量初值为5，当前值为2，若M表示该资源的可用个数，N表示等待资源的进程数，则M，N分别是（　）。

A. 2，1　　B. 1，0　　C. 2，2　　D. 2，0

4. 某系统中有3个并发进程，都需要同类资源4个，试问该系统不会发生死锁的最少资源数是（　）。

A. 9　　　　B. 10　　　　C. 11　　　　D. 12

5. 有N个进程共享一个临界区，如果允许M个进程同时进入临界区访问，所采用的互斥信号量为（　）。

A. N　　　　B. 1　　　　C. M　　　　D. 0

6. 设m为同类资源数，n为系统中并发进程数。当n个进程共享m个互斥资源时，每个进程的最大需求是w，则下列情况中会出现系统死锁的是（　）。

A. m=2，n=l，w=2　　　　B. m=2，n=2，w=1

C. m=4，n=3，w=2　　　　D. m=4，n=2，w=3

7. 下列关于进程同步和互斥的说法中错误的是（　）

A. 进程互斥和进程同步有时也统称为进程的同步

B. 进程互斥是进程同步的特例，互斥进程是竞争共享资源的使用，而同步进程之间必然有依赖关系

C. 进程的同步和互斥都涉及并发进程访问共享资源的问题

D. 进程同步是进程互斥的一种特殊情况

8. 在批量操作系统中，有5个任务A、B、C、D、E同时到达一计算中心。5个任务预计运行的时间分别是10min、6min、2min、4min和8min。其优先级（由外部设定）分别为4、8、3、1和6，这里8为最高优先级。下列各种调度算法中，其平均进程周转时间为14min的是（　）。

A. 时间片轮转调度算法　　　　B. 优先级调度算法

C. 先来先服务调度算法　　　　D. 最短作业优先调度算法

9. 系统中有n（n>2）个进程，并且当前没有执行进程调度程序，则（　）不可能发生。

A. 有一个运行进程，没有就绪进程，剩下的n−1个进程处于等待状态

B. 有一个运行进程和n−1个就绪进程，但没有进程处于等待状态

C. 有一个运行进程和1个就绪进程，剩下的n−2个进程处于等待状态

D. 没有运行进程但有2个就绪进程，剩下的n−2个进程处于等待状态

10. 假设就绪队列中有10个进程，系统将时间片设为200ms，CPU进行进程切换要花费10ms。则系统开销所占的比率约为（　）。

A. 1%　　　　B. 5%　　　　C. 10%　　　　D. 20%

● 综合应用题

1. 某旅游区有从山底通向山顶的不同方向的三条索道，有M个缆车、N个游客条件：

（1）特殊考虑每个缆车只允许坐一个人；

（2）当有空闲缆车时，允许乘客乘坐；

（3）无空闲车时，游客等待；

（4）无乘客时，缆车等待；

（5）在山顶处的同一条索道口不允许缆车同时进出（在一时间只能进或出），不同索道互不影响。

利用P、V原语实现其过程。

2. 有一个阅览室，共有100个座位，读者进入时必须先在一张登记表上登记，该表为每一座位列一表目，包括座号和读者姓名等，读者离开时要消掉登记的信息，试问：

（1）为描述读者的动作，应编写几个程序，设置几个进程？

（2）试用PV操作描述读者进程之间的同步关系。

2.7.3 答案精解

● 单项选择题

1.【答案】B

【精解】本题考查的知识点是死锁——进程状态转换的理解。A考查的是当I/O操作完成后，即等待I/O操作的进程被唤醒，进入就绪队列，A正确；B考查的是进程控制，当进程成功被创建后，进程将会插入到就绪队列，具体什么时间被调度，根据调度算法决定，B错误；C考查的是信号量，在信号量中，访问资源是互斥或同步工作，同一时间内只允许一个进程访问资源，所以当进行P操作后，资源被申请，其他进程将被等待，当执行V操作后，释放资源，阻塞的进程被唤醒，C正确；D考查的是时间片轮转调度算法，分时系统主要采用分时调度算法，当时间片用完后，会自动调度下一个就绪进行，所以队首进程会由就绪态到运行态，D正确。故选B。

2.【答案】C

【精解】本题考查的知识点是死锁——进程调度。进程实体包括程序段，数据段与程序块，PCB是进程的唯一标识，但与速度没有关系。B中进程运行时间和等待时间在抢占式高响应比中是有关系的，根据运行时间和等待时间来判断优先级，但是在普通的FCFS，SJF中可能就不是这样的了，B不正确；进程是否能够被执行、什么时间执行是和进程的调度策略有关系，C正确。进程被创建成功后会插入到就绪队列，具体什么时间被调用要根据调度算法决定。故选C。

3.【答案】D

【精解】本题考查的知识点是死锁——信号量。对于记录型信号量，每执行一次P操作，信号量的值都会减1。当信号量的值为负时，说明系统中无可用临界资源，进程进入阻塞态。资源的信号量为5，说明临界区的为5，目前信号量2，说明进程的临界区可以有2个进程可以进入访问，又因进程一旦被创建成功都会插入到就绪队列，说明目前没有等待的资源。故选D。

4.【答案】B

【精解】本题考查的知识点是死锁——死锁的概念。根据公式同类资源m个，供n个进程共享，每个进程对资源的最大需求量为k，则$m \geq n(k-1)+1$时，不会发生死锁，故本题的公式为：$m \geq 3(4-1)+1 \Rightarrow m \geq 10$；故选B。

5.【答案】C

【精解】本题考查的知识点是死锁——信号量。根据临界资源的访问量，为了防止死锁，采用互斥访问，访问的信号量，应该根据同时允许访问的进程数有关，当超过最大允许量，进程则会进入等待状态。故选C。

6.【答案】D

【精解】本题考查的知识点是死锁——死锁检测。选项A不会发生死锁，只有一个进程不会发生死锁。选项B不会发生死锁，两个进程各需要一个资源，而系统中恰好2个资源。选项C不会发生死锁，3个进程需要的最多资源都是2，系统总资源数是4，所以总会有一个进程得到2个资源，运行释放资源。选项D，可能会发生死锁，当2个进程各自都占有了2个资源后，系统再无可分配资源。因此满足$m \geq n(k-1)+1$时，不会发生死锁。故选D。

7.【答案】D

【精解】本题考查的知识点是死锁——进程同步。进程同步与进程互斥统称进程同步问题，而进程互斥是指进程间的间接制约关系，进程同步是进程间的直接制约关系，互斥关系是一种竞争关系，同步关系是一种依赖关系，相互协调工作。故选D。

8.【答案】D

【精解】本题考查的知识点是处理机调度——经典调度算法、周转时间。按照不同调度算法计算平均周转周期。时间片轮转：因没有给出时间片的长度，暂不计算。优先级调度：100min/5=20min。先来先服务：96min/5=19.2min。最短作业优先：70min/5=14min。故选D。

9.【答案】D

【精解】本题考查的知识点是进程管理。只要有就绪进程，CPU就不会停止运行，A、B、C都有可能，但是D中有两个就绪进行，处理机没有允许不符合实际。故选D。

10.【答案】B

【精解】本题考查的知识点是分时操作系统。时间片轮转是每隔200ms就要切换一次，每次切换开销为10ms，不论是多少，切换开销比例一样为10/200=1/20=5%。故选B。

● 综合应用题

1.【考点】进程同步。

【参考答案】首先梳理出问题中的同步关系进程和互斥关系进程。根据题目的条件：要上山时，当有空缆车时，游客可以乘坐；无空缆车时，游客要等待；而无乘客时，缆车要等待。说明要通过索道上山，必须有车有客，那么上山时，车和客是一种合作关系，所以车进程和客进程是一对同步关系；缆车载客到山顶之后，客下了车，空缆车必须重新回到山下，才可以载客。所以在山顶上的空缆车到山下之前，仍认为属于不可用状态，即载客状态。再根据条件（5）知，有一索道口在一时间只能进或出一辆缆车，那么此索道口为临界资源，上山的缆车和下山的缆车为一对互斥关系的进程。具体的实现程序如下：

```
typedefintsemaphore;
semaphoremutex=1;
semaphoreCable_Car=M;
semaphoreTourist=0;
voidTouristProcess(void)
{
    do
    {
        游客到来;
        p(&Cable_Car);
        v(&Tourist);
        到达山顶,下缆车;
        v(&Cable_Car);
    }while(Tourist<N);
}
voidCableCarProcess1(void)
{
    while(TRUE)
```

```
    {
        p(&Tourist);
        运行到索道口;
        p(&mutex);
        通过索道口;
        v(&mutex);
        到达山顶;
        空缆车回到山底;
        v(&Cable_Car);
    }
}
```

2.【考点】进程同步。

【参考答案】(1)读者的动作有两个：一是填表进入阅览室，这时要考虑阅览室里是否有座位；二是读者阅读完毕，离开阅览室，这时的操作要考虑阅览室里是否有读者。读者在阅览室读书时，由于没有引起资源的变动，不算动作变化。

算法的信号量有三个：seats——表示阅览室是否有座位（初值为100，代表阅览室的空座位数）；readers——表示阅览室里的读者数，初值为0；用于互斥的mutex，初值为1。

(2)

读者进入阅览室的动作描述getin:

```
while(TRUE){
        P(seats);              // 没有座位则离开
        P(mutex)               // 进入临界区
        填写登记表;
        进入阅览室读书;
        V(mutex)               // 离开临界区
        V(readers)
}
读者离开阅览室的动作描述getout:
while(TRUE){
        P(readers)             // 阅览室是否有人读书
        P(mutex)               // 进入临界区
        消掉登记;
        离开阅览室;
        V(mutex)/*离开临界区*/
        V(seats)/*释放一个座位资源*/
}
```

第3章

内存管理

第3章 内存管理

3.1 考点解读

根据考试大纲及近10年考试情况统计（见表3.1）分析，内存管理也是操作系统的核心内容之一，其考查方式灵活，平均分值达8.5分，基本上每隔一年或连续两年会出现综合应用题。本章的考点如图3.1所示，涉及的考试内容包括内存管理基础知识、虚拟内存管理两部分。内存管理的基础知识部分主要考查内存管理概念、交换与覆盖、连续分配管理方式、非连续分配管理方式四部分。虚拟内存管理部分主要考查请求分页管理方式、页面置换法、页面分配策略等。其中分页管理方式、分段管理方式、段页式管理方式三种方式和请求分页管理、页面的置换方法是本章的重点，经常以综合应用题的形式出现，考生要熟练掌握。

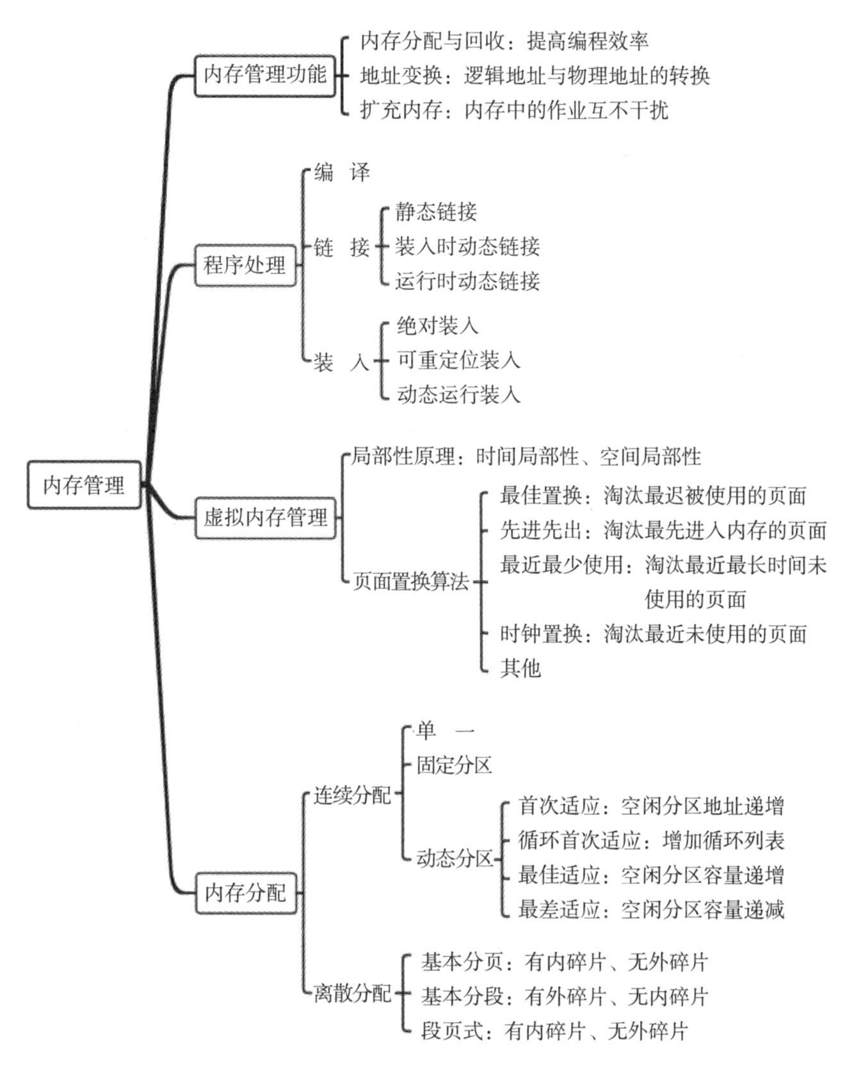

图3.1 内存管理考点导图

表3.1　近10年本章联考考点统计表

年份	题型		分值			联考考点
	单项选择题（题）	综合应用题（题）	单项选择题（分）	综合应用题（分）	合计（分）	
2013	1	1	2	8	10	基本分页管理方式、请求分页管理
2014	1	1	2	7	9	请求分页管理方式及页面置换算法、连续分区分配管理
2015	2	1	4	6	10	页面置换算法、内存管理的基本概念、二级分页管理方式
2016	3	0	6	0	6	页面置换算法——CLOCK、分段管理方式、工作集
2017	0	1	0	7	7	二级分页虚拟存储管理方式
2018	0	1	0	8	8	虚拟内存管理方式、页面置换算法——CLOCK
2019	4	0	8	0	8	分段存储管理、页面置换算法、二级分页存储管理、动态分区分配算法
2020	2	1	4	8	12	内存分配、虚拟存储系统、内存页式管理
2021	2	1	4	8	12	请求分页、工路组相联、页表、LRU替换算法
2022	3	0	6	0	6	八路组相联、缺页率、缺页中断

3.2 内存管理基础

3.2.1 内存管理基本概念

内存管理也是操作系统的核心内容，除了软件在不断更新外，内存也不断地发展。我们都知道CPU不能直接访问外存，所有的程序只有调入内存后才可以访问，可见操作系统必须对内存空间进行合理的划分和有效的动态分配。操作系统对内存的划分和动态分配，就是内存管理的概念。

（1）内存管理的功能

内存管理是操作系统设计中最重要和复杂的内容之一，其涉及操作系统的内存利用率和系统的性能。内存管理的主要功能包括以下内容：

① 内存空间的分配与回收。由操作系统完成主存储器空间的分配和管理，对程序员来说这些操作都是透明的，提高了编程效率。操作系统通过相应结构来记录内存空间的使用情况，完成内存空间的分配，并及时回收系统或用户释放的内存空间。

② 地址转换。在多道程序环境下，程序中的逻辑地址与内存中的物理地址不可能一致，因此存储管理必须提供地址变换功能，把逻辑地址转换成相应的物理地址。

③ 内存空间的扩充。利用虚拟存储技术或自动覆盖技术，从逻辑上扩充内存。

④ 存储保护。保证各道作业在各自的存储空间内运行，互不干扰。

（2）逻辑地址与物理地址

逻辑地址是指由程序产生的与段相关的偏移地址部分，是源代码在经过编译后，目标程序中所用的地址就是逻辑地址，其对应的地址范围即逻辑地址空间。目标程序的逻辑地址都是从0号单元开始编址，因此逻辑地址也称为相对地址。而对于用户程序和程序员只需知道逻辑地址，而内存管理的具体机制则是完全透明的，它们只有系统编程人员才会涉及。另外不同进程可以有相同的逻辑地址，但这些相同的逻辑地址可以映射到主存的不同位置。

物理地址空间是指出现在CPU外部地址总线上的寻址物理内存的地址信号，是地址变换的最终实际内存物理单元地址。进程在运行时执行指令和访问数据，最后都要通过物理地址从主存中存取。当装入程序将可执行代码装入内存时，必须通过地址转换将逻辑地址转换成物理地址，这个过程称为地址重定位。

（3）内存保护

内存保护是为了防止某些作业可能会有意或无意地破坏操作系统或其他作业。通常采用一定的保护策略，常见的内存保护方法有界限寄存器方法和存储保护键方法。

① 界限寄存器方法

采用界限寄存器方法实现内存保护通常有在CPU中设置上、下界寄存器与基址和限长寄存器的方法。

A. 上、下界寄存器方法。采用上、下界寄存器分别存放作业的结束地址和开始地址。在作业运行过程中，将每一个访问内存的地址与这两个寄存器中的内容进行比较，判断是否越界，如若越界，便产生保护性中断。

B. 基址和限长寄存器方法。采用基址和限长寄存器分别存放作业的起始地址及作业的地址空间长度，基址寄存器也叫重定位寄存器，限长寄存器也叫界地址寄存器。在作业运行过程中，将每个访向内存的相对地址和重定位寄存器中的值相加，形成作业的物理地址；限长寄存器与相对地址进行比较，若超过了限长寄存器的值，则发出越界中断信号，并停止作业的运行。

② 存储保护键方法

存储保护键方法是给每个存储块分配一个单独的保护键，其作用相当于一把“锁”。每个分区存储块由若干存储块组成，且每个存储块大小相同，一个分区的大小必须是存储块的整数倍。此外，进入系统的每个作业也被赋予一个保护键，它相当于一把“钥匙”。当作业运行时，检查“钥匙”和“锁”是否匹配，如果二者不匹配，系统发出保护性中断信号，并停止作业的运行。这种方法考试中一般不会出现，大家作为了解知识学习即可。

3.2.2 交换与覆盖

在多道程序环境下，用来内存扩充的常用方法有覆盖和交换技术两种。

（1）覆盖技术

在早期的操作系统中，倘若一个进程要运行，它需要10KB的内存分配，但目前系统拥有的内存资源大小仅有6KB，为使程序正常运行引入了覆盖技术。覆盖技术的基本思想是把主存的同一区域分配给一道程序的若干个子程序或数据段共同分配时使用。开始时只有一部分装入主存，在其执行过程中，根据请求动态地把其他部分装入到该程序原来已经占用过的存储区域中。

所谓覆盖，就是把一个大的程序划分为一系列覆盖，每个覆盖就是一个相对独立的程序单位，把程序执行时并不要求同时装入内存的覆盖组成一组，称为覆盖段。一个覆盖段内的覆盖共享同一存储区域，该区域成为覆盖区，它与覆盖段一一对应。显然，为了使一个覆盖区能为相应覆盖段中的每个覆盖在不同时刻共享，其大小应由覆盖段中的最大覆盖来确定。

覆盖技术的实现是把程序划分为若干个功能上相对独立的程序段，按照其自身的逻辑结构使那些不会同时运行的程序段共享同一块内存区域。程序段先保存在磁盘上，当有关程序的前一部分执行结束后，把后续程序段调入内存，覆盖前面的程序段。

覆盖技术要求程序员必须把一个程序划分为不同的程序段，并规定好它们的执行、覆盖顺序，操作系统根据程序员提供的覆盖结构来完成程序段之间的覆盖。

例如，一个用户程序由6个模块组成，图3.2给出了各个模块的调用关系，Main模块是一个独立的段，其调用A和B模块，A和B是互斥被调用的两个模块。在A模块执行过程中，调用C模块；而在B模块执行过程中，它可能调用D或E模块（D和E模块也是互斥被调用的）。为该用户程序建立的覆盖结构如图3.2，Main模块是常驻段，其余部分组成两个覆盖段。

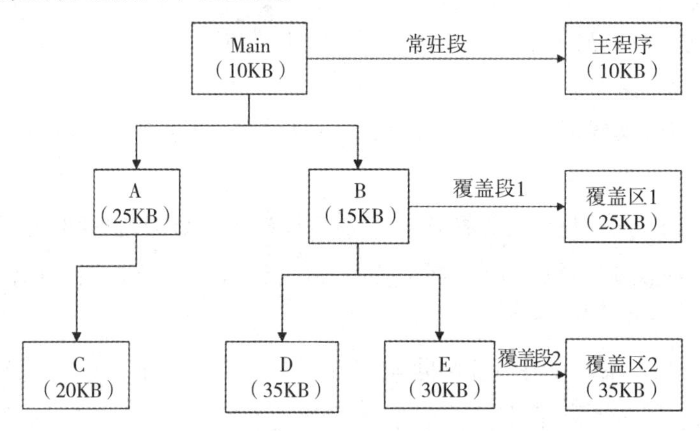

图3.2　程序内部结构和内存空间图

由以上推理可知，A和B模块组成覆盖段1，C、D和E组成覆盖段2。为了实现真正覆盖，相应的覆盖区应为每个覆盖段中最大覆盖的大小。覆盖技术的特点是打破了必须将一个进程的全部信息装入主存后才能运行的限制，但当同时运行程序的代码量大于主存时仍不能运行。

（2）交换技术

交换（对换）的基本思想是把处于等待（阻塞）状态（或在CPU调度原则下被剥夺运行权利）的程序（进程）从内存移到辅存（外存），把内存空间腾出来，这一过程又叫换出。把准备好竞争CPU运行的程序从辅存移到内存，这一过程又称为换入。如中级调度即为交换技术的应用。

① 对换技术的引入。在现代多道程序的操作系统环境下，一方面在内存中存在一些程序因缺少资源而被阻塞运行，却占用了大量的内存空间，甚至有时可能导致内存中所有进程都被阻塞而迫使CPU停止进入等待的情况。另一方面，有很多作业会因为内存不足而无法调入内存在外存等待。浪费资源，降低了系统的吞吐量。于是引入了对换技术。

所谓“对换”是指把内存中暂时不能运行的进程或者暂时不用的程序和数据调出到外存上，以便腾出足够的内存空间，再把已具备运行条件的进程调入内存。如果对换是以整个进程为单位的，便称之为“整体对换”或“进程对换”。如果对换是以“页”或“段”为单位进行的，则分别称之为“页面交换”或“分段交换”。

为了实现进程对换，系统必须能实现三个方面的功能：对换空间的管理、进程的换出、进程的换入。

② 对换空间的管理。在具有对换功能的OS中，通常把外存分为文件区和对换区。前者用于存放文件，后者用于存放从内存换出的进程。对换区采用的是连续分配的方式（考虑到对换的速度）。

③ 进程的换出与换入。

A. 换出：每当一个进程由于创建子进程而需要更多的内存空间，但又无足够的内存空间等情况发生时，系统应将某进程换出。系统首先选择处于阻塞状态且优先级最低的进程作为换出进程，然后启动磁盘，将该进程的程序和数据传送到磁盘的对换区。若传送过程未出现错误，便可回收该进程所占用的内存空间，并对该进程的进程控制块做相应的修改。

B. 换入：把外存交换区中的数据和程序换到内存中。系统应定时地查看所有进程的状态，从中找出"就绪"状态但已换出的进程。将其中换出时间最久（换出到磁盘上）的进程作为换入进程，将之换入，直至已无可换入的进程或无可换出的进程为止。交换的特点是打破了一个程序一旦进入主存便一直运行到结束的限制，但运行的进程大小仍受实际主存的限制。

（3）覆盖技术与交换技术的区别

与覆盖技术相比，交换不要求程序员给出程序段之间的覆盖结构，而且交换主要是在进程或作业之间进行；而覆盖则主要在同一个作业或进程中进行。另外，覆盖只能覆盖与程序段无关的程序段。

3.2.3 连续分配管理方式

内存的连续分配管理方式是指为一个用户程序分配一片连续的内存空间。包括静态分区和动态分区，其中静态分区是指作业装入时一次完成，分区大小及边界在运行时不能改变；动态分区是指根据作业大小动态地建立分区，分区的大小、数目可变。常见的连续分配管理方式有单一连续分区分配、固定分区分配、动态（可变式）分区分配、可重定位分区分配四种。

（1）单一连续分区分配

这是最简单的一种存储管理方式，只用于单用户、单任务的操作系统中，不需要内存保护。在这种方式中，可把内存分为系统区和用户区两部分，系统区仅提供给OS使用，通常是放在内存的低址部分；用户区是指除系统区以外的全部内存空间，提供给用户使用，通常是放在内存的高址部分。其优点是简单无外部碎片，可以采用覆盖技术，不需要额外的技术支持；缺点是内存中只装入一道作业运行，内存空间浪费大，各类资源的利用率不高。

（2）固定分区分配

固定分区分配方式是多道程序存储管理方法最早使用的方法。该方法将内存空间划分为若干个固定大小的分区，除OS占一区外，其余的一个分区装入一道程序。分区的大小可以相等，也可以不等，但事先必须确定，在运行时不能改变（即分区大小及边界在运行时不能改变）。当有空闲分区时，便从后备队列中选择一个适当大小的作业装入运行，如此循环。

根据分区大小划分分区的方法有以下两种：

- 分区大小相等：用在利用一台计算机去控制多个相同对象的场合。缺点是缺乏灵活性。
- 分区大小不等：把内存区划分成含有多个较小的分区、适量的中等分区及少量的大分区。

为了实现固定分区分配，系统首先建立一个固定分区使用表，其属性包括：分区号（连续顺序号）、大小、起始地址和状态（已分配／未分配），如图3.3所示。通常按着分区大小顺序排列。内存的固定分区分配方法一般采用首次适应法和最佳适应法两种（动态分区中详细讲解）。

首次适应法：当一个作业到达时，即从该表中顺序检索出尺寸能满足要求且未分配的分区分配给它。

最佳适应法：当一个作业到达时，即从该表中检索出尺寸能满足要求且未分配的最小分区分配给它。

分区号	大小（K）	起址（K）	状态
1	12	20	已分配
2	32	32	已分配
3	64	64	已分配
4	128	128	已分配

（a）分区说明表

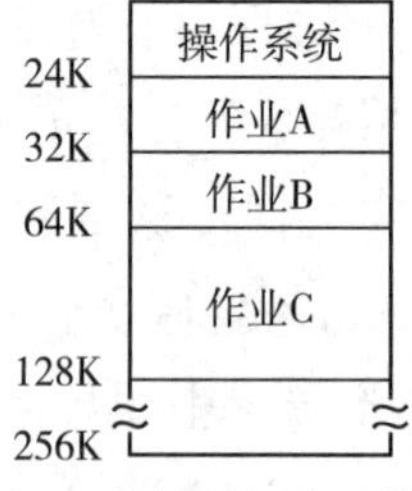

（b）存储空间分配情况

图3.3　固定分区使用表

固定分区分配方式是多道程序设计中最简单的存储分配方式，无外部碎片，但此分区分配方式存在两个问题：一是程序可能太大而放不进任何一个分区中，这时用户不得不使用覆盖技术来使用内存空间；二是主存利用率低，当程序小于固定分区大小时，也占用了一个完整的内存分区空间，这样会出现内部碎片现象，内存利用率低。

（3）动态分区分配

动态分区分配又称为可变分区分配，是一种动态划分内存的分区方法。这种分区方法不预先将内存划分，而是在进程装入内存时，根据进程的大小动态地建立分区，并使分区的大小正好适合进程的需要。因此系统中分区的大小和数目是可变的。

① 分区分配的数据结构

为了实现动态分区分配，系统中也必须设置相应的数据结构来记录内存的使用情况。常用的数据结构形式如下。

- 空闲分区表：属性及其含义与固定分区使用表相同
- 空闲分区链：在每个分区的起始部分和末尾部分分别设置两个指针域，将所有空闲分区构成双向链表，如图3.4所示。

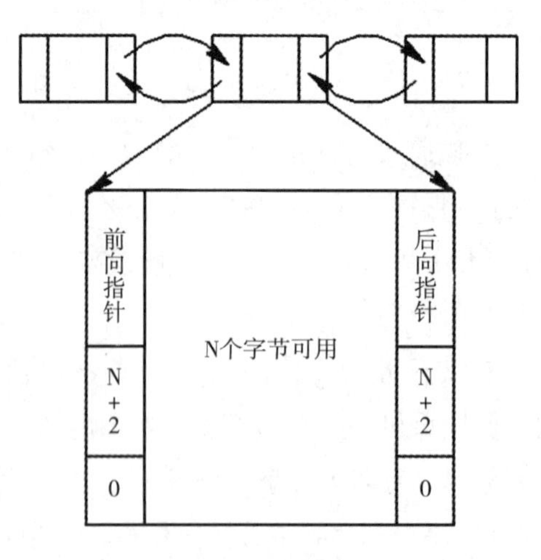

图3.4　空闲分区链表

② 分区分配算法

当有一新的进程需装入或换入主存时，若内存中有多个足够大的空闲块，则操作系统采用一定的分配策略来完成内存块的分配，目前常用的动态分区的分配策略主要包括以下几种算法：

● 最先（首次）适应法：空闲分区以地址递增的次序链接。当一个作业到达时，从该表中顺序检索，找到大小能满足要求的第一个空闲分区。余下的空闲分区仍然保留。若从头到尾都不存在符合条件的分区，则分配失败。

该算法的优点是优先利用内存低地址部分的空闲分区，从而保留了高地址部分的大的空闲分区，无内部碎片。但由于低地址部分不断被划分，致使低地址端留下许多难以利用的很小的空闲分区（外部碎片），而每次查找又都是从低地址部分开始，这无疑增加了查找可用空闲分区的开销。

● 循环首次适应法：由首次适应法演变而来，不同之处是分配内存时从上次查找结束的位置开始继续查找。

该算法的优点是空闲分区的分布更加均匀，减少了查找空闲分区的开销。但是同时可能会导致缺乏大的空闲分区。

● 最佳适应法：空闲分区按容量递增的方式形成分区链，当一个作业到达时，从该表中检索出第一个能满足要求的空闲分区分配给它。该方法碎片最小，如果剩余空闲分区太小，则将整个分区全部分配给它。

该算法的优点是总能分配给作业最恰当的分区，并保留大的分区。但是也会导致产生很多难以利用的碎片空间。

● 最坏适应法：又称最大适应（LargestFit）算法，空闲分区以容量递减的次序链接。当一个作业到达时，即从该表中检索第一个能满足要求的空闲分区，也就是挑选出最大的分区，该方法碎片最大，但剩余的空闲分区可再次使用。

该算法的优点是使分给作业后剩下的空闲分区比较大，足以装入其他作业。但是存在的不足是由于最大的空闲分区总是因首先分配而被划分，当有大作业到来时，其存储空间的申请会得不到满足。

以上算法都属于基于顺序搜索的动态分区分配算法。还有一种基于索引搜索的动态分区分配算法，主要包括快速适应算法、伙伴系统、哈希算法，考纲没做要求，在此不再讲解。

③ 分区分配操作

在动态分区存储管理方式中，主要的操作是分配内存和回收内存。

A. 分区分配过程

操作系统在对内存进行分区分配时，采用某种分配算法，从空闲分区链（表）中检索到所需大小的分区。设请求的分区大小为u.size，表中每个空闲分区的大小可表示为m.size。若m.size−u.size≤size（size是事先规定的不再切割的剩余分区的大小），说明多余部分太小，可不再切割，将整个分区分配给请求者；否则（即多余部分超过size），从该分区中按请求的大小划分出一块内存空间分配出去，余下的部分仍留在空闲分区链（表）中。然后，将分区的首址发送给调用者，如图3.5所示。

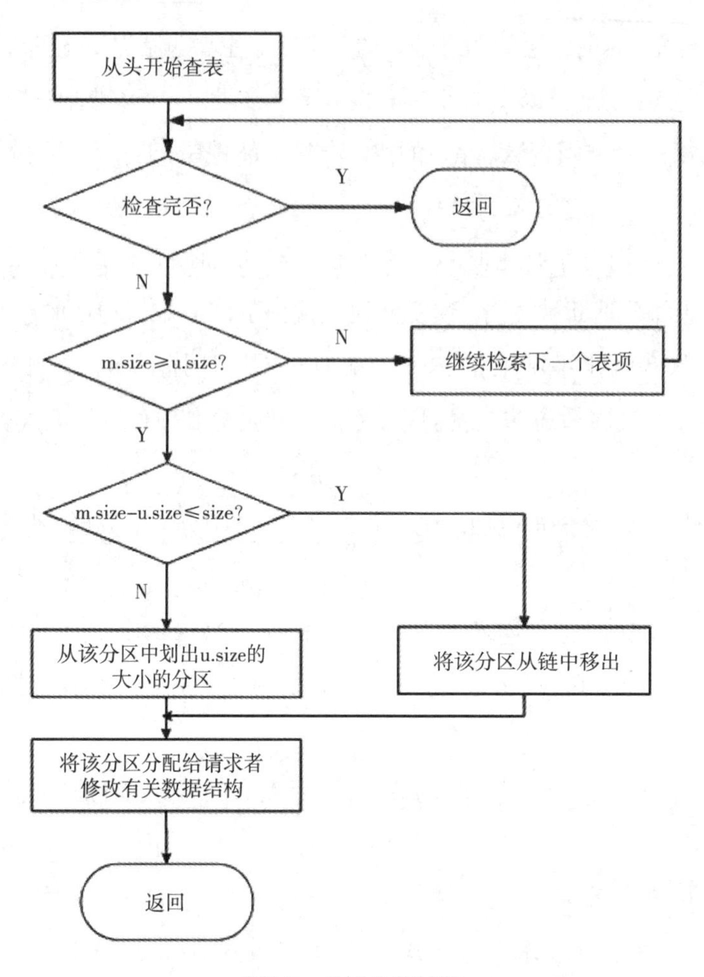

图3.5　分区分配过程

B. 内存回收过程

当进程运行终止时，势必引起内存的释放，系统根据回收区的首址，从空闲区链（表）中找到相应的插入点，此时可能出现以下四种情况之一：

- 回收区与插入点前一个分区相连接。如图3.6（a）所示，此时应将回收区与插入点的前一分区合并，不必为回收分区分配新表项，而只需修改其前一分区F1的大小。
- 回收区与插入点后一个分区相连接。如图3.6（b），此时也可将两分区合并，形成新的空闲分区，但用回收区的首址作为新空闲区的首址，大小为两者之和。
- 回收区与插入点前、后两个分区相连接。如图3.6（c）。此时将三个分区合并，使用F1的表项和F1的首址，取消F2的表项，大小为三者之和。
- 孤立回收区。此时应为回收区单独建立一新表项，填写回收区的首址和大小，并根据其首址插入到空闲链中的适当位置。

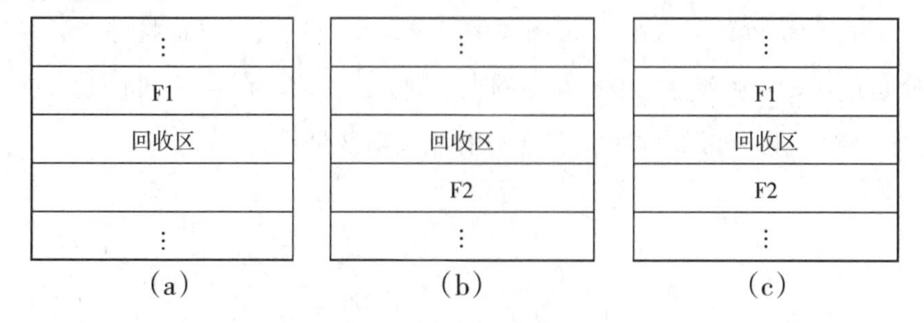

图3.6　内存回收时的情况

④ 动态分区分配的优缺点

优点： 实现了多道程序共用主存（共用是指多进程同时存在于主存中的不同位置）；管理方案相对简单，不需要更多开销；实现存储保护的手段比较简单。

缺点： 主存利用不够充分，存在外部碎片；无法实现多进程共享存储器信息（共享是指多进程都使用同一个主存段）；无法实现主存的扩充，进程地址空间受实际存储空间的限制。

（4）可重定位分区分配

在连续分配方式中，随分配过程的不断进行，内存中肯定会产生一些尺寸较小的自由分区，称为零头或碎片。为解决该问题，提出了动态重定位分区分配方式。为解决碎片问题，就必须将部分作业在内存中移动，以便空出较大的自由分区，这个过程称为“拼接”或“紧凑”，如图3.7所示。

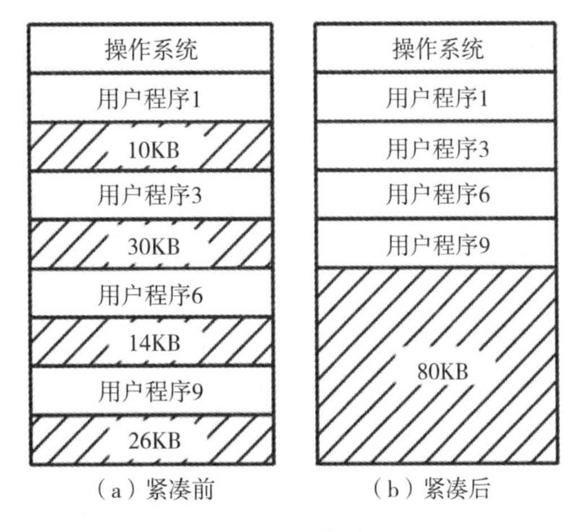

图3.7 紧凑过程

动态重定位分区分配算法与动态分区分配算法基本相同，两者的差别仅在于：在这种分配算法增加了拼接功能，通常是在找不到足够大的空闲分区来满足作业要求，而系统中空闲分区容量总和大于作业要求时进行拼接，具体的算法实现过程如图3.8所示。

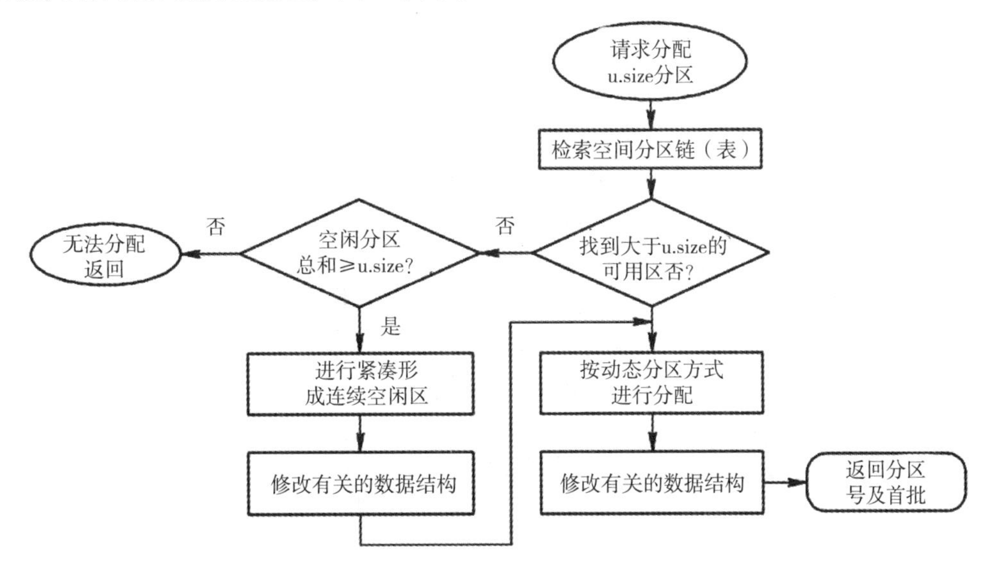

图3.8 动态重定位分区分配算法实现过程

3.2.4 非连续分配管理方式

非连续分配管理方式允许一个程序分散地装入到不相邻的内存分区中，系统根据分区的大小是否固定分为分页存储管理方式和分段存储管理方式。其中分页存储管理方式中，又根据运行作业时是否要把作业的所有页面都装入内存才能运行，分为基本分页存储管理方式和请求分页存储管理方式。

（1）分页存储管理方式

① 基本概念

A. 页面和物理块。分页存储管理是将一个进程的逻辑地址空间分成若干个大小相等的块，称为页面或页，并为各页从0开始加以编号。相应地，内存空间也被分成若干个与页面相同大小的存储块，称为（物理）块或页框，同样也为它们加以编号。在为进程分配内存时，以块为单位将进程中的若干个页分别装入到多个可以不相邻接的物理块中。由于进程的最后一页经常装不满一块而形成了不可利用的碎片，称之为“页内碎片”。

B. 页面大小。在分页系统中的页面大小应适中，且页面大小应是2的幂，通常为512B~8KB。

C. 地址结构。分页管理系统的地址结构如图3.9所示。

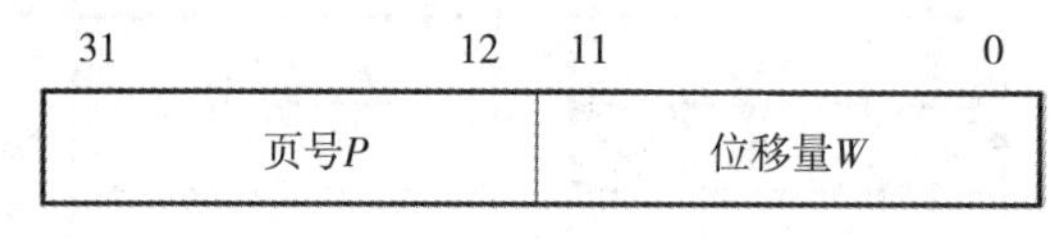

图3.9 地址结构

若给定一个逻辑地址空间中的地址为A，页面的大小为L，则页号P和页内地址W可按着公式$P=\text{INT}\left[\frac{A}{L}\right]$，$W=[A]\%L$求得。

D. 页表。为了便于在内存中找到进程的每个页面所对应的物理块，系统为每个进程建立一张页表，它记录页面在内存中对应的物理块号，页表一般存放在内存中。页表是由页表项组成的，考生不要混淆页表项与地址结构，页表项与地址结构都由两部分构成，而且二者第一部分都是页号，但页表项的第二部分是物理内存中的块号，而地址结构的第二部分是页内偏移；页表项的第二部分与地址结构的第二部分共同组成物理地址。

页表的作用是实现从逻辑页号到物理块号的地址映射，在配置页表后，进程执行时，首先根据地址结构的页号，查找页表，找到与页号相同的页表项对应的物理块号，再加上地址结构的页内地址（偏移量）即可得到物理地址，如图3.10所示。

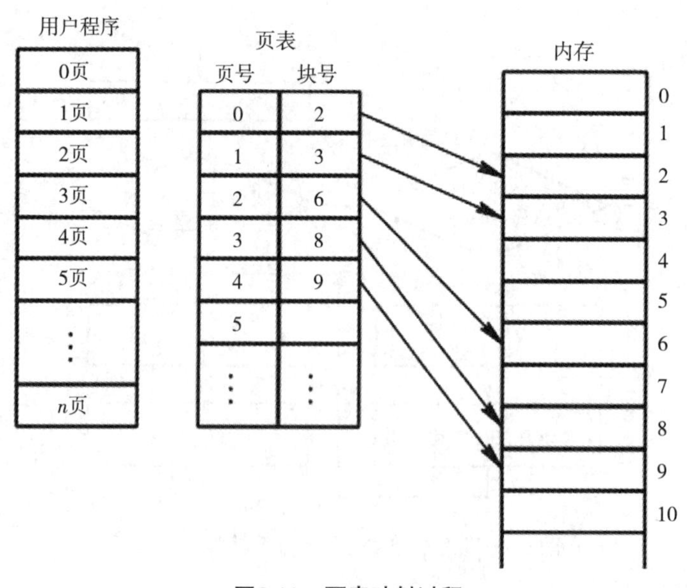

图3.10 页表映射过程

② 地址变换机构。用户地址空间中的逻辑地址要转换为内存空间中的物理地址，则在系统中必须设置地址变换机构，其主要任务就是实现从逻辑地址到物理地址的转换。根据页内地址和物理地址对应关系，完成逻辑地址到物理地址的转换，实际上就是完成逻辑页号转换为物理块号的过程。此任务要借助页表来完成。

地址变换机构如图3.11所示。在系统中通常设置一个页表寄存器（PTR），存放页表在内存的始址F和页表长度M。当进程未执行时，页表的始址和长度存放在进程控制块中；当进程执行时，才将页表始址和长度存入页表寄存器。假设页面大小为L，逻辑地址A到物理地址E的变换过程如下（逻辑地址、页号、每页的长度都是十进制数）：

A. 求出页号P（$P=[A/L]$）和页内偏移量W（$W=A\%L$）。

B. 比较页号P和页表长度M，若$P \geq M$，则产生越界中断，否则继续执行。

C. 表中页号P对应的页表项地址=页表始址F+页号$P\times$页表项长度。取出该页表项内容b，即为物理块号。要注意区分页表长度和页表项长度。页表长度的值是指一共有多少页，页表项长度是指页地址占多大的存储空间。

计算$E=b\times L+W$，用得到的物理地址E去访问内存。

以上整个地址变换过程均是由硬件自动完成的。例如，若页面大小L为1KB，页号3对应的物理块为b=7，计算逻辑地址A=3500的物理地址E的过程如下：P=3500/1K=3，W=3500%1K=428，查找得到页号3对应的物理块的块号为7，E=7×1024+428=7596。

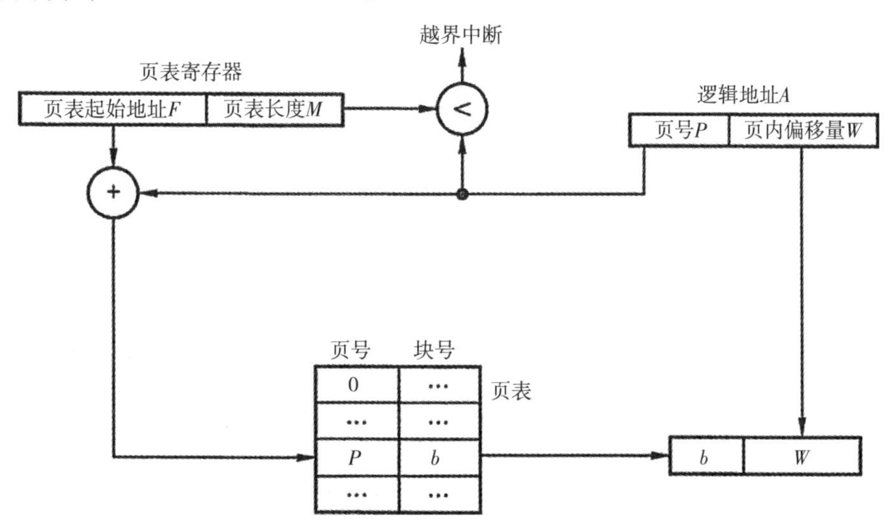

图3.11 分页系统基本的地址变换机构

分页管理方式存在的两个显著问题：

A. 因为页表存放在内存中，每次进程执行至少要两次访问内存，第一次访存实现页表内容的访问，第二次根据逻辑地址转换的物理地址，进行数据或指令访问。因此数据访问速度受到一定的限制。

B. 每个进程引入了页表，因为页表常驻内存，用于存储映射机制，页表不能太大，否则内存利用率会降低。

③ 快表的地址变换机构

为解决基本地址变换结构存在的问题，在地址变换机构中增设了一个具有并行查找能力的高速缓冲存储器——快表相联寄存器（TLB），用来存放当前访问的若干页表项，以加速地址变换的过程。与此对应，主存中的页表也常称为慢表。快表的地址变换机构如图3.12所示。其地址变换过程如下：

A. CPU给出逻辑地址后，由硬件进行地址转换并将页号送入高速缓存寄存器，并将此页号与快表中的所有页号进行比较。

B. 如果找到匹配的页号，说明所要访问的页表项在快表中，则直接从中取出该页对应的块号，与页内偏移量拼接形成物理地址。这样，存取数据仅一次访存便可实现。

C. 如果没有找到，则需要访问主存中的页表，在读出页表项后，应同时将其存入快表，以便后面可能的再次访问。但若快表已满，则必须按照一定的算法对旧的页表项进行替换。

注意： 有些处理机设计为快表和慢表同时查找，如果在快表中查找成功则终止慢表的查找。

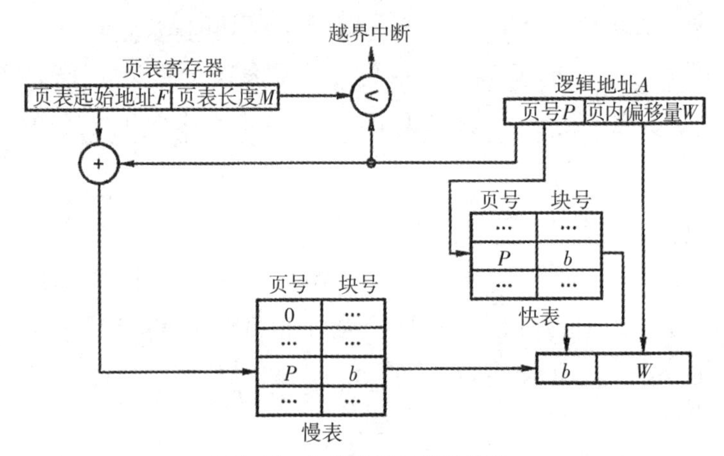

图3.12　快表的地址变换机构

④ 两级和多级页表

现代的大多数计算机系统都支持非常大的逻辑地址空间（2^{32}~2^{64}）。在这样的环境下，页表就变得非常大，要占用相当大的内存空间，而且还要求是连续的。可以采用两种方法来解决这一问题：① 采用离散分配方式来解决难以找到一块连续的大内存空间的问题；② 只将当前需要的部分页表项调入内存，其余的页表项仍驻留在磁盘上，需要时再调入。为此我们引入两级和多级页表的概念。其中两级地址结构如图3.12所示。如图3.13、3.14、3.15所示，两级页表地址转换过程如下：

A. 首先根据逻辑地址的外表页号找到外部页表在内存的位置。

B. 然后根据外部页表+外部页内地址算出页表在内存的位置，并判断页表是否在内存中，如果在，访问页表；否则把要访问的页表调入内存。

C. 根据逻辑地址和页表算出物理位置。

D. 最后进程到实际物理地址进行运行。

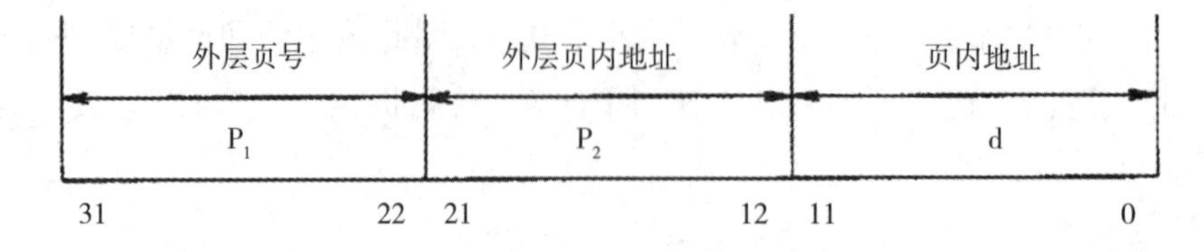

图3.13　两级地址结构

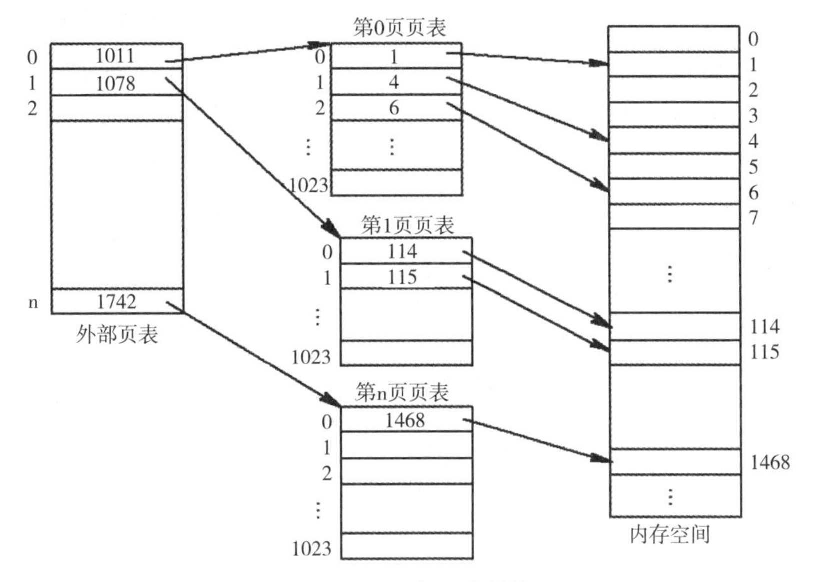

图3.14 两级页表结构

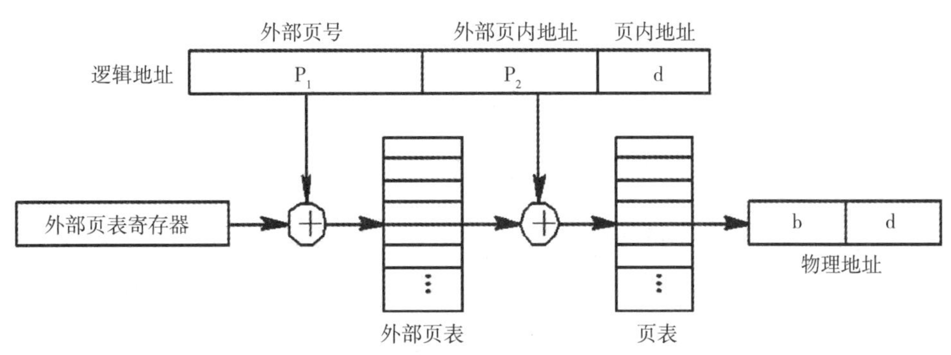

图3.15 具有两级页表的地址变换机构

（2）分段存储管理方式

分页管理方式是从计算机内存分配的角度考虑，以提高内存的利用率、计算机的性能，而加入地址转换结构等硬件机制，其实过程对用户是完全透明的。但在页管理方式中程序的保护和共享很难实现。分段存储管理以段为单位，符合程序员编程特点，使程序员编程方便、信息保护和共享易于实现，段表长度可以动态增长、动态连接。

① 分段。段式管理方式按照用户进程中的自然段划分逻辑空间。例如，用户进程由主程序、两个子程序、栈和一段数据组成，于是可以把这个用户进程划分为5段，每段从0开始编址，并分配一段连续的地址空间（段内要求连续，段间不要求连续，因此整个作业的地址空间是二维的），其逻辑地址由段号S与段内偏移量W两部分组成，如图3.16所示。

31 … 16	15 … 0
段号S	段内偏移量W

图3.16 段式管理的逻辑地址

② 段表。每个进程都有一张逻辑空间与内存空间映射的段表，其中每个段表项对应进程的一段，段表项记录该段在内存中的始址和长度，如图3.17所示。

段号	段长	本段在主存的始址

图3.17 段表结构

在配置了段表后，进程在执行时，首先通过查找段表，找到每个段所对应的内存区实现从逻辑段到物理内存区的映射，如图3.18所示。

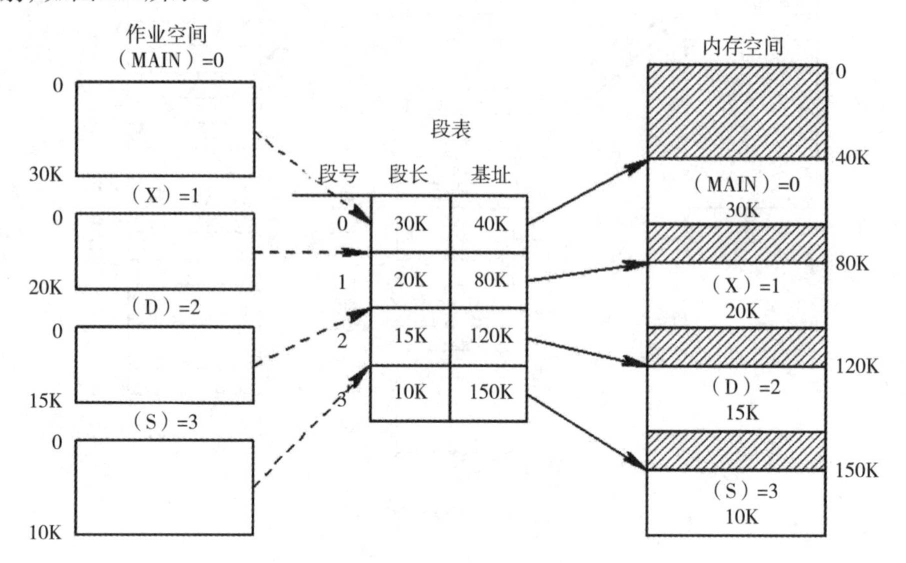

图3.18 利用段表实现地址映射

③ 地址变换机构。分段系统的地址变换过程如图3.19所示。为了实现进程从逻辑地址到物理地址的变换功能，在系统中设置了段表控制寄存器，用于存放段表始址F和段表长度M。则从逻辑地址A到物理地址E之间的地址变换过程如下：

A. 从逻辑地址A中取段号S，比较段号S和段表长度M，若$S \geq M$，则产生越界中断，否则继续执行。

B. 段表中段号S对应的段表项地址=段表始址F+段号$S \times$段表项长度，取出该段表项的段长C。若段内偏移量$\geq C$，则产生越界中断，否则继续执行。

C. 取出段表项中该段的始址b，计算$E=b+W$，用得到的物理地址E去访问内存。

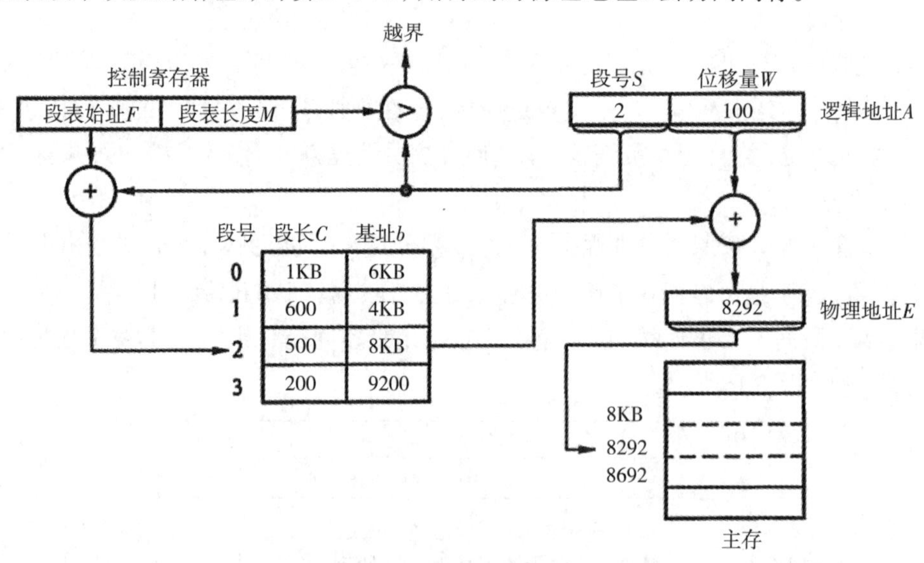

图3.19 分段系统的地址变换过程

④ 段的共享与保护。在分段系统中，段的共享是通过两个作业的段表中相应表项指向被共享的段的同一个物理副本来实现的。当一个作业正从共享段中读取数据时，必须防止另一个作业修改此共享段中的数据。不能修改的代码称为纯代码或可重入代码（它不属于临界资源），这样的代码和不能修改的数据

是可以共享的，而可修改的代码和数据则不能共享。

和分页管理类似，分段管理的保护方法主要有两种：一种是存取控制保护，另一种是地址越界保护。地址越界保护是利用段表寄存器中的段表长度与逻辑地址中的段号比较，若段号大于段表长度则产生越界中断；再利用段表项中的段长和逻辑地址中的段内位移进行比较，若段内位移大于段长，也会产生越界中断。

⑤ 分页和分段的主要区别。

A. 页是信息的物理单位，分页是由于系统管理的需要而不是用户的需要。段则是信息的逻辑单位，分段的目的是为了能更好地满足用户的需要。

B. 页的大小固定由系统决定；而段的长度却不固定，取决于用户所编写的程序。

C. 分页的作业地址空间是一维的，即单一的线性地址空间；而分段的作业地址空间则是二维的。

D. 在一个进程中，段表只有一个，而页表可能有多个。

（3）段页式存储管理方式

页式存储管理能有效地提高内存利用率，分段存储管理能反映程序的逻辑结构并有利于段的共享。段页式存储管理方式是页式和段式管理方式的结合。按程序分段，段内分页。

① 段页式系统的逻辑地址结构。在段页式系统中，作业的逻辑地址分为三部分：段号、页号和页内偏移量，如图3.20所示。

段号	页号	页内偏移量*W*

图3.20 段页式系统的逻辑地址结构

② 段页式系统的地址变换机构。段页式系统的地址变换机构如图3.21所示。为实现地址变换，系统为每个进程创建一张段表，每个分段有一张或多张页表。段表表项中至少包含段号、页表长度和页表始址，页表表项中至少包含页号和块号。此外，系统中还应有一个段表寄存器，指出作业的段表始址和段表长度（段表寄存器和页表寄存器的作用有二：一是在段表或页表中寻址；二是判断是否越界）。

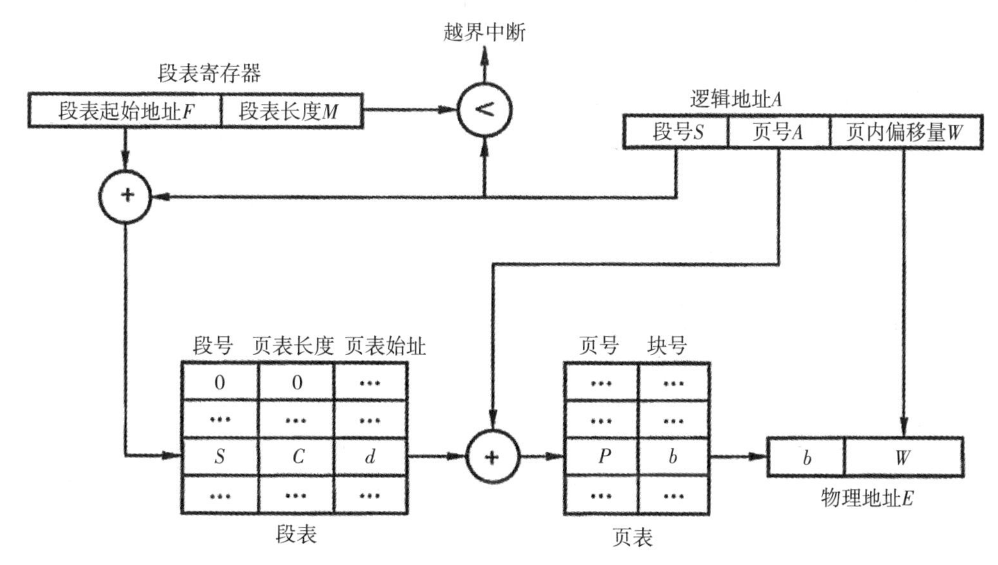

图3.21 段页式系统的地址变换机构

段页式管理方式的地址变换过程如下：

① 由逻辑地址中的段号S与段表长度M比较，如果S小于M，就继续，否则发生越界中断。

② 由段表和逻辑地址A中的页号一起查找到页表始址，首先比较页号P与页表长度C的大小，如果页号$P>C$，则发生越界中断，否则继续。

③ 最后根据页表将页号转换为内存块号，物理地址$E=b+W$。

在段页式管理方式系统中进行一次访问实际需要三次访问主存。

3.2.5 真题与习题精编

● 单项选择题

1. 在虚拟内存管理中，地址变换机构将逻辑地址变换为物理地址，形成该逻辑地址的阶段是（ ）。【全国联考2011年】

A. 编辑　B. 编译　C. 链接　D. 装载

2. 在多道程序环境中，用户程序的相对地址与装入内存后的实际物理地址不同，把相对地址转换为物理地址，这是操作系统的（ ）功能。【南京理工大学2013年】

A. 进程调度　B. 设备管理　C. 地址重定位　D. 资源管理

3. 在内存管理中，把作业地此中使用的逻辑地址转变为内存中的物理地址称为（ ）。

【南京航空航天大学2014年】

A. 链接　B. 装入　C. 重定位　D. 虚拟化

4. 某计算机按字节编址，其动态分区内存管理采用最佳适应算法，每次分配和回收内存后都对空闲分区链重新排序。当前空闲分区信息如下表所示。

分区起始地址	20K	500K	1000K	200K
分区大小	40KB	80KB	100KB	200KB

回收起始地址为60K、大小为140KB的分区后，系统中空闲分区的数量、空闲分区链第一个分区的起始地址和大小分别是（ ）。【全国联考2017年】

A. 3; 20K; 380KB　　B. 3; 500K; 80KB

C. 4; 20K; 180KB　　D. 4; 500K; 80KB

5. 某进程的段表内容如下表所示。

段号	段长	内存起始地址	权限	状态
0	100	6000	只读	在内存
1	200	——	读写	不在内存
2	300	4000	读写	在内存

当访问段号为2、段内存地址为400的逻辑地址时，进行地址转换的结果是（ ）。

【全国联考2016年】

A. 段缺失异常　　B. 得到内存地址4400

C. 越权异常　　D. 越界异常

6. 下列措施中，能加快虚实地址转换的是（ ）。【全国联考2014年】

Ⅰ. 增大快表（TLB）容量　Ⅱ. 让页表常驻内存　Ⅲ. 增大交换区（swap）

A. 仅Ⅰ　B. 仅Ⅱ　C. 仅Ⅰ、Ⅱ　D. 仅Ⅱ、Ⅲ

7. 下列选项中，属于多级页表优点的是（　）。【全国联考2014年】

A. 加快地址变换速度　B. 减少缺页中断次数

C. 减少页表项所占字节数　D. 减少页表所占的连续内存空间

8. 某基于动态分区存储管理的计算机，其主存容量为55MB（初始为空闲），采用最佳适配（BestFit）算法，分配和释放的顺序：分配15MB、分配30MB、释放15MB、分配8MB、分配6MB。此时主存中最大空闲分区的大小是（　）。【全国联考2010年】

A. 7MB　B. 9MB　C. 10MB　D. 15MB

9. 某计算机采用二级页表的分页存储管理方式，按照字节编址，页大小为2^{10}字节，页表项大小为2字节，逻辑地址结构为

页目录号	页号	页内偏移量

逻辑地址空间大小2^{16}页，则表示整个逻辑地址空间的页目录表中包含表项的个数至少（　）。

A. 64　B. 128　C. 256　D. 512

10. 下列选项中，支持文件长度可变、随机访问的磁盘存储空间分配方式是（　）。【全国联考2009年】

A. 索引分配　B. 链接分配　C. 连续分配　D. 动态分区分配

11. 下列选项中，不会影响系统缺页率的是（　）。【全国联考2022年】

A. 页置换算法　B. 工作集的大小

C. 进程的数量　D. 页缓冲队列的长度

12. 在段页式存储管理系统中，地址映射表是（　）。【电子科技大学2014年】

A. 每个进程一张段表，一张页表

B. 每个进程一张段表，每段一张页表

C. 每个进程的每段一张段表，一张页表

D. 每个进程的每个段一张段表，每张页表

13. 分页系统中的页面为（　）。【电子科技大学2015年】

A. 用户所感知　B. 操作系统所感知

C. 程序所感知　D. 连接，装载程序所感知

14. 在可变分区存储管理方案中，硬件需要一对专用寄存器实现重定位，（　）用于实现越界判断。【南京理工大学2013年】

A. 物理地址寄存器　B. 基地址寄存器

C. 界限地址寄存器　D. 逻辑地址寄存器

15. 分区分配管理要求对每一个作业都分配（　）的内存单元。【南京理工大学2013年】

A. 地址连续　B. 若干地址不连续

C. 若干连续的帧　D. 若干不连续的帧

16. 在内存管理中，内存利用率高且保护和共享容易的是（　）方式。【南京航空航天大学2014年】

A. 分区管理　B. 分页管理　C. 分段管理　D. 段页式管理

17. 在分段管理中，（　）。【南京航空航天大学2017年】

A. 以段为单位分配，每段是一个连续存储区

B. 段与段之间必定不连续

C. 段与段之间必定连续

D. 每段是等长的

18. 在动态分区分配方案中，某一作业完成后，系统收回其主存空间，并与相邻空闲区合并，为此需修改空闲区表，造成空闲区数减的情况是（　）。【广东工业大学2017年】

A. 无上邻空闲区，也无下邻空闲区　　B. 有上邻空闲区，但无下邻空闲区

C. 有下邻空闲区，但无上邻空闲区　　D. 有上邻空闲区，也有下邻空闲区

19. 在可变分区管理方式下，若把空闲区按长度递增次序登记在空闲区表中，则对（　）分配算法是最方便的。【桂林电子科技大学2015年】

A. 最优适应　　B. 最先适应　　C. 最坏适应　　D. 最后适应

20. 在页式存储管理系统中，页表内容见下表。

页号	块号
0	2
1	1
2	6
3	3
4	7

若页的大小为4KB，用地址转换机构将逻辑地址0转换为物理地址是（　）。【中国计量大学2017年】

A. 8192　　B. 4096　　C. 2048　　D. 1024

21. 采用（　）不会产生内部碎片。【中国计量大学2016年】

A. 分页式存储管理　　B. 分段式存储管理

C. 固定分区式存储管理　　D. 虚拟分页存储管理

22. 采用动态重定位方式装入作业，在执行中允许（　）将其移走。【中国计量大学2017年】

A. 用户有条件的　　B. 用户无条件的

C. 操作系统有条件的　　D. 操作系统无条件的

23. 在分段存储管理系统中，用共享段表描述所有被共享的段。若进程P1和P2共享段S，下列叙述中，错误的是（　）。【全国联考2019年】

A. 在物理内存中仅保存一份段S的内容

B. 段S在P1和P2中应该具有相同的段号

C. P1和P2共享段S在共享段表中的段表项

D. P1和P2都不再使用段S时才回收段S所占的内存空间

24. 某计算机主存按字节编址，采用二级分页存储管理，地址结构见下表。

页目录号（10位）	页号（10位）	页内偏移量（12位）

虚拟地址20501225H对应的页目录号、页号分别是（　）。【全国联考2019年】

A. 081H、101H　　B. 081H、401H　　C. 201H、101H　　D. 201H、401H

25. 在下列动态分区分配算法中，最容易产生内存碎片的是（　）。【全国联考2019年】

A. 首次适应算法　　B. 最坏适应算法

C. 最佳适应算法　　D. 循环首次适应算法

26. 页面置换算法中,( )不是基于程序执行的局部性理论。

A. 先进先出调度算法　　B. LRU

C. LFU　　D. 最近最不常用调度算法

27. 段式存储管理中,处理零头问题可采用( )方法。

A. 重定位　　B. 拼接　　C. Spooling技术　　D. 覆盖技术

28. 内存保护需要由( )完成,以保证进程空间不被非法访问。

A. 操作系统　　B. 硬件机构

C. 操作系统和硬件机构合作　　D. 操作系统或者硬件机构独立完成

29. 在使用交换技术时,若一个进程正在( ),则不能交换出主存。

A. 创建　　B. I/O操作　　C. 处于临界段　　D. 死锁

30. 存储管理方案中,( )可采用覆盖技术。

A. 单一连续存储管理　　B. 可变分区存储管理

C. 段式存储管理　　D. 段页式存储管理

31. 动态重定位是在作业的( )中进行的。

A. 编译过程　　B. 装入过程　　C. 链接过程　　D. 执行过程

32. 下面的存储管理方案中,( )方式可以采用静态重定位。

A. 固定分区　　B. 可变分区　　C. 页式　　D. 段式

33. 对重定位存储管理方式,应( )。

A. 在整个系统中设置一个重定位寄存器

B. 为每道程序设置一个重定位寄存器

C. 为每道程序设置两个重定位寄存器

D. 为每道程序和数据都设置一个重定位寄存器

34. 以下存储管理方式中,会产生内部碎片的是( )。

Ⅰ. 分段虚拟存储管理　　Ⅱ. 分页虚拟存储管理

Ⅲ. 段页式分区管理　　Ⅳ. 固定式分区管理

A. Ⅰ、Ⅱ、Ⅲ　　B. Ⅲ、Ⅳ　　C. 仅Ⅱ　　D. Ⅱ、Ⅲ、Ⅳ

● 简答题

1. 在分页存储管理系统中,页表的主要作用是什么?现代大多数计算机系统都支持非常大的地址空间(2^{32}~2^{64}),这给页表设计带来了什么样的新问题?应如何解决?【电子科技大学2014年】

2. 简述在具有快表的请求分页系统中,将逻辑地址变换为物理地址的完整过程。【南京理工大学2013年】

3. 在分区、分页、分段和段页式存储管理系统中,为什么说段页式存储管理系统的时间开销和空间开销最大?【燕山大学2015年】

4. 比较分段和分页两种内存管理机制的不同。【浙江工商大学2017年】

5. 动态分区分配的空闲分区的分配策略有哪些?优缺点是什么?

6. 在存储器管理中什么是重定位?为什么要引进重定位技术?

● 综合应用题

1. 某计算机采用页式虚拟存储管理方式，按字节编址，虚拟地址为32位，物理地址为24位，页大小为8KB；TLB采用全相联映射；Cache数据区大小为64KB，按二路组相联方式组织，主存块大小为64B。存储访问过程的示意图如下所示。

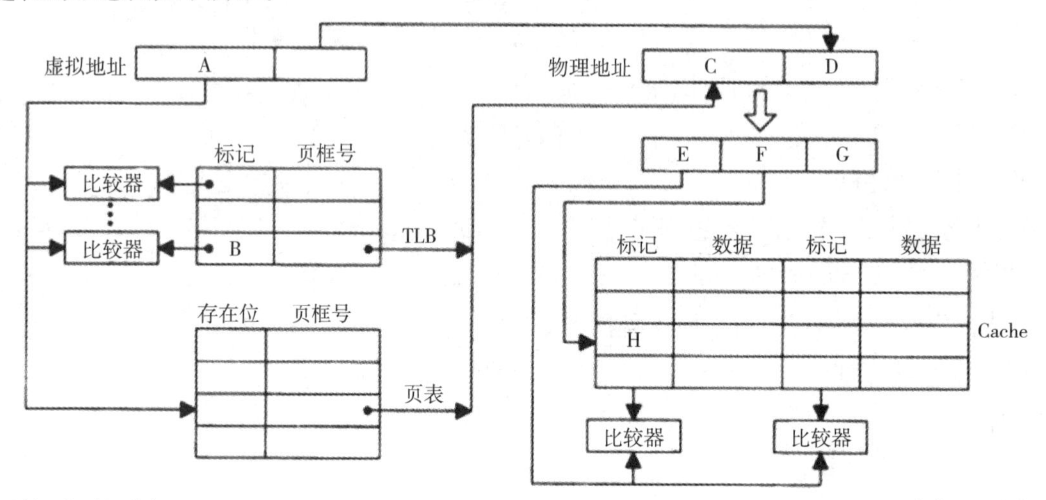

请回答下列问题。【全国联考2016年】

（1）图中字段A~G的位数各是多少？TLB标记字段B中存放的是什么信息？

（2）将块号为4099的主存块装入到Cache中时，所映射的Cache组号是多少？对应的H字段内容是什么？

（3）Cache缺失处理的时间开销大还是缺页处理的时间开销大？为什么？

2. 某计算机系统按字节编址，采用二级页表的分页存储管理方式，虚拟地址格式见下表：

页目录号（10位）	页表索引（10位）	页内偏移量（12位）

请回答下列问题。【全国联考2015年】

（1）页和页框的大小各为多少字节，进程的虚拟地址空间大小为多少页？

（2）假定页目录项和页表项均占4个字节，则进程的页目录和页表共占多少页？要求写出计算过程。

（3）若某指令周期内访问的虚拟地址为01000000H和01112048H，则进行地址转换时共访问多少个二级页表？要求说明理由。

3. 某计算机主存按字节编址，逻辑地址和物理地址都是32位，页表项大小为4字节。请回答下列问题。【全国联考2013年】

（1）若使用一级页表的分页存储管理方式，逻辑地址结构为：

页号（10位）	页内偏移量（12位）

则页的大小是多少字节？页表最大占用多少字节？

（2）若使用二级页表的分页存储管理方式，逻辑地址结构为：

页目录号（10位）	页表索引（10位）	页内偏移量（12位）

设逻辑地址为LA，请分别给出其对应的页目录号和页表索引的表达式。

（3）采用（1）中的分页存储管理方式，一个代码段起始逻辑地址为00008000H，其长度为8KB，被装载到从物理地址00900000H开始的连续主存空间中。页表从主存00200000H开始的物理地址处连续存放，如下图所示（地址大小自下向上递增）。请计算出该代码段对应的两个页表项的物理地址、这两个页表项中的页框号以及代码页面2的起始物理地址。

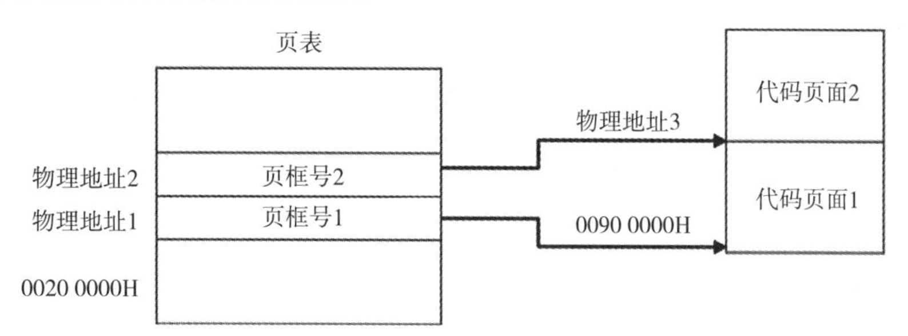

4. 某系统采用动态分区分配方式管理内存，内存空间为640K，低端40K用来存放操作系统。系统为用户作业分配空间时，从低地址区开始分配。对下列作业请求序列，画图表示使用首次适应算法进行内存分配和回收后，内存的最终映像图。【南京理工大学2013年】

作业请求序列：

作业1申请200K、作业2申请70K、作业3申请150K、作业2释放70K、作业4申请80K、作业3释放150K、作业5申请100K、作业6申请60K、作业7申请50K、作业6释放60K。

5. 假设当前在处理器上执行的进程的页表如下，所有数字为十进制数，每一项都是从0开始计数的，并且所有的地址都是存储器字节地址。页的大小为1024个字节。【广东工业大学2017年】

（1）正确地描述CPU产生的虚拟地址通常是如何转化成一个物理主存地址的。

（2）下列虚地址对应于哪个物理地址（缺页时暂不处理）？

（i）1052　　（ii）2221　　（iii）5499

虚页号	有效位	访问位	修改位	页帧号
0	1	1	0	4
1	1	1	1	7
2	0	0	0	-
3	1	0	0	2
4	0	0	0	-
5	1	0	1	0

6. 某计算机M采用二级分页虚拟存储管理方式，虚拟地址格式为：

页目录号（10位）	页表索引（10位）	页内偏移量（12位）

已知$f(n)=\sum_{i=0}^{n} 2^i = 2^{n+1}-1 = 11\cdots1113$，计算$f(n)$的C语言函数$f1$如下：

```
1 int f1(unsigned n)
2 {        int sum=1, power=1;
3          for (unsigned i=0; i<=n-1; i++)
4          {        power*=2;
5                   sum+=power;
6          }
7          return sum;
8 }
```

在按字节编址的计算机M上，$f1$的部分源程序与对应的机器级代码（包括指令的虚拟地址）如下：

```
    int fl(unsigned n)
1   00401020   55              push ebp
    ......     ...             ......
       for(unsigned i=0; i<=n-1; i++)
    ......     ...             ......
20  0040105E   39 4D F4    cmp dword ptr[ebq-0Ch],ecx
    ......     ...             ......
    {   power *= 2;
  ......       ...             ......
23  00401066   D1 E2           shl edx,1
  ......       ...             ......
       return sum;
  ......       ...             ......
35    0040107F C3           ret
      }
```

其中，机器级代码行包括行号、虚拟地址、机器指令和汇编指令。

请针对函数fl和机器指令代码，回答下列问题。【全国联考2017年】

（1）函数f1的机器指令代码占多少页？

（2）取第1条指令（pushebp）时，若在进行地址变换的过程中需要访问内存中的页目录和页表，则会分别访问它们各自的第几个表项（编号从0开始）？

6. M的I/O采用中断控制方式。若进程P在调用f1之前通过scanf()获取*n*的值，则在执行scanf()的过程中，进程P的状态会如何变化？CPU是否会进入内核态？

3.2.6 答案精解

● 单项选择题

1.【答案】C

【精解】本题考查的知识点是内存管理基础——程序的编译、链接与装入。编译后的模块需要经过链接才能装载，而链接后形成的地址才是整个程序的逻辑地址。故选C。

2.【答案】C

【精解】本题考查的知识点是内存管理基础——连续分配管理。地址重定位功能是将用户程序的相对地址转换成物理地址。故选C。

3.【答案】C

【精解】本题考查的知识点是内存管理基础——连续分配管理。重定位的作用是将程序的逻辑地址转换成物理地址。故选C。

4.【答案】B

【精解】本题考查的知识点是内存管理基础——分区分配策略。当前系统中共有4块空闲分区，分别是20K~200K之间的40K空闲区，200KB~500KB之间的200K空闲区，500KB~1000KB之间的80K空闲区和1000KB开始的100K空闲区。当系统回收了起始地址为60KB的140K大小的分区后，正好与原有的第1块40K的空闲区和第4块200K的空闲区合并，变为一个380K的大空闲区，故回收分区后的系统变为3块空闲分区。由于系统采用最佳适应算法分配内存，并且每次回收内存后对空闲区链重新分配，故当前最小的空闲分区80K被排在了第一位，对应的起始地址是500K。故选B。

5.【答案】D

【精解】本题考查的知识点是内存管理基础——分段管理方式。段号为2的段长度是300，小于段内存地址为400的逻辑地址，故将发生越界异常。故选D。

6.【答案】C

【精解】本题考查的知识点是内存管理基础——基本分页管理方式。快表是为了提高地址变换速度而引入的特殊高速缓冲寄存器，增加快表的容量可以把更多表项装入快表，提高了地址的转换速率；让页表常驻内存可省去很多磁盘调入的操作，也可以增快地址转换速率；增大交换区与地址转换速率无关。故选C。

7.【答案】D

【精解】本题考查的知识点是内存管理基础——基本分页管理方式。采用多级块表主要是为了解决存储空间没有更多的连续空间，因为多级块表，就要多次访存，增加了查表时间，不能提高地址转换速度，并且如果访问过程中多级页表都不在内存中，会增加缺页次数。多级页表能够减少页表占用的连续空间，但不会减少页表项所占的字数。故选D。

8.【答案】B

【精解】本题考查的知识点是内存管理基础——分区分配策略。最佳适配算法的思想是把既能满足要求，又是最小空闲区的分区分配给作业。本题中，分配15MB后主存中的最大容量为40MB，继续分配30MB，释放15MB后系统中有两块空闲区，分别是刚释放的15MB和前两次分配剩下的10MB。8MB将分配给10MB空闲区，剩余2MB，6MB将分配给15MB空闲区，剩余9MB，故此时主存中的最大空闲分区是9MB。故选B。

9.【答案】B

【精解】本题考查的知识点是内存管理基础——基本分页管理方式。页的大小为2^{10}B，页表项大小为2B，一页可以存放$2^{10}/2=2^{9}$个页表项，逻辑地址空间共有2^{16}个页，需要2^{16}个页表项，所以需要$2^{16}/2^{9}=2^{7}$个页表项。故选B。

10.【答案】A

【精解】链接分配不能支持随机访问，B错误。连续分配不支持可变文件长度，C错误。动态分区分配是内存管理方式非磁盘空间管理方式，D错误。

11.【答案】D

【精解】页面置换算法选择不当，导致缺页次数变多，影响缺页率；工作集的大小、进程的数量都会影响进程执行过程中的缺页次数；页缓存则是为提高文件读写效率而设置的。因此，选项D正确。

12.【答案】B

【精解】本题考查的知识点是内存管理基础——页式存储管理方式。页式存储管理的特征是等分内存，解决外部碎片问题。段式存储管理的特征是逻辑分段，实现共享和保护。段页式存储管理结合了上述两种管理方式的优点。系统为每个进程建立一张段表，每个段建立一个页表。故选B。

13.【答案】B

【精解】本题考查的知识点是内存管理基础——页式存储管理。内存分页管理是在硬件和操作系统的层面上实现的，对用户、编译系统、链接装载等层面均不可见。故选B。

14.【答案】C

【精解】本题考查的知识点是内存管理基础——页式存储管理方式，地址变换机构。在可变分区存储管理方案中，将程序装入内存之前，先将逻辑地址与界限地址寄存器中的上下限进行比较。如果没有发生越界，则加上重定位寄存器的值后映射成物理地址，否则将产生一个越界中断。故选C。

15.【答案】B

【精解】本题考查的知识点是内存管理基础——分区分配。分区分配方式分为固定分区分配和动态分区分配两种。无论是哪种分配方式，通常都不使用连续的地址空间，而是将内存划分为若干个分区，将程序分解，装入不同的分区当中。故选B。

16.【答案】D

【精解】本题考查的知识点是内存管理基础——非连续分配管理方式。在内存管理方式中，页式存储管理方式的优点是内存利用率高；段式管理方式的优点是能反映出程序的用户结构，便于保护和共享。段页式存储管理系统综合了两者的优点。故选D。

17.【答案】A

【精解】本题考查的知识点是内存管理基础——分段存储管理方式。在分段存储管理系统中，作业的地址空间由若干个逻辑分段组成，并且每个段都有自己的名字。分段存储管理系统中是以段为单位进行分配的，每个段分配一个地址空间。但是各段之间不要求连续，并且每个段的大小也不同。故选A。

18.【答案】D

【精解】本题考查的知识点是内存管理基础——内存回收。当只有上邻空闲区或只有下邻空闲区时，回收只是会并到上面或下面，总的空闲区不变，只会引起空闲区表中相应项的起始地址和长度发生变化。但如果上、下空闲邻区同时存在的时候，合并后两邻区变为一个，空闲区数量由2个变为1个，故空闲区减少。故选D。

19.【答案】A

【精解】本题考查的知识点是内存管理基础——分区分配策略。最优适应分配算法是把空闲分区按照长度递增的次序排列，每次为作业分配内存空间时，将满足要求的最小空闲区分配给进程；最先适应分配算法是将空闲分区按地址递增次序排列；最差适应算法是把空闲分区按照长度由大到小的次序排列。不存在最后适应分配算法。故选A。

20.【答案】A

【精解】本题考查的知识点是内存管理基础——非连续分配管理方式，页式存储管理。逻辑地址0对应的页号是0，在表中对应的块号是2。页的大小为4KB，每个页存储在一个块中，每个块的大小是4KB。第0块物理地址的范围是0~4095，第1块物理地址的范围是4096~8191，第2块物理地址的范围是8192~12287，故逻辑地址0对应的物理地址是8192。故选A。

21.【答案】B

【精解】本题考查的知识点是内存管理基础——分页存储管理方式与段式存储管理方式。分页存储管理系统不会产生外部碎片，但是会产生内部碎片。分段存储管理系统解决了分页管理方式的问题，不会产生内部碎片，但会产生外部碎片。故选B。

22.【答案】C

【精解】本题考查的知识点是内存管理基础——动态重定位。采用动态重定位方式装入作业，装入内存的作业仍然保存原来的逻辑地址，必要时可通过操作系统有条件地将其移动。故选C。

23.【答案】B

【精解】本题考查的知识点内存管理基础——段式存储管理方式。在分段系统中，段的共享是通过两个作业的段表中相应表项指向被共享的段的同一个物理副本来实现的。当一个作业正从共享段中读取数据时，必须防止另一个作业修改此共享段中的数据。所以A、C、D是正确的。B中S段不在P1、P2任何一个进程中。故选B。

24.【答案】A

【精解】本题考查的知识点是内存管理基础——页式存储管理方式。本题考查的是二级页表的结构，将逻辑地址20501225H转换为二进制：00100000010100000001001000100101，根据页表结构，页目录号和页号各占10位，则页内偏移量为225H，页目录号为081H，页号为101H。故选A。

25.【答案】C

【精解】本题考查的知识点是内存管理基础——分区分配的策略。最佳适应法是空闲分区按容量递增的方式形成分区链，当一个作业到达时，从该表中检索出第一个能满足要求的空闲分区分配给它。该方法碎片最小，如果剩余空闲分区太小，则将整个分区全部分配给它。该算法的优点是总能分配给作业最恰当的分区，并保留大的分区。但是也会导致产生很多难以利用的碎片空间。故选C。

26.【答案】A

【精解】本题考查的知识点是内存管理基础——分区分配的策略。本章分区分配策略都是基于分页存储管理方式，而先来先服务算法只是根据时间的先后顺序，与程序的局部性原理没有关系。故选A。

27.【答案】B

【精解】本题考查的知识点是内存管理基础。重定位是指逻辑地址到物理地址的一个转换过程，拼接是段式存储管理中处理碎片的方法，Spooling技术主要是后期讲的假脱机技术，提高系统的利用率，覆盖技术解决内存不足，直接覆盖暂时不用的进程。故选B。

28.【答案】C

【精解】本题考查的知识点是内存管理基础——内存管理基本概念。内存保护是内存管理的一部分，是操作系统的任务，但是出于安全性和效率考虑，必须由硬件实现，所以需要操作系统和硬件机构的合作来完成。故选C。

29.【答案】B

【精解】本题考查的知识点是内存管理基础——交换与覆盖。进程正在进行I/O操作时不能换出主存，否则其I/O数据区将被新换入的进程占用，导致错误。不过可以在操作系统中开辟I/O缓冲区，将数据从外设输入或将数据输出到外设的I/O操作在系统缓冲区中进行，这时在系统缓冲区与外设I/O时，进程交换不受限制。故选B。

30.【答案】A

【精解】本题考查的知识点是内存管理基础——交换与覆盖。覆盖技术是早期在单一连续存储管理中使用的扩大存储容量的一种技术，它同样可用于固定分区分配的存储管理。故选A。

31.【答案】D

【精解】本题考查的知识点内存管理基础——动态分区分配方式。静态装入是指在编程阶段就把物理地址计算好。可重定位是指在装入时把逻辑地址转换成物理地址，但装入后不能改变。动态重定位是指在执行时再决定装入的地址并装入，装入后有可能会换出，所以同一个模块在内存中的物理地址是可能改变的，在动态重定位中，当作业运行执行到一条访存指令时，再把逻辑地址转换为主存中的物理地址，实际中是通过硬件地址转换机制实现的。故选D。

32.【答案】A

【精解】本题考查的知识点是内存管理基础——连续分配管理方式。固定分区方式中，作业装入后位置不再改变，可以采用静态重定位。其余三种管理方案均可能在运行过程中改变程序位置，静态重定位不能满足其要求。故选A。

33.【答案】A

【精解】本题考查的知识点是内存管理基础——页式存储管理方式。为使地址转换不影响到指令的执行速度，必须有硬件地址变换结构的支持，即需在系统中增设一个重定位寄存器，用它来存放程序（数据）在内存中的始址。在执行程序或访问数据时，真正访问的内存地址由相对地址与重定位寄存器中的地址相加而成，这时将始址存入重定位寄存器，之后的地址访问即可通过硬件变换实现。因为系统处理器在同一时刻只能执行一条指令或访问数据，所以为每道程序（数据）设置一个寄存器没有必要（同时也不现实，因为寄存器是很昂贵的硬件，而且程序的道数是无法预估的），而只需在切换程序执行时重置寄存器内容。故选A。

34.【答案】D

【精解】本题考查的知识点是内存管理基础——非连续分配管理方式。只要是固定的分配就会产生内部碎片，其余的都会产生外部碎片。若固定和不固定同时存在时（例如段页式），则仍视为固定。分段虚拟存储管理：每段的长度都不一样（对应不固），所以会产生外部碎片。分页虚拟存储管理：每页的长度都一样（对应固定），所以会产生内部碎片。段页式分区管理：既有固定，又有不固定，以固定为主，所以会有内部碎片；固定式分区管理：很明显固定，会产生内部碎片。综上分析，Ⅱ、Ⅲ、Ⅳ选项会产生内部碎片。故选D。

● 简答题

1.【考点】页式存储管理方式。

【参考答案】引入页表的目的是为了便于在内存中快速找到每个页面对应的物理块号，同时为每一个进程都建立一张页表，页表中记录进程在内存中的物理块号，页表通常保存在内存当中。

现代大多数计算机系统都支持非常大的逻辑地址空间。在这种情况下，页表就会变得非常大，要占用很大的内存空间。可以采用以下两种方法解决这个问题：

（1）采用离散分配方式来解决难以找到一块连续的内存空间的问题。

（2）只将当前需要的部分页表项调入内存，其余的页表项驻留在磁盘上，等到需要时，再调入内存。

2.【考点】页式存储管理方式中的地址转换机构。

【参考答案】在具有快表的请求分页系统中，将逻辑地址变换为物理地址的完整过程如下：

（1）根据逻辑地址得出页号P与页内偏移W，其中页号P=逻辑地址/页面大小，页内偏移W=逻辑地址%页面大小。

（2）先将页号与快表中的所有页号进行比对，若存在相匹配的页号，可直接读出对应块号，并与页内位移拼接得到物理地址。如果快表中没有相匹配的页号，还需要访问内存中的页表，从页表中取出物理块号，与页内位移拼接得到物理地址，然后将页表项存入快表中。

（3）得到的物理地址访问内存。

3.【考点】段页式存储管理方式。

【参考答案】段页式存储管理系统的地址变换过程需要访问内存三次，比分区、分页和分段存储管理系统访问内存的次数都要多，增加了时间开销。段页式存储管理系统虽然结合了页式存储管理系统与段式存储管理系统的优点，克服了外部碎片的问题，但是段页式存储管理系统的内部碎片比页式存储管理系统更多，增加了空间开销。

4.【考点】分页存储管理方式与分段存储管理方式的区别。

【参考答案】分页存储管理系统和分段存储管理系统的不同点如下：

（1）页是信息的物理单位，而段是信息的逻辑单位。

（2）页的目的是为了提高系统内存的利用率，分段的目的是更好地满足用户需求。

（3）页的大小是由系统决定的，且大小固定；段的长度不定，不同的段长度也不相同，是由用户编写的程序决定的。

（4）页存储管理系统中，作业的地址空间是一维的；分段存储管理系统中，作业的地址空间是二维的。

（5）分页存储管理系统中有内碎片、无外碎片，分段存储管理系统中无内碎片、有外碎片。

5.【考点】动态分区分配策略。

【参考答案】动态分区分配策略主要包括以下四种：

（1）首次适应算法FirstFit。空闲分区按地址顺序次序链接起来，每次都分配第一个。

（2）最佳适应算法BestFit。空闲分区按从小到大链接起来，每次分配最佳适应程序大小的那一个。

（3）最坏适应算法WorstFit。空闲分区按从大到小顺序链接起来，每次分配最大的空间。

（4）循环首次适应算法NextFit。基于首次适应算法，只不过下一次寻找是从上一次结束位置开始。

其中各个策略的特点为：

① FirstFit：最简单，且效果最好、最快的。缺点是内存低址部分出现很多小的分区，且每次查找都要经过这些分区。

② BestFit：实际上比较差，因为每次分配都留下难以利用的内存块，产生最多的碎片。

③ WorstFit：导致很快没有可用的大的内存块。

④ NextFit：它试图解决首次适应算法的问题，但实际上会导致在内存末尾分配空间，比首次还差。

6.【考点】连续分配管理方式，动态重定位的理解。

【参考答案】当装入程序将可执行代码装入内存时，把逻辑地址转换成物理地址的过程，叫作重定位。（一般没特殊说明，指的就是动态重定位）引入重定位的主要原因有如下四种情况：

（1）将程序分配到不连续的存储器中。

（2）只需投入部分代码即可运行。

（3）运行期间，根据代码需求动态申请内存。

（4）便于程序段的共享，可向用户提供一个比存储空间大很多的地址空间。

● 综合应用题

1.【考点】连续分配管理方式。

【参考答案】（1）页大小为8KB=2^{13}B，页内偏移地址为13位，D=13；A=B=32-13=19；C=24-13=11；主存储块大小为64B=2^6B，G=6；由于Cache数据区采用二路组相连，故每组Cache数据区容量为64B×2=128B，数据区总大小为64KB，分组数=64KB/128B=512组=2^9组，故F=9；E=24-G-F=24-6-9=9。

综上所述，A=19；B=19；C=11；D=13；E=9；F=9；G=6。

TLB中标记字段B的内容是虚页号，代表该TLB项对应哪个虚页的页表项。

（2）将块号4099转换成18位二进制地址是000001000000000011B，对应的Cache组块号为二进制地址低9位，也就是000000011B=3；对应的H字段内容为二进制地址高9位，位数不足用“0”补充，也就是000001000B。

（3）Cache缺失处理的时间开销小，缺页处理的时间开销大。因为缺页处理要访问磁盘，Cache缺失处理只需要访问内存即可。

2.【考点】连续分配管理方式。

【参考答案】（1）页和页框的大小均为2^{12}B=4KB，因为地址空间有32位，每页占12位，故进程的虚拟地址空间大小为$2^{32}/2^{12}=2^{20}$页。

（2）页目录所占页数=（$2^{10}\times4$）/2^{12}=1页，页表所占页数=（$2^{20}\times4$）/2^{12}=1024页，故页目录和页表共占1024+1=1025页。

（3）因为虚拟地址01000000H和01112048H的高10位都是4（高位不足用“0”补充），故访问的是同一个页表。

3.【考点】连续分配管理方式。

【参考答案】（1）页内偏移量是12位，故页大小=2^{12}B=4KB。页表项数=2^{32}/4KB=2^{20}页，页表最大占用字节为220B=4MB。

（2）页目录号：{[(unsignedint)(LA)]>>22}&0x3FF。

页表索引：{[(unsignedint)(LA)]>>12}&0x3FF。

（3）逻辑地址为00008000H，则其位于第8个页中，对应页表中的第8个页表项。第8个页表项的物理地址=00200000H+8×4=00200020H。进而得到：物理地址1=00200020H；物理地址2=00200024H；页框号1=00900H；页框号2=00901H；物理地址3=00901000H。

4.【考点】分区分配策略。

【参考答案】首次适应算法的思想是把空闲分区按照地址递增的顺序排成一个队列，每次为进程分配内存时都从队首开始查找，直到找到能容纳进程的分区。本题使用首次适应算法进行内存分配和回收后，内存的最终映像如下图所示：

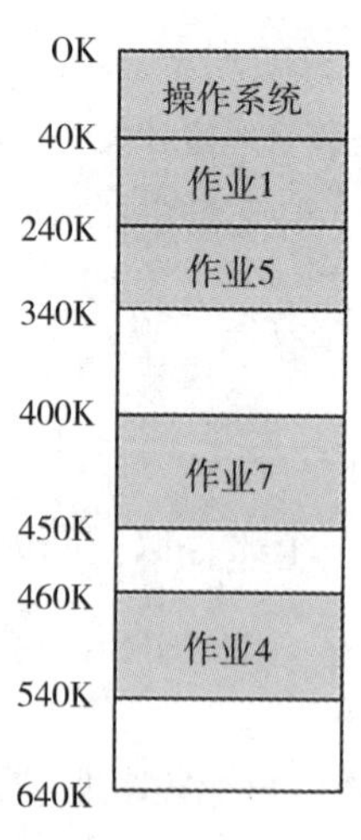

5.【考点】分页存储管理方式。

【参考答案】（1）虚地址转换成物理地址需要经过以下步骤：

① 根据逻辑地址得出页号P与页内偏移W，其中页号P=逻辑地址/页面大小，页内偏移W=逻辑地址%页面大小。

② 比较页号和页表长度，若页号大于页表长度，产生越界中断，否则转入步骤③。

③ 将页号与页表长度的乘积与页表起始地址相加，根据得到的地址到内存中取出该内存单元存放的物理块号。

④ 将物理块号b和物理块大小的乘积与页内偏移值组合成物理地址。

⑤ 用得到的物理地址访问内存。

（2）①页号=1052/1024=1，偏移量=1052%1024=28。1号页对应得页帧号是7，对应的物理地址是7×1024+28=7196。

②页号=2221/1024=2，偏移量=2221/1024=173。由于2号页不在内存中，故产生缺页中断。

③页号=5499/1024=5，偏移量=5499/1024=379。5号页对应得页帧号是0，对应的物理地址是0×1024+379=379。

6.【考点】分页存储管理方式。

【参考答案】（1）f1当中所有指令的虚拟地址高20位均相同，故fl的机器指令代码在同一页中，只占用一页。

（2）pushebp指令的虚拟地址高10位为0000000001，中间10位为0000000001，故取该指令时访问了页目录的第1个表项，对应的页表访问了第1个表项。

（3）执行scanf()的过程中，进程P因等待输入而由执行态变为阻塞态；输入结束后，P被中断处理程序唤醒，变为就绪态；P被调度程序调度，变为运行态。CPU的状态由用户态变为内核态。

3.3 虚拟内存管理

3.3.1 虚拟内存基本概念

（1）虚拟内存引入的原因

① 常规存储管理方式的特征。

● 一次性：将一个作业的全部代码一次性装入主存方能运行。当出现作业本身很大或者作业量大，内存无法满足要求时，都会导致作业无法运行。

● 驻留性：装入内存的作业在其运行完毕之前永久驻留内存。并且运行中的进程，可能会因等待I/O而被阻塞，且长期处于等待状态。

以上两个原因，可能导致内存大量的浪费，利用率低。

② 局部性原理。局部性原理体现在程序执行时将呈现出局部性规律，即在一较短的时间内，程序的执行仅局限于某个部分；相应地，它所访问的存储空间也局限于某个区域。局部性原理不但适用于程序结构，也适用于数据结构。如快表、高速缓存以及虚拟内存技术等技术，从广义上讲，这些技术都属于高速缓存技术，都依赖于局部性原理。

局部性原理具体表现为以下两个方面：

A. 时间局限性。一条指令的一次执行和下次执行，一个数据的一次访问和下次访问，都集中在一个较短的时期内。产生时间局限性的典型原因，是由于在程序中存在着大量的循环操作。

B. 空间局限性。当前指令和邻近的几条指令，当前访问的数据和邻近的数据，一般都集中在一个较小的区域内，其典型情况便是程序的顺序执行。

综合以上特点，高速缓冲技术即利用时间局部性将近来使用的指令和数据保存到高速缓存存储器中，解决CPU与内存速度不匹配的问题，提高计算机系统性能。虚拟内存技术根据空间局部建立了“内存——外存”的两级存储器的结构，实现高速缓存及内存的逻辑上的扩存。

（2）虚拟存储器的定义和特征

基于局部性原理，程序在装入时，先将程序一部分装入内存，当访问的信息不在内存时，再请求将所需的部分调入内存。如果内存已满，则利用置换功能，将内存中不用的页调出去，再将要访问的页调入。这个过程对用户来讲是完全透明的。从用户角度上讲，系统好像为用户提供了一个比内存大得多的内存空间，该技术称为虚拟存储技术。简言之，虚拟存储器就是仅把作业的一部分装入内存便可运行的存储器系统，具体说就是指具有请求调入功能和置换功能，能从逻辑上对内存容量进行扩充的一种存储器系统。

虚拟存储器的大小由计算机的地址结构决定，并非是内存和外存的简单相加。虚拟存储器有以下四个主要特征：

① 离散性。即非连续性，这是实现虚拟存储器管理技术的前提。

② 多次性。一个作业被分成多次调入内存。

③ 对换性。允许在作业运行过程中换入、换出。

④ 虚拟性。能够从逻辑上扩充内存容量。

（3）虚拟内存技术的实现方法

与内存连续分配方式相比，虚拟存储器允许将一个作业分多次调入内存。避免了因部分内存空间都处于暂时或“永久”的空闲状态而造成内存资源的浪费。为实现虚拟内存的管理，采用离散分配的内存管理方式，常用的管理策略有请求分页存储管理、请求分段存储管理、请求段页式存储管理三种方式。

虚拟存储器由内存、外存以及相应的软硬件组成，所以不管采用哪种方式管理存储器，都需要有一定的硬件支持，其中主要包括以下几个方面：

① 一定容量的内存和外存。

② 页表机制（或段表机制），作为主要的数据结构。

③ 中断机构，当用户程序要访问的部分尚未调入内存，则产生中断。

④ 地址变换机构，逻辑地址到物理地址的变换。

3.3.2 请求分页管理方式

请求分页也是建立在分页存储管理的基础之上，与基础分页系统相比，请求分页系统允许部分作业调入内存，同时为支持虚拟存储器功能增加了请求调页功能和页面置换功能。目前请求分页系统是实现虚拟存储器最常用的一种方法。

在请求分页系统中，在作业调度时，仅将部分页面装入内存，在运行过程中，陆续把即将运行的页面调入内存，同时把暂不运行的页面置换到外存。为了实现请求分页，系统必须提供一定的硬件支持。除了需要一定容量的内存及外存的计算机系统外，还需要有页表机制、缺页中断机构和地址变换机构。

（1）页表机制

与基本分页系统不同，请求分页系统在一个作业运行之前不要求全部一次性调入内存，因此在作业的运行过程中，必然会出现要访问的页面不在内存的情况，如何发现和处理这种情况是请求分页系统必须解决的两个基本问题。因此，与基本分页页表结构不同，增加了四个字段，具体结构如图3.22所示。

页号	物理块号	状态位P	访问字段A	修改位M	外存地址

图3.22　请求分页系统的页表结构

其中对新增属性作说明如下：

① 状态位P（亦称存在位）：指示该页是否调入内存。

② 访问字段A：记录一段时间内该页被访问的次数或时间。

③ 修改位M：指示该页调入内存后是否被修改过。

④ 外存地址：指示该页在外存上的地址。

（2）缺页中断机构

在请求分页系统中，若所要访问的页面不在内存时，便产生一个缺页中断，请求操作系统将所缺的页调入内存。此时应将缺页的进程阻塞（调页完成唤醒）。然后判断内存中是否存在空闲块，若存在空闲块，则分配一个块，将要调入的页装入该块，并修改页表中相应页表项，若此时内存中没有空闲块，则要淘汰某页，在淘汰之前要判断该页是否被修改过，若修改过，则需将这部分内容回写内存，否则，直接淘汰即可。

缺页中断除具备中断的一般特性外，还具有特殊性，具体内容如下：

① 在指令执行期间可以产生和处理中断信号，而非在一条指令执行完后，属于内部中断。

② 一条指令执行期间可能产生多次缺页中断。

（3）地址变换机构

请求分页系统中的地址变换机构，是在分页系统地址变换机构的基础上实现的，为实现虚拟内存，而增加了某些功能而形成的，具体过程如图3.23所示。

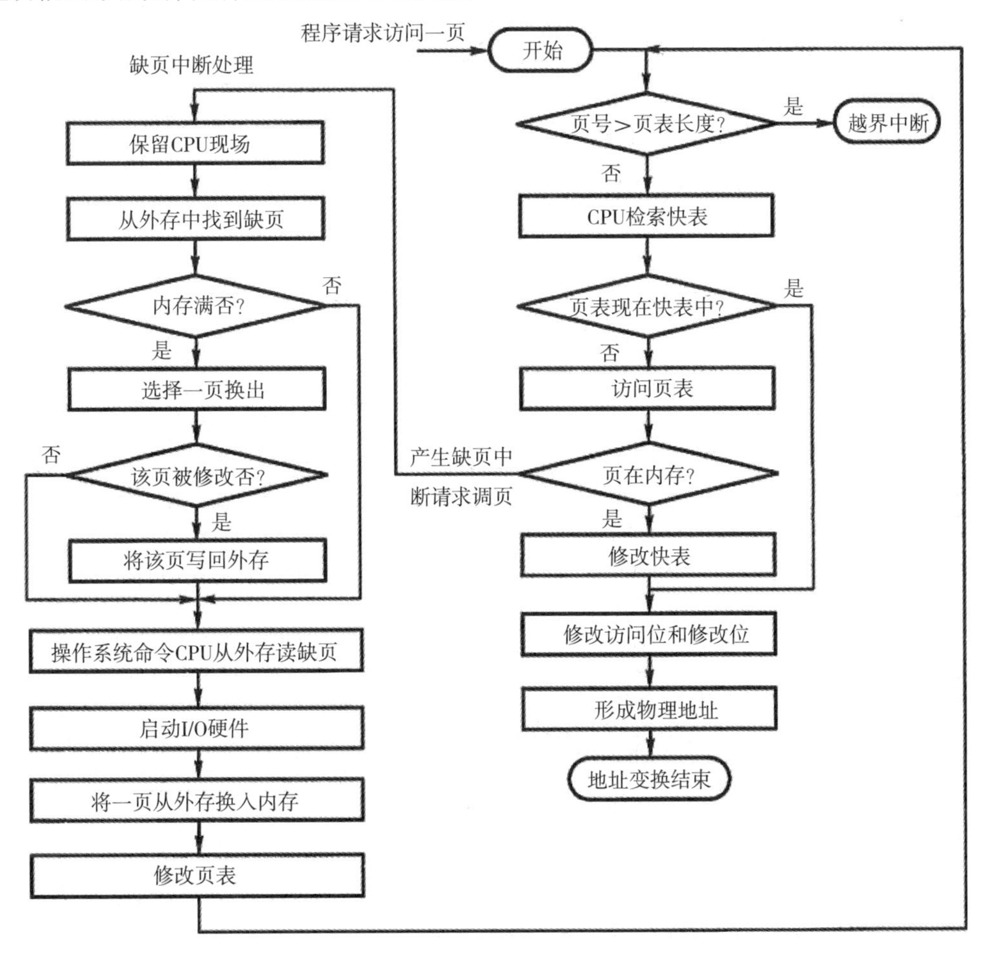

图3.23 请求分页中的地址变换过程

请求分页地址转换过程与基本分页类似，在进行地址变换时，先检索快表，若检索到访问的页，便修改页表项中的访问位（写指令则还须重置修改位），然后利用页表项中给出的物理块号和页内地址形成物理地址。若未检索到要访问的页，则到内存中去查找页表，再对比页表项中的状态位P，看该页是否已调入内存，未调入则产生缺页中断，请求从外存把该页调入内存。其中请求调页式虚拟存储器增加的功能。

3.3.3 页面置换算法

在请求分页系统中，如果进程在运行期间，其访问的页面不在内存需将其调入时，如若此时内存无空闲空间可用，则需要采用某种置换算法从内存中调出一页程序或数据，送入磁盘的对换区。常见的页面置换算法有以下四种：

（1）最佳置换算法（OPT）

最佳置换算法（OPT）是指在进行页面调出时，其所选择的被淘汰页面是以后永不再使用的，或许是在最长（未来）时间内不再被访问的页面。该算法通常可保证获得最低的缺页率，但是该算法在实际中无法实现，不过可以利用该算法评价其他页面置换算法的好坏。

【例3-1】在一个请求分页系统中，假如一个作业的页面走向为4，3，2，1，4，3，5，4，3，2，1，5，目前它还没有任何页装入内存，当分配给该作业的物理块数目M为3时，请分别计算采用OPT页面淘汰算法访问过程中所发生的缺页次数和缺页率。

因为在运行前没有任何页面装入物理块，所以4，3，2三个页面在访问时也是缺页状态，但前三个页面有空间，页面直接放入物理块。而第四个要访问的页面1，物理块中没有，这需要将被淘汰的页面调入到对换区。所以根据OPT算法，将以后永不使用的，或许是在最长（未来）时间内不再被访问的页面调出，所以此时应选择页面2调出。以此类推的过程见表3.2。

表3.2 OPT页面淘汰算法访问过程

访问页	4	3	2	1	4	3	5	4	3	2	1	5
是否缺页	√	√	√	√			√			√	√	
物理块1	4	4	4	4	4	4	4	4	4	4	4	4
物理块2		3	3	3	3	3	3	3	3	2	1	1
物理块3			2	1	1	1	5	5	5	5	5	5

由上表可知，本次作业进程共访问了12次，而缺页的次数为7次，所以缺页率应该为7/12。

（2）先进先出（FIFO）页面置换算法

先进先出（FIFO）页面置换算法的思想是每次置换都是选择最先进入内存的页面进行淘汰，即选择在内存中驻留时间最长的页进行淘汰。该算法简单，易于实现，但往往效果不太好。

如果用FIFO页面淘汰置换算法也按着【例3-1】的页面走向来访问，其访问过程见表3.3。

表3.3 FIFO页面淘汰置换算法访问过程

访问页	4	3	2	1	4	3	5	4	3	2	1	5
是否缺页	√	√	√	√	√	√	√			√	√	
物理块1	4	4	4	1	1	1	5	5	5	5	5	5
物理块2		3	3	3	4	4	4	4	4	2	2	2
物理块3			2	2	2	3	3	3	3	3	1	1

由上表可知，本次作业进程共访问了12次，而缺页的次数为9次，所以缺页率应该为9/12=3/4。

（3）最近最久未使用（LRU）置换算法

该算法采用选择最近最长时间没有被使用的页面予以淘汰，其思想是用前面的页面访问情况来预测将来访问页面的情况，也就是假设一个页面刚被访问，那么不久该页面还会被访问。即最佳置换算法是“向后看”，而最近最少使用算法则是“向前看”。

该算法可以用寄存器组和栈来实现，性能较好。常用的页面置换算法中，LRU算法最接近最佳置换算法。

如果用LRU页面淘汰置换算法也按着例3-1的页面走向来访问，其访问过程见表3.4。

表3.4　LRU页面淘汰置换算法访问过程

访问页	4	3	2	1	4	3	5	4	3	2	1	5
是否缺页	√	√	√	√	√	√	√			√	√	√
物理块1	4	4	4	1	1	1	5	5	5	2	2	2
物理块2		3	3	3	4	4	4	4	4	4	1	1
物理块3			2	2	2	3	3	3	3	3	3	5

由上表看，本次作业进程共访问了12次，而缺页的次数为10次，所以缺页率应该为10/12=5/6。

（4）时钟（CLOCK）置换算法

LRU虽然较好，但硬件开销大，成本高，因而大多数系统都采用它的近似算法，如Clock算法。

① 简单的Clock页面置换算法

该算法为每个页面设置一个访问位，初值为0，再将内存中的所有页面通过链接指针构成一个循环队列，当某页被访问时，其访问位被置1。置换算法在选择淘汰页面时，只需检查其访问位，若为0，就淘汰该页，若为1，则重新将它置0，再检查下一个页面。简单Clock置换算法的流程和示例如图3.24所示：

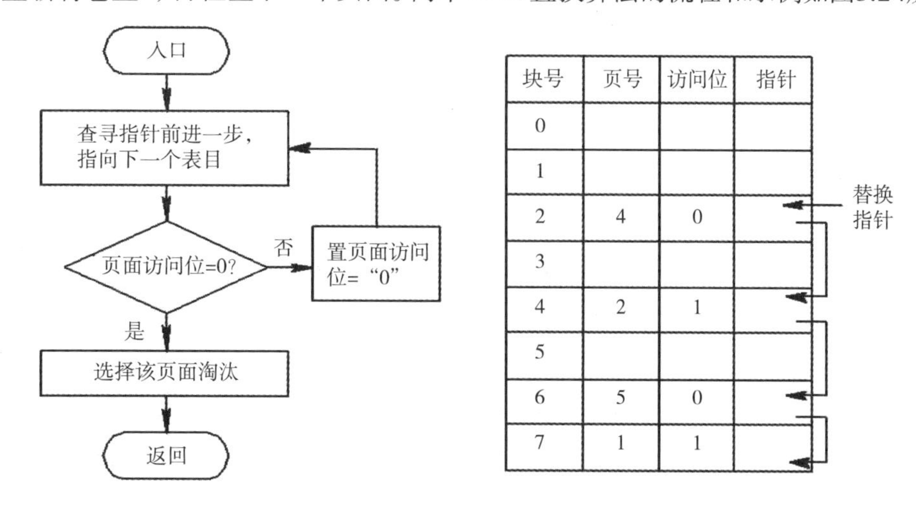

图3.24　简单Clock置换算法的流程和示例

② 改进型Clock置换算法

该算法为了减少磁盘I/O次数，考虑了页面载入内存后是否被修改的问题，增加了修改位。在访问位同为0的进程间优先淘汰没有修改过的页面，因为没有修改过的页面可以被直接淘汰掉，而修改过的页面需要写回到外存中。由访问位A和修改位M可以组合成下面四种类型的页面：

- 1类（A=0，M=0）：表示该页最近既未被访问，又未被修改，是最佳淘汰页。
- 2类（A=0，M=1）：表示该页最近未被访问，但已被修改，并不是很好的淘汰页。
- 3类（A=1，M=0）：最近已被访问，但未被修改，该页有可能再被访问。

- 4类（A=1，M=1）：最近已被访问且被修改，该页可能再被访问。

其执行过程可分成以下三步：

① 从指针所指示的当前位置开始，扫描循环队列，寻找A=0且M=0的第一类页面，将所遇到的第一个页面作为所选中的淘汰页。在第一次扫描期间不改变访问位A。

② 如果第一步失败，即查找一圈后未遇到第一类页面，则开始第二轮扫描，寻找A=0且M=1的第二类页面，将所遇到的第一个这类页面作为淘汰页。在第二轮扫描期间，将所有扫描过的页面的访问位都置0。

③ 如果第二步也失败，亦即未找到第二类页面，则将指针返回到开始的位置，并将所有的访问位复0。然后重复第一步，如果仍失败，必要时再重复第二步，此时就一定能找到被淘汰的页。

3.3.4 页面分配策略

（1）内存分配策略

基于请求分页系统的特点，进程在执行前只调入一部分页面到内存，但是具体给特定进程多大的进程空间，需要考虑以下几点：

① 分配给单个进程的存储量越小，驻留在主存中的进程数就越多，从而提高CPU的利用率。

② 然而，如若单个进程在主存中的页数过少，则系统访问的缺页率会提高，系统性能会受到影响。

③ 如若单个进程页数过多，依据局部性原理，系统性能应该有所提高。但如果过多给特定的进程分配更多的主存空间对系统的性能没有太多的影响。

基于以上原因，目前操作系统采用的页面分配策略主要包括以下三种：

① 固定分配局部置换。根据进程的类型或程序员、系统管理员的建议，为每个进程分配一固定页数的内存空间，且在整个运行期间保持不变。缺页时亦在本进程页面范围内实施置换。

物理块分配算法：在采用固定分配策略时，可采用以下几种算法。

- 均分配算法：平均分配给各个进程。未考虑进程大小，小进程浪费物理块，大进程严重缺页。
- 按比例分配算法：根据进程的大小按比例分配给各个进程。如果共有n个进程，每进程页面数S_i，系统可用物理块总数为m，则每进程分到的物理块数b_i为：

$$b_i=\mathrm{m}\times S_i/\sum_{i=1}^{n}S_i$$

- 考虑优先权的分配算法：将系统提供的物理块一部分根据进程大小先按比例分配给各个进程，另一部分再根据各进程的优先权分配物理块数。

② 可变分配全局置换。先为每个进程分配一定数量的物理块，并保持一定量的空白物理块（公用，并与可变分配），进程缺页时，都从空白物理块链中分配一个物理块，仅当无空白物理块时，OS才从内存现有页面（可属于任何一个进程）中选择一个淘汰。不足之处是，它会盲目地给进程增加物理块，从而导致系统多道程序的并发能力下降。

③ 可变分配局部置换。先为每个进程分配一定数量的物理块，并保持一定量的空白物理块（公用，并与可变分配），进程缺页时，都从空白物理块链中分配一个物理块，仅当无空白物理块时，OS才从内存本进程现有页面中选择一个淘汰。

（2）调页策略

① 何时调入页面。为确定系统将进程运行时所缺的页面调入内存的时机，可采取以下两种调页策略：

A. 预调页策略。依据局部性原理，一次调入相邻的若干个页面要比一次只调入一页效率更高。但若一次调入页面过多，也有可能引起CPU的利用率降低。因此，需要采用以预测为基础的预调页策略，将预计在不久之后便会被访问的页面预先调入内存。目前此种调页策略成功率仅有50%，故该策略主要用于进程的首次调入，由程序员指出应先调入哪些页。

B. 请求调页策略。当进程在运行中需要访问的页面不在内存时，则进程将提出调页请求，由系统将所需页面调入内存。由这种策略调入的页一定会被访问，且这种策略比较易于实现，故在目前的虚拟存储器中大多采用此策略。它的缺点是每次只调入一页，调入/调出页面数多时会花费过多的I/O开销。

预调入是在运行前的调入，请求调页是在运行期间根据需要进行调入。通常情况下，两种调页策略会同时存在。

② 从何处调入页面。在请求分页系统中，通常将外存划分为文件区和对换区两部分，前者用以存放文件，后者用于存放对换页面。于是该问题就包括以下三种方式：

A. 当系统有足够对换区时，可全部从对换区中调入页面（但进程运行前必须将其从文件区拷贝至对换区）。

B. 当系统缺少足够的对换区时，凡是没有被修改的文件从文件区调入，否则从对换区调入。

C. UNIX方式：凡是未运行过的页面，都从文件区调入；而对于曾经运行过但又被换出的页面，在下次调入时，应从对换区调入。

③ 页面调入过程

- 当要访问进程页面不在内存时，向CPU发出缺页中断。
- 保留CPU环境，转入缺页中断处理程序。
- 查找页表获得外存的物理块号。
- 若内存有空白物理块，则调入该页。
- 若内存已满，则按某种置换算法选择一个页面淘汰，调入所缺页。

3.3.5 抖动

请求分页系统中最坏的情况是刚刚换出的页面马上又要换入主存，刚刚换入的页面马上就要换出主存，这种频繁的页面对换行为称为抖动（颠簸）。若一个进程在页面对换花的时间超过执行时间，说明该进程处于抖动状态。

若系统频繁地发生缺页中断（抖动），则其主要原因是同时运行的进程数过多，进程频繁访问的页面数高于可用的物理块数，造成进程运行时频繁缺页。CPU利用率太低时，调度程序就会增加多道程序，将新进程引入系统中，反而进一步导致处理机利用率的下降。

操作系统需要一种可以降低缺页率、防止抖动的内存管理方法，典型的方法为工作集策略。

3.3.6 工作集

（1）工作集概念

工作集是指在某段时间间隔内，进程要访问的实际页面集合。把进程在某段时间间隔Δ里，在时间t的工作集记为$w(t, \Delta)$，变量Δ称为工作集“窗口尺寸”。

例如，下列对于给定的页面走向，如果Δ=10次存储访问，在t_1时刻的工作集是$w(t_1, 10)$=（1，2，5，6，7），在t_2时刻，工作集是$w(t_2, 10)$=（3，4）。

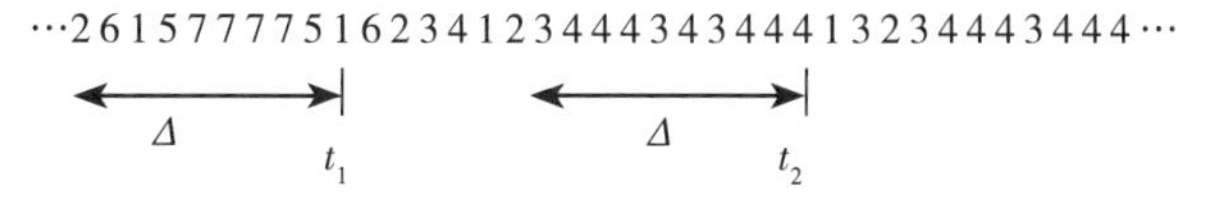

工作集是Δ的非降函数。$w(t, \Delta) \subseteq w(t; \Delta+1)$。工作集精确度与窗口尺寸$\Delta$的选择有关。如果$\Delta$太小，那么它不能表示进程的局部特征；如果$\Delta$为无穷大，那么工作集合是进程执行需要的所有页面的集合。因此页面若正在使用，它就落在工作集中；否则，它将不出现在相应的工作集中。分配页面物理块数可以根据一个作业的对页面数最大工作集来估算进程所需的物理块数，一般物理块数要大于工作集。采用工作集模型进行页面置换的基本思想是找出一个不在工作集中的页面，把它淘汰。

（2）工作集的特点

根据以上内容可知，工作集主要包括以下特点：

① 工作集的大小是变化的。

② 相对比较稳定的阶段和快速变化的阶段交替出现。

③ 根据局部性原理，进程会在一段时间内相对稳定在某些页面构成的工作集上。

④ 当局部性区域的位置改变时，工作集大小快速变化。

⑤ 当工作集窗口滑过这些页面后，工作集又稳定在一个局部性阶段。

（3）工作集策略

类似于LRU算法，工作集用进程过去某段时间内的行为作为未来某段时间内行为的近似。利用工作集进行驻留集调整的具体策略如下：

① 操作系统监视每个进程的工作集变化情况。

② 只有当一个进程的工作集在内存中时才执行该进程。

③ 定期淘汰驻留集中不在工作集中的页面。

④ 总是让驻留集包含工作集（不能包含时则增大驻留集）。

3.3.7 内存映射文件

内存映射文件是由一个文件到一块内存的映射。Win32提供了允许应用程序把文件映射到一个进程的函数（CreateFileMapping）。内存映射文件与虚拟内存有些类似，通过内存映射文件可以保留一个地址空间的区域，同时将物理存储器提交给此区域，内存文件映射的物理存储器来自一个已经存在于磁盘上的文件，而且在对该文件进行操作之前必须首先对文件进行映射，如图3.25所示。使用内存映射文件处理存储于磁盘上的文件时，将不必再对文件执行I/O操作，使得内存映射文件在处理大数据量的文件时能起到相当重要的作用。

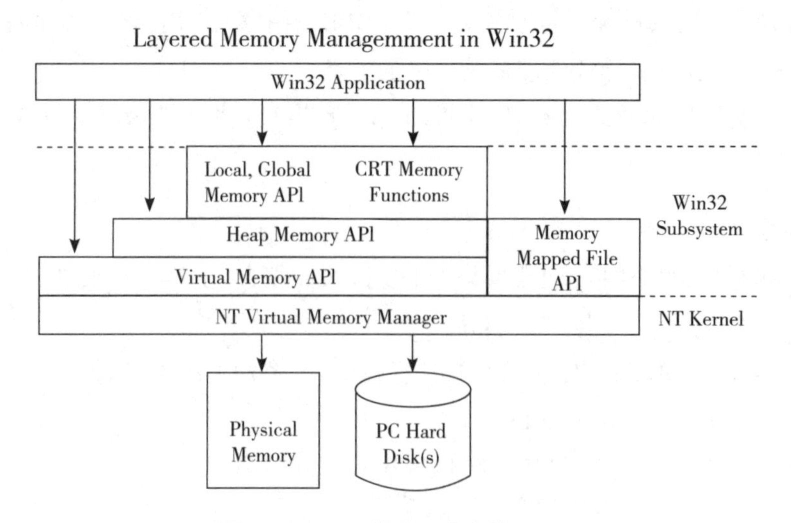

图3.25　Win32的分层内存管理

3.3.8 虚拟存储器性能的影响因素及改进方法

(1)影响因素

缺页次数是影响虚拟存储器的性能的一个主要因素。

① 影响缺页次数的因素。

A. 分配给进程的物理块数。

B. 页面本身的大小。

C. 程序的编制方法。

D. 页面淘汰算法。

② 抖动问题

在虚存中，页面在内存与外存之间频繁调度，以至于调度页面所需时间比进程实际运行的时间还多，此时系统效率急剧下降，甚至导致系统崩溃。这种现象称为颠簸或抖动。其原因包含：①分配给进程的物理页面数太少；②页面淘汰算法不合理。

(2)改进方法

① 硬件支持。

A. 改进段表，如图3.26所示。

段名	段长	段的基址	存取方式	访问字段A	修改位M	存在位P	增补位	外存始址

图3.26 改进段表

B. 增加缺段中断机构，每当进程要调用或访问的一个逻辑段目前不在内存，就产生缺段中断，如图3.27所示。

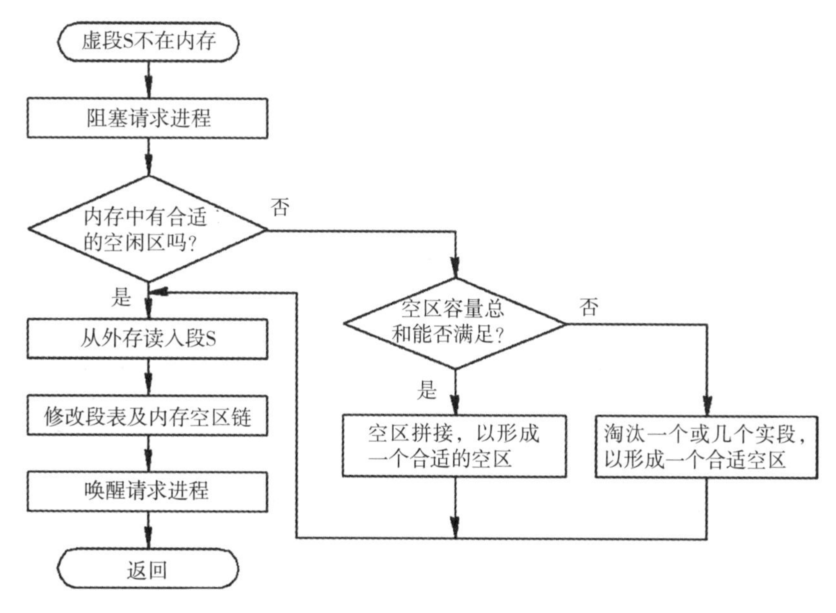

图3.27 请求分段系统中的缺断处理过程

C. 改变地址变换过程，如图3.28所示。

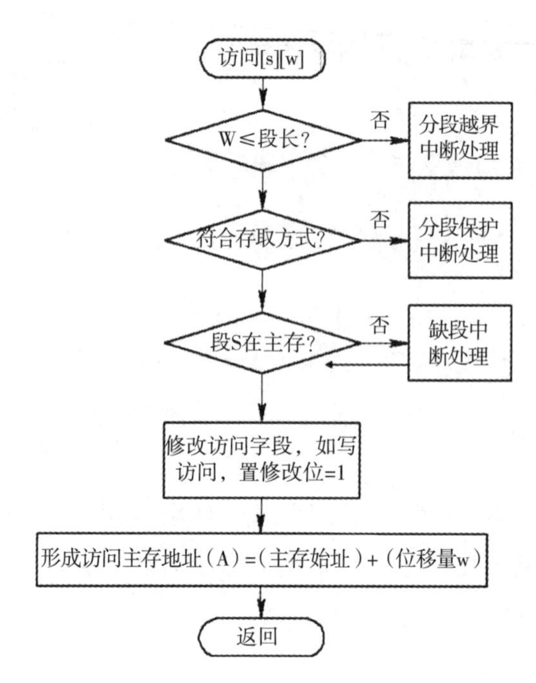

图3.28　请求分段系统的地址变换过程

② 段的共享与保护。

A. 共享段表：为实现段的共享，系统建立一个共享段表，每个共享段在其中占一个表项，如图3.29所示。

段名	段长	主存地址	状态	
共享本段的作业数				
状态	作业名	作业号	段号	存取控制
……				
段名	段长	主存地址	状态	
共享本段的作业数				
状态	作业名	作业号	段号	存取控制
……				

图3.29　共享段表

B. 共享段的存储分配：

● 对第一个请求使用该共享段的进程，由系统为该共享段分配一个物理区，再把共享段调入该区，同时将该区的有关信息填入请求进程的段表的相应项中。还须在共享段表中增加一个表项，填写有关信息，把count 置为1。

● 当又有其他进程请求调用该共享段时，由于该共享段已被调入内存，故此时无须再为该段分配内存，而只需要在请求进程的段表中增加一个表项，填写该共享段的有关信息；在共享段的段表中，填上请求进程的进程名、存取控制等信息，再执行count=count+1操作，以表明增加了一个进程共享该段。

C. 共享段的存储回收：当共享此段的某进程不再需要该段时，可释放该段：执行count=count–1操作。若结果为0，则须由系统回收该共享段的物理内存，以及取消在共享段表中该段所对应的表项，表明此时已没有进程使用该段；否则（减1结果不为0），只需要取消调用进程在共享段表中的有关记录。

D. 存储保护：

- 越界检查——地址变换中的地址越界检查。
- 存取控制检查——利用段表的存取控制字段。
- 保护机构——每个进程按权限确定一个环编号。

3.3.9 真题与习题精编

- 单项选择题

1. 虚拟存储管理系统的基础是程序的（　）理论。【电子科技大学2015年】

A. 动态性　　B. 虚拟性　　C. 局部性　　D. 共享性

2. 进程在执行中发生了缺页中断，经操作系统处理后，应让其执行（　）指令。

【南京理工大学2013年】

A. 被中断的前一条　　B. 被中断的

C. 进程的第一条　　D. 进程的最后一条

3. 在请求页式存储管理中，若所需页面不在内存中，则会引起（　）。【南京理工大学2013年】

A. 输入输出中断　　B. 缺段中断

C. 越界中断　　D. 页故障

4. 虚拟页式存储管理中页表有若干项，当内存中某一页面中某一页面被淘汰时，可能根据其中哪项决定是否将该页写回外存？（　）。【广东工业大学2017年】

A. 是否在内存标志　　B. 外存地址

C. 修改标志　　D. 访问标志

5. 若一个系统内存有4MB，处理器是32位地址，则它的虚拟地址空间为（　）。

【广东工业大学2017年】

A. 2GB　　B. 4GB　　C. 100KB　　D. 64MB

6. 某系统采用LRU页置换算法和局部置换策略，若系统为进程P预分配了4个页框，进程P访问页号的序列为0, 1, 2, 7, 0, 5, 3, 5, 0, 2, 7, 6，则进程访问上述页的过程中，产生页置换的总次数是（　）。

【全国联考2019年】

A. 3　　B. 4　　C. 5　　D. 6

7. 某系统采用改进型CLOCK置换算法，页表项中字段A为访问位，M为修改位，A=0表示页面没有被访问过，M=1表示页被修改过。按（A, M）所有可能的取值，将页分为四类：（0, 0）、（1, 0）、（0, 1）和（1, 1）。则该算法淘汰页的次序是（　）。【全国联考2016年】

A. （0, 0），（0, 1），（1, 0），（1, 1）

B. （0, 0），（1, 0），（0, 1），（1, 1）

C. （0, 0），（0, 1），（1, 1），（1, 0）

D. （0, 0），（1, 1），（1, 1），（1, 0）

8. 系统为某进程分配了4个页框，该进程已访问的页号序列为2, 0, 2, 9, 3, 4, 2, 8, 2, 4, 8, 4, 5。若进程要访问的下一页的页号为7，依据LRU算法，应淘汰页的页号是（　）。【全国联考2015年】

A. 2　　B. 3　　C. 4　　D. 8

9. 在请求分页系统中，页面分配策略与页面置换策略不能组合使用的是（　）。【全国联考2015年】

A. 可变分配，全局置换　　　　　　　　B. 可变分配，局部置换

C. 固定分配，全局置换　　　　　　　　D. 固定分配，局部置换

10. 在页式虚拟存储管理系统中，采用某些页面置换算法，会出现Belady异常现象，即进性的缺页次数会随着分配给该进程的页框个数的增加而增加。下列算法中，可能出现Belady异常现象的是（　）。

【全国联考2014年】

Ⅰ.LRU算法　　Ⅱ.FIFO算法　　Ⅲ.OPT算法

A. 仅Ⅱ　　B. 仅Ⅰ、Ⅱ　　C. 仅Ⅰ、Ⅲ　　D. 仅Ⅱ、Ⅲ

11. 若用户进程访问内存是产生缺页，则下列选项中，操作系统可能执行的操作是（　）。

【全国联考2013年】

Ⅰ. 处理越界错误　　Ⅱ. 置换页面　　Ⅲ. 分配内存

A. 仅Ⅰ、Ⅱ　　B. 仅Ⅱ、Ⅲ　　C. 仅Ⅰ、Ⅲ　　D. Ⅰ、Ⅱ和Ⅲ

12. 某进程访问页面的序列如下图所示。

… 1 3 4 5 6 0 3 2 3 2 0 4 0 3 2 9 2 1 …

t　　时间

若工作集的窗口大小为6，则在t时刻的工作集为（　）。　　【全国联考2016年】

A. {6, 0, 3, 2}　　　　B. {2, 3, 0, 4}

C. {0, 4, 3, 2, 9}　　　　D. {4, 5, 6, 0, 3, 2}

13. 下列因素中，影响请求分页系统有效（平均）访存时间的是（　）。　　【全国联考2020年】

Ⅰ. 缺页率

Ⅱ. 磁盘读写时间

Ⅲ. 内存访问时间

Ⅳ. 执行缺页处理程序的CPU时间

A. 仅Ⅱ、Ⅲ　　　　B. 仅Ⅰ、Ⅳ

C. 仅Ⅰ、Ⅲ、Ⅳ　　　　D. Ⅰ、Ⅱ、Ⅲ和Ⅳ

14. 在缺页处理过程中，操作系统执行的操作可能是（　）。　　【全国联考2011年】

Ⅰ. 修改页表　　Ⅱ. 磁盘I/O　　Ⅲ. 分配页框

A. 仅Ⅰ、Ⅱ　　B. 仅Ⅱ　　C. 仅Ⅲ　　D. Ⅰ、Ⅱ和Ⅲ

15. 当系统发生抖动（thrashing）时，可以采取的有效措施是（　）。　　【全国联考2011年】

Ⅰ. 撤销部分进程　　Ⅱ. 增加磁盘交换区的容量　　Ⅲ. 提高用户进程的优先级

A. 仅Ⅰ　　B. 仅Ⅱ　　C. 仅Ⅲ　　D. 仅Ⅰ、Ⅱ

16. 下列页面淘汰算法会产生Belady异常现象的是（　）。　　【南京理工大学2013年】

A. 先进先出页面淘汰算法（FIFO）

B. 最近最少使用页面淘汰算法（LRU）

C. 最不经常使用页面淘汰算法（LFU）

D. 最佳页面淘汰算法（OPT）

17. 请求页式管理中，缺页中断率与进程所分得的内存页面数、（　）和进程页面流的走向等因素有关。　　【广东工业大学2017年】

A. 页表的位置　　B. 置换算法

C. 外存管理算法　　D. 进程调度算法

18. 假定某页式管理系统中，主存为128KB，分成32块，块号为0，1，2，3，…，31；某作业有5块，其页号为0，1，2，3，4，被分别装入主存的3，8，4，6，9块中。有一逻辑地址为[3，70]。试求出相应的物理地址（其中方括号中的第一个元素为页号，第二个元素为页内地址，按十进制计算）（　）。

A. 14646　　B. 24646　　C. 24576　　D. 34576

19. 设有一页式存储管理系统，向用户提供的逻辑地址空间最大为16页，每帧2048B，内存总共有8个存储块，试问逻辑地址至少为多少位？内存空间有多大？（　）。

A. 逻辑地址至少为12位，内存空间有32KB

B. 逻辑地址至少为12位，内存空间有16KB

C. 逻辑地址至少为15位，内存空间有32KB

D. 逻辑地址至少为15位，内存空间有16KB

20. 假设一个“按需调页”虚拟存储空间，页表由寄存器保存。在存在空闲页帧的条件下，处理一次缺页的时间是8ms。如果没有空闲页面，但待换出页面并未更改，处理一次缺页的时间也是8ms。若待换得页面已被更改，则需要20ms。访问一次内存的时间是100ns。假设70%的待换出页面已被更改，请问缺页率不超过（　）才能保证有效访问时间小于或等于200ns？

A. 0.6×10^{-4}　　B. 1.2×10^{-4}

C. 0.6×10^{-3}　　D. 1.2×10^{-5}

21. 在可变分区分配管理中，某一作业完成后，系统收回其内空存间、并与相邻区合并，为此修改空闲区说明表，造成空闲分区数减1的情况是（　）。

A. 无上邻空闲分区，也无下邻空闲分区

B. 有上邻空闲分区，但无下邻空闲分区

C. 无上邻空闲分区，但有下邻空闲分区

D. 有上邻空闲分区，也有下邻空闲分区

22. 在分页虚拟存储管理中，“二次机会”调度策略和“时钟”调度策略在决定淘汰哪一页时，都用到了（　）。【上海交通大学2006年】

A. 虚实地址变换机构　　B. 快表

C. 引用位　　D. 修改位

23. 使用修改位的目的是（　）。【电子科技大学2005年】

A. 实现LRU页面置换算法　　B. 实现NRU页面置换算法

C. 在快表中检查页面是否进入　　D. 检查页面是否最近被写过

24. 产生内存抖动的主要原因是（　）。【北京理工大学2003年】

A. 内存空间太小　　B. CPU运行速度太慢

C. CPU调度算法不合理　　D. 页面置换算法不合理

25. 在虚拟页式存储管理方案中，（　）完成将页面调入内存的工作。【中国科学技术大学2005年】

A. 缺页中断处理　　B. 页面淘汰过程

C. 工作集模型应用　　D. 紧缩技术利用

● 简答题

1. 简述虚拟内存管理的缺页中断处理流程。【浙江工商大学2016年】

2. 虚拟存储器技术中当访问的页面不在内存，且内存无空间时，选择页面置换的算法有哪些？

● 综合应用题

1. 请根据下图写出的虚拟存储管理方式，回答下列问题。【全国联考2018年】

（1）某虚拟地址对应的页目录号为6，在相应的页表中对成的页号为6，页内偏移量为8，该虚拟地址的十六进制表示是什么？

（2）寄存器PDBR用于保存当前进程的页目录起始地址，该地址是物理地址还是虚拟地址？进程切换时，PDBR的内容是否会变化？说明理由。同一进程的线程切换时，PDBR的内容是否会变化？说明理由。

（3）为了支持改进型CLOCK置换算法，需要在页表项中设置哪些字段？

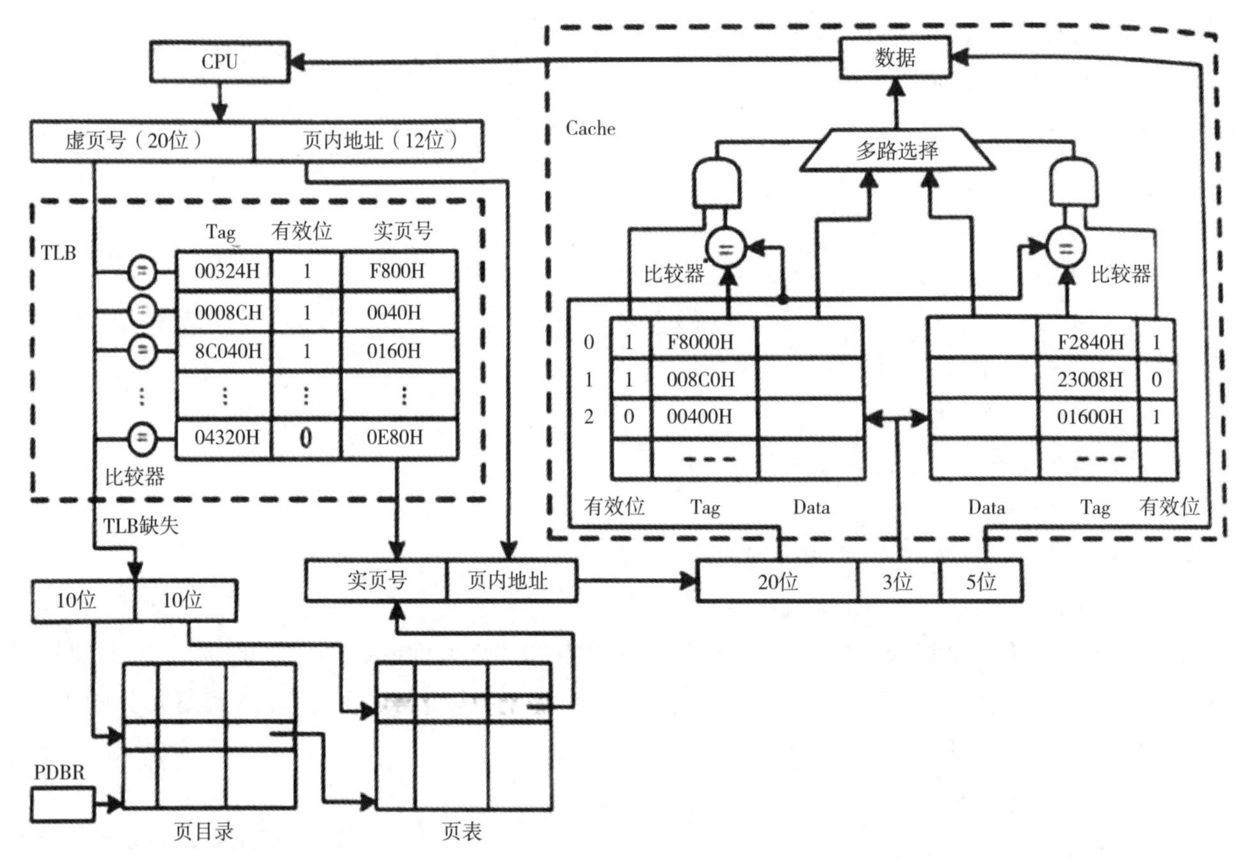

2. 某请求分页系统的局部页面置换策略如下：

系统从0时刻开始扫描，每隔5个时间单位扫描一轮驻留集（扫描时间忽略不计），本轮没有被访问过的页框将被系统回收，并放入到空闲页框链尾，其中内容在下一次分配之前不被清空。当发生缺页时，如果该页曾被使用过且还在空闲页链表中，则重新放回进程的驻留集中；否则，从空闲页框链表头部取出一个页框。

假设不考虑其他进程的影响和系统开销。初始时进程驻留集为空。目前系统空闲页框链表中页框号依次为32、15、21、41。进程P依次访问的<虚拟页号, 访问时刻>是：<1, 1>、<3, 2>、<0, 4>、<0, 6>、<1, 11>、<0, 13>、<2, 14>。请回答下列问题。【全国联考2012年】

（1）访问<0, 4>时，对应的页框号是什么？说明理由。

（2）访问<1, 11>时，对应的页框号是什么？说明理由。

（3）访问<2, 14>时，对应的页框号是什么？说明理由。

（4）该策略是否适合于时间局部性好的程序？说明理由。

3. 设某计算机的逻辑地址空间和物理地址空间均为64KB，按字节编址。若某进程最多需要6页（Page）数据存储空间，页的大小为1KB，操作系统采用固定分配局部替换策略为此进程分配4个页（PageFame）。在时刻260前的该进程访问情况如下表所示（访问位即使用位）。

当该进程执行到时刻260时，要访问逻辑地址为17CAH的数据。请回答下列问题：【全国联考2010年】

（1）该逻辑地址对应的页号是多少？

（2）若采用先进先出（FIFO）置换算法，该逻辑地址对应的物理地址是多少？要求给出计算过程。

（3）若采用时钟（CLOCK）置换算法，该逻辑地址对应的物理地址是多少？要求给出过程（设搜索下一页的指针沿顺时针方向移动，且当前指向2号页框，示意图如下所示）。

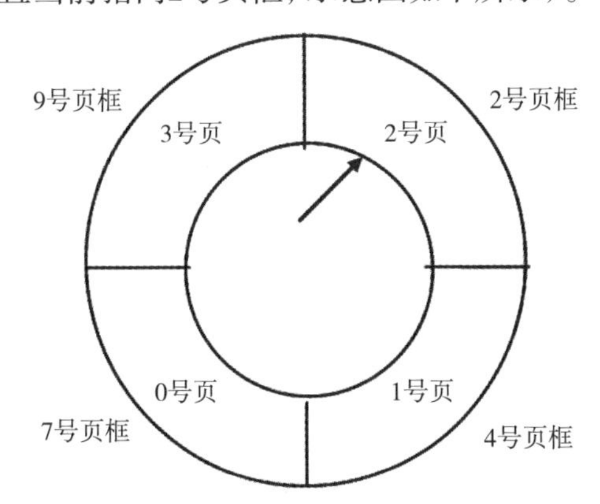

4. 请求分页管理系统中，假设某进程的页表内容如下表所示。

页号	页框（PageFrame）	有效位（存在位）
0	101H	1
1	——	0
2	254H	1

页面大小为4KB，一次内存的访问时间是100ms，一次快表（TLB）的访问时间是10ns，处理一次缺页的平均时间10ns（已含更新TLB和页表的时间），进程的驻留集大小固定为2，采用最近最少使用置换算法（LRU）和局部淘汰策略。假设：①TLB初始为空；②地址转换时先访问TLB，若TLB未命中，再访问页表（忽略访问页表之后的TLB更新时间）；③有效位为0表示页面不在内存，产生缺页中断，缺页中断处理后，返回到产生缺页中断的指令处重新执行。设有虚地址访问序列2362H、1565H、25A5H，请问：

【全国联考2009年】

（1）依次访问上述三个虚地址，各需多少时间？给出计算过程。

（2）基于上述访问序列，虚地址1565H的物理地址是多少？请说明理由。

5. 某操作系统采用分页式虚拟存储管理方法，现有一个进程需要访问的地址序列（字节）分别是：115、228、120、88、446、102、321、432、260、167，假设该进程的第0页已经装入内存，并分配给该进程300字节，页的大小为100字节，试回答以下问题：【南京航空航天大学2014年】

（1）按LRU调度算法将产生多少次页面置换？依次淘汰的页号是什么？页面置换率为多少？

（2）LRU页面置换算法的基本思想是什么？

6. （1）分页和分段属于离散型的存储管理方式，相对于连续内存管理方法的主要优点是什么？

（2）某操作系统采用段式存储管理，假设有段表见下表（注意；其中数字为十进制表示）。

段号	段的长度（字节）	主存起始地址
0	660	219
1	14	3300
2	100	90
3	580	1237
4	96	1952

试解决下列问题：【南京航空航天大学2014年】

（a）给定段号和段内地址，完成段式管理中的地址变换过程（并用图示）。

（b）计算[0, 430], [1, 10], [2, 50], [3, 400]的内存地址，其中方括号内的第一元素为段号，第二元素为段内地址。

（c）存取内存中的一条指令或数据至少要访问几次内存？如何提高地址转换的效率？

7. 在分页存储管理系统中，按如下次序访问页：10→6→8→7→10→6→20→10→6→8→7→20。假定分配的物理块数为3，试分别计算采用如下页面置换算法时的缺页次数。【浙江工商大学2017年】

（1）先进先出置换算法（FIFO）。

（2）最近最久未使用算法（LRU）。

8. 在一个请求分页系统中，采用LRU页面置换算法时，假如一个作业的页面走向为4、3、2、1、4、3、5、4、3、2、1、5，开始时页面都不在内存中，当分配给该作业的物理内存块数M分别为3和4时。

【中国计量大学2017年】

（1）页面置换过程，分别计算在访问过程中所发生的缺页次数和缺页率。

（2）根据两种情况下的页面缺页率，能够得到什么结论？

3.3.10 答案精解

● 单项选择题

1.【答案】C

【精解】虚拟存储技术是基于程序的局部性原理的，程序的局部性原理体现在两个方面：时间局部性和空间局部性。时间局部性是指一条指令被执行后，那么它可能很快会再次被执行，空间局部性是指若某一存储单元被访问，那么与该存储单元相邻的单元可能也会很快被访问。所以本题的答案是C。

2.【答案】B

【精解】本题考查的知识点是虚拟内存管理——请求分页管理方式。缺页中断是由访存指令引起的，要访问中断。进行中断处理后，内存中会调入需要访问的页面，访存指令应该重新执行。故选B。

3.【答案】D

【精解】本题考查的知识点是虚拟内存管理——请求分页管理方式。在请求页式管理中，如果所需要的页面不在内存中，会产生页故障，即缺页中断。发生缺页中断以后，系统根据相应的页面置换算法，将某个页面淘汰，将新的页面装入内存。故选D。

4.【答案】C

【精解】本题考查的知识点是虚拟内存管理——请求分页管理方式。内存中的每一页都在外存中有相应的副本。若页内容未被修改，为了节省系统开销和磁盘启动次数，不需要将该页写回到外存上；若页内容被修改，则必须将该页内容重新写回到外存上，以保证外存上永远是最新的副本。修改标志就是判断此过程的依据。故选C。

5.【答案】B

【精解】本题考查的知识点是虚拟内存管理。若处理器地址为32位，它的寻址范围也是32位，故虚拟地址空间为2^{32}B=4GB。故选B。

6.【答案】C

【精解】本题考查的知识点是虚拟内存管理——页面置换算法。根据LRU算法则进程访问的过程如下表。

访问页	0	1	2	7	0	5	3	5	0	2	7	6
是否缺页	√	√	√	√		√	√			√	√	√
物理块1	0	0	0	0	0	0	0	0	0	0	0	0
物理块2		1	1	1	1	5	5	5	5	5	5	6
物理块3			2	2	2	2	3	3	3	3	7	7
物理块4				7	7	7	7	7	7	2	2	2

本题一共产生9次缺页，而前4次没有置换，后5次进行了页面置换。故选C。

7.【答案】A

【精解】本题考查的知识点是虚拟内存管理——页面置换算法。改进型的CLOCK置换算法将所有页面通过链接指针形成一个循环队列，每次扫描入列中首选淘汰的页面。首先从第一个页面开始查找，完成淘汰置换后继续向队列后方查找，当查找到最后一个页面时返回到第一个页面查找。四种类型的页面淘汰选择次序如下：

（1）（A=0，M=0）：该页最近既未被访问，也未被修改。

（2）（A=0，M=1）：该页最近未被访问，但已被修改。

（3）（A=1，M=0）：该页最近已被访问，但未被修改。

（4）（A=1，M=1）：该页最近已被访问且被修改。

故选A。

8.【答案】A

【精解】本题考查的知识是点虚拟内存管理——页面置换算法。最近最久未使用算法（LRU）是根据页面调入内存的先后顺序进行淘汰的，每次淘汰的是距离上次使用时间最长的页面，7号页面到来之前，页框内的四个页面分别是2、4、8、5，当页面7到达的时候，产生缺页中断，四个页面中最近最久未使用的页面是2。故选A。

9.【答案】C

【精解】本题考查的知识点是虚拟内存管理——页面分配策略。对多个进程进行固定分配时、如果页面不变，不可能出现全局置换的情况。故选C。

10.【答案】A

【精解】本题考查的知识点是虚拟内存管理——页面置换算法。只有先进先出算法（FIFO）会出现Belady现象。故选A。

11.【答案】B

【精解】本题考查的知识点是虚拟内存管理——请求分页管理方式。发生缺页中断时，系统进行的操作是进行页面置换或分配内存，系统中并没有发生越界错误。故选B。

12.【答案】A

【精解】本题考查的知识点是虚拟内存管理——工作集。工作集的窗口大小为6，表示工作集内存放的是最近k个被访问的页面。本题中最近被访问的6个页面分别是6、0、3、2、3、2，将重复的页面去掉，形成的工作集是{6，0，3，2}。故选A。

13.【答案】D

【精解】Ⅰ是影响缺页中断发生的频率；Ⅱ是影响访问慢表和访问目标物理地址的时间；Ⅲ、Ⅳ是影响缺页中断的处理时间。故Ⅰ、Ⅱ、Ⅲ、Ⅳ均正确。

14.【答案】D

【精解】本题考查的知识点是虚拟内存管理——请求分页管理方式。发生缺页中断时，系统需要在内存中找到空闲页框分配给需要访问的页面，缺页中断处理程序调用设备驱动程序进行磁盘I/O处理，将外存上的页面调入到内存中，再将页表中的标志位修改为“1”，故三项操作都会进行。故选D。

15.【答案】A

【精解】本题考查的知识点是虚拟内存管理——抖动。通常将外存分为文件区和对换区。抖动现象是指刚刚被换出的页在短时间内又被调入内存，大量此类现象导致系统性能下降。因此，撤销部分进程可以减少此类情况，对换区大小和进程的优先级都与抖动现象无关。故选A。

16.【答案】A

【精解】本题考查的知识点是虚拟内存管理——页面置换算法。只有先进先出（FIFO）页面淘汰算法会产生Belady异常现象，故选A。

17.【答案】B

【精解】本题考查的知识点是虚拟内存管理——请求分页管理方式。在请求页式管理中，影响缺页中断率的因素除了程序所分得的内存页面数和进程页面流的走向，还有置换算法。不同的置换算法在相同的情况下所得到的缺页中断率可能会有所不同。故选B。

18.【答案】B

【精解】本题考查的知识点是虚拟内存管理——请求分页管理方式。块大小为128KB/32=4KB，因为块与页面大小相等，所以每页为4KB。第3页被装入到主存第6块中，故逻辑地址[3，70]对应的物理地址为4K×6+70=24576+70=24646。故选B。

其地址变换过程如下图所示。

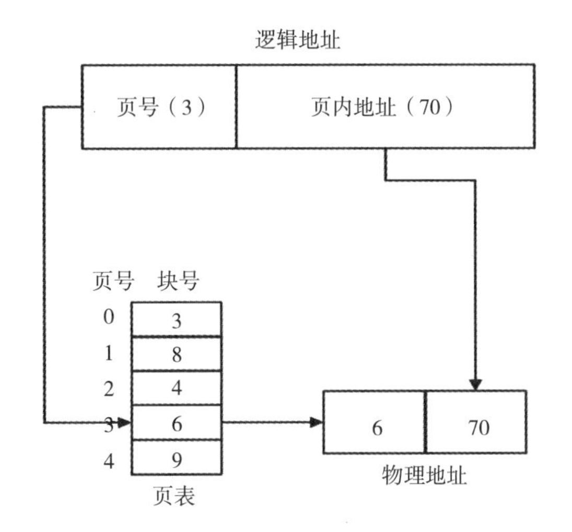

19.【答案】D

【精解】本题考查的知识点是虚拟内存管理——请求分页管理方式。本题中，每页为2048B，所以页内位移部分地址需要占据11个二进制位；逻辑地址空间最大为16页，所以页号部分地址需要占据4个二进制位。故逻辑地址至少应为15位。由于内存共有8个存储块，在页内存储管理系统中，存储块大小与页面的大小相等，因此内存空间为16KB。故选D。

20.【答案】C

【精解】本题考查的知识点是虚拟内存管理——请求分页管理方式。本题目并没有明确当缺页中断时内存中是否有空闲页帧，所以假设内存总是忙的。设缺页率为P。

访问内存中页面：(1–P)×100ns页面不在内存，但不需要保存待换出页面：P×(1–70%)×(8ms+100ns)页面不在内存，但需要保存待换出页面：P×70%×(20ms+100ns)。

所以，有效访问时间=(1–P)×100ns+P×(1–70%)×(8ms+100ns)+P×70%×(20ms+100ns)=200ns，得$P=0.6\times10^{-3}$。故选C。

21.【答案】D

【精解】本题考查的知识点是虚拟内存管理——请求分页管理方式，内存回收。当有上邻空闲分区，也有下邻空闲分区时，系统将它们合并成一个大的空困分区，从而导致总的空闲分区数减少。上无、下无时，空闲分区数加1；上有、下无或者上无、下有时，空闲分区数保持不变。故选D。

22.【答案】C

【精解】本题考查的知识点是虚拟内存管理——页面置换算法。“一次机会”和“时钟”调度策略有个共同之处，就是若当前页面刚被访问过（即引用位=1），则给予第二次留驻机会。故选C。

23.【答案】D

【精解】本题考查的知识点是虚拟内存管理——页表结构。修改位表示该页在调入内存后是否被修改过，主要是供置换页面时参考，并不是为了实现某种页面置换算法而使用的，因此选项A、B都不对，选项C是干扰项。故选 D。

24.【答案】D

【精解】本题考查的知识点是虚拟内存管理——抖动。在虚存中，页面在内存与外存之间频繁调度，以至于调度页面所需时间比进程实际运行的时间还多，此时系统效率急剧下降，甚至导致系统崩溃。这种现象称为颠簸或抖动。抖动的原因是页面置换算法不合理。读者也可考虑Belady现象：增加分配页面数的内存空间，但这会造成更高的缺页率，因此抖动的主要原因还是因为页面置换算法不合理。故选D。

25.【答案】A

【精解】本题考查的知识点是虚拟内存管理——请求分页管理方式。A正确。缺页中断就是要访问的页不在主存中，缺页中断处理就是操作系统将缺失页面调入主存后再进行访问。故选A。

● 简答题

1.【考点】虚拟内存管理——请求页面管理方式。

【参考答案】若当前需要访问的页面不在内存中，系统产生一个缺页中断信号，同时用户程序被中断，系统转入到缺页中断处理程序。缺页中断处理程序根据该页面在外存中的位置将其调入内存。在此过程中，内存中如果有空闲空间，则缺页中断处理程序会将该页面调入任一空闲存储块中，还需要对页表中的其他表项做修改，如物理块号、状态位、访问字段和访问初值。若内存中没有空闲空间，必须要淘汰某些页面，如果被淘汰的页面之前修改过，要将其写回外存。

2.【考点】虚拟内存管理——页面置换算法。

【参考答案】（注：内存刚开始空的时候，也在缺页中断，所以一定也要计入缺页次数。）（缺页率=缺页次数/总次数。）

（1）最佳置换算法OPT：往未来置换的方向看，最远不被访问的页置换出去。无法实现，只作为评价。

（2）FIFO算法：最早进入内存的最先置换出去。

（3）最近最久未使用LRU：基于局部性原理，过去一段时间未访问，则最近的将来也不会访问。从已经置换的方向往回看，最远的被置换出去，使用堆栈。

（4）时钟CLOCK算法NRU：

① 简单的CLOCK：看成一个循环的缓冲区；当某一页被替换，则指针指向下一个页面；附加一个使用位$u=1$；只要被访问了就再次置为1；当需要置换出去的时候，就利用指针一个一个扫描$u=0$的页面；算法每次经过一个页面就置$u=0$然后跳到下一个页面；如果所有都是1，则把所有变0后，找原来最初的位置上的页面（$u=0$的过程表示最近没有使用过NRU）。

② 改进的CLOCK：多附加一个修改位$m=0$，只要该页面被修改过$m=1$；初始$u=1$，$m=0$；首先找$u=0$，$m=0$的页；没有则找$u=0$，$m=1$的页，在这步中扫描过的u都让它$=0$（优点在于首先替换没有修改的页）。

● 综合应用题

1.【考点】虚拟内存管理——请求分页式管理方式。

【参考答案】（1）某虚拟地址对应的页目录号为6，在相应的页表中对成的页号为6，页内偏移量为8，那么该虚地址的高10位为6，低12位8，中间的10位为6，用二进制表示为0000000110|0000000110|000000001000用十六进制表示为01806008H。

（2）寄存器PDBR用于保存当前进程的页目录起始地址，该地址是物理地址。进程切换时，PDBR的内容会变化。因在进程切换时，每一个进程对应的地址空间不同，它们的页目录在内存中的存放位置也是不同的。同一进程的线程切换时，PDBR的内容不会变化。因为同一个进程中的线程的地址空间是一样的，它们对应的页目录是一样的。

（3）为了支持改进型CLOCK置换算法，需要在页表项中设置访问字段（引用位/使用位）和修改字符段。

2.【考点】本题考查的是虚拟内存管理——请求分页式管理方式。

【参考答案】（1）页框号为21。初始驻留集为空，0号页面对应空闲链表中的第三个空闲页框，对应的页框号为21。

（2）页框号为32。因为系统每个5个时间单位扫描一次驻留集，访问虚拟页号1时对应的时刻是11，已进行第三轮扫描。页号为1的页框在第二轮中已处于空闲页框链表中，又被重新访问，因此也需要重新放回驻留集中，对应的页框号为32。

（3）页框号为41。第2页从未被访问过，不在驻留集中，需要从空闲链表中取出链表的表头页框，对应的页框号为41。

（4）适合。程序的时间局部性越好，从空闲链表中被重新取回的机会越大，策略优势就会越明显。

3.【考点】虚拟内存管理——请求分页式管理方式、页面置换算法。

【参考答案】（1）计算机的逻辑地址空间和物理地址空间均为64KB=2^{16}B，页的大小为1KB=2^{10}B，故该计算机的逻辑地址和物理地址格式共16位，其中高六位代表页号，低十位代表页内偏移量。将逻辑地址17CAH=0001011111001010B，高六位000101B为页号，即页号为5。

（2）若采用FIFO置换算法，需要置换装入时间最早装入的0号页，即将5号页装入7号页框中，故物理地址为0001111111001010B=1FCAH。

（3）采用CLOCK置换算法，若指针当前指向的页框标记位为0，则替换掉该页，否则将标记位改为0，将指针指向下一个页框,继续查找。根据题设和示意图,将从指向2号页框开始，且按照顺时针方向移动，前4次查找页框号的顺序为2→4→7→9，在第5次查找中，指针又指向了2号页框。由于2号页框的标记位为0，故淘汰2号页框中对应的2号页，将5号页装入2号页框中，并将标记位设置为1，对应的物理地址是00010111001010B=0BCAH。

4.【考点】虚拟内存管理——请求分页式管理方式。

【参考答案】（1）页面大小为4KB=212B，故页内偏移量的位数为12位。虚地址2362（001000110110010），页号为2，通过页表内容可知该页位于内存中。在已知TLB初始为空间情况下，2362H的访问时间为10ns（访问TLB）+100ms（访问页表）+100ms（访问内存单元）=200.010ms。

同理，虚地址1565H页号为1，查询TLB未命中后发生缺页中断。再返回到产生缺页中断的指令处重新执行时，需要访问TLB。所以1565H的访问时间为10ns（访问TLB）+100ms（访问页表）+10ns（处理缺页）+10ns（访问TLB）+100ms（访问内存单元）=200.030ms。

同理，25A5H的页号为2，而该页已在内存中。故25A5H的访问时间=10ns（访问TLB）+100ms（访问内存单元）=100.010ms。

（2）当发生缺页中断时已有两页达到驻留集大小上限，因为最开始访问的2362H位于2号页面，系统采用LRU算法，0号页面将被淘汰，空余的页框号101H会换入1号页面。虚地址1565H的物理地址应该为101H与565H的结合，即101565H。

5.【考点】虚拟内存管理——请求分页式管理方式、页面置换算法。

【参考答案】（1）页面的大小是100字，所以字地址的低两位是页内地址，因此进程要访问的页面次序是1、2、1、0、4、1、3、4、2、1。分配给进程的主存是300字，故系统中共有3个页面。采用最近最久未使用页面置换算法的页面走向见下表。

页面	1	2	1	0	4	1	3	4	2	1
	1	2	1	0	4	1	3	4	2	1
内存情况		1	2	1	0	4	1	3	4	2
				2	1	0	4	1	3	4
是否缺页	✓	✓		✓	✓		✓		✓	✓

由上表可知，依次淘汰的页号是2、0、1、3。

页面置换率=7/10×100%=70%。

（2）LRU页面置换算法的基本思想是用以前的页面使用情况来预测将来出现的页面使用情况，假设一个页面刚被访问过，不久的将来该页面还可能被访问。

6.【考点】虚拟内存管理——段式管理方式。

【参考答案】（1）连续分配的方式会形成许多碎片，虽然可通过紧凑方法将许多碎片拼接成可用的大块区域，但需要为此付出巨大的开销。离散分配的思想是允许将一个进程分散装入到许多不相邻的分区中，这样便可以充分地利用内存空间，而无须再进行紧凑拼接的方式。

（2）（a）地址变化=段的起始地址+段内地址，因此各段在内存中的地址计算如下。

第0段在内存中的地址为219+S。

第1段在内存中的地址为3300+S。

第2段在内存中的地址为90+S。

第3段在内存中的地址为1237+S。

第4段在内存中的地址为1952+S。

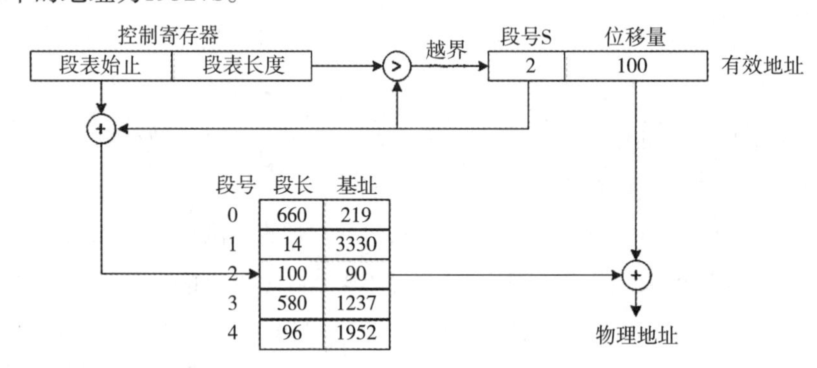

（b）[0, 430]的物理地址为219+430=649。

[1, 10]的物理地址为3300+10=3310。

[2, 500]的段内地址过长（500>100），段内地址越界。

[3, 400]的物理地址为1237+400=1637。

（c）至少访问两次内存。一次访问段表得到起始地址+段内地址，一次访问主存物理地址实现存取。可以用高速缓冲寄存器（快表）来减少对内存的访问次数，提高地址转换效率。

7.【考点】虚拟内存管理——页面置换算法。

【参考答案】（1）采用先进先出页面置换算法的页面走向见下表。

页面	10	6	8	7	10	6	20	10	6	8	7	20
内存情况	10	2	6	8	7	10	6	20	20	8	7	7
		1	10	6	8	7	10	6	6	20	8	8
				10	6	8	7	10	10	6	20	20
是否缺页	✓	✓	✓	✓	✓	✓	✓			✓	✓	

由上表可知，采用先进先出页面置换算法共缺页9次。

（2）采用最近最久未使用页面置换算法的页面走向见下表。

页面	10	6	8	7	10	6	20	10	6	8	7	20
	10	6	8	7	10	6	20	10	6	8	7	20
内存情况		10	6	8	7	10	6	20	10	6	8	7
			10	6	8	7	10	6	20	10	6	8
是否缺页	✓	✓	✓	✓	✓	✓	✓			✓	✓	✓

由上表可知，采用最近最久未使用页面置换算法共缺页10次。

8.【考点】虚拟内存管理——页面置换算法。

【参考答案】（1）物理块数为3时的置换过程见下表。

页面	4	3	2	1	4	3	5	4	3	2	1	5
	4	3	2	1	4	3	5	4	3	2	1	5
内存情况		4	3	2	1	4	3	5	4	3	2	1
			4	3	2	1	4	3	5	4	3	2
是否缺页	✓	✓	✓	✓	✓	✓	✓			✓	✓	✓

由上表可知，共缺页10次，缺页率为10/12×100%=83.3%。

（2）物理块数为4时的置换过程见下表。

页面	4	3	2	1	4	3	5	4	3	2	1	5
	4	3	2	1	4	3	5	4	3	2	1	5
		4	3	2	1	4	3	5	4	3	2	1
内存情况			4	3	2	1	4	3	5	4	3	2
				4	3	2	1	1	1	5	4	3
是否缺页	✓	✓	✓	✓			✓			✓	✓	✓

由上表可知，共缺页8次，缺页率为8/12×100%=75%。

（3）采用LRU页面置换算法时，物理块数增加，缺页率降低。

3.4 重难点答疑

1. 存储器管理的基本任务是为多道程序的并发执行提供良好的存储器环境，则“良好的存储器环境”应包含哪几方面？

【答疑】（1）能让每道程序“各得其所”，并不在受干扰的环境中运行，并从存储空间的分配、保护等繁琐事务中解脱出来。

（2）向用户提供更大的存储空间，使更多的作业同时投入运行；或使更大的作业能在较小的内存空间中运行。

（3）为用户信息的访问、保护、共享以及动态连接等方面提供方便。

（4）存储器具有较高的利用率。

2. 提高内存利用率的途径主要有哪些？

【答疑】解决此问题前先考虑内存利用率不高，主要表现为以下四种形式：

(1)内存中存在着大量的、分散的、难以利用的碎片。

(2)暂时或长期不能运行的程序和数据,占据了大量的存储空间。

(3)当作业较大时,内存中只能装入少量作业,当它们被阻塞时,将使CPU空闲,从而也就降低了内存的利用率。

(4)内存中存在着重复的拷贝。

针对上述问题,可分别采用下述方法提高内存的利用率:

(1)改连续分配方式为离散分配方式,以减少内存中的零头。

(2)增加对换机制,将那些暂时不能运行的进程,或暂时不需要的程序和数据,换出至外存,以腾出内存来装入可运行的进程。

(3)引入动态链接机制,当程序在运行中需要调用某段程序时,才将该段程序由外存装入内存。这样,可以避免装入一些本次运行中不用的程序。

(4)引入虚拟存储器机制,使更多的作业能装入内存,并使CPU更加忙碌。引入虚拟存储器机制,还可以避免装入本次运行中不会用到的那部分程序和数据。

(5)引入存储器共享机制,允许一个正文段或数据段被若干个进程共享,以减少内存中重复的拷贝。

3. 内存管理地址计算问题。

【答疑】对地址的处理是解答题目的关键,比较典型的就是逻辑地址与物理地址的转换过程,在很多题目中都会有类似给出逻辑地址求解物理地址的问题。题目经常给的地址值为十进制或其他进制(十六进制、二进制居多)。

例如逻辑地址为17ACH(十六进制)),将其转化为二进制,则可以表示为17ACH=$(0001011110101100)_2$。注意一定用括号,且标明是几进制。

在请求分页系统中,若将逻辑地址转换为物理地址,则处理过程如下:

① 将其他进制转化为二进制,方便处理。

② 求页号,页号为逻辑地址与页面大小的商,二进制下为地址高位。

③ 求出页内位移,页内位移为逻辑地址与页面大小的余数,二进制下为地址低位。

④ 根据题意产生页表,通过查找页表得到对应页的内存块号或页框号(页框号为把物理块地址除去页内位移若干位后剩下的地址高位,也可以简单理解为“物理地址的页号或块号”)。

⑤ 若给出的是内存块号,则用内存块号乘以块大小,加上基址,再加上页内位移得到物理地址(给出这种条件的题目通常会给出物理地址的基址或者起始地址)。

⑥ 若给出的是页框号,则用页框号与页内位移进行拼接(页框号依然是高位,页内位移是低位,与逻辑地址的页号和页内位移构成类似),得到物理地址。

⑦ 将二进制表示的物理地址根据题目要求转换为十六进制或者十进制。

拼接和相加的区别如下①:

① 页号为0010,页内位移为0111,拼接结果为00100111。

② 基址为11000,块大小为10000,块号为1,页内位移为0111,相加结果为11000(基址)+1×10000(内存块号×块大小)+0111(页内位移)=101111。

① 通常,题目出现页号、页框号等关键词用拼接,出现内存块号和基址则用相加,两种情况的区别很明显,考生可结合题目具体分析。

4. 有效访问时间的计算。

【答疑】(1) 基本分页管理方式中有效访问时间的计算

有效访问时间(Effective Access Time, EAT)是指给定逻辑地址找到内有对应物理地址单元中的数据所用的总时间。

① 没有快表的情况。访存一次所需时间为t，有效访问时间分为：查找页表找到对应页表项，需要访存一次，消耗时间t；通过对应页表项中的物理地址访问对应内存单元，需要访存一次，消耗时间t。因此，$EAT=t+t=2t$。

② 有快表结构的情况。设访问快表的时间为a，访存一次时间为t，快表命中率为b，则有效访问时间分为：查找对应页表项的平均时间$a\times b+(t+a)\times(1-b)$。其中，$a$表示快表命中所需查找时间；$t+a$表示查找快表未命中时，需要再次访存读取页表找到对应页表项，两种情况的概率分别为b和$1-b$，可以计算得到期望值，即平均时间。通过页表项中的物理地址访存一次取出所需数据，消耗时间t。因此，$EAT=a\times b+(t+a)\times(1-b)+t$。

由于访问快表时间相对来说很短，有些题直接说明访问快表时间忽略不计或者不给出访问快表所需时间，这时通常可以看作访问快表时间为0。

(2) 请求分页管理方式中有效访问时间的计算

与基本分页管理方式相比，请求分页管理方式中多了缺页中断这种情况，需要耗费额外的时间，因此计算有效访问时间时，要将缺页这种情况也考虑进去。

首先考虑要访问的页面所在的位置，有如下3种情况。

① 访问的页在主存中，且访问页在快表中(在快表中就表明在内存中)，则EAT=查找快表时间+根据物理地址访存时间$=a+t$。

② 访问的页在主存中，但不在快表中，则EAT=查找快表时间+查找页表时间+修改快表时间(题未给出则忽略不计，如果给出，通常与访问快表时间相同)+根据物理地址访存时间$=a+t+a+t=2(a+t)$。

③ 访问的页不在主存中(此时也不可能在快表中)，即发生缺页，设处理缺页中断的时间为T(包括将该页调入主存，更新页表和快表的时间)，则EAT=查找快表时间+查找页表时处理缺页时间(通常包括了更新页表和快表时间)+查找快表时间+根据物理地址访存时间$=a+t+T+a+t=T+2(a+t)$。

接下来加入缺页率和命中快表的概率，将上述3种情况组合起来，形成完整的有效访问时间计算公式。假设命中快表的概率为d，缺页率为f，则EAT=查找快表时间$+d\times$根据物理地址访存时间$+(1-d)\times$[查找页表时间$+f\times$(处理缺页时间+查找快表时间+根据物理地址访存时间)$+(1-f)\times$(修改快表时间+根据物理地址访存)]$=a+d\times t+(1-d)[t+f\times(T+a+t)+(1-f)\times(a+t)]$。

5. 什么是内部碎片、外部碎片？通过什么技术来解决？

【答疑】(1) 内部碎片：程序小于固定分区大小，导致分区内部空间有剩余。

(2) 外部碎片：在分区外部产生难以使用的碎片。

(3) 外部碎片通过“紧凑”技术来解决。

3.5 命题研究与模拟预测

3.5.1 命题研究

内存管理也是考试的热点，通过对考试大纲的解读和历年联考真题的统计与分析，发现本章的命题

一般规律和特点有以下几方面:

(1)从内容上看,考生要重点掌握内存管理的基本概念(程序装入与链接、逻辑地址与物理地址空间、内存保护)、交换与覆盖,连续分配管理方式(单一连续分配、动态分区分配)和非连续分配管理方式(分页管理方式、分段管理方式、段页式管理方式),理解这些管理方式的基本原理和工作过程,搞清楚它们之间的关系和区别,以及各种方式的优点和缺点;在虚拟内存管理方面,考生理解虚拟内存的基本概念、请求分页管理方式和页面置换算法,包括最佳置换算法(OPT)、先进先出置换算法(FIFO)、最近最少使用置换算法(LRU)、时钟置换算法(CLOCK)。掌握这些算法的基本工作原理和置换过程,缺页次数(缺页率)计算,理解页面分配策略。理解抖动现象及产生抖动的原因,理解工作集和程序局部性原理。

(2)从题型上看,除2017年、2018年外,其余每年都有选择题,除了2011年、2016年、2019年外,其余每年都有综合应用题。

(3)从题量和分值上看,选择题一般1~4道,综合应用题1道,每年的分值在6~12分,平均占分8.5/年。

(4)从试题难度上看,选择题需要理解概念的基础分析,属于中等难度;综合应用题中,需要对原理理解到位,经典算法难度属于中等,多级请求页面管理综合应用题有难度。

总的来说,根据对考生大纲的分析及近10年的考情统计分析,本章知识点按每两年隔一年的规律出现综合题,选择题大概每年有1~3道。重点考查连续分配管理方式中的动态分区分配方式,非连续分配管理方式中的基本分页管理方式及其分段管理方式,其中逻辑地址到物理地址转换经常以选择题和综合题为重点,多级页面分配最近几年考得频繁;请求分页管理方式、页面置换算法、页面分配策略是重点,特别是请求页面管理方式及页面置换算法经常考综合题,考生要重点复习。

注意:2022年新考纲添加了内存映射文件、页框分配等考点。

3.5.2 模拟预测

● 单项选择题

1. 某基于动态分区存储管理的计算机,其主存容量为70MB(初始为空闲),采用最佳适配(Bestfit)算法,分配和释放的顺序为:分配20MB、分配35MB、释放20MB、分配12MB,此时主存中最大空闲分区的大小是(　　)。

A. 28MB　　B. 20MB　　C. 8MB　　D. 15MB

2. (　　)存储管理支持多道程序设计,算法简单,但内储碎片多。

A. 段式　　B. 页式　　C. 固定分区　　D. 段页式

3. 当内存碎片总容量大于某一作业所申请的内存容量时,(　　)。

A. 可以为这一作业分配内存　　B. 不可以为这一作业分配内存

C. 拼接后,可以为这一作业分配内存　　D. 一定能够为这一作业分配内存

4. 下列不属于分区分配内存管理方式的内存保护措施是(　　)。

A. 界地址保护　　B. 存储保护键

C. 在CPU中设置基址和限长寄存器　　D. 栈保护

5. 下面关于覆盖技术与交换技术的说法错误的是哪一个?(　　)

A. 二者都打破了将进程全部信息装入内存才能运行的限制

B. 交换技术实现了作业的换进换出

C. 操作系统根据程序员提供的覆盖结构来完成程序段之间的覆盖

D. 交换技术也要求程序员提供的覆盖区的程序段，以便完成进程的交换

6. 有一个矩阵为100行×200列，即a[100][200]。在一个虚拟系统中，采用LRU算法。系统分给该进程5个页面来存储数据（不包含程序），设每页可存放200个整数，该程序要对整个数组初始化、数组存储时是按行存放的。试计算下列两个程序各自的缺页次数（假定所有页都以请求方式调入）（　）。

```
程序一: for (i=0; i<=99; i++)
            for (j=0; j<=199; j++)
                    A[i][j]=i*j
程序二: for (j=0; j<=199; j++)
                    for (i=0; i<=99; i++)
                    A[i][j]=i*j;
```

A. 100，200　　B. 100，20000　　C. 200，100　　D. 20000，100

7. 设有16页的逻辑空间，每页有2048B、它们被映射到64块的物理存储区中。那么，逻辑地址的有效位是（　）位，物理地址至少是（　）位。

A. 11、11　　B. 15、15　　C. 15、17　　D. 15、16

8. 考虑页面替换算法，系统有M个页帧（Frame）供调度，初始时全空；引用串（ReferenceString）长度P，包含了N个不同的页号，无论用什么算法，缺页次数不会少于（　），不会超过（　）。

A. N, M　　B. M, P　　C. N, P　　D. $\min(M,N)$，P

9. 下列管理方式中，不会产生内部碎片的是（　）。

A. 固定分区式存储管理　　B. 分页式存储管理

C. 分段式存储管理　　D. 段页式存储管理

10. 下面关于虚拟存储器的论述中，正确的是（　）。

A. 在段页式系统中以段为单位管理用户的逻辑地址空间，以页为单位管理内存的物理地址空间，段式由用户程序定义，通过虚拟存储技术实现了内存的逻辑扩充

B. 为了提高请求分页系统中内存的利用率，允许用户使用不同大小的页面

C. 为了能让更多的作业同时运行，作业运行只能入20%~30%的作业即启动运行

D. 最佳置换算法是实现虚拟存储器的常用算法

11. 下列哪种管理方式可以较好地解决主存碎片问题？（　）。

A. 固定分区　　B. 分页管理

C. 分段管理　　D. 动态连续分配

12. 下列存储管理方式中，会产生内部碎片的是（　）。

Ⅰ. 分段存储管理　　Ⅱ. 请求分页存储管理　　Ⅲ. 请求分段存储管理

Ⅳ. 段页式分区管理　　Ⅴ. 固定武分区管理

A. Ⅰ、Ⅱ、Ⅲ　　B. Ⅲ、Ⅳ　　C. 只有Ⅱ、Ⅳ　　D. Ⅱ、Ⅳ、Ⅴ

13. 在可变分区存储管理中，某作业完成后要收回其主存空间，该空间可能要与相邻空闲区合并。在修改未分配区表时，使空闲区个数不变且空闲区始址不变的情况是（　）空闲区。

A. 无上邻也无下邻　　B. 无上邻但有下邻

C. 有上邻也有下邻　　D. 有上邻但无下邻

14. 请求分页存储管理中，若把页面尺寸增大一倍而且可容纳的最大页数不变，则在程序顺序执行时缺页中断次数会（　）。

A. 增加　　B. 减少　　C. 不变　　D. 可能增加也可能减少

15. 某虚拟存储器系统采用页式内存管理，使用LRU页面替换算法，考虑页面访问地址序列 1 8 1 7 8 2 7 2 1 8 3 8 2 1 3 1 7 1 3 7。假定内存容量为4个页面，初始态所有物理块空的，则页面失效次数是（　），缺页率为（　）。

A. 4，20%　　B. 5，25%　　C. 6，30%　　D. 7，35%

● 综合应用题

1. 已知系统为32位实地址，采用48位虚拟地址，页面大小为4KB，页表项大小为8B，每段最大为4GB。

（1）假设系统使用纯页式存储，则要采用多少级页表？页内偏移多少位？

（2）假设系统采用一级页表，TLB命中率为98%，TLB访问时间为10ns，内存访问时间为100ns，并假设当TLB访问失败后才开始访问内存，平均页面访问时间是多少？

（3）如果是二级页表，页面平均访问时间是多少？

（4）上题中，如果要满足访问时间≤120ns，那么命中率需要至少多少？

（5）若系统采用段页式存储，则每个用户最多可以有多少段？段内采用几级页表？

2. 一台计算机有4个页框，装入时间、上次引用时间、它们的R（读）与M（修改）位见下表（时间单位：一个时钟周期），请问NRU、FIFO、LRU和第二次机会算法将分别替换哪一页？

页	装入时间	上次引用时间	R	M
0	126	279	0	0
1	230	260	1	0
2	120	272	1	1
3	160	280	1	1

3.5.3 答案精解

● 单项选择题

1.【答案】D

【精解】本题考查的知识点是内存管理基础——连续分配算法。根据最佳适配算法的定义，每次只找最小且能满足所需分配大小的空闲分区。主存的分配过程如下。

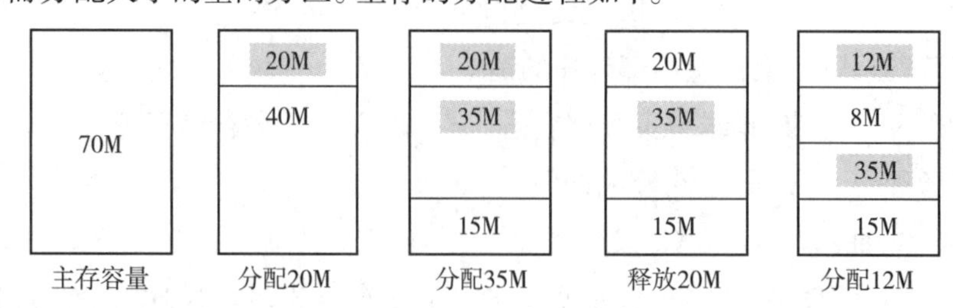

由上图，可知最大空闲分区为15MB。故选D。

2.【答案】C

【精解】本题考查的知识点是内存管理基础——连续分配管理方式。固定分区分配方式是多道程序设计最简单的存储分配，无外部碎片，但此分区分配方式存在两个问题：一是程序可能太大而放不进任何一个分区中，这时用户不得不使用覆盖技术来使用内存空间；二是主存利用率低，当程序小于固定分区大小时，也占用了一个完整的内存分区空间，这样会出现内部碎片现象，内存利用率低。故选C。

3.【答案】C

【精解】本题考查的知识点是内存管理基础——连续分配算法。在动态分区中，当内存碎片过多，有大作业申请时，可以采用紧凑拼接技术。如果内存碎片总容量超过申请作业的容量，一定可以分配内存。故选C。

4.【答案】D

【精解】本题考查的知识点是内存管理基础——内存保护。内存保护的主要措施包括界限寄存器法和存储保护键法。故选D。

5.【答案】D

【精解】本题考查的知识点是内存管理基础——覆盖与交换。所谓覆盖，就是把一个大的程序划分为一系列覆盖，每个覆盖就是一个相对独立的程序单位，把程序执行时并不要求同时装入内存的覆盖组成一组，称为覆盖段。一个覆盖段内的覆盖共享同一存储区域，该区域称为覆盖区，它与覆盖段一一对应。交换（对换）的基本思想是：把处于等待（阻塞）状态（或在CPU调度原则下被剥夺运行权利）的程序（进程）从内存移到辅存（外存），把内存空间腾出来，这一过程又叫换出。把准备好竞争CPU运行的程序从辅存移到内存，这一过程又称为换入。中级调度（策略）就是采用交换技术。二者都打破了必须将一个进程的全部信息装入主存后才能运行的限制。但是与覆盖技术相比，交换不要求程序员给出程序段之间的覆盖结构，而且交换主要是在进程或作业之间进行；而覆盖则主要在同一个作业或进程中进行。另外，覆盖只能覆盖与覆盖程序段无关的程序段。故选D。

6.【答案】B

【精解】本题考查的知识点是虚拟存储管理。本题中，矩阵a有$100\times200=20000$个整数，每页存放200个整数，故一页可以存放一行数组元素。系统分配给进程5个页面存放数据，假设程序已调入内存（因题目中没有提供与程序相关的数据，故可以不考虑程序的调入问题），因此只需考虑矩阵访问时产生的缺页中断次数。

对于程序一，由于矩阵存放是按行存储，本程序对矩阵a的访问也是按行进行的，因此本程序依次将矩阵a的内容调入内存，每一页只调入一次，每一页都会发生一次缺页中断，因此会产生20000/200=100次缺页中断。

对于程序二，矩阵存放时按行存储，而本程序对矩阵a的访问是按列进行的。当$j=0$时，内层循环的执行将访问第一列的所有元素，需要依次将矩阵a的100行调入内存，将产生100次缺页中断。当$j=1$时，仍需要依次将矩阵a的100行调入内存（因留在内存中的是第95、96、97、98、99行），仍将产生100次缺页中断，后续循环可依次类推。由此可知，程序二将产生20000次缺页中断。故选B。

7.【答案】C

【精解】本题考查的知识点是虚拟存储管理——请求分页管理方式。本题需要弄清页大小、页号位数、物理块数、页内偏移地址、逻辑地址位数、物理地址位数之间的联系。因为16页$=2^4$页，所以表示页号的地址有4位，又因为每页有$2048B=2^{11}B$，所以页内偏移地址有11位，所以逻辑地址总共有15位；又因为页面的大小和物理块的大小是一样的，所以每个物理块也是2048B，而内存至少有64块物理块，所以内存大小至少是$64\times2048B=2^{17}B$，所以物理地址至少要17位，不然无法访问内存的所有区域。故选C。

8.【答案】C

【精解】本题考查的知识点是虚拟存储管理——页面置换算法。本题考点角度较为灵活，并非考查页面置换算法的使用，而是讨论置换算法的缺页次数的界限，需要考生深入理解导致页面置换的原因。引用串的长度为p，那么即使每次有页面请求都发生缺页，缺页的次数也是p，所以p是缺页次数的上限。不同的页号数为n，那么至少每种页号第一次出现的时候内存中不会有这种页号存在，所以每种页号第一次出现的时候必然发生缺页，缺页次数的下限是n。故选C。

9.【答案】C

【精解】本题考查的知识点虚拟存储管理。只要是固定大小的分配就会产生内部碎片，其余的都会产生外部碎片。如果固定和不固定同时存在（如段式），物理本质还是固定的，解释如下：

分段虚拟存储管理：每一段的长度都不一样（对应不固定），所以会产生外部碎片，但不会产生内部碎片。

分页虚拟存储管理：每一页的长度都一样（对应固定），所以会产生内部碎片，但不会产生外部碎片。

段式分区管理：地址空间首先被分成若干个逻辑分段（这里的分段只是逻辑上的，而我们所说的碎片都是物理上真实存在的，是否有碎片还是要看每个段的存储方式，所以页才是物理单位），每段都有自己的段号，然后再将每个段分成若干个固定的页。所以其仍然是固定分配，会产生内部碎片。

固定式分区管理：很明显是固定的大小，会产生内部碎片。故选C。

10.【答案】A

【精解】本题考查的知识点是内存管理相关概念的基本理解。在段页式系统中，段是用户的逻辑地址空间，页是内存的物理地址空间，因为段是用户定义的，而页是系统自动划分的，所以页对于用户是透明的。每个系统的页面大小是固定的，由系统决定，不允许使用不同大小的页面。最佳置换算法仅用来对比其他算法，无法实现。故选A。

11.【答案】B

【精解】本题考查的知识点是内存管理基础——连续分配管理。分页管理方式中没有外部碎片，内存利用率高，而分段管理方式中会发生找不到连续的空闲分区放入整段，相对内存利用率不高。可变分区与单一连续分配失败，不用考虑。故选B。

12.【答案】D

【精解】本题考查的知识点是内存管理分区分配的理解。只要是固定的分配就会产生内部碎片，其余的都产生外部碎片。若固定和不固定同时存在（例如段页式），则看作固定。请求分段：每段的长度不同（不固定），产生外部碎片。请求分页：每页大小固定，产生内部碎片。段页式：视为固定，产生内部碎片。固定式分区管理产生的是内部碎片。故选D。

13.【答案】D

【精解】本题考查的知识点是内存管理基础——动态内存回收。选项A错，对于无上邻也无下邻的情况，空闲区个数要增1。选项B错，空闲区始址要变。选项C错，空闲区个数减2。故选D。

14.【答案】D

【精解】本题考查的知识点是虚拟内存管理——请求分页内存管理。缺页不但跟页面大小有关，同时也跟页面数、页面置换算法和页面走向有关。在请求分页存储器中，由于页面尺寸增大，存放程序需要的页帧数就会减少，但是缺页中断的次数还与置换算法和页面走向有关。故选D。

15.【答案】C

【精解】本题考查的知识点是虚拟内存管理——页面置换算法。根据LRU的特点，则具体访问过程如下：

访问页面	1	8	1	7	8	2	7	2	1	8	3	8	2	1	3	1	7	1	3	7
1	1	1		1		1					1						1			
2		8		8		8					8						7			
3				7		7					3						3			
4						2					2						2			
是否缺页	✓	✓		✓		✓					✓						✓			

故选C。

● 综合应用题

1.【考点】本题考查的知识点是请求分页管理方式。

【参考答案】(1)已知页面大小4KB=2^{12}B，即页内偏移量的位数为12。采用48位虚拟地址，故虚页号为48-12=36位。页表项的大小为8B，则每页可容纳4KB/8B=512=2^9项。那么所需多级页表的级数36/9=4，故应采用4级页表。

(2)系统进行页面访问操作时，首先读取页面对应的页表项，有98%的概率可以在TLB中直接读取到(10ns)，然后进行地址变换，访问内存读取页面(100ns)，所需时间为10ns+100ns=110ns。如TLB未命中(10ns)，则要通过一次内存访问来读取页表项(100ns)，地址变换后，再访问内存(100ns)，因TLB访问失败后才开始访问内存，因此所需时间为10ns+100ns+100ns=210ns。页表平均访问时间为[98%×110+(1-98%)×210]ns=112ns。

(3)二级页表的情况下，TLB命中的访问时间还是110ns，未命中的访问时间加上一次内存访问时间，即210ns+100ns=310ns，那么平均访问时间为[98%×110+(1-98%)×310] ns=114ns。

(4)本问是在第(3)小题的基础上提出的，假设快表命中率为p，则应满足[p×110+(1-p)×310] ns≤120ns求解不等式，得p≥95%。

(5)系统采用48位虚拟地址，虚拟地址空间为2^{48}B，每段最大为4GB，那么最大段数=2^{48}B/4GB=2^{16}=65536。

4GB=2^{32}B，即段内地址位数为32，段内采用多级页表，那么多级页表级数$\left\lceil \frac{32-12}{9} \right\rceil$=3，故段内采用3级页表。

2.【考点】本题考查的知识点——页面置换算法。

【参考答案】(1)NRU算法是从最近一个时期内未被访问过的页中任选一页淘汰。根据题表所示，只有第0页的R和M位均为0，故第0页是最近一个时期内未被访问的页，所以NRU算法将淘汰第0页。

(2)FIFO算法淘汰最先进入内存的页。由题表所示可知，第2页最先进入内存(装入时间最小)，故FIFO算法将淘汰第2页。

(3)LRU算法淘汰最近最久未用的页。根据题表3-15所示，最近最久未使用的页(上次引用时间最小)是第1页，故LRU算法将淘汰第1页。

(4)第二次机会算法是淘汰一个自上一次对它检查以来没有被访问过的页。根据题表所示可知，自上一次对它检查以来只有第0页未被访问过(R和M均为0)，故第二次机会算法将淘汰第0页。

第4章

文件管理

第4章　文件管理

4.1 考点解读

本章的考点如图4.1所示。文件管理也是计算机操作系统的重要组成部分，每年出题分值不等，一般在3~13分。考查形式涵盖单选题和综合题，因此本章内容也需考生认真复习。依据统考大纲及近10年的考情分析（见表4.1），本章涉及的考试内容包括文件系统基础、文件系统实现、磁盘组织与管理三个主要部分。文件系统基础部分主要考查文件的概念、文件结构、文件的共享和保护等。文件系统实现中主要考查文件系统的层次结构、目录和文件的实现。磁盘组织与管理中主要考查磁盘的调度算法和磁盘的管理等。其中考生要重点掌握文件系统的结构及其实现、磁盘的相关知识点、文件系统的文件控制块、物理分配方法、索引结构，以及磁盘特性和结构、磁盘调度算法等知识点，这些都是综合题易考查的内容。

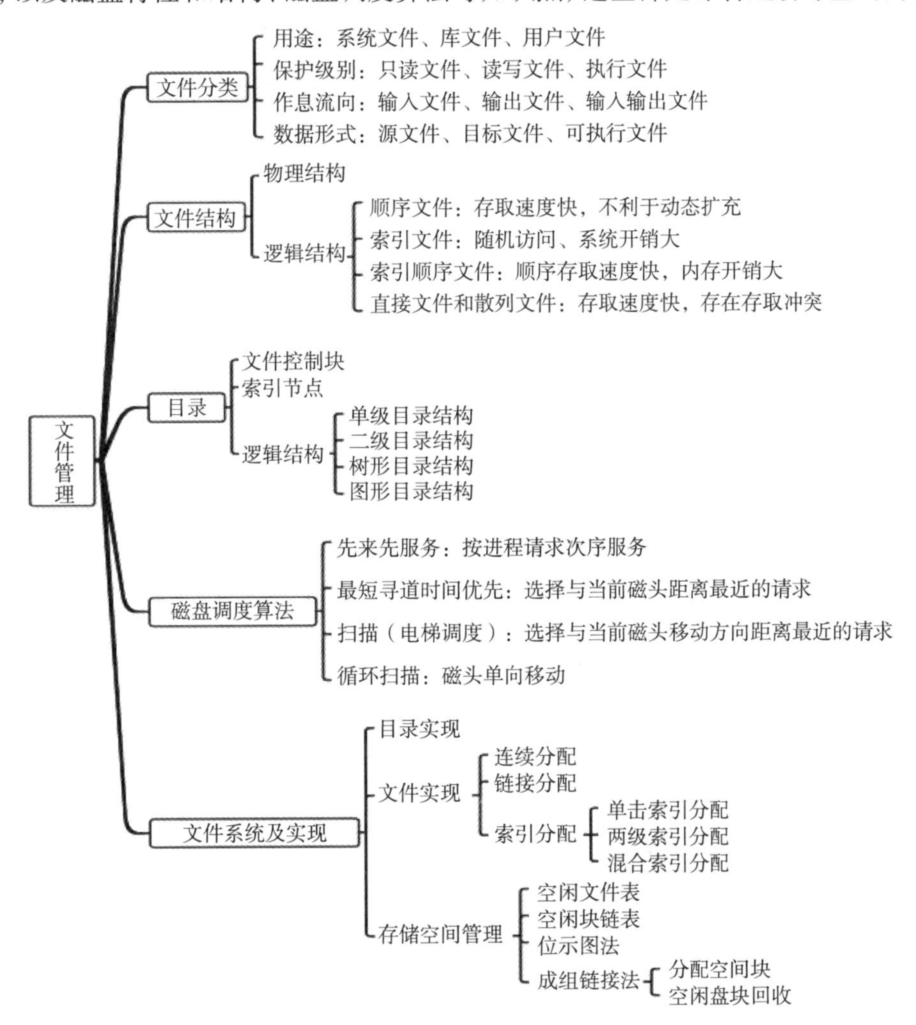

图4.1　文件管理考点导图

表4.1　近10年本章联考考点统计表

年份	题型		分值			联考考点
	单项选择题（题）	综合应用题（题）	单项选择题（分）	综合应用题（分）	合计（分）	
2013	3	0	6	0	6	文件概念、文件逻辑结构、文件实现
2014	2	1	4	7	11	文件的概念、文件实现
2015	3	0	6	0	6	目录结构、文件的实现、磁盘调度算法
2016	0	1	0	9	9	文件的实现
2017	3	0	6	0	7	磁盘的结构、磁盘的管理、文件实现
2018	2	1	4	8	12	文件实现、磁盘调度算法
2019	1	1	2	7	9	文件实现、磁盘的存储结构
2020	2	0	4	0	4	文件共享、文件目录
2021	2	1	4	8	12	文件删除、系统启动、磁盘调度算法
2022	0	1	0	7	7	文件的索引结构

4.2 文件系统基础

计算机主要的功能即对数据的处理，因此数据的组织方式及管理形式是计算机的核心内容，而在计算机系统中，大量程序和数据是以文件的形式来存储及管理的。文件是用户访问计算机的基本数据单位。文件系统的管理功能，是通过把它所管理的程序和数据组织成一系列文件的方法来实现的。从文件的层次结构来看，文件则是指具有文件名的若干相关元素（记录）的集合。记录是一组有意义的数据项的集合。可见，基于文件系统的概念，文件的基本结构应该包括数据项、记录和文件三级，如图4.2所示。

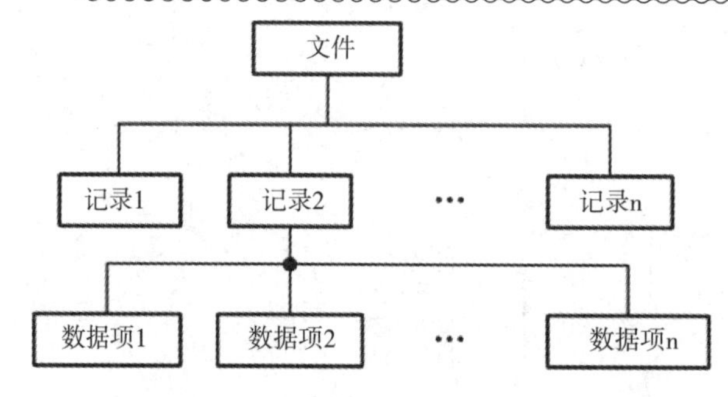

图4.2　文件、记录和数据项之间的层次关系

4.2.1 文件概念

（1）文件定义

文件是具有文件名的存储在某种物理介质上的一组相关元素的集合。文件是文件系统中最大的数据单位，它描述了一个对象集，每个文件都有一个文件名，用户通过文件名来访问文件。

从文件的组成结构自底向上地剖析文件：

① 数据项。数据项是文件系统中最低层的数据组织形式，其类型可分以下两种。

A. 基本数据项。即用于描述一个对象的某种属性的值，如姓名、日期或证件号等，是数据中可命名的最小逻辑数据单位，即原子数据。

B. 组合数据项。由多个基本数据项组成，如工资包括基本工资、绩效工资等。

② 记录。一组相关的数据项的集合，用于描述一个对象在某方面的属性，如一名考生的报名记录包

括考生姓名、出生日期、报考学校代号、身份证号等一系列域。在系统内，为了能唯一地标识一个记录，通常必须在一个记录的各个数据项中，确定出一个或几个数据项作为关键字（key）。关键字是唯一能标识一个记录的数据项。

③ 文件。指由创建者所定义的一组相关信息的集合，逻辑上可分为有结构文件和无结构文件两种。在有结构文件中，文件由一组相似的记录组成，如报考某学校的所有考生的报考信息记录，又称记录式文件；而无结构文件则被视为一个字符流，比如二进制文件或字符文件，又称流式文件。

在OS中，文件并无严格的定义，通常将程序和数据组织成文件。文件可以是数字、字母或二进制代码，基本访问单元可以是字节、行或记录。文件可以长期存储于硬盘或其他二级存储器中。

④ 文件元数据和索引节点。

每个文件都有属性信息，比如文件的大小、时间、类型等称为文件的元数据（meta data），这些元数据存放在inode（index node）表中。node表由很多条记录组成，第一条记录对应地存放了一个文件的元数据信息。inode（index node）表中包含文件系统所有文件列表，如图4.3所示。

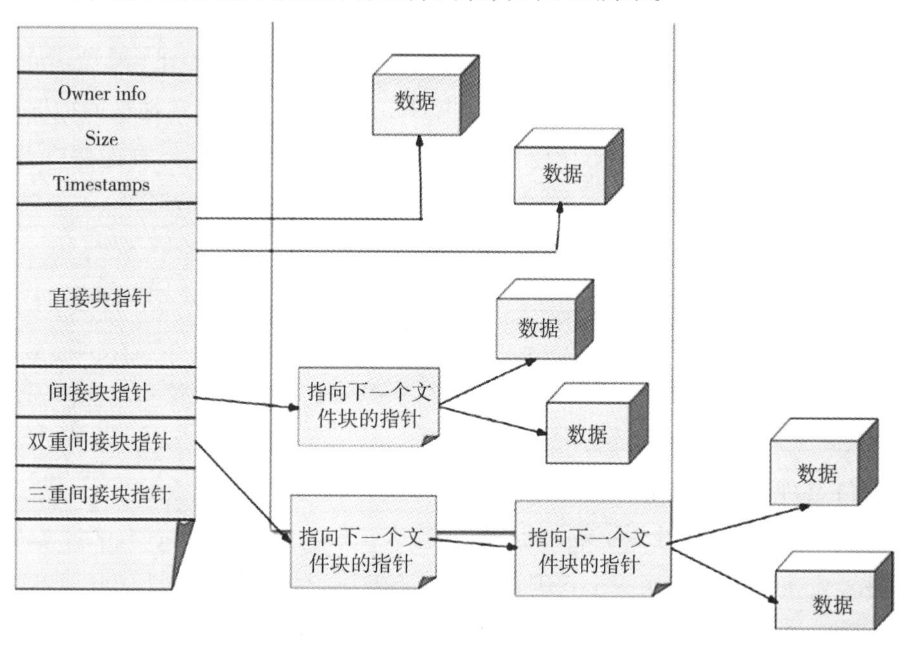

图4.3 inode结构

一个节点（索引节点）是在一个表项中，包含有关文件的信息（元数据），包括：文件类型、权限、UID、GID；链接数（指向这个文件名路径名称个数）；该文件的大小和不同的时间戳；指向磁盘上文件的数据块指针；有关文件的其他数据；inode索引节点编号。

（2）文件属性

根据系统的要求，文件通常包括以下属性：

① 文件名称。用户访问的唯一标识，以容易读取的形式保存。

② 文件标识符。标识文件系统内文件的唯一标签，通常为数字，是用户不可读的一种内部名称。

③ 文件类型。被支持不同类型的文件系统所使用。

④ 文件位置。指向设备和设备上文件的指针。

⑤ 文件大小。文件当前大小（用字节、字或块表示），也可包含文件允许的最大值。

⑥ 文件保护。对文件进行保护的访问控制信息。

⑦ 文件时间。日期和用户标识。文件创建、上次修改和上次访问的相关信息，用于保护和跟踪文件的

使用。

注意: 文件的所有信息都保存在目录结构中,而目录结构保存在外存上。文件信息在需要时才调入内存。通常,目录结构必须包括文件名称及其唯一的标识符,由标识符定位其他属性信息。

(3)文件类型

系统为了便于管理和控制文件而将文件分成若干种类型。因不同的系统对文件的管理方式不同,文件的分类也不同。为了方便系统和用户了解文件的类型,在大部分OS中通常把文件类型作为扩展名而缀在文件名的后面,同时将文件名和扩展名之间用"."号隔开。下面是常用的几种文件分类方法。

① 按用途分类:系统文件、用户文件、库文件。

② 按文件中数据的形式分类:源文件、目标文件、可执行文件。

③ 按存取控制属性分类:可执行文件、只读文件、读写文件。

④ 按组织形式和处理方式分类:普通文件、目录文件、特殊文件。

(4)文件系统模型

文件系统中的文件模型如图4.4所示,其包括对象及其属性(文件、目录、磁盘存储空间)、对对象操纵和管理的软件集合(实现文件存储空间的管理、文件目录管理、文件逻辑地址向物理地址的转换、文件的读和写管理以及文件的共享和保护等功能)、文件系统的接口(命令接口、程序接口、图形用户接口)。

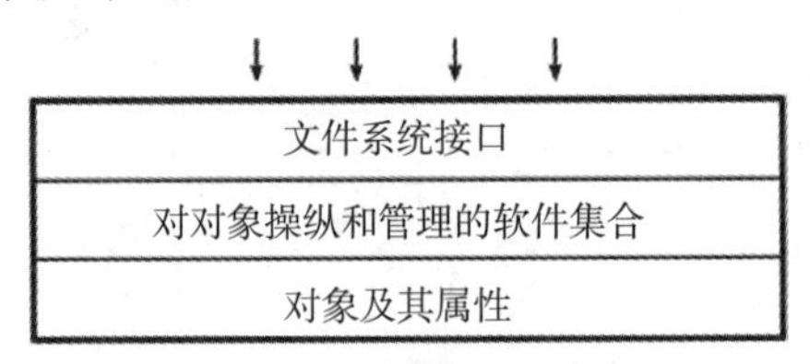

图4.4 文件系统模型

① 对象及其属性。文件管理系统管理的对象包括:

A. 文件。文件管理的直接对象。

B. 目录。主要任务是方便用户对文件的存取和检索,为此目录中必须含有文件名及该文件所在的物理地址(或指针)。通过对目录的组织形式进行管理是方便用户和提高对文件存取速度的关键。

C. 磁盘(磁带)存储空间。文件和目录必定占用存储空间,有效地对这部分空间进行管理,可以提高外存的利用率和文件的存取速度。

② 对对象操纵和管理的软件集合。这是文件管理系统的核心部分。文件系统的基本功能都是在本层实现,其中包括:对文件存储空间的管理、对文件目录的管理、用于将文件的逻辑地址转换为物理地址的机制、对文件读和写的管理,以及对文件的共享与保护等功能。

③ 文件系统的接口。为方便用户使用文件系统,文件系统通常向用户提供两种类型的接口:

A. 命令接口。用户与文件系统交互的接口。用户通常可以通过键盘终端键入命令来获取文件系统的服务。

B. 程序接口。用户程序与文件系统的接口。用户程序通过系统调用方式来获取文件系统的服务。

(5)文件操作

文件属于抽象数据类型。系统提供了有关文件的基本操作。其中主要包括文件的基本操作、文件的打开与关闭以及文件属性的设置、目录的操作等。

① 最基本的文件操作。

A. 创建文件。创建一个文件,首先为新建文件提供外存空间,其次在文件系统中建立目录项,目录项应记录文件名称及在文件系统中的位置及其他的信息。

B. 删除文件。在删除不需要的文件时，系统应先从目录中找到要删除文件的目录项，并使之成为空项，然后回收该文件所占用的存储空间。

C. 读文件。系统将文件名和文件内存目标地址给文件调用程序，同时查找目录，根据文件的外存地址设置一个读指针，当进行读操作时更新读指针。

D. 写文件。系统将文件名和文件内存地址传递给文件调用程序，同时查找目录，根据外存地址设置写指针，当进行写操作时更新写指针。

E. 截断文件。当文件内容不再需要或者需要全部更新时，可以将文件删除重新创建；或者保持文件所有属性不变，删除文件内容，即将其长度设为0并释放其空间。

F. 设置文件的读/写位置。通过设置文件的读/写位置，可以使每次对文件操作时不必从文件始端开始，而可以从某个特定位置开始。

② 文件的“打开”和“关闭”操作。操作系统提供文件操作基本上都要完成两个过程：一是检索文件目录，找到文件的属性及所对应的外存位置；二是对文件进行操作。如果多次对文件进行操作，每次都要完成这两个步骤，需要多次检索目录，降低了工作效率。为了避免多次检索目录，引入了“打开文件”系统调用。

- “打开文件”是指系统将文件的属性从外存复制到内存，并设定一个编号（或索引）返回给用户。以后当用户要对该文件进行操作时，只需利用编号（或索引号）向系统提出请求即可。这样避免了系统对文件的再次检索，既节约了检索开销，又提高了对文件的操作速度。

每次打开文件都要涉及如下关联信息：

A. 文件指针。系统跟踪上次读写位置作为当前文件位置指针，这种指针对打开文件的某个进程来说是唯一的，因此，必须与磁盘文件属性分开保存。

B. 文件打开计数。文件关闭时，操作系统必须重用其打开文件表（包含所有打开文件信息的表）条目，否则表内空间会不够用。因为多个进程可能打开同一个文件，所以系统在删除打开文件条目之前，必须等待最后一个进程关闭文件。该计数器跟踪打开和关闭的数量，当该计数为0时，系统关闭文件，删除该条目。

C. 文件磁盘位置。绝大多数文件操作都要求系统修改文件数据。该信息保存在内存中，以免为每个操作都从磁盘中读取。

D. 访问权限。每个进程打开文件都需要有访问模式（创建、只读、读写、添加等）。该信息保存在进程的打开文件表中，以便操作系统能允许或拒绝之后的I/O请求。

- “关闭文件”。系统将打开的文件的编号（或索引号）删除，并销毁其文件控制块。若文件被修改，则需要将修改保存到外存。

例题：分析文件系统必须完成的工作包括哪些？

A. 文件的存取。包括文件的顺序存取和随机存取两种方式。

B. 目录管理。建立新文件时，应将与该文件的一些属性登记在文件目录中；读文件时，从文件目录中查找指定文件是否存在并核对是否有权使用。

C. 文件的组织。当用户要求保存文件时，必须把逻辑文件转换成物理文件，当用户要求读文件时，又把物理文件转换成逻辑文件。

D. 文件存储空间的管理。必须记住哪些存储空间已被占用，哪些存储空间是空闲的。

E. 文件操作。提供基本文件操作，如建立、打开、读、写、关闭和删除等操作。

F. 文件共享、保护、保密。实现文件的共享，对文件提供安全保护措施。

4.2.2 文件的逻辑结构

从不同的角度来观察文件，其结构也不同。从用户的角度来观察是文件的组织形式，是用户可以直接处理的数据及其结构，它独立于文件的物理特性，又称为文件组织（逻辑结构）。从计算机的角度来观察是文件在外存上的存储组织形式。这不仅与存储介质的存储性能有关，而且与所采用的外存分配方式也有关。又称文件的存储结构（物理结构）。因此对任何文件都存在两种形式的结构：逻辑结构和物理结构。从逻辑结构上看，文件可以分为两种形式：一种是有结构的记录式文件；另一种是无结构的流文件。记录式文件的逻辑结构通常有顺序、索引和索引顺序三种。从物理结构上看，文件的组织形式有连续分配、链接分配和索引分配。根据考纲的要求，这里只介绍文件的逻辑结构。

（1）有结构文件

有结构文件是按照记录的组织形式，可以分为以下几种类型：

① 顺序文件。采用顺序结构，是一种最简单的文件结构，其将一个逻辑文件的信息以顺序存储或链表方式存储。在访问时采用顺序搜索的方式。以顺序结构存放的文件称为顺序文件或连续文件。顺序文件按照不同的特性具有不同的类别，具体的分类如下：

A. 按照记录是否定长，顺序文件分为定长记录顺序文件和变长记录顺序文件。

B. 按照文件中记录是否按照关键字排序，顺序文件又分为串结构和顺序结构：串结构中各记录之间的顺序与关键字无关，而顺序结构中所有记录按照关键字顺序排序。

顺序文件的主要优点是顺序存取时速度较快；若文件为定长记录文件，还可以根据文件起始地址及记录长度进行随机访问。但因为文件存储要求连续的存储空间，所以会产生碎片，同时也不利于文件的动态扩充。

② 索引文件。由索引表和逻辑文件构成。其中索引结构为一个逻辑文件的信息建立一个索引表。索引表中的表目存放文件记录的长度和所在逻辑文件的起始位置，如图4.5所示，因此在逻辑文件中不再保存记录的长度信息。其中索引表本身是一个定长文件，而每个逻辑块可以是变长的。引入索引表的目的是加快检索速度，提高访问速度。

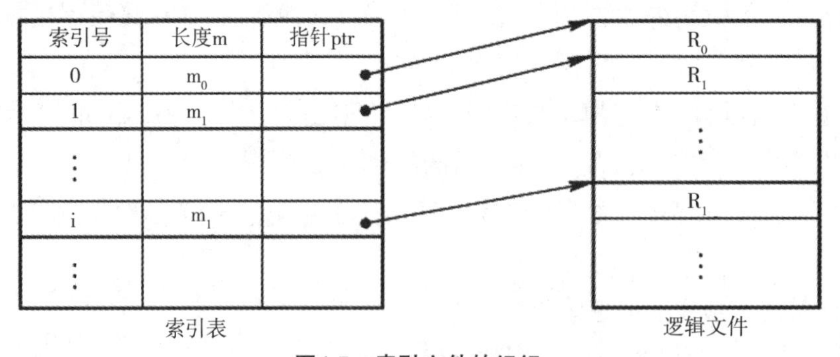

图4.5　索引文件的组织

索引文件的优点是可以进行随机访问，也易于进行文件的增删。缺点是索引表的使用增加了存储空间的开销，另外，索引表的查找策略对文件系统的效率影响很大。

③ 索引顺序文件。顺序文件和索引文件两种形式的结合。索引顺序文件将顺序文件中的所有记录分为若干个组（为顺序文件建立一张索引表，如图4.6所示），并为每组中的第一个记录在索引表建立一个索

引项，其中含有该记录的关键字和指向该记录的指针。索引表中包含关键字和指针两个数据项，索引表中索引项按照关键字顺序排列。索引顺序文件的逻辑文件（全文件）是一个顺序文件，每个分组内部的关键字不必有序排列，但是组与组之间的关键字是有序排列的。索引顺序文件大大提高了顺序存取的速度，但是，仍然需要配置一个索引表，增加了存储开销。

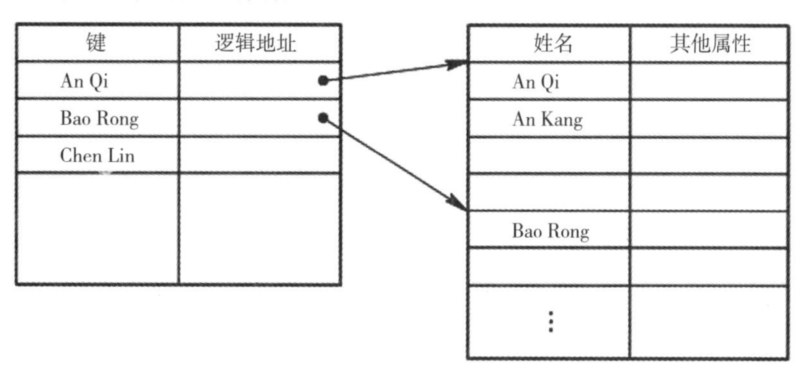

图4.6 索引顺序文件的组织形式

④ 直接文件或散列文件（HashFile）。该文件结构是根据给定记录的键值或通过散列函数转换的键值来直接决定记录的物理地址。这种映射结构不同于顺序文件或索引文件，没有顺序的特性。散列文件的优点是具有很高的存取速度，但可能会出现不同关键字的散列函数值相同而引起冲突。

（2）无结构文件

无结构文件是由若干个字符组成，可以看作一个字符流，称为流式文件。在一些情况下可以将流式文件看作记录式文件的特例。如源程序、可执行文件、库函数等，所采用的都是无结构的文件形式，其长度以字节为单位。对流式文件的访问，则是采用读/写指针来指出下一个要访问的字符。在UNIX系统中，所有的文件都被看作是流式文件，即使是有结构文件，也被视为流式文件，系统不对文件进行格式处理。

4.2.3 文件的物理结构

文件的物理结构又称为文件的存储结构，它是指文件在外存上的存储组织形式，与存储介质的存储性能有关。常用的物理结构有连续文件结构、串联文件结构和索引文件结构三种。

（1）连续文件结构（连续分配方式）

这是最简单的物理文件结构，它把一个在逻辑上连续的文件信息依次存放到物理块中。如图4.7所示，表示存放该文件的第一个块序号为10，它的长度为4，表示该文件从序号为10的块开始存储在连续的4个物理块中。

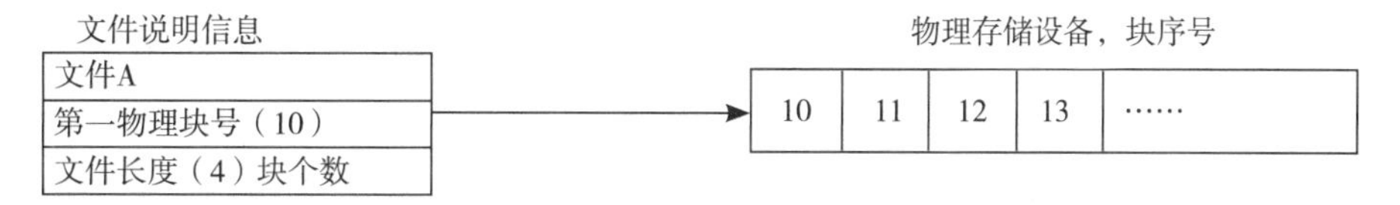

图4.7 连续文件结构

（2）串联文件结构（链接分配方式）

串联文件结构用离散分配，即非连续的物理块来存放文件信息。这些非连续的物理块之间没有顺序关系，其中每一个物理块设有一个指针，指向其后续物理块，从而使得存放同一文件的物理块链接成一个串联队列。

如图4.8所示，文件说明信息表示存放文件的第一个物理块号为20，该文件拥有一个指向文件首块的指针，文件首块的数据区保存文件真正的数据，指针区则指向存放该文件的下一个物理块，以此类推，采用的是类似于链表的结构表示一个存放位置不连续的文件。

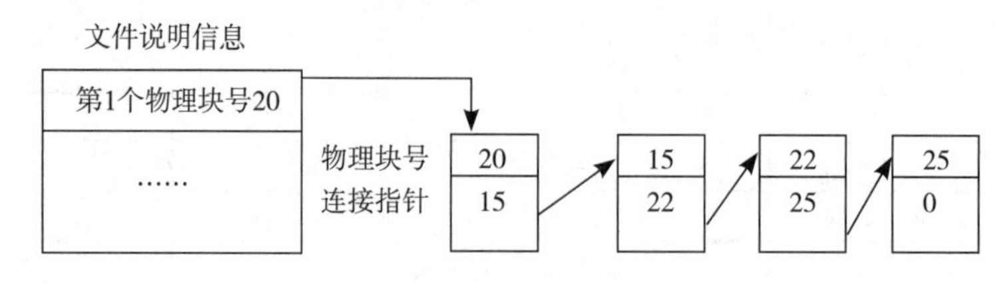

图4.8　串联文件结构

（3）索引文件结构（索引分配方式）

索引文件要求系统为每个文件建立一张索引表，表中每一个栏目指出文件信息所在的逻辑块号和与之对应的物理块号。

如图4.9所示，索引分配方式将每个文件的所有盘块号都集中存放在一个索引表（逻辑块与物理块的映射表）中，这是个磁盘块地址数组，根据逻辑块号找到对应的物理块号，根据物理块号到磁盘找具体的数据块即可。

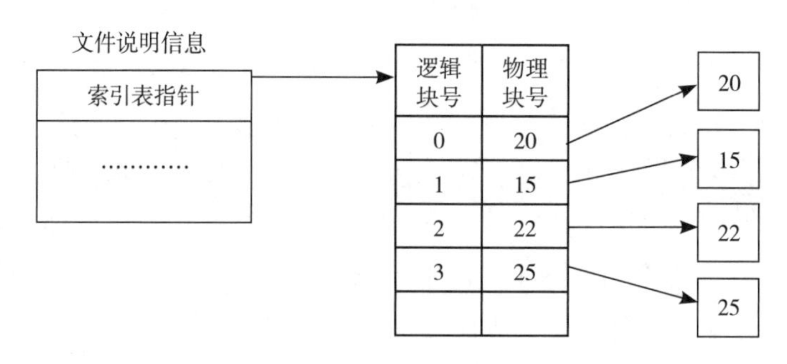

图4.9　索引文件结构

4.2.4 目录结构

（1）文件目录

在计算机系统中，存储大量的文件，且种类繁多，为了有效管理这些文件，以方便用户查找所需文件，应对它们进行妥善的组织，于是引入了文件目录。

文件的组织是通过文件目录来实现的，文件目录也是一种数据结构，用于标识系统中的文件及其物理地址，供检索时使用。其中目录管理的具体要求如下：

① 实现“按名存取”。即用户只需提供文件的名字，便能快速准确地找到访问文件在外存上的存储位置，并对其操作。这既是目录管理中最基本的功能，也是文件系统向用户提供的最基本的服务。

② 提高对目录的检索速度。这就要求在设计大中文件系统时，应合理组织目录结构，以加快目录检索速度、提高文件存取速度为主要目标。

③ 文件共享。在多用户系统中，应在外存中保留一份文件的副本，允许多个用户共享该文件。以节省大量的存储空间，方便用户和提高文件利用率。

④ 允许文件重名。为了便于用户按照自己的习惯给文件命名和使用文件。系统应允许不同用户对不同文件采用相同的名字，文件系统可以通过不同的目录来加以区别。

(2)文件控制块与索引结点

① 文件控制块。与进程管理一样,为实现目录管理,操作系统中引入了文件控制块的数据结构。文件由文件控制块(File Control Block, FCB)和文件体两部分组成。其中文件体即文件本身,而文件控制块(又称为文件说明)则是保存文件属性信息的数据结构。人们通常把文件控制块的有序集合称为文件目录,即一个文件控制块就是一个文件目录项。通常,一个文件目录也被看作是一个文件,称为目录文件。FCB主要包括以下信息:

- 基本信息。如文件名、文件的物理位置、文件的逻辑结构、文件的物理结构等。
- 存取控制信息。如文件存取权限等。
- 使用信息。如文件建立时间、修改时间等。

注意: 文件目录与目录文件的理解。

A. 在文件系统中,文件目录记录文件的管理信息、文件控制块的有序集合。文件系统又把同一卷上的若干文件的文件目录组成一个独立的文件,这个文件全部由文件目录组成,称为目录文件。

B. 文件目录和目录文件是两个不同的概念。文件目录记录文件的管理信息,用于对单个文件的控制。目录文件是部分文件目录组成的文件,用于文件系统的管理。

C. 文件目录用于对单个文件的控制,一般它包含文件的名字、文件长度、文件存放在外存的物理地址,以及文件属性和文件建立修改的日期、时间等信息。

② 索引结点。

A. 索引结点的引入。文件目录一般存放在磁盘上,在访问文件需要查找目录时,先将存放目录文件的第一个盘块中的目录调入内存,然后把用户所给定的文件名与目录项中的文件名逐一比较。若未找到给定文件,则调下一个盘块中的目录项到内存,直至找到给定文件目录。设目录文件所占用的盘块数为N,按着目录管理方式查找,则查找一个目录项平均需要调入盘块(N+1)/2次。例如一个FCB为64B,盘块大小为1KB,则每个盘块中只能存放16个FCB;若一个文件目录中共有640个FCB,需占用40个盘块,故平均查找一个文件需启动磁盘20次,严重降低了文件的存取速度,系统开销大。为此引入索引结点的方式。

因为文件查找的过程中只涉及文件名,而文件控制块的其他信息没有用到,再调入到过程中也一并调入内存,增大了开销,降低了存取速度。索引结点是指在检索目录文件的过程中,只用到了文件名,仅当找到匹配目录项(查找文件名与目录项中文件名匹配)时,才需要从该目录中读出该文件的物理地址,其结构如图4.10所示。

文件名	索引结点编号
文件名1	
文件名2	
…	…

0 13 14 15

图4.10 索引结点结构

例如,在UNIX系统中一个目录仅占16个字节,其中14个字节是文件名,2个字节为i结点指针。在1KB的盘块中可做64个目录项,这样,为找到一个文件,可使平均启动磁盘次数减少到原来的1/4,大大节省了系统开销。

【例题】在某个文件系统中，每个盘块为512个字节，文件控制块占64个字节，其中文件名占8个字节。如果索引结点编号占2个字节，对一个存放在磁盘上的256个目录项的目录，试比较引入索引结点前后，为找到其中一个文件的FCB，平均启动磁盘的次数。

【解答】在引入索引结点前，每个目录项中存放的是对应文件的FCB，故256个目录项的目录总共需要占用：256×64/512=32个盘块。因此，在该目录中检索到一个文件，平均启动磁盘的次数为（1+32）/2，即16.5次。

在引入索引结点之后，每个目录项中只需存放文件名和索引结点的编号，因此256个目录项的目录总共需要占用：256×（8+2）/512=5个盘块。因此，找到匹配的目录项平均需要启动（1+5）/2，即3次磁盘；而得到索引结点编号后，还需启动磁盘将对应文件的索引结点读入内存，故平均需要启动磁盘4次。可见，引入索引结点后，可大大减少启动磁盘的次数，从而有效地提高检索文件的速度。

B. 磁盘索引结点。存放在磁盘上的索引结点称为磁盘索引结点，在UNIX系统中，每个文件都有一个唯一的磁盘索引结点，其内容主要包括以下几个方面：

- 文件主标识符：即拥有该文件的个人或小组的标识符。
- 文件类型：包括普通文件、目录文件或特别文件。
- 文件存取权限：指各类用户对该文件的存取权限。
- 文件物理地址：每一个索引结点直接或间接方式给出数据文件所在盘块的编号。其每个索引结点含有13个地址项，即iaddr（0）~iaddr（12）。
- 文件长度：指以字节为单位的文件长度。
- 文件连接计数：表明在本文件系统中所有指向该（文件的）文件名的指针计数。
- 文件存取时间：指本文件最近被进程存取的时间、最近被修改的时间及索引结点最近被修改的时间。

C. 内存索引结点。存放在内存中的索引结点称为内存索引结点。当文件被打开时，要将磁盘索引结点拷贝到内存的索引结点中，便于以后使用。在内存索引结点中又增加了以下内容：

- 索引结点编号：用于标识内存索引结点。
- 状态：指示i结点是否上锁或被修改。
- 访问计数：每当有一进程要访问此i结点时，将该访问计数加1，访问完再减1。
- 逻辑设备号：文件所属文件系统的逻辑设备号。
- 链接指针：设置有分别指向空闲链表和散列队列的指针。

（3）目录结构

在理解目录结构之前，先了解一下目录管理层次主要完成的操作，有助于后期的文件系统理解。本层次的主要操作如下：

- 搜索。当用户需要访问文件时，首先需要搜索目录，以找到该文件的对应目录项。
- 创建文件。当创建一个新文件时，需要在目录中增加一个目录项。
- 删除文件。当删除一个文件时，需要在目录中删除相应的目录项。
- 显示目录。用户可以请求显示目录的内容，如显示该用户目录中所有文件及属性。
- 修改目录。某些文件属性保存在目录中，因而这些属性的变化需要修改相应的目录项。

因此，目录结构的组织结构直接关系到文件系统的存取速度、文件的共享性和安全性。组织好文件的目录是设计好文件系统的重要环节。目前常用的目录结构形式有单级目录、两级目录和多级目录。

① 单级目录。单级目录结构简单，在整个文件系统中只建立一张目录表，每个文件占一个目录。

项，目录项中含文件名、文件扩展名、文件长度、文件类型、文件物理地址以及其他文件属性。此外又增置了一个状态位，为判断每个目录项是否空闲。如图4.11所示。

文件名	物理地址	文件说明	状态位
文件名1			
文件名2			
…			

图4.11 单级目录结构

当需要访问一个文件时，首先按文件名在该目录中查找相应的FCB，经合法性检查后执行相应的操作。当建立一个新文件时，必须先检索所有目录项以确保文件名的唯一性，然后在该目录中增设一项，把FCB的全部信息保存在该项中。当删除一个文件时，先从该目录中找到该文件的目录项，回收该文件所占用的存储空间，然后清除该目录项。

单级目录结构实现了“按名存取”，结构简单，易于实现，但是该结构存在文件不允许重名、查找速度慢、不便于文件共享等缺点，不能应用于多用户操作系统。

② 两级目录。二级目录结构将文件目录分成主文件目录和用户文件目录。系统为每个用户建立一个单独的用户文件目录（User File Directory，UFD），它由用户所有文件的文件控制块组成。此外，在系统中再建立一个主文件目录MFD（MasterFileDirectory）；在主文件目录中，每个用户目录文件都占有一个目录项，其目录项中包括用户名和指向该用户目录文件的指针。如图4.12所示。

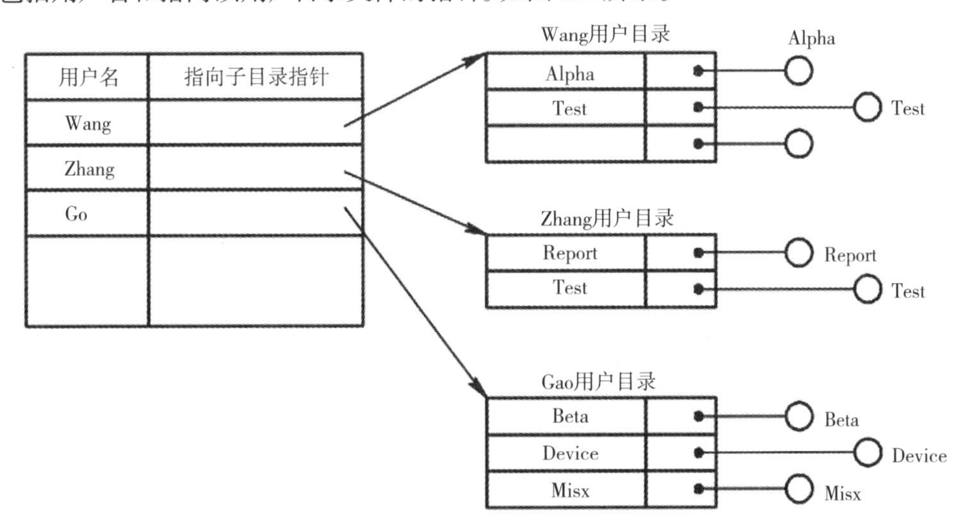

图4.12 二级目录结构

当用户要访问一个文件时，系统先根据用户名在主文件目录中查找该用户的文件目录，然后根据文件名在其用户文件目录查找相应的目录项，从中得到该文件的物理地址，进而完成对文件的访问。

当用户要建立一个文件时，若为新用户，即主文件目录表中无此用户的相应登记项，则系统为其在主目录分配一个表目并为其分配存放用户文件目录的存储空间，同时在用户文件目录中为新文件分配一个表目，然后在表目中填入有关信息。

文件删除时，只需要在用户文件目录中删除该文件的目录项。若删除后该用户目录表为空，则表明该用户已脱离了系统，从而可以将主文件目录表中该用户的对应项删除。

二级目录结构可以解决文件重名问题，同时具有以下三方面的优点：提高了检索目录的速度。在不同的用户目录中，可以使用相同的文件名。不同用户还可使用不同的文件名来访问系统中的同一个共享文件。

③ 多级目录。在诸多大型文件系统中，通常采用三级或三级以上的目录结构，目的是为了提高对目录的检索速度和文件系统的性能。多级目录结构通常采用树形结构，又称为树型目录结构，其中主目录为根目录，数据文件为树叶，其他的目录均为树的结点。如图4.13所示。

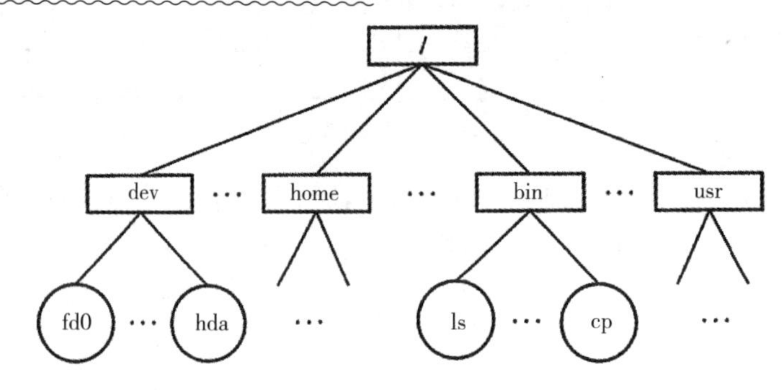

图4.13　多级目录结构

为了检索树形结构，需要明白以下几个概念：

● 路径名。在树形目录结构中，往往使用路径名来唯一标识文件。文件的路径名是一个字符串，该字符串由从根目录出发到所找文件的通路上的所有目录名与数据文件名用分隔符“\”连接而成。从根目录出发的路径称为绝对路径，从当前目录开始直到文件为止的路径称为相对路径。

● 当前目录。当树形目录的层次较多时，如果每次都要使用完整的路径名来查找文件，会使用户感到不便，系统本身也需要花费大量的时间进行目录搜索。为此应采取有效措施解决这一问题。考虑到一个进程在一段时间内所访问的文件通常具有局部性，因此可在这段时间内指定某个目录作为当前目录（或称为工作目录）。进程对各文件的访问都是相对于当前目录进行的，此时文件使用的路径名为相对路径。系统允许文件路径往上走，并用“.”表示给定目录（文件）的父目录。

如图4.13所示，Linux操作系统的目录结构，“/dev/hda”就是一个绝对路径。若当前目录为“/bin”，则“./ls”就是一个相对路径，其中符号“.”表示当前工作目录。

多级目录结构的优点体现在查询速度更快、层次结构更加清晰，能够更加有效地进行文件的管理和保护。另外，在多级目录中，不同性质、不同用户的文件可以构成不同的目录子树，不同层次、不同用户的文件分别呈现在系统目录树中的不同层次或不同子树中可以容易地赋予不同的存取权限。但若在多级目录中查找一个文件，需要按路径名逐级访问中间节点，增加了磁盘访问次数，影响查询速度。

4.2.5 文件共享

文件共享指在系统中允许多个用户（进程）共享同一个文件，系统只需保留该文件的一个副本。通过文件共享可以提高存储空间的利用率。引入文件共享的目的有二，其一为多用户操作系统中不同的用户间需要共享一些文件来共同完成任务；其二是网络上不同的计算机之间需要进行通信，需要远程文件系统共享功能的支持。目前常用的文件共享方法如下：

(1)基于索引结点的共享方式(硬链接)

在树型结构的目录中,当有两个(或多个)用户要共享一个子目录或文件时,必须将共享文件或子目录链接到两个(或多个)用户的目录中,才能方便地找到该文件,基于上述索引结点引入的原因,在共享文件也同样适用。为此,采用索引结点的共享方式,在该共享方式中,诸如文件的物理地址及其他的文件属性等信息,不再放在目录项中,而放在索引结点中。在文件目录中只设置文件名及指向相应索引结点的指针。在索引结点中还应有一个链接计数count,用于表示链接到本索引结点(即文件)上的用户目录项的数目。当count=2时,表示有两个用户目录项链接到本文件上,或者说有两个用户共享此文件,如图4.14所示。

例如,当用户C创建一个新文件时,它即是文件的所有者,此时将count置1。当有用户B要共享此文件时,在用户B的目录中增加一目录项,并设置一指针指向该文件的索引结点,此时,文件主仍然是C,count=2。如果用户C不再需要此文件,也不能删除C,若删除了该文件,也必然删除了该文件的索引结点,这样便会使B的指针悬空,而B则可能正在此文件上执行写操作,此时B将无法访问文件,写操作失效。因此不能删除文件,而只是将该文件的count减1,然后删除自己目录中的相应目录项。用户B仍可以使用该文件,直至count=0时,表示不再需要。如图4.15所示,显示了B链接到文件上的前、后情况。

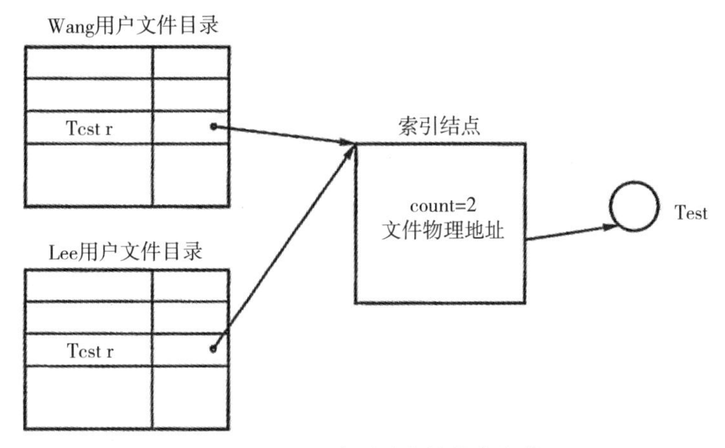

图4.14 基于索引结点的共享方式

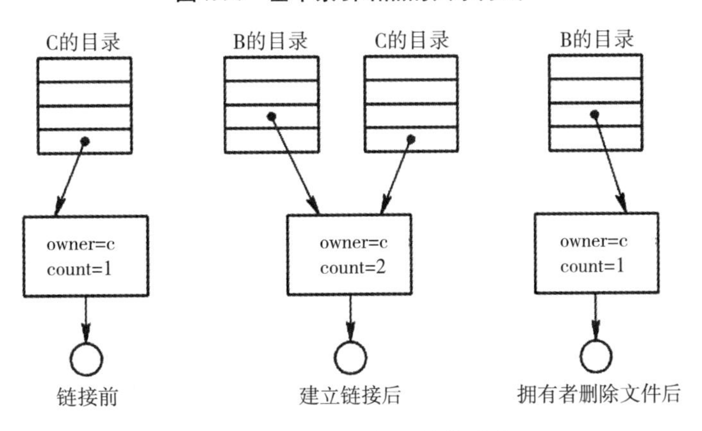

图4.15 B链接到文件上的前后情况

(2)利用符号链实现文件共享(软链接)

为使B能共享C的一个文件F,可以由系统创建一个LINK类型的新文件,也取名为F,并将F写入B的目录中,以实现B的目录与文件F的链接。在新文件中只包含被链接文件F的路径名。这样的链接方法被称为符号链接(Symbolic Linking)。

由系统创建的链接类型的新文件中的路径名则只被看作是符号链(Symbolic Link),当B要访问被链接的文件F且正要读LINK类新文件时,若此要求将被OS截获,OS会根据新文件中的路径名去读该文件,于是就实现了用户B对文件F的共享。

在利用符号链方式实现文件共享时,只是文件主才拥有指向其索引结点的指针;而共享该文件的其他用户则只有该文件的路径名,并不拥有指向其索引结点的指针。这样,也就不会发生文件主删除共享文件后留下一悬空指针的情况。当文件的拥有者把一个共享文件删除后,其他用户试图通过符号链的方式去访问一个已被删除的共享文件时,会因系统找不到该文件而使访问失败,此时再将符号链删除,就不会产生任何影响。

当然,利用符号链实现文件共享也存在一定的问题。主要体现在以下几个方面:

① 共享信息出错。一个文件采用符号链方式共享,当文件拥有者将其删除,而在共享的其他用户使用其符号链接访问该文件之前,又有人在同一路径下创建了另一个具有同样名称的文件,则该符号链将仍然有效,但访问的文件已经改变,从而导致错误。

② 多次读盘。当其他用户去读共享文件时,系统是根据给定的文件路径名,逐个分层地查找目录,直至找到该文件的索引结点。因此,在每次访问共享文件时,都可能要多次地读盘。这使每次访问文件的开销增大,且增加了启动磁盘的频率。

③ 磁盘开销大。在共享文件时,都要为每个共享用户建立一条符号链,而由于该链实际上是一个文件,尽管该文件非常简单,却仍要为它配置一个索引结点,相应的要耗费一定的磁盘空间。

然而,基于符号链的文件共享方式也有足多优点,具体体现在以下几个方面:

① 符号链方式能够用于连接(通过计算机网络)世界上任何地方的计算机中的文件,此时只需提供该文件所在机器的网络地址以及该机器中的文件路径即可。

② 在利用符号链方式实现文件共享时,只有文件主才拥有指向其索引结点的指针;而共享该文件的其他用户则只有该文件的路径名,并不拥有指向其索引结点的指针。

文件共享采用“软”“硬”兼施的方法。硬链接就是多个指针指向一个索引结点,保证只要还有一个指针指向索引结点,索引结点就不能删除;软链接就是把到达共享文件的路径记录下来,当要访问文件时,因每个共享文件都有几个文件名,且每个用户都使用自己的路径名去访问共享文件,因此当用户试图去遍历整个文件系统时,将会多次遍历该共享文件。

4.2.6 文件的全局结构

文件系统组成:驻留在外存中的数据管理结构(最基础);驻留在内存中的数据管理结构;文件系统的管理程序代码。

外存数据的损坏会导致文件系统的损坏。

(1)外存数据结构

- 块分配表,各存储块的使用情况。
- FCB表,各个文件的管理信息。
- 其他信息,如设备编号,存储块的尺寸、数量、空闲块数,FCB的数量,空闲FCB数,根FCB的位置等。

Linux称它的外存数据结构为超级块。

① EXT文件系统将分区划分成块组(Block Group),每个块组对应一组连续的存储块,如图4.16所示。

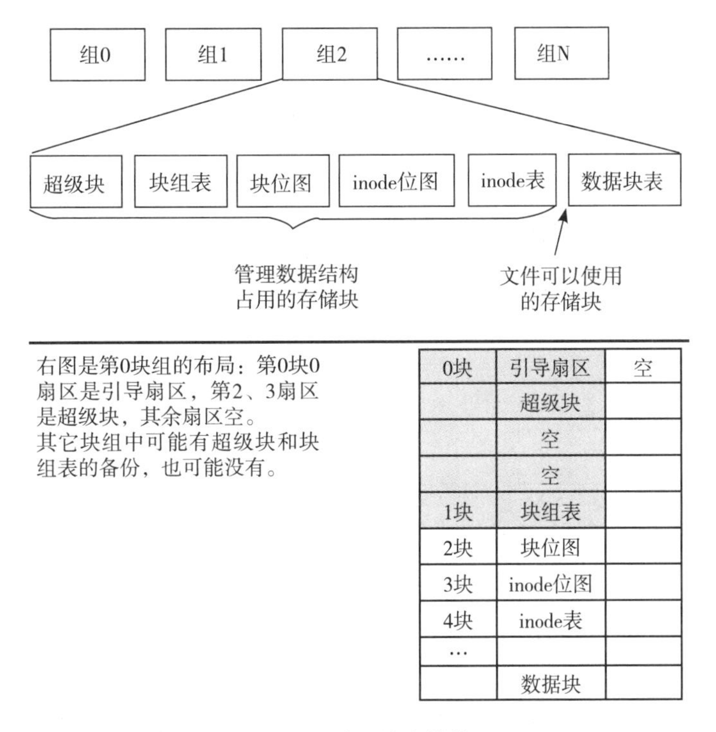

图4.16 EXT文件系统中的块组

② FAT文件系统在外存的布局,如图4.17所示。

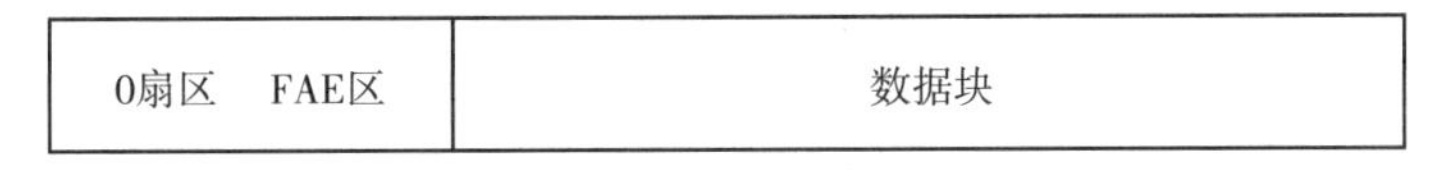

图4.17 FAT文件系统外存布局

FAT文件系统中,一个目录项就是一个文件控制块,目录是文件控制块的有序集合。一个文件只能有一个名字。

③ NTFS在外存的布局,如图4.18所示。

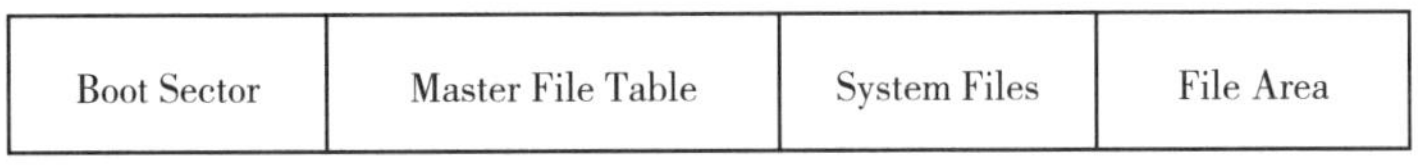

Boot Sector	Master File Table	System Files	File Area

图4.18 NTFS在外存的布局

④ Ucore的SFS文件系统,如图4.19所示。

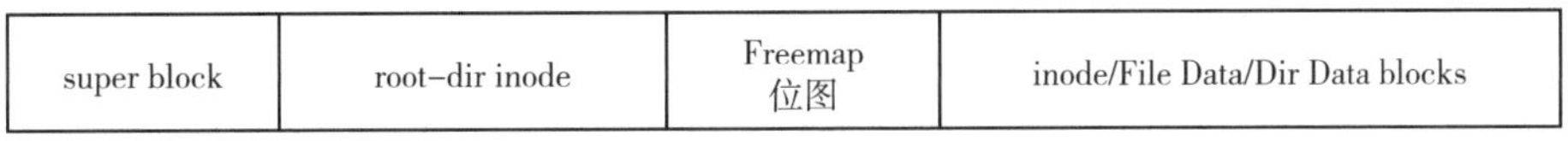

super block	root-dir inode	Freemap 位图	inode/File Data/Dir Data blocks

图4.19 Ucore的SFS文件系统

图4.19中,第0块是SFS的超级块;第1块是根目录的inode结构;第2块开始是一个逻辑块位图。在剩余的磁盘空间中,存放所有其他目录和文件的inode和数据内容。

(2)内存数据结构

① 内存数据结构是文件系统及其管理对象在内存的表示,其数据来源于外存数据结构。

内存中的数据结构是用户最近使用的文件系统在内存中的表示,包括:文件系统结构、FCB、目录项、打开的文件对象。

② 系统中可能同时存在多种文件系统，统一文件系统的一种方式是建立虚拟文件系统VFS（Virtual File System）。

（3）管理程序

管理程序建立在数据结构之上，用于文件系统的管理，包括：

① 文件系统管理程序，安装、卸载、重装。

② 文件管理程序，创建、删除、路径名解析。

③ 文件I/O操作，打开、关闭、读、写等。

④ 件系统的安全保护。

⑤ 文件系统的可靠性保证等。

4.2.7 真题与习题精编

● 单项选择题

1. 某文件系统中，针对每个文件，用户类别分为4类：安全管理员、文件主、文件主的伙伴、其他用户。访问权限分为5种：完全控制、执行、修改、读取、写入。若文件控制块中用二进制位串表示文件权限，为表示不同类别用户对一个文件的访问权限，则描述文件权限的位数至少应为（　）。【全国联考2017年】

A. 5　　B. 9　　C. 12　　D. 20

2. 若文件f1的硬链接为f2，两个进程分别打开f1和f2，获得对应的文件描述符为fd1和fd2。则下列叙述中，正确的是（　）。【全国联考2017年】

Ⅰ. f1和f2的读写指针位置保持相同

Ⅱ. f1和f2共享同一个内存索引节点

Ⅲ. fd1和和fd2分别指向各自的用户打开文件表中的一项

A. 仅Ⅲ　　B. 仅Ⅱ、Ⅲ　　C. 仅Ⅰ、Ⅱ　　D. Ⅰ、Ⅱ和Ⅲ

3. 在一个文件被用户进程首次打开的过程中，操作系统需做的是（　）。【全国联考2014年】

A. 将文件内容读到内存中　　B. 将文件控制块读到内存中

C. 修改文件控制块中的读写权限　　D. 将文件的数据缓冲区首指针返回给用户进程

4. 用户在删除某文件的过程中，操作系统不可能执行的操作是（　）。【全国联考2013年】

A. 删除此文件所在的目录　　B. 删除与此文件关联的目录项

C. 删除与此文件对应的文件控制块　　D. 释放与此文件关联的内存缓冲区

5. 为支持CD-ROM中视频文件的快速随机播放，播放性能最好的文件数据块组织方式是（　）。

【全国联考2013年】

A. 连续结构　　B. 链式结构

C. 直接索引结构　　D. 多级索引结钩

6. 某文件系统索引节点（inode）中有直接地址项和间接地址项，则下列选项中，与单个文件长度无关的因素是（　）。【全国联考2013年】

A. 索引节点的总数　　B. 间接地址索引的级数

C. 地址项的个数　　D. 文件块大小

7. 某文件系统的目录项由文件名和索引节点号构成。若每个目录项长度为64字节，其中4个字节存放索引节点号，60个字节存放文件名，文件名由小写英文字母构成，则该文件系统能创建的文件数量的上限为（ ）。【全国联考2020年】

A. 2^26　　B. 2^32　　C. 2^60　　D. 2^64

8. 下列文件物理结构中，适合随机访问且易于文件扩展的是（ ）。【全国联考2010年】

A. 连续结构　　B. 索引结构

C. 链式结构且磁盘块定长　　D. 链式结构且磁盘块变长

9. 若多个进程共享同一个文件F，则下列叙述中，正确的是（ ）。【全国联考2020年】

A. 各进程只能用“读”方式打开文件F

B. 在系统打开文件表中仅有一个表项包含F的属性

C. 各进程的用户打开文件表中关于F的表项内容相同

D. 进程关闭F时，系统删除F在系统打开文件表中的表项

10. 从用户的角度看，文件系统主要是实现（ ）。【电子科技大学2014年】

A. 数据存储　　B. 数据保护　　C. 数据共享　　D. 按名存取

11. 逻辑文件是（ ）的文件组织形式。【南京理工大学2013年】

A. 在外部设备上　　B. 从用户观点看

C. 虚拟存储　　D. 目录

12. 文件目录的主要作用是（ ）。【南京理工大学2013年】

A. 按名存取　　B. 提高速度

C. 节省空间　　D. 提高外存利用率

13. 使用绝对路径名访问文件是从（ ）开始按目录结构访问某个文件。【广东工业大学2017年】

A. 当前目录　　B. 用户主目录　　C. 根目录　　D. 父目录

14. 数据库文件的逻辑结构形式是（ ）。【广东工业大学2017年】

A. 字符流式文件　　B. 档案文件　　C. 记录式文件　　D. 只读文件

15. 如果允许不同用户的文件可以具有相同的文件名，通常采用（ ）来保证按名存取的安全。【广东工业大学2017年】

A. 重名翻译机构　　B. 建立索引表

C. 建立指针　　D. 多级目录结构

16. 对一个文件的访问，常由（ ）共同限制。【广东工业大学2017年】

A. 用户访问权限和文件属性　　B. 用户访问权限和用户优先级

C. 用户优先级和文件属性　　D. 文件属性和口令

17. 打开文件操作的主要工作是（ ）。

A. 把指定文件的目录复制到内存指定的区域

B. 把指定文件复制到内存指定的区域

C. 在指定文件所在的存储介质上找到指定文件的目录

D. 在内存寻找指定的文件

18. 采用直接存取方法来读写硬盘上的物理记录时，效率最低的文件结构是（ ）。【汕头大学2015年】

A. 连续文件　　B. 索引文件　　C. 链接文件　　D. 索引连续文件

19. 在采用索引分配技术时，若某一文件的索引块如下图所示。

11
4
2
1
–1
–1

该索引文件大小总共占有磁盘空间（　）块。　　【中国计量大学2016年】

A. 4　　B. 7　　C. 5　　D. 6

20. 下列说法中，（　）属于文件的逻辑结构的范畴。

A. 连续文件　　B. 系统文件　　C. 链接文件　　D. 流式文件

21. 索引文件由逻辑文件和（　）组成。

A. 符号表　　B. 索引表　　C. 交叉访问表　　D. 链接表

22. 有一个顺序文件含有10000条记录，平均查找的记录数为5000个，采用索引顺序文件结构，则最好情况下平均只需查找（　）次记录。

A. 1000　　B. 10000　　C. 100　　D. 500

23. 一个文件的相对路径名是从（　）开始，逐步沿着各级子目录追溯，最后到指定文件的整个通路上所有子目录名组成的一个字符串。

A. 当前目录　　B. 根目录　　C. 多级目录　　D. 二级目录

24. 目录文件存放的信息是（　）。

A. 某一文件存放的数据信息　　B. 某一文件的文件目录

C. 该目录中所有数据文件目录　　D. 该目录中所有子目录文件和数据文件的目录

25. 为了对文件系统中的文件进行安全管理，任何一个用户在进入系统时都必须进行注册，这一级安全管理是（　）。

A. 系统级　　B. 目录级　　C. 用户级　　D. 文件级面

26. 在现代操作系统中，文件系统都有效地解决了重名（即允许不同用户的文件可以具有相同的文件名）问题。系统是通过（　）来实现这一功能的。　　【南京理工大学2006年】

A. 重名翻译结构　　B. 建立索引表　　C. 树形目录结构　　D. 建立指针

27. 文件的顺序存取是（　）。　　【电子科技大学2006年】

A. 按终端号依次存取　　B. 按文件的逻辑号逐一存取

C. 按物理块号依次存取　　D. 按文件逻辑记录大小逐一存取

28. 无结构文件的含义是（　）。　　【西安电子科技大学2006年】

A. 变长记录的文件　　B. 索引文件　　C. 流式文件　　D. 索引顺序文件

29. 文件系统中设立打开（open）系统调用的主要目的是（　）。　　【浙江大学2006年】

A. 把文件从辅存读到内在　　B. 把文件的控制信息从辅存读到内存

C. 把文件FAT表信息从辅存读到内存　　D. 把磁盘文件系统的控制管理信息从辅存读到内存

● 综合应用题

文件物理结构是指一个文件在外存上的存储组织形式，主要有连续结构、链接结构和索引结构三种，

请分别简述它们的优缺点。 【电子科技大学2015年】

4.2.8 答案精解

● 单项选择题

1. 【答案】D

【精解】本题考查的知识点是文件管理——文件系统基础。用二进制位描述不同类型用户对文件的访问权限，可以将这个过程抽象成一个矩阵。行和列分别表示用户和访问权限。矩阵共有4行5列，1代表true，0代表false，故共需要20位。故选D。

2. 【答案】B

【精解】本题考查的知识点是文件管理——文件系统基础。硬链接是指将文件通过索引节点进行链接，一个文件在物理存储器上有一个索引节点号，可以有多个文件名指向该索引节点。每个文件只维护自己的文件描述符。故选B。

3. 【答案】B

【精解】本题考查的知识点是文件管理——文件系统基础。一个文件被用户进程首次打开即被执行了open操作，会把文件的FCB调入内存，而不会把文件内容读到内存中，只有进程希望获取文件内容时才会读入文件内容；C、D明显错误，故选B。

4. 【答案】A

【精解】本题考查的知识点是文件管理——文件系统基础。删除某个文件时，会删除其对应的文件控制块和关联目录项，释放文件的关联缓冲区，但是文件所在的目录不会被删除。故选A。

5. 【答案】A

【精解】本题考查的知识点是文件管理——文件系统基础。要实现快速播放，就要保证查询时间尽可能短，最适合的文件组织方式是连续结构。链式结构和索引结构没有连续结构查询速度快。故选A。

6. 【答案】A

【精解】本题考查的知识点是文件管理——文件系统基础。索引节点的个数就是文件的总数，与单个文件的长度无关。故选A。

7. 【答案】B

【精解】最多创建文件个数=最多索引节点个数。由题，索引节点占4个字节，对应32位，最多可以表示232个文件，B正确。

8. 【答案】B

【精解】本题考查的知识点是文件管理——文件系统基础。索引结构为一个逻辑文件的信息建立一个索引表，所以索引文件由索引表和逻辑文件两者构成。索引文件支持随机访问也便于文件增删，但由于索引表的使用增加了存储空间开销，相关的查找策略也降低了系统效率。故选B。

9. 【答案】B

【精解】各进程打开文件夹F的方式既可以是读的方式，也可以是写的方式，A错误。系统打开文件表整个系统只有一张，同一个文件打开多次只需要改变引用计数，不需要对应多项，B正确。用户进程的打开文件表关于同一个文件不一定相同，C错误。进程关闭文件时，文件的引用计数减少1，引用计数变为0时才删除，D错误。故选B。

10. 【答案】D

【精解】本题考查的知识点是文件管理——文件系统基础。用户只需要向系统提供所需要的文件名称，就可以快速准确地找到指定文件在外存上的位置，这是目录文件系统向用户提供的最基本的服务。故选D。

11.【答案】B

【精解】本题考查的知识点是文件管理——文件系统基础。逻辑文件是从用户观点看的文件组织形式，是用户可以直接处理的数据及结构。逻辑文件独立于文件的物理特性，又称为文件组织。故选B。

12.【答案】A

【精解】本题考查的知识点是文件管理——文件系统基础。文件目录共有四个作用，分别是按名存取、提高随机目录的检索速度、文件共享和允许文件重名。其中，按名存取是目录最主要、最基本的功能。故选A。

13.【答案】C

【精解】本题考查的知识点是文件管理——文件系统基础。根目录指逻辑驱动器的最上一级目录，它是相对于子目录来说的。故选C。

14.【答案】C

【精解】本题考查的知识点是文件管理——文件系统基础。文件的逻辑结构是指文件的外部组织形式，可以分为两类：有结构的记录式文件和无结构的字符流式文件。数据库文件的逻辑结构形式是有结构的记录式文件。故选C。

15.【答案】D

【精解】本题考查的知识点是文件管理——文件系统基础。在多级目录结构中，同一级目录中不能有相同的文件名，但在不同级的目录中可以有相同的文件名。故选D。

16.【答案】A

【精解】本题考查的知识点是文件管理——文件系统基础。对文件访问时通常受用户访问权限和文件属性共同限制。故选A。

17.【答案】A

【精解】本题考查的知识点是文件管理——文件系统基础。打开文件操作是将该文件的FCB存入内存的活跃文件目录表，而不是将文件内容复制到主存，找到指定文件目录是打开文件之前的操作。故选A。

18.【答案】C

【精解】本题考查的知识点是文件管理——文件系统基础。采用直接存取方法来读写硬盘上的物理记录时，效率最高的是索引文件，其次是连续文件，效率最低的是链接文件。故选C。

19.【答案】C

【精解】本题考查的知识点是文件管理——文件系统基础。由题目中的图可知，该文件占用11、4、2和1四个磁盘块，加上系统为每个文件分配的一个索引块，一共占用五个磁盘块。故选C。

20.【答案】D

【精解】本题考查的知识点是文件管理——文件系统基础。逻辑文件有两种：无结构文件（流式文件）和有结构式文件。连续文件和链接文件都属于文件的物理结构，而系统文件是按文件用途分类的。故选D。

21.【答案】B

【精解】本题考查的知识点是文件管理——文件系统基础。索引文件由逻辑文件和索引表组成。文件的逻辑结构和物理结构都有索引的概念，引入逻辑索引和物理索引的目的是截然不同的。逻辑索引的目的是加快文件数据的定位，是从用户角度出发的，而物理索引的主要目的是管理不连续的物理块，是从系统管理的角度出发的。故选B。

22.【答案】C

【精解】本题考查的知识点文是件管理——文件系统基础。最好的情况是有$\sqrt{10000}$=100组，每组有100条记录，因此顺序查找时，平均查找记录个数=50+50=100。故选C。

23.【答案】A

【精解】本题考查的知识点是文件管理——文件系统基础。相对路径是从当前目录出发到所找文件通路上所有目录名和数据文件名用分隔符连接起来而形成的，注意与绝对路径的区别。故选A。

24.【答案】D

【精解】本题考查的知识点是文件管理——文件系统基础。目录文件是FCB的集合，一个目录中既可能有子目录，又可能有数据文件，因此目录文件中存放的是子目录和数据文件的信息。故选D。

25.【答案】A

【精解】本题考查的知识点是文件管理——文件系统基础。系统级安全管理包括注册和登录。另外，通过“进入系统时”这个关键词也可推测出正确答案。故选A。

26.【答案】C

【精解】本题考查的知识点是文件管理——文件系统基础，目录结构。树形目录销构由一个根目录和若干层子目录组成。这种目录结构一是能够解决文件重名问题，即不同的目录可以包含相同的文件名或目录名；二是能够解决文件多而根目录容量有限带来的问题。故选C。

27.【答案】B

【精解】本题考查的知识点是文件管理——文件系统基础，文件的逻辑结构。顺序存取文件是按其在文件中的逻辑顺序依次存取的，只能从头往下读。在4个选项中，只有逻辑号跟逻辑顺序的意思最接近，故选B。

28.【答案】C

【精解】本题考查的知识点是文件管理——文件系统基础，文件的逻辑结构。无结构文件是指由字符流构成的文件，故又称为流式文件。故选C。

29.【答案】B

【精解】本题考查的知识点是文件管理——文件系统基础，文件的逻辑结构。“打开文件”是指系统将文件的属性从外存复制到内存，并设定一个编号（或索引）返回给用户。当用户再要求对该文件进行相应的操作时，便可利用系统所返回的索引号向系统提出操作请求，这时系统便可直接利用该索引号到打开文件表中区查找，从而避免了对该文件的再次检索。本题只有文件的控制信息最符合题意，FAT表和磁盘文件系统的控制管理信息都是干扰项，且所有文件系统都采用FAT文件系统。故选B。

● 综合应用题

【考点】文件的逻辑结构。

【参考答案】顺序结构的优点：① 存储管理简单，容易实现；② 支持顺序存取和随机存取；③ 顺序存取速度快；④ 磁盘寻道次数和寻道时间最少。

顺序结构的缺点：① 需要为每个文件预留连续的空间以满足文件增长的需要；② 不利于文件的动态增长。

链式结构的优点：① 提高了磁盘空间的利用率，不需要为每个文件预留物理块；② 有利于文件的动态增长；③ 有利于文件的插入和删除。

链式结构的缺点：① 存取速度较慢，不适合随机存取；② 物理块间的链接指针可能发生错误，造成数据丢失；③ 需要较多的寻道次数和较长的寻道时间；④ 链接指针占用了一定的空间，降低了空间利用率。

索引结构的优点：① 不需要为每个文件预留物理块；② 既能满足顺序存取，又能满足随机存取；③ 满足了文件的动态增长需要。

索引结构的缺点：① 需要较多的寻道次数和较长的寻道时间；② 索引表增加了系统开销，包括内存空间和存取时间。

4.3 文件系统实现

文件系统的实现实际上是讲述文件的逻辑结构到物理结构的转换过程，以及对物理结构的操作及管理。上面详细介绍了目录和文件的逻辑结构，接下来将介绍文件物理结构、目录的实现、文件的实现。在复习的过程中，考生要思考在目录中查找某个文件可以使用的方法及过程，同时要搞明白文件的逻辑结构和物理结构的区别及其制约关系。

4.3.1 文件系统层次结构

文件系统是指操作系统中与文件管理有关的软件和数据的集合。而文件系统在中间起到中间管理和服务的作用。从系统角度看，文件系统是对文件的存储空间进行组织和分配，负责文件的存储并对存入文件进行保护和检索的系统。如它负责为用户建立、撤销、读写、修改和复制文件。从用户角度看，文件系统主要实现了按名存取。即指当用户要求系统保存一个已命名文件时，文件系统根据一定的格式将用户的文件存放到文件存储器中适当的地方；当用户要求使用文件时，系统根据用户所给的文件名能够从文件存储器中找到所要的文件。

在现代的操作系统中，文件格式众多，文件系统也不尽相同，如图4.20所示的文件系统是一种比较合理的层次结构，其主要包括用户接口、文件目录系统、存取制模块、逻辑文件系统与文件信息缓冲区以及物理文件系统等。下面将分别介绍各层的功能及作用。

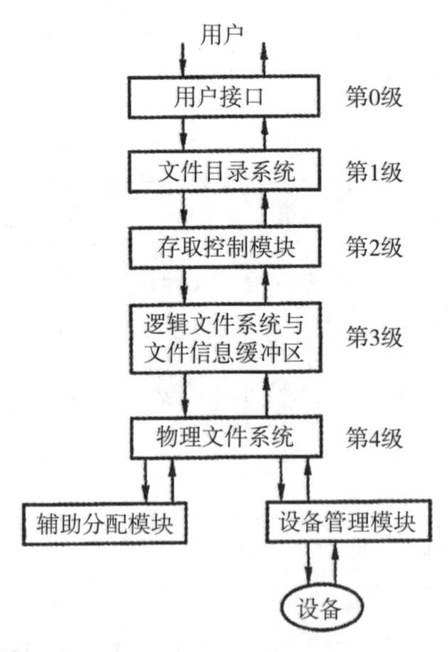

图4.20　文件系统的层次结构

(1) 用户接口

用户接口主要是通过图形接口（如Windows的桌面接口）、命令接口（如Windows中的cmd接口和Linux，Mac等系统的终端接口）来调用系统提供的与文件及目录有关的服务，如新建、打开、读写、关闭、删除文件，建立、删除目录等。此层由若干程序模块组成，每个模块对应一条系统调用，用户发出系统调用时，控制即转入相应的模块。

（2）文件目录系统

文件目录系统的主要功能是文件目录的管理，其主要是管理活跃文件目录表、管理读写状态信息表、管理用户进程打开文件表、管理与组织存储设备上的文件目录结构、调用下一级存取控制模块。例如，当用户要访问某文件时，首先检索目录，得到文件的索引信息，然后通过FCB或索引节点。按名存取的方式找到节点指针。

（3）存取控制模块

该模块可以实现文件保护，它把用户的访问要求与FCB中指示的访问控制权进行比较，以确认其访问的合法性。

（4）逻辑文件系统与文件信息缓冲区

逻辑文件系统与文件信息缓冲区的主要功能是获取文件的逻辑地址，即根据文件的逻辑结构将用户要读写的逻辑记录转换成文件逻辑结构内的相应块号。

（5）物理文件系统

物理文件系统的主要功能是把逻辑记录所在的相对块号转换成实际的物理地址。

（6）辅助分配模块

分配模块的主要功能是管理辅存空间，即负责分配辅存空闲空间和回收辅存空间。

（7）设备管理模块

设备管理程序模块的主要功能是分配设备、分配设备读写用缓冲区、磁盘调度、启动设备、处理设备中断、释放设备读写缓冲区、释放设备等。

例如：要查看文件A的内容，则其访问层次过程如下：

① 首先由系统发出命令，由第一层的用户接口调用接口服务。

② 操作系统得到命令后，通过第二层文件目录系统查找目录以查找文件A的索引信息，可能是FCB或索引结点。

③ 找到文件FCB后，需要经过存取控制验证模块查看文件FCB上的信息，确认其权限合法。

④ 验证后，就真正开始寻址，首先通过逻辑文件系统与文件信息缓冲区获取到逻辑地址。

⑤ 在物理文件系统中，将得到的逻辑地址转换为物理地址。

⑥ 寻址完成后，根据空间管理的要求，若要释放这块空间，则任务就交给辅助分配模块，若要把这块空间分配给设备用于输入/输出，则把任务交给设备管理程序模块。

4.3.2 目录实现

所有的文件在访问之前，必须首先打开文件，操作系统打开文件一般是利用路径名找到相应目录项来完成，因为目录项中提供了查找文件磁盘块所需要的信息。目录实现的基本方法有线性列表和哈希表两种。

（1）线性列表

最简单的目录实现方法是使用存储文件名和数据块指针的线性表。创建新文件时，首先搜索目录表以确定没有同名的文件存在，然后在目录表后增加一个目录项。删除文件时，则根据给定的文件名搜索目录表，接着释放分配给它的空间。若要重用目录项，可以采用以下方法：① 可以将目录项标记为不再使用；② 可以将它加到空闲目录项表上；③ 可以将目录表中最后一个目录项复制到空闲位置，并降低目录表长度；④ 采用链表结构可以减少删除文件的时间。线性列表的优点在于实现简单，不过由于线性表的特殊性，检索比较费时。

（2）哈希表

哈希表根据文件名得到一个值，并返回一个指向线性列表中元素的指针。这种方法的优点是查找非常迅速，插入和删除也较简单，不过需要一些预备措施来避免冲突。最大的困难是哈希表长度固定以及哈希函数对表长的依赖性。

4.3.3 文件实现

文件的实现主要是研究文件的物理结构，即文件数据在物理存储设备上是如何分布和组织的。它主要解决两方面的问题：一是文件的分配方式，即磁盘非空闲块的管理；二是文件存储空间管理，即对磁盘空闲块的管理。

（1）文件分配方式

文件分配其实对应的是文件的物理空间的分配，即如何分配磁盘空间。目前常用的磁盘空间分配方式有连续分配、链接分配和索引分配三种。该部分内容易考，但不易理解，并且常与文件的逻辑结构内容混淆，因此，考生对重点概念要理解到位。

① 连续分配。该分配方式要求每个文件分配一组相邻的盘块，如图4.21所示。即盘块的地址是磁盘上的一段线性地址，在目录中记录第一个记录所在的盘块号和文件长度（盘块数）。该分配方式的优点主要体现在：一是可以将文件的逻辑地址直接映射到物理地址，顺序访问；二是顺序访问速度快，寻道时间短。但是该分配方式要求必须有连续的存储空间，且必须事先知道文件的长度。另外，在此分配方式中，磁盘分配过程中可能产生外存碎片。该碎片可以通过紧凑的方法拼凑为大的存储空间，但耗费时间比较大。

例如：目录中的第一个记录count，所在的盘号为0，文件长度为2，即该文件存放着磁盘的0、1两个盘号中。

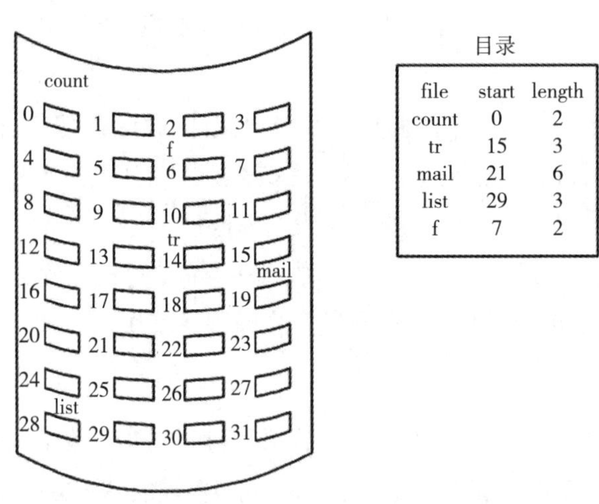

file	start	length
count	0	2
tr	15	3
mail	21	6
list	29	3
f	7	2

图4.21　磁盘的连续分配方式

② 链接分配。该分配方式可以允许文件离散的分配在多个盘块中，此过程是通过每个盘块上的链接指针，将同属于一个文件的多个离散的盘块链接成一个链表，并称该物理文件为链接文件。该分配方式消除外部存储碎片，提高了外存空间的利用率，另外还可以根据文件的大小动态分配存储空间，方便对文件的增、删、改等。

目前常用的链接方式分有隐式链接和显式链接两种形式：

① 隐式链接。此链接方式中，在文件目录的每个目录项内都包括指向链接文件第一个盘块和最后一个盘块的指针，每个盘块都隐式的包含指向下一个盘块的指针。因此，每次需要访问其中的某一个盘块时，都要从第一个盘块开始逐个盘块的读出下一个盘块的指针，直到找到所要访问的盘块。如图4.22所示，目录中jeep记录，其开始盘号位是9，结束盘号位是25，在访问过程，由9盘号可以找到16盘号，由16盘号找到1盘号，再由1盘号找到10，依次类推直到25盘号结束。

隐式链接方式存在的主要问题如下：

- 只适合于顺序，结构可靠性差。
- 随机访问效率低。
- 任何一个盘块的指针错误都会导致后面的盘块位置丢失。

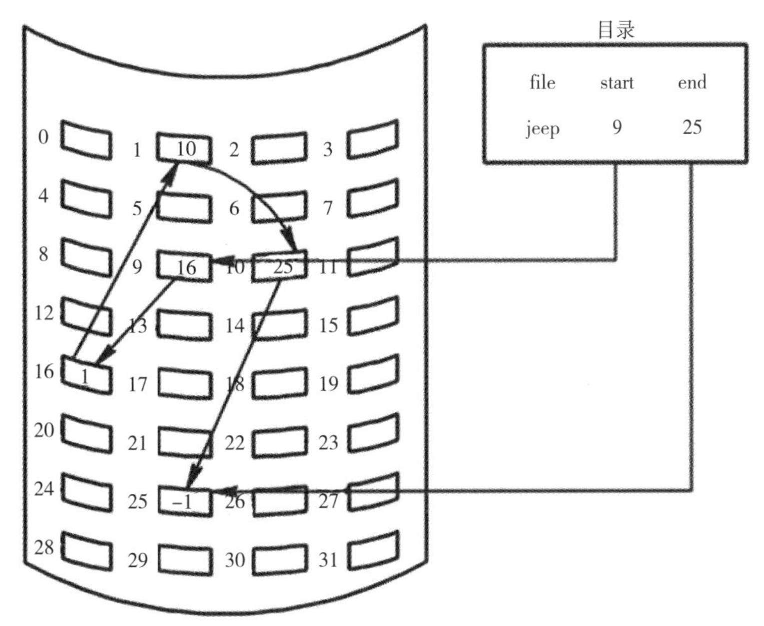

图4.22 磁盘隐式链接分配方式

② 显示链接。此链接方式中，用于链接文件各物理块的指针显式地存放在内存的一张链接表中。且在整个磁盘中只设置一张表，表的序号表示物理盘号，每个盘号内存放的是下一个盘号的链接指针。如图4.23所示，访问盘号还是逐个访问，但是与隐式链接相比，显示链接表内存中，不是在磁盘中，减少了访问时间。其优点是结构简单，文件创建与增长容易实现，但也存在不能随机访问盘块、占用内存空间、可靠性不确定等问题。

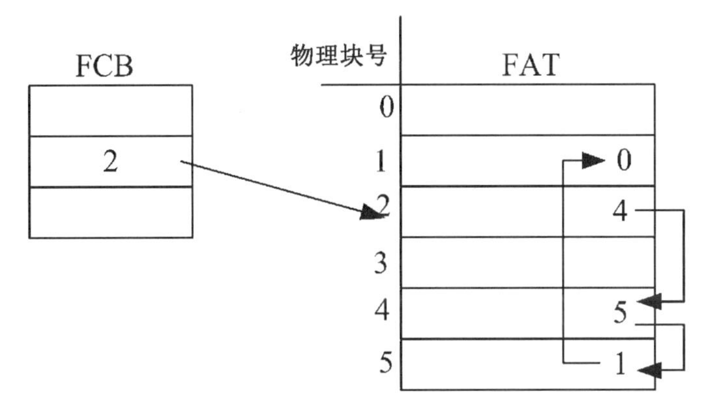

图4.23 显示链接分配方式结构

③ 索引分配。链接分配虽解决了连续分配的外部碎片和文件大小管理的问题，也产生了新的问题，即不能随机访问，为解决此问题，引入索引。在索引分配方式中，首先由系统为每个文件分配一个索引块（表），然后把每个文件的所有盘块号都集中放在该索引块中。如图4.24所示。

索引分配具有比较明显的优点是解决了连续分配和链接分配的问题，可以支持直接访问，而且不会产生外部碎片，同时文件长度受限制的问题也得到了解决。但该方式也存在缺点，一是因该方式需要系统首先分配索引块，也即增加了系统存储空间的开销。二是存取文件需要两次访问外存，首先读取索引块的内容，然后再访问具体的磁盘块，因而降低了文件的存取速度。

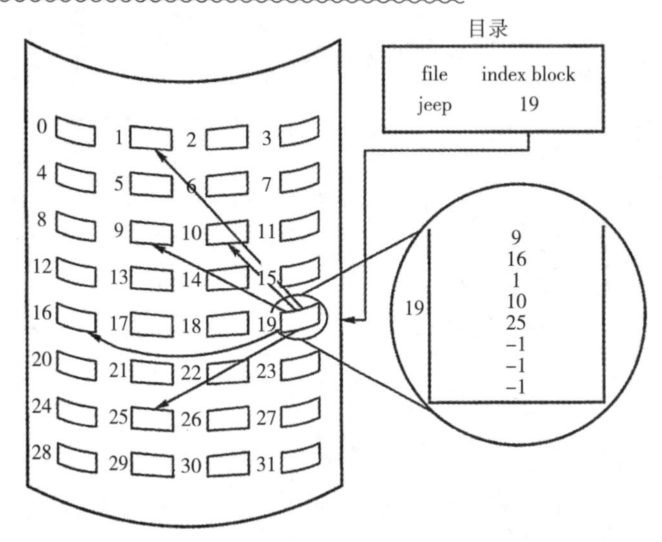

图4.24 索引分配方式结构

目前常用的索引分配方式有以下三种方式：

A. 单级索引分配。单级索引分配方法就是将每个文件所对应的盘块号集中放在每个文件分配的索引块（表）中，即索引块可以理解为一个包含多个盘块号的数组。如图4.25所示。

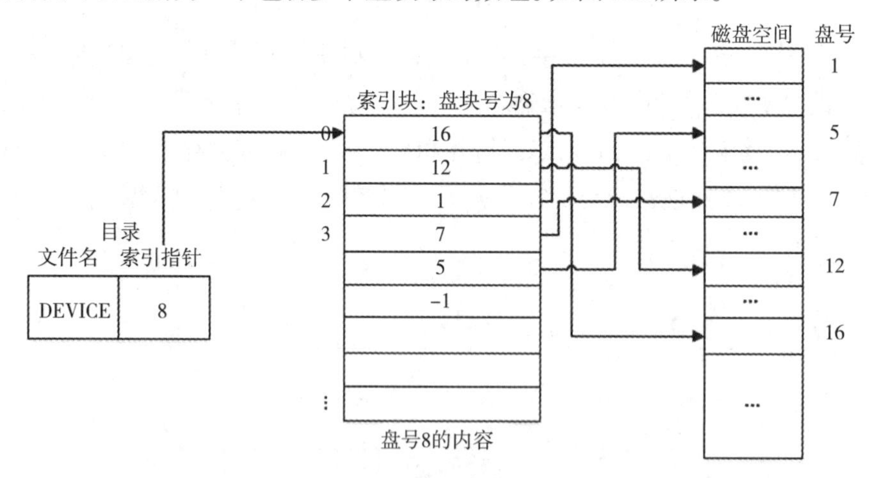

图4.25 单级索引分配

B. 两级索引分配。当文件过大，一个索引块无法容纳所有的文件块时，索引块可以再建索引块，构成二级索引。如图4.26所示。

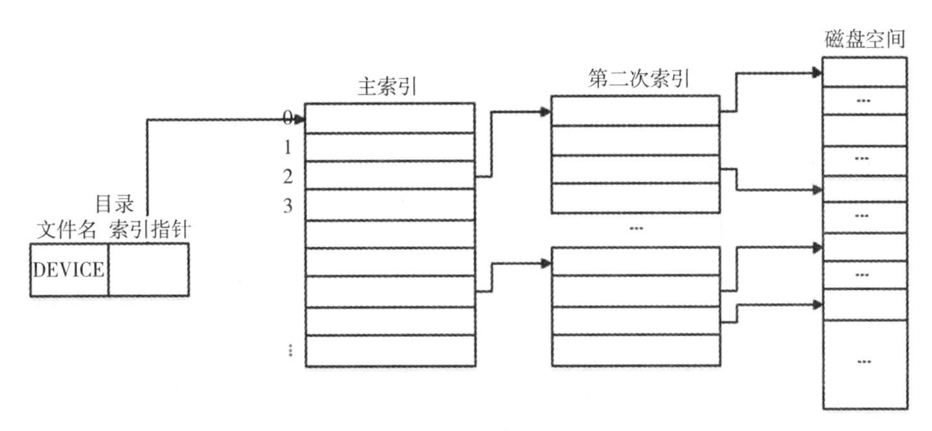

图4.26 两级索引分配

若盘块的大小为4KB，每个表项大小为4B，采用单级索引时允许的最大文件长度为N×4KB=4MB（其中N=4KB/4B=1K）；而采用两级索引时所允许的最大文件长度为N×N×4KB=4GB，可见采用多级索引时可以大大提高文件的最大长度。

C. 混合索引分配。所谓混合索引分配方式是将多个索引方式融为一体。因此系统可以采用直接地址访问，也可以通过多级间接地址访问文件盘号。如图4.27所示。

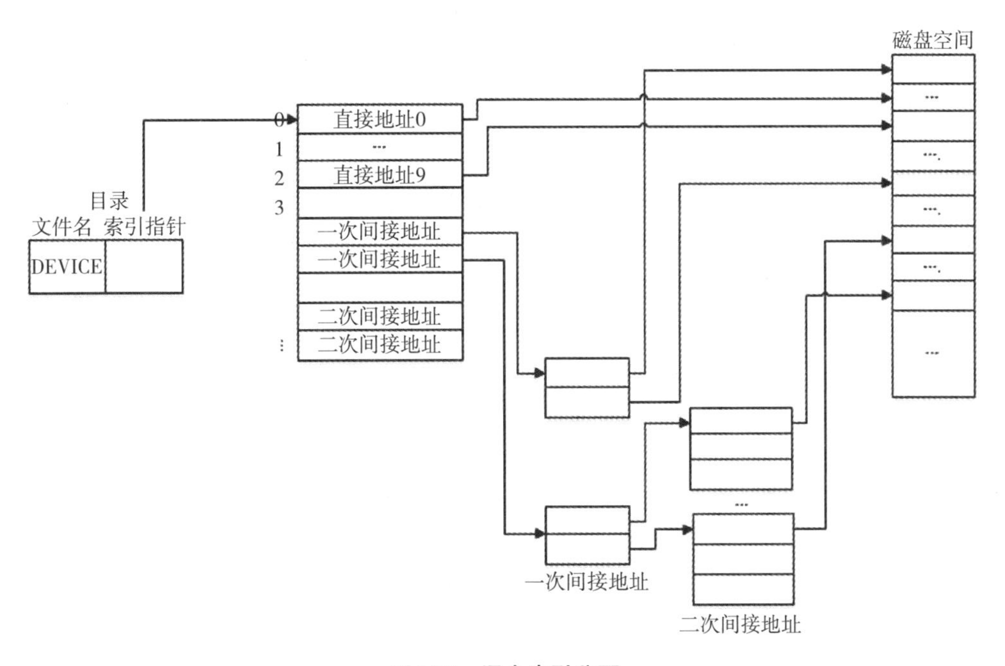

图4.27 混合索引分配

如图4.27所示，假设每个盘块大小为4KB，描述盘块的盘块号需要4B，则不同的索引分配方式其盘号的存储空间的大小不同。

A. 直接地址。为了提高文件的检索速度，在索引节点中可设置10个直接地址项。这里每项中存放的是该文件所在盘块的盘块号，当文件不大于4KB时，便可以直接从索引节点中读出该文件的全部盘块号（10×4KB=40KB）。

B. 一次间接地址。对于较大的文件，索引节点提供了一次间接地址，其实质就是一级索引分配方式。在一次间接地址中可以存放IK个盘块号，因此允许文件长达4MB（1×4KB=4MB）。若既采用直接地址，又采用一次间接地址，允许文件长达4MB+40KB。

C. 二次间接地址。当文件很大时，系统应采用二级间接地址。该方式实质上是两级索引分配方式，此时系统是在次间接地址块中记入所有一次间接地址块的盘号。在采用二级间接地址方式时，文件最大长度可达到4GB（1K×1K×4KB=4GB）。如果同时采用直接地址、一次间接地址和二次间接地址，允许文件的最大长度为4GB+4MB+40KB。

由上述的规律推理，若采用三级间接地址时，所允许的最大文件长度应该为4TB+4GB+4MB+40KB。

【例1】请分别解释在连续分配方式、隐式链接分配方式、显式链接分配方式和索引分配方式中如何将文件的字节偏移量3500转换为物理块号和块内位移量（设盘块大小为1KB，盘块号需占4个字节）。

【解答】首先，将字节偏移量3500转换成逻辑块号和块内位移量：3500/1024得商为3，余数为428，即逻辑块号为3，块内位移量为428。

A. 在连续分配方式中，可从相应文件的FCB中得到分配给该文件的起始物理盘块号，例如a0，故字节偏移量3500相应的物理盘块号为a0+3，块内位移量为428。

B. 在隐式链接方式中，由于每个盘块中需留出4个字节（如最后的4个字节）来存放分配给文件的下一个盘块的块号，因此字节偏移量3500的逻辑块号为3500/1020的商3，而块内位移量为余数440。

从相应文件的FCB中可获得分配给该文件的首个（即第0个）盘块的块号，如b0。然后可通过读第b0块获得分配给文件的第1个盘块的块号，如b1。再从b1块中得到第2块的块号，如b2；从b2块中得到第3块的块号，如b3。如此，便可得到字节偏移量3500对应的物理块号b3，而块内位移量则为440。

C. 在显式链接方式中，可从文件的FCB中得到分配给文件的首个盘块的块号，如c0，然后可在FAT的第c0项中得到分配给文件的第1个盘块的块号，如c1。再在FAT的第c1项中得到文件的第2个盘块的块号，如c2；在FAT的第c2项中得到文件的第3个盘块的块号，如c3。如此，便可获得字节偏移量3500对应的物理块号c3，而块内位移量则为428。

D. 在索引分配方式中，可从文件的FCB中得到索引表的地址。从索引表的第3项（距离索引表首字节12字节的位置）可获得字节偏移量3500对应的物理块号，而块内位移量为428。

【例2】存放在某个磁盘上的文件系统，采用混合索引分配方式，其FCB中共有13个地址项，第0~9个地址项为直接地址，第10个地址项为一次间接地址，第11个地址项为二次间接地址，第12个地址项为三次间接地址。如果每个盘块的大小为512字节，若盘块号需要用3个字节来描述，而每个盘块最多存放170个盘块地址，则：

A. 该文件系统允许文件的最大长度是多少？

B. 将文件的字节偏移量5000、15000、150000转换为物理块号和块内偏移量。

C. 假设某个文件的FCB已在内存，但其他信息均在外存，为了访问该文件中某个位置的内容，最少需要几次访问磁盘，最多需要几次访问磁盘？

分析：在混合索引分配方式中，文件FCB的直接地址中登记有分配给文件的前n块（第0到$n-1$块）的物理块号（n的大小由直接地址项数决定，本题中为10）；一次间址中登记有一个一次间址块的块号，而在一次间址块中则登记有分配给文件的第n到第$n+k-1$块的块号（k的大小由盘块大小和盘块号的长度决定，本题中为170）；二次间址中登记有一个二次间址块的块号，其中可给出k个一次间址块的块号，而这些一次间址块被用来登记分配给文件的第$n+k$块到第$n+k+k^2-1$块的块号；三次间址中则登记有一个三次间址块的块号，其中可给出k个二次间址块的块号，这些二次间址块又可给出k^2个一次间址块的块号，而这些一次间址块则被用来登记分配给文件的第$n+k+k^2$块$n+k+k^2+k^3-1$块的物理块号。

【解答】A. 该文件系统中一个文件的最大长度可达：

10+170+170×170+170×170×170=4942080块

=4942080×512B

=2471040KB。

B. 5000/512得到商为9，余数为392，即字节偏移量500对应的逻辑块号为9，块内偏移量为392。由于9~10，故可直接从该文件的FCB的第9个地址项处得到物理盘块号，块内偏移量为392。

1500/512得到商为29，余数为152，即字节偏移量15000对应的逻辑块号为29，块内偏移量为152。由于10≤29<10+170，而29-10=19，故可从FCB的第10个地址项，即一次间址项中得到一次间址块的地址：读入该一次间址块并从它的第19项（即该块的第57~59这三个字节）中获得对应的物理盘块号，块内偏移量为152。

150000/512得到商为292，余数为496，即字节偏移量150000对应的逻辑块号为292，块内偏移量为496。由于10+170≤292<10+170+170×170，而292-（10+170）=112112/170得到商为0，余数为112。

故可从FCB的第11个地址项，即二次间址项中得到二次间址块的地址，读入二次间址块并从它的第0项中获得一个一次间址块的地址，再读入该一次间址块并从它的第112项中获得对应的物理盘块号，块内偏移量为496。

C. 由于文件的FCB已在内存，为了访问文件中某个位置的内容，最少需要1次访问磁盘（即可通过直接地址直接读文件盘块），最多需要4次访问磁盘（第1次是读三次间址块，第2次是读二次间址块，第3次是读一次间址块，第4次是读文件盘块）。

（2）文件存储空间管理

文件存储空间的管理即对空闲存储空间的管理，要想很好地管理存储空间，必须记录存储空间的使用情况，因此首先必须为分配存储空间设置对应的数据结构，其次为了充分利用存储空间，必须有对存储空间进行分配和回收的方法。目前常用的文件存储空间的管理方法有以下几种：

① 空闲表法。

A. 空闲表。空闲表法是一种连续分配方式，该方法与内存的动态分配方式相似，都是每个文件分配一块连续的存储空间，且系统为外存上的所有空闲区建立一张空闲表，每个空闲区都对应一个空闲表项，其表项包含表项序号、该空闲区的第一个盘块号、该空闲区的空闲盘块数等信息。最后将所有空闲区根据起始盘块号递增的次序排列（表4.2）。

表4.2 空闲盘块表

序号	第一空闲盘块号	空闲盘块数
1	2	4
2	9	3
3	15	5
4	–	–

B. 存储空间的分配与回收。空闲盘区空闲表的分配策略与内存的动态分配也相似，一般采用首次适应算法、循环首次适应算法等。回收方法也同内存回收一样，在回收时要考虑回收区是否与空闲表中插入点的前区和后区相邻接，若相邻，则根据合并原则进行合并，修改起始盘号。

与内存连续分配相比，在外存分配中，由于空闲表法具有较高的分配速度，可减少访问磁盘的I/O频率。如对换空间一般都采用连续分配方式；文件小于4个盘块时，也采用连续分配方式，当文件较大时，则采用离散分配方式。

② 空闲链法。空闲块链表法系统为外存建一个空闲链表，然后将所有空闲盘区通过指针链接的空闲块链上，并设置一个头指针指向空闲块链的第一个物理块。当用户建立文件时，就按需要从链首依次取下几个空闲块分配给文件。当撤销文件时，回收其存储空间，并将回收的空闲块依次链入空闲块链表中。根据构成链表所用基本元素的不同，可把链表分成两种形式：空闲盘块链和空闲盘区链。

A. 空闲盘块链。这种方式是将磁盘上的所有空闲空间以盘块为单位拉成一条链。当用户因创建文件需要请求分配存储空间时，系统从链首开始，依次将适当数目的空闲盘块分配给用户。在回收时，系统将回收的盘块依次插入空闲盘块链的末尾。因此，该方法优点是其分配和回收一个盘块的过程非常简单，但不足之处是为一个文件分配盘块时，可能要重复操作多次。

B. 空闲盘区链。这种方式是将磁盘上的所有空闲盘区（每个盘区可包含若干个盘块）拉成一条链。在每个盘区上除含有用于指示下一个空闲盘区的指针外，还应有能指明本盘区大小（盘块数）的信息。分配盘区的方法与内存的动态分区分配相似，一般采用首次适应算法。回收盘区过程与动态分区相似，将回收区与相邻接的空闲盘区相合并。

③ 位示图法。

A. 位示图。位示图利用二进制状态位来磁盘中每个盘块的使用情况，所有盘块所对应的二进制位构成一个集合，称为位示图，通过每位的状态判断当前盘块是否使用，如当位值为“0”时，表示对应的盘块空闲；当位值为“1”时，对应的盘块已分配，或者相反。如图4.28所示。其结构可以用一个二维数组来表示map[i][j]（注与其他数组不同，位示图的数组下标从0开始。以下的计算均按从1标号开始来计算。）

	1	2	3	4	5	6	7	8	9	10	11	12	13	14	15	16
1	1	1	0	0	0	1	1	1	0	0	1	0	0	1	1	0
2	0	0	0	1	1	1	1	1	1	0	0	0	0	1	1	1
3	1	1	1	0	0	0	1	1	1	1	1	1	0	0	0	0
4																
⋮																
16																

图4.28 位示图法

B. 盘块分配。采用位示图方法实现盘块分配的步骤如下：

- 首先按顺序扫描位示图，从中找出一个或一组二进制位为“0”的位（“0”表示空闲时）。
- 其次将所找到的一个或一组二进制位转换成与之相应的盘块号。假定找到的二进制位为“0”的位位于位示图的第i行、第j列，则盘块号P可以按以下公式计算得出。$P=n(i-1)+j$（n代表每行的位数）。
- 最后修改位示图，使map[i][j]=1。

C. 盘块回收。采用位示图进行回收也很方便，具体步骤如下：

- 将要回收的盘块号转换为二维数组的行、列号。公式如下：

$$i=(b-1)/n+1$$
$$j=(b-1)\%n+1$$

- 修改回收区在位示图中对应的为修改位示图，令map[i][j]=0。

④ 成组链接法。空闲表法和空闲链表法都是适合文件占用盘块比较少的分配方式，不适合较大的文件系统，成组链接法即是将空闲表和空闲链表两种方法结合而形成的一种空闲盘块管理方法。该管理方法的基本思想是将顺序的n个空闲扇区地址保存在第一个空闲扇区内，其后一个空闲扇区内则保存另一顺序空闲扇区的地址，如此继续，直至所有空闲扇区均予以链接。系统只需要保存一个指向第一个空闲扇区的指针。假设磁盘最初全为空闲扇区；其成组链接如图4.29所示。通过这种方式可以迅速找到大批空闲块地址。

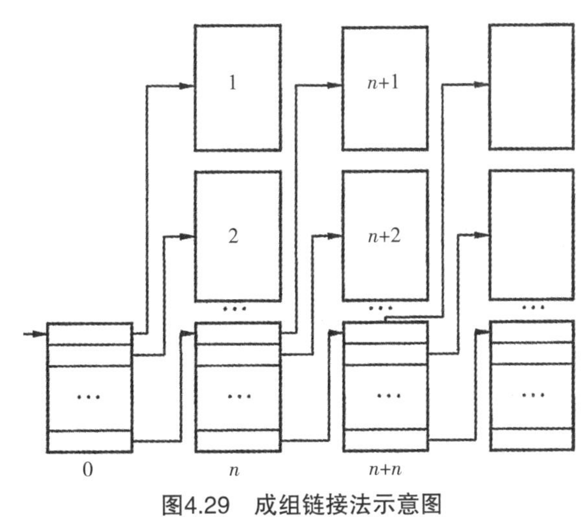

图4.29 成组链接法示意图

A. 空闲盘块的组织。空闲盘块号栈用来存放当前可用的一组空闲盘块的盘块号（最多含100个号），以及栈中尚有的空闲盘块号数N。同时，N还兼作栈顶指针用。例如，当N=100时，它指向S.free（99）。由于栈是临界资源，每次只允许一个进程去访问，系统为栈设置了一把锁互斥地的访问。

B. 空闲盘块的分配与回收。当系统要为用户分配文件所需的盘块时，须调用盘块分配过程来完成。该过程首先检查空闲盘块号栈是否上锁，如未上锁，便从栈顶取出一空闲盘块号，将与之对应的盘块分配给用户，然后将栈顶指针下移一格。若该盘块号已是栈底，即S.free（0），这是当前栈中最后一个可分配的盘块号。由于在该盘块号所对应的盘块中记有下一组可用的盘块号，因此，须调用磁盘读过程，将栈底盘块号所对应盘块的内容读入栈中，作为新的盘块号栈的内容，并把原栈底对应的盘块分配出去（其中的有用数据已读入栈中）。然后，再分配一个相应的缓冲区（作为该盘块的缓冲区）。最后，把栈中的空闲盘块数减1并返回。

在系统回收空闲盘块时，须调用盘块回收过程进行回收。它是将回收盘块的盘块号记入空闲盘块号栈的顶部，并执行空闲盘块数加1操作。当栈中空闲盘块号数目已达100时，表示栈已满，便将现有栈中的100个盘块号记入新回收的盘块中，再将其盘块号作为新栈底。成组链接法占用的空间小，而且超级块不大，可以放在内存中，这样使得大多数分配和回收空闲盘块的工作在内存中进行，提高了效率。

【例题】有一计算机系统利用下图所示的位示图（行号、列号都从0开始编号）来管理空闲盘块。如果盘块从1开始编号，每个盘块的大小为1KB。

	0	1	2	3	4	5	6	7	8	9	10	11	12	13	14	15
0	1	1	1	1	1	1	1	1	1	1	1	1	1	1	1	1
1	1	1	1	1	1	1	1	1	1	1	1	1	1	1	1	1
2	1	1	0	1	1	1	1	1	1	1	1	1	1	1	1	1
3	1	1	1	1	1	1	0	1	1	1	1	0	1	1	1	1
4	0	0	0	0	0	0	0	0	0	0	0	0	0	0	0	0
5																
6																

（1）现要为文件分配两个盘块，试具体说明分配过程。

（2）若要释放磁盘的第300块，应如何处理？

【解答】（1）为某文件分配两个盘块的过程如下：

① 顺序检索位示图，从中找到第一个值为0的二进制位，得到其行号i=2，列号j=2。

② 计算出位所对应的盘块号：$b=i\times16+j+1=2\times16+2+1=35$。

③ 修改位示图，令：map[2,2]=1，并将对应块35分配给文件。

按照同样的方式，可找到第3行、第6列的值为0的位，转换为盘块号55，将位的值修改为1，并将55号盘块分配给文件。

（2）释放磁盘的第300块时，应进行如下处理：

①计算出磁盘第300块所对应的二进制位的行号i和列号j。

② i=（300–1）/16=18，j=（300–1）%16=11。

③ 改位示图，令：map[18,11]=0，表示对应块为空闲块。

4.3.4 文件保护

为了防止文件共享被物理破坏或非法访问并修改文件，文件系统必须对用户在文件的读、写、执行的许可问题方面加以控制。因此文件系统中，必须建立相应的文件保护机制。常用的文件保护机制包括口令保护、加密保护和访问控制等方式。其中，口令保护等保护是为了防止用户文件被他人存取或窃取，而访问控制则用于控制用户对文件的访问方式。

（1）访问类型

对文件的保护可以从限制对文件的访问类型出发，可以加以控制的访问类型有读、写、执行、添加、删除、列表清单（列出文件名和文件属性）等。此外，还可以对文件的重命名、复制、编辑等加以控制。其中，重命名、复制及编辑属于高层的功能控制，其实现是系统程序调用低层系统来实现。保护可以只在低层提供。例如，复制文件可利用一系列的读请求来完成，这样，具有读访问权限的用户同时也就具有了复制和打印权限。

（2）访问控制

访问控制就是对不同的用户访问同一个文件采取不同的访问类型。根据用户的权限不同，可以把用户划分为拥有者、工作组用户、其他用户等。然后对不同的用户组采取不同的访问类型，以防文件被非法访问。

访问控制通常有4种方法：访问控制矩阵、访问控制表、用户权限表以及口令与密码。访问控制矩阵、访问控制表和用户权限表这3种方法比较类似，它们都是采用某种数据结构记录每个用户或用户组对于每个文件的操作权限，在访问文件时通过检查这些数据结构来看用户是否具有相应的权限来对文件进行保护。

口令与密码是另外一种访问控制方法。

● 口令指用户在建立一个文件时提供一个口令；系统为其建立FCB时附上相应口令；用户请求访问时必须提供相应口令。这种方法的开销较小，但是口令直接存储在系统内部，不够安全。

● 密码指用户对文件进行加密，文件被访问时需要使用密钥。这种方法的保密性强，节省存储空间，但编码和译码要花费一定时间。

4.3.5 虚拟文件系统

虚拟文件系统（VFS）是一种用于网络环境的分布式文件系统，它允许在同一个目录结构中可以挂载若干种不同的文件系统。

虚拟文件系统是物理文件系统与服务之间的一个接口层。它对每个文件系统的所有细节进行抽象，隐藏了它们的实现细节，为使用者提供统一的接口。严格来说，VFS并不是一种实际的文件系统，它只是存在于内存中，不存在于任何外存空间，VFS在系统启动时建立，在系统关闭时消亡。

对于用户来说，不需要关心不同文件系统的具体操作过程。而只是对一个虚拟的文件操作界面进行操作，每一个文件系统之间互不干扰，而只是调用相应的程序来实现其功能，VFS作为内核中的一个软件层，用于给用户空间的程序提供文件系统接口，同时也提供了内核中的一个抽象功能，允许不同的文件系统很好地共存。

4.3.6 文件系统挂载

文件系统挂载是指将新的文件系统关联至当前根文件系统。可以使用mount命令在目录树中的指定目录（挂载点）附加文件系统。挂载点作为要挂载文件系统的访问入口，必须已经存在，一般是不会被进程使用到的目录。挂载后，挂载点下原有文件将会被临时隐藏。

卸载，是指将某文件系统与当前根文件系统的关联关系移除。

4.3.7 真题与习题精编

● 单项选择题

1. 下列选项中支持文件长度可变，随机访问的磁盘存储空间分配方式是（ ）。

【全国联考2020年】

A. 索引分配　　B. 链接分配　　C. 连续分配　　D. 动态分区分配

2. 下列选项中，可用于文件系统管理空闲磁盘块的数据结构是（ ）。【全国联考2019年】

Ⅰ. 位图　　Ⅱ. 索引节点　　Ⅲ. 空闲磁盘块链　　Ⅳ. 文件分配表（FAT）

A. 仅Ⅰ、Ⅱ　　B. 仅Ⅰ、Ⅲ、Ⅳ　　C. 仅Ⅰ、Ⅲ　　D. 仅Ⅱ、Ⅲ、Ⅳ

3. 在文件的索引节点中存放直接索引指针10个，一级和二级索引指针各10个。磁盘块大小为1KB，索引指针占4个字节。若某文件的索引节点已在内存中，则把该文件偏移量（按字节编址）为1234和307400处所在的磁盘块读入内存，需访问的磁盘块个数分别是（ ）。【全国联考2015年】

A. 1、2　　B. 1、3　　C. 2、3　　D. 2、4

4. 文件系统用位图法表示磁盘空间的分配情况，位图存于磁盘的32~127号块中，每个盘块占1024个字节，盘块和块内字节均从0开始编号。假设要释放的盘块号为409612，则位图中要修改的位的盘块号和块内字节序号分别是（ ）。【全国联考2015年】

A. 81、1　　B. 81、2　　C. 82、1　　D. 82、2

5. 现有一个容量为10GB的磁盘分区，磁盘空间以簇（Cluster）为单位进行分配，簇的大小为4KB，若采用位图法管理该分区的空闲空间，即用一位（bit）标识一个簇是否被分配，则存放该位图所需簇的个数为（　）。【全国联考2014年】

A. 80　　B. 320　　C. 80K　　D. 320K

6. 设文件索引节点中有7个地址项，其中4个地址项是直接地址索引，2个地址项是一级间接地址索引，1个地址项是二级间接地址索引，每个地址项大小为4字节。若磁盘索引块和磁盘数据块大小均为256字节，则可表示的单个文件最大长度是（　）。【全国联考2010年】

A. 33KB　　B. 519KB　　C. 1057KB　　D. 16513KB

7. 设文件F1的当前引用计数值为1，先建立F1的符号链接（软链接）文件F2，再建立F1的硬链接文件F3，然后删除F1。此时，F2和F3的引用计数值分别是（　）。【全国联考2009年】

A. 0、1　　B. 1、1　　C. 1、2　　D. 2、1

8. UNIX系统中对空闲磁盘存储空间采用（　）方法管理。【南京理工大学2013年】

A. 位示图　　B. 空闲块成组链接

C. 空闲块单向链接　　D. 空闲块表

9. 下列文件的物理结构中，不利于文件长度动态增长的结构是（　）。【南京理工大学2013年】

A. 连续文件　　B. 链接文件　　C. 索引文件　　D. 顺序文件

10. 磁盘高速缓存设在（　）中。【中国科学院大学2015年】

A. 内存　　B. 磁盘控制器　　C. Cache　　D. 磁盘

11. 位示图可用于（　）。【中国科学院大学2015年】

A. 实现文件的保护和保密　　B. 文件目录的查找

C. 磁盘空间的管理　　D. 主存空间的共享

12. 按文件的物理组织结构可将文件分成（　）等。【广东工业大学2017年】

A. 数据文件、命令文件、文本文件　　B. 命令文件、库文件、索引文件

C. 连续文件、链式文件、索引文件　　D. 输入文件、输出文件、随机文件

13. 文件系统采用多级目录结构的目的是（　）。【上海交通大学2005年】

A. 减少系统开销　　B. 节约存储空间

C. 解决命名冲突人　　D. 缩短传送时间

14. 下列关于索引表的叙述，（　）是正确的。【四川大学2006年】

A. 索引表每个记录的索引项可以有多个

B. 对索引文件存取时，必须先查找索引表

C. 索引表中含有索引文件的数据及其物理地址

D. 建立索引表的目的之一是为减少存储空间

15. （　）结构的文件最适合与随机存取的应用场合。【武汉理工大学2005年】

A. 流式　　B. 索引　　C. 链接　　D. 顺序

16. 如果文件采用直接存取方法，且文件大小不固定，则应采用（　）物理结构。

A. 直接　　B. 索引　　C. 随机　　D. 顺序

17. 在磁盘上容易导致存储碎片发生的物理文件结构是（　）。【燕山大学2006年】

A. 链接　　B. 连续　　C. 索引　　D. 索引和链接

18. 在文件系统中，若文件的物理结构采用连续结构，则文件控制块FCB有关文件的物理位置的信息包括（ ）。【西北工业2005年】

Ⅰ. 首块地址　Ⅱ. 文件长度　Ⅲ. 索引表地址

A. 只有Ⅲ　B. Ⅰ和Ⅱ　C. Ⅱ和Ⅲ　D. Ⅰ和Ⅲ

19. 采用直接存取法来读写磁盘上的物理记录时，效率最高的是（ ）。【南昌大学2006年】

A. 连续结构的文件　B. 索引结构的文件

C. 链接结构文件　D. 其他结构文件

20. 下面关于索引文件的论述中，正确的是（ ）。

A. 索引文件中，索引表的每个表项中含有相应记录的关键字和存放该记录的物理地址

B. 顺序文件进行检索时，首先从FCB中读出文件的第一个盘块号；而对索引文件进行检索时，应先从FCB中读出文件索引块的开始地址

C. 对于一个具有三级索引的文件，存取一条记录通常要访问三次磁盘

D. 文件较大时，无论是进行顺序存取还是进行随机存取，通常索引文件方式都最快

21. 文件系统为每个文件创建一张（ ），存放文件数据块的磁盘存放位置。

A. 打开文件表　B. 位图　C. 索引表　D. 空闲盘块链表

22. 一个文件系统中，其FCB占64B，一个盘块大小为1KB，采用一级目录。录中有3200个目录项。则查找一个文件平均需要（ ）次访问磁盘。

A. 50　B. 54　C. 100　D. 200

23. 设有一个记录文件，采用链接分配方式，逻辑记录的固定长度为100B，在磁盘上存储时采用记录成组分解技术。盘块长度为512B。若该文件的目录项已经读入内存，则对第22个逻辑记录完成修改后，共启动了磁盘（ ）次。

A. 3　B. 4　C. 5　D. 6

● 综合应用题

1. 某磁盘文件系统使用链接分配方式组织文件，簇大小为4KB。目录文件的每个目录项包括文件名和文件的第一个簇号，其他簇号存放在文件分配表FAT中。【全国联考2016年】

（1）假定目录树如下图所示，各文件占用的簇号及顺序如下表所示，其中dir、dirl是目录，filel、file2是用户文件，请给出所有目录文件的内容。

dir
dir1
file1
file2

文件名	簇号
dir	1
dir1	48
file1	100、106、108
file2	200、201、202

（2）若FAT的每个表项仅存放簇号，占2个字节，则FAT的最大长度为多少字节？该文件系统支持的文件长度最大是多少？

（3）系统通过目录文件和FAT实现对文件的按名存取，说明filel的106、108两个簇号分别存放FAT的哪个表项中？

（4）假设仅FAT和dir目录文件已读入内存，若需将文件dir/dirl/filel的第5000B读入内存，则要访问哪几个簇？

2. 文件F由200条记录组成，记录从1开始编号。用户打开文件后，欲将内存中的一条记录插入到文件中，作为其第30条记录。请回答下列问题，并说明理由。【全国联考2014年】

（1）若文件系统采用连续分配方式，每个磁盘块存放一条记录，文件F的存储区域前后均有足够空闲的磁盘空间，则完成上述插入操作最少需要访问多少次存储块？F的文件控制块内容会发生哪些改变？

（2）若文件系统采用链接分配方式，每个磁盘块存放一条记录和一个链接指针，则完成上述插入操作需要访问多少次磁盘块？若每个磁盘块大小为1KB，其中4个字节存放链接指针，则该文件系统支持的文件最大长度是多少？

3. 某文件系统空间的最大容量为4TB（$1TB=2^{40}B$），以磁盘块为基本分配单位。磁盘块大小为1KB。文件控制块（FCB）包含一个512B的索引表区。请回答下列问题。【全国联考2012年】

（1）假设索引表区仅采用直接索引结构，索引表区存放文件占用的磁盘块号，索引表项中块号最少占多少字节？可支持的单个文件最大长度是多少字节？

（2）假设索引表区采用如下结构：第0~7字节采用<起始块号，块数>格式表示文件创建时预分配的连续存储空间，其中起始块号占6B，块数占2B；剩余504字节采用直接索引结构，一个索引项占6B，则可支持的单个文件最大长度是多少字节？为了使单个文件的长度达到最大，请指出起始块号和块数分别所占字节数的合理值，并说明理由。

4. 某文件系统为一级目录结构，文件的数据一次性写入磁盘，已写入的文件不可修改，但可多次创建新文件，请回答如下问题：【全国联考2011年】

（1）在连续、链式、索引三种文件的数据块组织方式中，哪种更合适？要求说明理由。为定位文件数据块，需在FCB中设计哪些相关描述字段？

（2）为快速找到文件，对于FCB，是集中存储好，还是与对应的文件数据块连续存储好？要求说明理由。

5. 某文件系统采用显式链接分配方式为文件分配磁盘空间，已知硬盘大小为64GB，簇的大小为4KB，该文件系统的FAT表需占用多少兆字节存储空间？若文件A分配到的盘块号依次为23、25、32、20，试画出FAT表中与文件A有关的各表项。【南京理工大学2015年】

4.3.8 答案精解

● 单项选择题

1.【答案】A

【精解】本题考查磁盘存储空间分配方式。链接分配不支持随机访问。连续分配不支持可变长文件长度。动态分区分配是内存管理方式非磁盘空间管理方式。故本题选A。

2.【答案】B

【精解】本题考查的知识点是文件管理——文件系统实现。在对文件存储空间的管理中，常用的数据结构包括：空闲表（文件分配表）、空闲链（空闲磁盘块链）、位示图、成组链法等。故选B。

3.【答案】B

【精解】本题考查的知识点是文件管理——文件系统实现。10个直接索引指针指向的数据块大小是10×1KB=10KB。每个索引指针占4B，故每个磁盘块可存放1KB/4B=256个索引指针。一级索引指针指向的数据块为256×1KB=256KB，二级索引指针指向的数据块为256×256×1KB=64MB。按字节编址的情况下，偏移量为1234时，由于1234B＜10KB，故直接索引指针可获得其所在的磁盘块地址，因文件的索引节点已在内存中，地址可直接得到，只需访问一个磁盘块；偏移量为307400时，由于10KB；256KB＜307400B＜64MB，故该偏移量的内容存放在二级索引指向的磁盘块中，由于索引节点已在内存中，故先访盘两次得到文件所在的盘块地址，再访问一次磁盘块就可读出内容，因此共需要访问三个磁盘块。故选B。

4.【答案】C

【精解】本题考查的知识点是文件管理——文件系统实现。盘块号＝起始块号＋偏移量＝32＋409612/（1024×8）=32＋50=82；块内字节号＝{[盘块号%（1024×8）]/8=1}。故选C。

5.【答案】A

【精解】本题考查的知识点是文件管理——文件系统实现。磁盘中簇的总数=10GB/4KB=2.5M个。每个簇用一位表示，则2.5M个簇共有2.5M位标识符，需要的空间=2.5M/8=320KB，共需要320/4=80个簇。故选A。

6.【答案】C

【精解】本题考查的知识点是文件管理——文件系统实现。一个索引块的大小是256B，每个地址项大小为4B，则磁盘的指针共有256/4=64个。故单个文件的最大长度为（4+2×64+1×64×64×256B）=1082368B=1057KB。故选C。

7.【答案】B

【精解】本题考查的知识点是文件管理——文件系统实现。在建立软链接（符号链接）时，引用计数值不会增大，而在建立硬链接时，引用计数值加1。新建F2时，F1和F2的引用计数值都为1。当建立F3时，F1和F3的引用计数值都变成了2。后来再删除F1时，F3的引用计量数减1而F2的保持不变。最终F2与F3的引用计量数均为1。故选B。

8.【答案】B

【精解】本题考查的知识点是文件管理——文件系统实现。UNIX系统采用的是对空闲块链表改进的方法。把所有的空闲块按照固定数量分组，组和组之间形成链接关系，这就是空闲块成组链接法。故选B。

9.【答案】D

【精解】本题考查的知识点是文件管理——文件系统实现。顺序文件的主要优点是顺序存储时速度较快。若文件为定长记录文件，还可以根据文件的起始地址和记录长度进行随机访问。顺序文件的缺点是会产生碎片（因为文件存储需要连续的空间），也不利于文件的动态增长。故选D。

10.【答案】A

【精解】本题考查的知识点是文件管理——文件系统实现。磁盘高速缓存实际上是一种软件机制，它允许操作系统把经常访问的数据保存在内存中，便于再次访问。故选A。

11.【答案】C

【精解】本题考查的知识点是文件管理——文件系统实现。位示图是磁盘空闲管理的一种方式，方法是为文件存储器建立一张位示图，反映整个存储空间的分配情况。故选C。

12.【答案】C

【精解】本题考查的知识点是文件管理——文件系统实现。按文件的物理组织结构分类，可将文件分成连续文件、链式文件、索引文件三种。故选C。

13.【答案】C

【精解】本题考查的知识点是文件管理——文件系统实现。多级目录会增加存储开销，增加访问时间，因此A、B都是错误的。文件的传送时间与文件系统采用何种结构无关，因此D也是错误的。只有C才是正确的选项。故选C。

14.【答案】B

【精解】本题考查的知识点是文件管理——文件系统实现。索引表每个记录的索引项只有一个，因此选项A错误。用户对索引文件进行存取时。需要检索索引表，找到相应的表项，再利用该表项中给出的指向记录的指针值去访问所需的记录，因此B正确。对主文件的每个记录，在索引表中都设有一个相应的表项，用于记录该记录的长度L及指向该记录的指针（指向该记录在逻辑地址空间的首址），因此C错误。由于使用了索引表而增加了存储空间的开销，因此不会减少存储空间（此处意为存储开销），会增加存储开销。故选B。

15.【答案】D

【精解】本题考查的知识点是文件管理——文件系统实现。连续分配（顺序文件）具有随机存取功能，但不便于文件长度的动态增长。链接分配便于文件长度的动态增长，但不具有随机存取功能。索引分配既具有随机存取功能，故选D。

16.【答案】B

【精解】本题考查的知识点是文件管理——文件系统实现。根据外存储分配方法，链式存储结构将文件按照顺序存储在不同盘块中，因此适合顺序访问，不适合随机访问（需从文件头遍历所有盘块）；连续结构（数据位置可计算得到）和索引结构（只需访问索引块即可知道数据位置）适合随机访问。但连续结构如果要在中间增加数据，则要整体移动后面的所有数据，因此不适合文件的动态增长；而索引结构适合随机访问，因为索引结构可以单独将新增数据放在一个新盘块，只需修改索引块即可。故选B。

17.【答案】B

【精解】本题考查的知识点是文件管理——文件系统实现。连续文件的优点是在顺序存取时速度较快，因为这类文件往往被从头到尾依次存取，但连续文件也存在如下缺点：第一，要求建立文件时就确定它的长度，依此来分配相应的存储空间，这往往很难实现。第二，不便于文件的动态扩充，在实际计算时，作为输出结果的文件往往随执行过程不断增加新内容，当该文件需要扩大空间而其后的存储单元已经被别的文件占用时，就必须另外寻找一个足够大的空间。把原空间中的内容和新加入的内容复制进去。第三，可能出现外部碎片，就是在存储介质上存在很多空闲块，但它们都不连续，无法被连续文件使用，造成浪费。故选B。

18.【答案】B

【精解】本题考查的知识点是文件管理——文件系统实现。连续结构不需要用到索引表，那么文件控制块中也就不可能有索引表地址信息，因此排除A、C、D选项，故选B。

19.【答案】A

【精解】本题考查的知识点是文件管理——文件系统实现。在直接存取方法下，采用连续结构的文件，只要知道文件在存储设备上的起始地址（首块号）和文件长度（总块数），就能很快地进行存取。适合随机存取的程度总结为：连续分配>索引分配>链接分配。故选A。

20.【答案】B

【精解】本题考查的知识点是文件管理——文件系统实现。索引表的表项中存放有该记录的逻辑地址；三级索引需要访问4次磁盘；随机存取时索引文件速度快，顺序存取时顺序存取文件速度快。故选B。

21.【答案】C

【精解】本题考查的知识点是文件管理——文件系统实现。打开文件表仅存放已打开文件信息的表，将指名文件的属性从外存复制到内存，再使用该文件时直接返回索引，A错误。位图和空闲盘块链表是磁盘管理方法，B、D错误。只有索引表中记录每个文件所存放的盘块地址，C正确。故选C。

22.【答案】C

【精解】本题考查的知识点是文件管理——文件系统实现。3200个目录项占用的盘块数为3200×64B/1KB=200个。因为一级目录平均访盘次数为1/2盘块数（顺序查找目录表中的所有目录项，每个目录项为一个FCB），所以平均的访问磁盘次数为200/2=100次。故选C。

23.【答案】D

【精解】本题考查的知识点是文件管理——文件系统实现。第22个逻辑记录对应4（22×100/512=4，余152）个物理块，即读入第5个物理块，由于文件采用的物理结构是链接文件，因此需要从目录项所指的第1个物理块开始读取，依次读到第4块才得到第5块的物理地址，共启动磁盘5次。修改还需要写回操作，由于写回时已获得该块的物理地址，只需1次访问磁盘，故共需要启动磁盘6次。故选D。

● 综合应用题

1.【考点】目录文件的实现。

【参考答案】（1）两个目录文件dir和dirl的内容见下表。

dir目录文件

文件名	簇号
dir1	48

dir1目录文件

文件名	簇号
file1	100
file2	200

（2）FAT的簇大小为2B，等于16bit，故在FAT表上最多允许2^{16}（65536）个表项，一个FAT文件最多包含2^{16}（65536）个簇。FAT的最大长度为$2^{16}\times 2B=128KB$。文件的最大长度为$2^{16}\times 4KB=256MB$。

（3）在FAT的每个表项中存放下一个簇号，file1的簇号106存放在FAT表项的100号表项中，簇号108存放在FAT的106号表项中。

（4）首先需要在dir目录文件中找到dir1的簇号，读取48号簇，得到dir1目录文件。然后找到file1的第一个簇号，在FAT中查找file1的第5000B所在的簇号。最后访问磁盘中的这个簇。

综上所述，需要访问目录文件dirl所在的48号簇和文件file1的106号簇。

2.【考点】文件的实现。

【参考答案】（1）文件系统采用连续分配方式，即文件F的200条记录连续。文件F存储区前后均有足够的空闲区，在第30条记录处插入一条新的记录，若要使插入操作访问存储块次数最少，需要将前29条记录向前移动。每移动一条记录需要访问两次存储块（一次读出，一次存入），移动29条记录共访问58次存储块。将第30条记录存入文件下中需要访问一次存储块，故共需要访问59次存储块。

文件F的起始存储块号和文件长度的内容会因插入操作而改变。

（2）采用链式分配的文件系统，插入一条记录无须移动其他记录，只需找到插入点的位置插入并修改相邻记录的存储块号即可。在第30条记录处插入新记录，需要从第1条记录开始查找到第29条记录的位置，这个过程访问存储块29次，插入新的记录需要访问存储块1次，将第29条记录的链接块号修改，指向新插入的第30条记录需要访问存储块1次，整个过程需要访问存储块31次。

存放指针的字节位数是4，每字节8位，故最大可寻址的空间是223B=4GB，每个磁盘块的大小是1KB即1024B，有4个字节存放指针，存放数据的部分就是1024B−4B=1020B，故文件系统可存储的最大文件长度是4G×1020B=4080GB。

3.【考点】文件的实现。

【参考答案】（1）存储空间共有$2^{42}/2^{10}=2^{32}$个块，索引表项占32/8=4B，512B的索引表区可存放512B/4B=2^7个索引表项，最大文件长度为$2^7\times2^{10}=2^{17}$=128KB。

（2）若块号占6B，块数占2B，最大文件长度为$2^{16}\times2^{10}+(504/6)\times2^{10}$=64MB+84KB，合理的起始块号和块数占字节数分别为4、4。因为块数占4B以上就可以表示4TB大小的文件长度，达到了文件系统的空间上限。

4.【考点】目录文件的实现。

【参考答案】（1）采用连续数据块组织方式，磁盘寻道时间更短，因为文件随机访问率更高。为了快速定位文件数据块，FCB中应该有的字段是起始块号和结束块号（或块数）。

（2）应该将所有的FCB集中存放，文件数据集中存放。这样在随机查找文件时，只需要访问FCB对应的块，可以减少磁头移动的距离和磁盘的I/O次数。

5.【考点】目录文件的实现。

【参考答案】硬盘的大小是64GB，每个簇的大小是4KB，共有64GB/4KB=2^{34}个簇，FAT表中每个表项占24位即3字节，故FAT表占用$2^{24}\times3$=48MB。

FAT表中与文件A有关的各表项如下图所示：

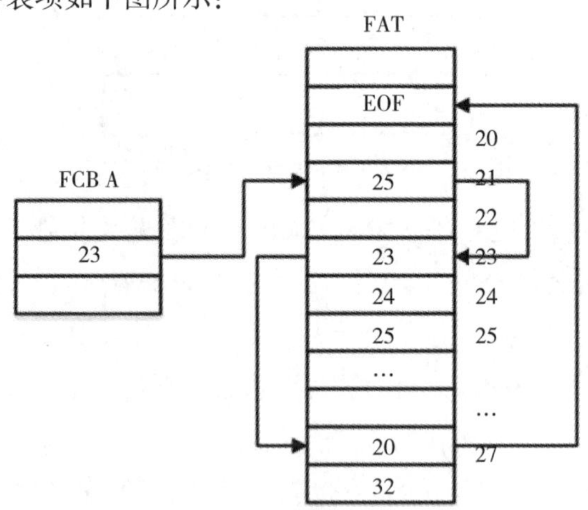

4.4 磁盘组织与管理

由于磁盘存储器具有容量大、存取速度快、可以实现随机存取，所以磁盘存储器已经成为当前存放大量程序和数据的理想设备，并作为现代计算机系统中主要存放文件的存储设备。而直接影响现代计算机系统性能的是磁盘I/O速度的高低和磁盘系统的可靠性，因此，磁盘的组织形式及管理方法是以改善磁盘I/O速度的高低和磁盘系统的可靠性为目标。

4.4.1 磁盘的结构

（1）磁盘的定义

磁盘（Disk）是典型的直接存取设备，它是有一个或一组表面涂有磁性物质的金属或塑料构成的物理盘片。每个盘片分一个或两个存储面，通过一个磁头的导体线圈从磁盘存取数据。磁盘盘面上存在一组用来存储数据的同心圆，称为磁道。磁道沿径向又分成大小相等的多个扇区（通常每个扇区固定大小512B），一个扇区一个盘块。盘片上与盘片中心有一定距离的所有磁道组成了一个柱面，如图4.30所示。因此，按照这种物理结构组织，扇区就是磁盘可寻址的最小存储单位，磁盘地址就用“柱面号·盘面号·扇区号（或块号）”表示。

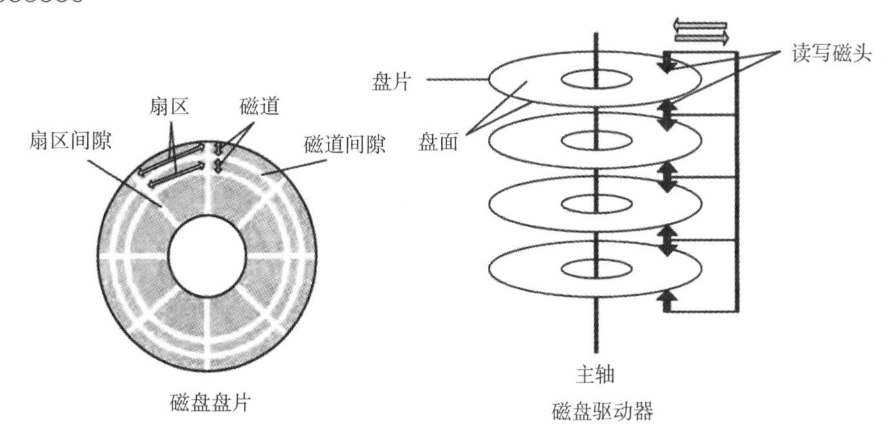

图4.30 磁盘的结构和布局

一个物理记录存储在一个扇区上，因此磁盘上存储的物理记录块数目是由扇区数、磁道数以及磁盘面数来决定。

例如，一个10GB容量的磁盘，有8个双面可存储盘片，共16个存储面（盘面），每面有16383个磁道（也称柱面），63个扇区（每个扇区的容量大小相同）。

为了提高磁盘容量，现代磁盘不再是内环和外环扇区相同容量了，而是充分利用磁盘外环磁道的存储能力，内外环还划为相同的扇区，外环多划出更多的环带，使同一环带内的所有磁道具有相同的扇区数。

因此在使用磁盘之前，首先要进行磁盘低级格式化，以温盘为例（温切斯特盘），每条磁道含有30个固定大小的扇区，每个扇区容量为600B，其中512B存放数据，其余的用于存放控制信息。每个扇区包括两个字段，如图4.31所示：

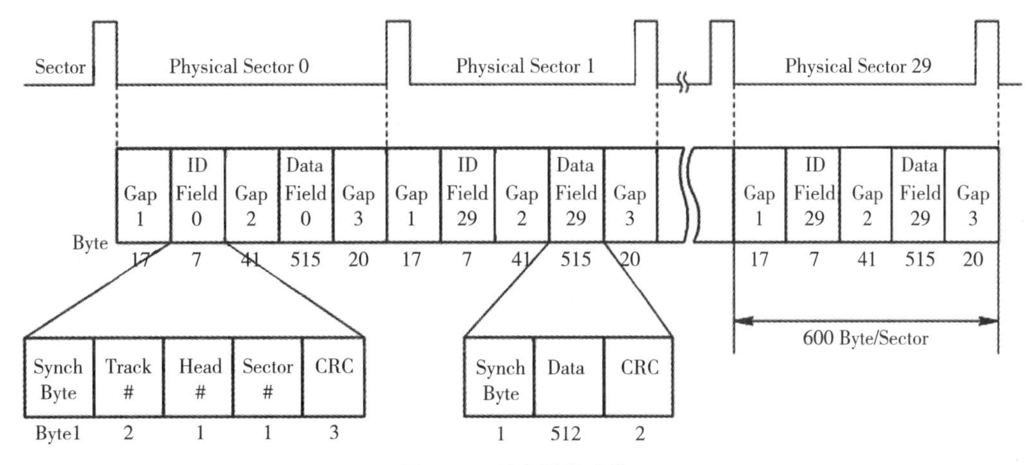

图4.31 磁盘的格式化

（1）标识符字段。ID表示段中一个字节的SYNCH具有特定的位图像，作为该字段的定界符，利用磁道号、磁头号及扇区号三者来标识一个扇区；CRC字段用于段校验。

（2）数据字段。也有一个字节的Synch的同步字符，每个数据字段可存放512B的数据。

磁盘分区：一般磁盘格式化完成后，要对磁盘进行分区。每个分区就是一个独立的逻辑磁盘。在磁盘0扇区的主引导记录分区表中，包含记录着每个分区的起始扇区和大小分区表，且在所有的分区表中必须有一个分区被标记成活动的，以保证能够从硬盘引导系统。

（2）磁盘的类型

根据磁盘的访问方式，可以将磁盘分为固定头磁盘和活动头（或移动头）磁盘。

① 固定头磁盘。每个盘面所有磁道上都配一个读/写磁头，这些磁头都被装在一刚性磁臂中，磁盘可以通过这些磁头访问各个磁道，并进行并行读/写，有效地提高了磁盘的I/O速度。此种类型的磁盘通常用于大容量磁盘上。

② 活动头（或移动头）磁盘。每个盘面上只配一个磁头，访问磁盘时，首先要通过寻道，然后以串行读写磁盘内容，因此访问I/O速度慢，但结构简单，适合中小型磁盘设备。

（3）磁盘访问时间

磁盘设备正常工作时以恒定的速度旋转。在访问磁盘时，磁盘要通过三个步骤完成，一是磁头寻道；二是等待所访问扇区的开始位置旋转到磁头下；三是进程数据的读写。故磁盘访问的时间主要包括：寻道时间、旋转延迟时间和传输时间三部分。

① 寻道时间。磁盘接收到读指令后，磁头从当前位置移动到目标磁道位置，所需花费的时间为寻道时间，用T_S表示。该时间是启动磁臂的时间s与磁头移动n条磁道所花费时间的总和，m为每移动一个磁道所需时间，即：

$$T_s = m \times n + s$$

m为常数，与磁盘驱动器的速度有关，通常题目会给出。若题目中没有给出磁臂的启动时间，则忽略不计。

② 旋转延迟时间。扇区移动到磁盘下所需的平均旋转延迟时间，用T_r表示。设磁盘的旋转速度为r，则所需要的时间T_r的公式如下：

$$T_r = \left(\frac{1}{r}\right)/2 = \frac{1}{2r}$$

题目中通常的描述方式为“每个磁道读取1个随机分布的扇区”，此处的“随机分布”为旋转长度的平均期望值，即半周，所以平均旋转延迟就是磁盘旋转半周的时间。例如硬盘的旋转速度为15000r/min，每转需时4ms，平均旋转延迟时间T_r为2ms。

● 传输时间：从磁盘上读出数据或向磁盘中写入数据所需要的时间。用T_t表示，其大小与每次所读/写的字节数b和旋转速度有关：

$$T_t = \frac{b}{rN}$$

r为磁盘每秒钟的转数；N为一条磁道上的字节数，当一次读/写的字节数相当于半条磁道上的字节数时，T_r与T_t相同。因此，磁盘访问时间T_a应表示如下：

$$T_a = T_s + \frac{1}{2r} + \frac{b}{rN}$$

例如：寻道时间和旋转延迟时间平均为20ms，而磁盘的传输速率为10MB/s，如果要传输10KB的数据，此时总的访问时间为21ms。

4.4.2 磁盘调度算法

磁盘是一种允许多个进程共享的设备，当存在多个进程同时要求访问磁盘时，则需要采取合理的调度算法。由于访问磁盘的平均访问时间主要与寻道时间有关，因此采用什么调度算法可以更好地降低平均寻道时间。目前常用的磁盘调度算法有先来先服务、最短寻道时间优先及扫描等算法。

（1）先来先服务（FCFS）

该算法根据进程请求访问磁盘的先后次序进行调度。算法公平、简单，且每个进程根据请求的顺序都会得到处理。但未对寻道进行优化，致使平均寻道时间可能较长，比较适合进程数目较少的磁盘I/O访问。

（2）最短寻道时间优先（Shortest Seek Time First，SSTF）

该算法要求将要访的磁道与当前磁头所在的磁道距离最近，以使每次的寻道时间最短。该算法的寻道性能虽比FCFS算法好，但也不能保证平均寻道时间最短。并且可能会使某些进程的请求总被其他进程的请求抢占而长期得不到服务，出现“饥饿”现象。

（3）扫描（SCAN）算法

该算法为了避免“饥饿”现象，规定在磁头当前移动方向上选择与当前磁头所在磁道距离最近的请求作为下一次服务的对象。此算法是基于最短寻道时间优先算法的基础上规定了磁头移动的方向。该算法中，磁头移动规律与电梯运行规律类似，故也称电梯调度算法。此算法具有较好的寻道性能，又避免了“饥饿”现象。不足之处是两端磁道请求都是最后得到服务。

（4）循环扫描（CSCAN）算法

该算法是SCAN算法的改进，其规定磁头单向移动，当磁头自里向外移动到最外层后，立即快速移动至起始端而不服务任何请求。如此循环扫描，消除了两端不公的现象。

例如，有一个磁盘请求序列，其磁道号顺序为：55、58、39、18、90、160、150、38、184。假定当前磁头在100号磁道处，沿磁道号增加的方向移动。则通过不同的调度算法的情况见表4.3。

表4.3　各种磁盘调度算法的调度过程情况

调度算法	FCFS		SSTF		SCAN		CSCAN	
	下一个	移动数	下一个	移动数	下一个	移动数	下一个	移动数
调度过程	55	45	90	10	150	50	150	50
	58	3	58	32	160	10	160	10
	39	19	55	3	184	24	184	24
	18	21	39	16	90	94	18	166
	90	72	38	1	58	32	38	20
	160	70	18	20	55	3	39	1
	150	10	150	132	39	16	55	16
	38	112	160	10	38	1	58	3
	184	146	184	24	18	20	90	32
平均寻道长度	55.3		27.6		27.8		35.8	

【例题】假设磁盘有200个磁道，磁盘请求队列中是一些随机请求，它们按照到达的次序分别处于190、10、160、80、90、125、30、20、140、25号磁道上，当前磁头在100号磁道上，并沿着磁道号增加的方向移动。请给出按FCFS、SSTF、SCAN及CSCAN算法进行磁盘调度时满足请求的次序，并计算出它们的平

均寻道长度。

本题要注意两点:①理解四种磁盘调度算法的基本思想;②题目要求磁头的移动方向为磁道增加的方向。

【解答】磁盘调度的次序以及它们的平均寻道长度见表4.4。

表4.4 磁盘调度的次序以及平均寻道时间

调度算法	FCFS		SSTF		SCAN		CSCAN	
	下一个	移动数	下一个	移动数	下一个	移动数	下一个	移动数
调度过程	190	90	90	10	125	25	125	25
	10	180	80	10	140	15	140	15
	160	150	125	45	160	20	160	20
	80	80	140	15	190	30	190	30
	90	10	160	20	90	100	10	180
	125	35	190	30	80	10	20	10
	30	95	30	160	30	50	25	5
	20	10	25	5	25	5	30	5
	140	120	20	5	20	5	80	50
	25	115	10	10	10	10	90	10
平均寻道长度	88.5		31		27		35	

4.4.3 磁盘的管理

(1)磁盘格式化

一个新的磁盘只是一个含有磁性记录材料的空白盘。在对磁盘进行数据存储之前,磁盘必须分成扇区以便磁盘控制器能进行读和写操作,这个过程称为低级格式化。低级格式化为磁盘的每个不同扇区采用独特的数据结构。该结构通常由头部、数据区域(通常为512B)和尾部组成。头部和尾部包含了一些磁盘控制器所使用的信息。

为了使用磁盘存储文件,操作系统还需要将自己的数据结构记录在磁盘上,具体过程分两步:一是先将磁盘分为由一个或多个柱面组成的分区(如硬盘的C盘、D盘等形式的分区);二是对物理分区进行逻辑格式化(即创建文件系统),操作系统将初始的文件系统数据结构存储到磁盘上,这些数据结构包括空闲和已分配的存储空间及一个初始为空的目录。

(2)引导块

计算机在启动时需要运行一个初始化程序(启动引导程序),它主要完成CPU、寄存器、设备控制器和内存等硬件初始化工作,接着启动操作系统。因此,启动引导程序应先找到磁盘上的操作系统内核,装入内存,并转到起始地址,从而开始操作系统的运行。

启动引导程序通常保存在ROM中,为了避免改变启动引导程序而需要改变ROM硬件的问题,故只在ROM中保留很小的启动引导装入程序,将完整功能的启动引导程序保存在磁盘的启动块上,启动块位于磁盘的固定位上。拥有启动分区的磁盘称为启动磁盘或系统磁盘。

(3)坏扇区

由于磁盘属于移动部件且容错能力弱,极容易出现一个或多个扇区损坏,又因坏块属于硬件故障,操作系统不能修复坏块,只能通过使用某种机制,使系统不使用坏块。对坏块常用的处理方法如下:

① 对于简单磁盘,如电子集成驱动器(IDE),坏扇区可手工处理,如MS-Dos的Format命令执行逻辑

格式化时便会扫描磁盘以检查坏扇区。坏扇区会在FAT表标明，则程序便不会再使用。

② 对于复杂的磁盘，如小型计算机系统接口（SCSI），其控制器维护一个磁盘坏块链表。该链表在出厂前进行低级格式化时就已初始化，并在磁盘的整个使用过程中不断更新。低级格式化将一些块保留作为备用，对操作系统透明。控制器可用备用块来逻辑地替代坏块，这种方案称为扇区备用。

4.4.4 真题与习题精编

● 单项选择题

1. 某系统中磁盘的磁道数为200（0~199），磁头当前在184号磁道上。用户进程提出的磁盘访问请求对应的磁道号依次为184、187、176、182、199。若采用最短寻道时间优先调度算法（SSTF）完成磁盘访问，则磁头移动的距离（磁道数）是（　）。【全国联考2021年】

A. 37　B. 38　C. 41　D. 42

2. 某文件系统的簇和磁盘扇区大小分别为1KB和512B。若一个文件的大小为1026B，则系统分配给该文件的磁盘空间大小是（　）。【全国联考2017年】

A. 1026B　B. 1536B　C. 1538B　D. 2048B

3. 下列选项中，磁盘逻辑格式化程序所做的工作是（　）。【全国联考2017年】

Ⅰ.对磁盘进行分区　Ⅱ.建立文件系统的根目录

Ⅲ.确定磁盘扇区校验码所占位数　Ⅳ.对保存空闲磁盘块信息的数据结构进行初始化

A. 仅Ⅱ　B. 仅Ⅱ、Ⅳ　C. 仅Ⅲ、Ⅳ　D. 仅Ⅰ、Ⅱ、Ⅳ

4. 某硬盘有200个磁道（最外侧磁道号为0），磁道访问请求序列：130，42，180，15，199。当前磁头位于第58号磁道并从外侧向内侧移动。按照SCAN调度方法处理完上述请求后，磁头移过的磁道数是（　）。【全国联考2015年】

A. 208　B. 287　C. 325　D. 382

5. 某磁盘的转速为10000转/分，平均寻道时间是6ms，磁盘传输速率是20MB/s，磁盘控制器延迟为0.2ms，读取一个4KB的扇区所需的平均时间约为（　）。【全国联考2012年】

A. 9ms　B. 9.4ms　C. 12ms　D. 12.4ms

6. 下列选项中，不能改善磁盘设备I/O性能的是（　）。【全国联考2012年】

A. 重排I/O请求次序　B. 在一个磁盘上设置多个分区

C. 预读和滞后写　D. 优化文件物理块的分布

7. 假设磁头当前位于第105道，正在向磁道序号增加的方向移动。现有一个磁道访问请求序列为35，45，12，68，110，180，170，195。采用SCAN调度（电梯调度）算法得到的磁道访问序列是（　）。【全国联考2009年】

A. 110，170，180，195，68，45，35，12　B. 110，68，45，35，12，170，180，195

C. 110，170，180，195，12，35，45，68　D. 12，35，45，68，110，170，180，195

8. 既可以随机访问又可顺序访问的有（　）。

Ⅰ. 光盘　Ⅱ. 磁带　Ⅲ. U盘　Ⅳ. 磁盘

A. Ⅱ、Ⅱ、Ⅳ　B. Ⅰ、Ⅲ、Ⅳ　C. Ⅲ、Ⅳ　D. 仅Ⅳ

9. 在下列有关旋转延迟的叙述中，不正确的是（　）。

A. 旋转延迟的大小与磁盘调度算法无关

B. 旋转延迟的大小取决于磁盘空闲空间的分配程序

C. 旋转延迟的大小与文件的物理结构有关

D. 扇区数据的处理时间对旋转延迟的影响较大

10. 已知某磁盘的平均转速为r秒/转，平均寻找时间为T秒，每个磁道可以存储的字节数为N，现向该磁盘读写b字节的数据，采用随机寻道的方法，每道的所有扇区组成一个簇，其平均访问时间是（　　）。

A. $(r+T)b/N$　　B. b/NT　　C. $(b/N+T)r$　　D. $bT/N+r$

11. 设一个磁道访问请求序列为55，58，39，18，90，160，150，38，184，磁头的起始位置为100，若采用SSTF（最短寻道时间优先）算法，则磁头移动（　　）个磁道。

A. 55　　B. 184　　C. 200　　D. 248

● 综合应用题

1. 假设计算机系统采用CSCAN（循环扫描）磁盘调度策略，使用2KB的内存空间记录16384个磁盘块的空闲状态。【全国联考2010年】

（1）请说明在上述条件下如何进行磁盘块空闲状态的管理。

（2）设某单面磁盘旋转速度为每分钟6000转，每个磁道有100个扇区，相邻磁道间的平均移动时间为1ms。若在某时刻，磁头位于100号磁道处，并沿着磁道号增大的方向移动（如下图所示），磁道号请求队列为50，90，30，120，对请求队列中的每个磁道需读取1个随机分布的扇区，则读完这4个扇区共需要多少时间？要求给出计算过程。

（3）如果将磁盘替换为随机访问的Flsah半导体存储器（如U盘、SSD等），是否有比CS-CAN更高效的磁盘调度策略？若有，给出磁盘调度策略的名称并说明理由；若无，说明理由。

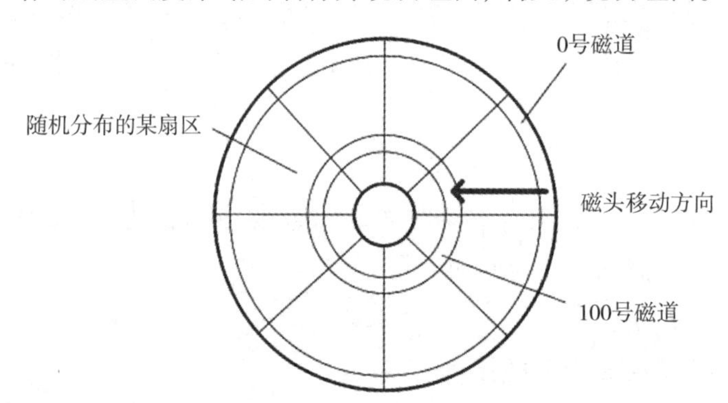

2. 假定某磁盘上共有200个柱面，编号为0~199，当前磁头的位置位于90号柱面，当前正在向199号柱面方向前进。同时有若干请求者在等待服务，它们依次要访问的柱面号为：85、132、188、94、155、100、170、125。假设每移动一个柱面所需的时间为2μs，试分别采用最短寻道优先算法和电梯调度算法计算实际的服务次序，并计算各个算法的平均寻道时间。【桂林电子科技大学2015年】

3. 磁激共有200个柱面（0~19），它刚刚从92号磁道移到98号磁道完成读写，假设此时系统中等待访问磁盘的磁道序列为：190、97、90、45、150、32、162、108、112、80。试给出采用下列算法后磁头移动的顺序，并计算寻道距离。【浙江工商大学2015年】

（1）FCFS算法。　（2）SSTF算法。　（3）SCAN算法。　（4）C-SCAN算法。

4.4.5 答案精解

● 单项选择题

1.【答案】C

【精解】本题考查最短寻道时间优先调度算法。SSTF算法选择调度处理的磁道是与当前磁头所在磁道距离最近的磁道，以使每次的寻找时间最短。故本题寻道次序为184→182→187→176→199，故磁头移动的距离=（184-182）+（187-182）+（187-176）+（199-176）=41。故本题答案为C。

2.【答案】D

【精解】本题考查的知识点是文件管理——磁盘组织与管理。族的大小是1KB，磁盘扇区大小是512B，故一个簇内有1KB/512B=2个扇区。文件大小是1026B，大于1024B（一个簇），小于2048B（两个簇），引入簇的系统是以簇为单位进行盘块分配的，故需要为文件分配两个簇，2048B的空间，文件实际占用三个扇区。故选D。

3.【答案】B

【精解】本题考查的知识点是文件管理——磁盘组织与管理。磁盘逻辑格式化的时候，系统将为磁盘建立新的文件系统根目录，并且对保存空闲磁盘块信息的数据结构进行初始化。磁盘逻辑格式化操作不会对磁盘重新分区，也不会确定磁盘扇区校验码所占位数，这两项操作与逻辑格式化无关，属于物理格式化的操作。故选B。

4.【答案】C

【精解】本题考查的知识点是文件管理——磁盘组织与管理。SCAN算法是磁头沿着一个方向（与当前磁头距离最近的请求方向）进行扫描，直到该方向上所有的请求均已处理完毕才改变方向。由于本题磁头是从外侧向内侧移动，故磁头移动次序是130，180，19，42，15，磁头移动的总磁道数为：（130-58）+（180-130）+（199-180）+（199-42）+（42-15）=325。故选C。

5.【答案】B

【精解】本题考查的知识点是文件管理——磁盘组织与管理。磁盘的转速是10000转/分，则转一圈的时间是60/10000=0.006s=6ms，所以平均查询扇区的时间为3ms，平均寻道时间为6ms。读取4KB扇区的时间为4KB/（20MB/S）=0.2m，加上磁盘控制器的延时，读取一个4KB的扇区所需的平均时间约为3ms+6ms+0.2ms+0.2ms=9.4ms。故选B。

6.【答案】B

【精解】本题考查的知识点是文件管理——磁盘组织与管理。重排I/O请求次序可以使多个进程公平地访问磁盘，减少I/O需要的平均等待时间；缓冲区使用预读和滞后写技术对具有重复性及阵发性的I/O进程改善有很大帮助；优化文件物理块的分布可减少寻找时间和延迟时间，提高磁盘性能；在一个磁盘上设置多个分区与改善I/O性能无关。故选B。

7.【答案】A

【精解】本题考查的知识点是文件管理——磁盘组织与管理。SCAN调度算法解决了SSTF（最短寻道时间优先）调度算法的“饥饿”现象，前者在磁头当前移动方向上选择与当前磁头所在磁道距离最近的请求作为下一次服务的对象。题中已知当前磁头位于第105道，更靠近请求序列中的第110道。故序列访问的顺序依次为110，170，180，195，68，45，35，12。故选A。

8.【答案】B

【精解】本题考查的知识点是磁盘组织与管理——磁盘的结构。顺序访问按从前到后的顺序对数据进行读写操作，如磁带。随机访问，即直接访问，可以按任意的次序对数据进行读写操作，如光盘、磁盘、U盘等。故选B。

9.【答案】D

【精解】本题考查的知识点是磁盘组织与管理——磁盘调度算法。磁盘调度算法是为了减少寻找时间。扇区数据的处理时间主要影响传输时间。选项B、C均与旋转延迟有关，文件的物理结构与磁盘空间的分配方式相对应，包括连续分配、链接分配和索引分配。连续分配的磁盘中，文件的物理地址连续；而链接分配方式的磁盘中，文件的物理地址不连续，因此与旋转延迟都有关。故选D。

10.【答案】A

【精解】本题考查的知识点是磁盘组织与管理——磁盘调度算法。将每道的所有扇区组成一个簇，意味着可以将一个磁道的所有存储空间组织成一个数据块组，这样有利于提高存储速度。读写磁盘时，磁头首先找到磁道，称为寻道，然后才可以将信息从磁道里读出或写入。读写完一个磁道后，磁头会继续寻找下一个磁道，完成剩余的工作，所以在随机寻道的情况下，读写一个磁道的时间要包括寻道时间和读写磁道时间，即$T+r$秒。由于总的数据量是b字节，它要占用的磁道数为b/N个，所以总平均读写时间为$(r+T)b/N$秒。故选A。

11.【答案】D

【精解】本题考查的知识点磁盘组织与管理——磁盘调度算法。对SSTF算法，寻道序列应为100, 90, 58, 55, 39, 38, 18, 150, 160, 184；移动磁道次数分别为10, 32, 3, 16, 1, 20, 132, 10, 24，总数为248。故选D。

● 综合应用题

1.【考点】磁盘调度算法。

【参考答案】(1)用位图表示磁盘的空间状态。每位表示一个磁盘块的空闲状态，共需16384/32=512个字=512×4B=2KB,正好可放在系统提供的内存中。

(2)采用CSCAN调度算法，访问磁道的顺序是100→120→30→50→90，总移动的磁道数量是170。磁盘平均旋转速度为每分钟6000转，则平均旋转延迟为5ms。每个扇区的平均读取时间为0.1ms。

综上所述，读取4个扇区花费的总时间=170×1ms+5ms×4+0.1ms×4=190.4ms。

(3)采用先来先服务的调度策略更高效，因为Flash半导体存储器的物理结构不需要考虑寻道时间和延迟时间，可直接按I/O请求顺序来服务。

2.【考点】磁盘调度算法。

【参考答案】最短寻道优先算法的服务次序：90、94、100、85、125、132、155、170、188。

最短寻道优先算法的寻道时间=[(94-90)+(100-94)+(100-85)+(125-85)+(132-125)+(155-132)+(170-155)+(188-170)×2μs=256μs。

电梯调度算法的服务次序：90、94、100、125、132、155、170、188、85。

电梯调度算法的寻道时间=[(94-90)+(100-94)+(125-100)+(132-125)+(155-132)+(170-155)+(188-170)+(188-85)×2μs=402μs。

3.【考点】磁盘调度算法。

【参考答案】

(1)FCFS算法的磁头移动顺序是：98、190、97、90、45、150、32、162、108、112、80。

FCFS算法的寻道距离是：(190-98)+(190-97)+(97-90)+(90-45)+(150-45)+(150-32)+(162-32)+(162-108)+(112-108)+(112-80)=680。

(2)SSTF算法的磁头移动顺序是：98、97、90、80、108、112、150、162、190、45、32。

SSTF算法的寻道距离是：(98-97)+(97-90)+(90-80)+(108-80)+(112-108)+(150-112)+(162-150)+(190-162)+(190-45)+(45-32)=286。

(3)SCAN算法的磁头移动顺序是：98、108、112、150、162、190、97、90、80、45、32。

SCAN算法的寻道距离为：(108-98)+(112-108)+(150-112)+(162-150)+(190-162)+(190-97)+

(97-90)+(90-80)+(80-45)+(45-32)=250。

(4)C-SCAN算法的磁头移动顺序为：98、108、112、150、162、190、32、45、80、90、97。

C-SCAN算法的寻道距离为：(108-98)+(112-108)+(150-112)+(162-150)+(190-162)+(190-32)+(45-32)+(80-45)+(90-80)+(97-90)=315。

4.5 固态硬盘

固态硬盘是用固态电子存储芯片阵列制成的硬盘，由控制单元和存储单元组成。

固态硬盘在接口的规范和定义、功能及使用方法上与传统硬盘完全相同，但I/O性能相对于传统硬盘大大提升，被广泛应用于军事、车载、工控、视频监控、网络监控、网络终端、电力、医疗、航空、导航设备等领域。

固态硬盘具有如下优点：

(1)读写速度快

采用闪存作为存储介质，读取速度相对机械硬盘更快。固态硬盘不用磁头，寻道时间几乎为0。持续写入的速度非常惊人，最常见的7200转机械硬盘的寻道时间一般为12~14ms，而固态硬盘可以轻易达到0.1 ms甚至更低。

(2)磨损均衡

也是一种基于固态硬盘主控芯片的内置平衡机制，用于均衡固态硬盘内部各个区块闪存颗粒的使用程度，从而延长整体颗粒的使用寿命。在主控制器的固件中添入新的控制命令，让主控制器在固态硬盘的读写过程中，尽可能均衡地使用各个block，防止部分闪存区块因过度频繁地擦除和写入命令而导致整块闪存颗粒提前报废。

4.6 重难点答疑

1. 目录管理

【答疑】文件系统中储存着大量的文件，它们必须通过文件目录加以妥善地组织和管理。考生在复习时，必须对下述与目录管理有关的内容有较清晰的认识：

(1)文件控制块(FCB)

FCB是用来描述和控制文件的数据结构，而FCB的有序集合被称为文件目录，即一个FCB就是一个文件目录项。考生复习时应了解FCB通常应包含哪些内容，它与文件之间存在着什么样的关系。

(2)索引结点

读者应理解磁盘索引结点是为了解决什么问题而引入的，它与FCB、目录项之间存在什么样的关系。另外还应了解为什么要引入内存索引结点，在内存索引结点中还应增加哪些数据项，以及为什么要增加这些数据项。

(3)单级目录和两级目录结构

考生应清楚地了解在单级目录结构中应如何创建或删除文件，它在哪些地方无法满足对目录管理的要求，而两级文件目录是如何解决这些问题的。

(4)多级目录结构

考生应很好地理解和掌握目录结构由单级发展为两级，并进一步发展为多级带来了哪些好处，应如何根据绝对路径名或相对路径名在多级目录结构中线性地检索一个文件或子目录，要创建或删除一个文件或子目录时，应如何进行处理。

2. 连续分配、链接分配和索引分配

【答疑】在为文件分配存储空间时，通常可采用连续分配、链接分配和索引分配三种方式。

（1）连续分配

这是指为每个文件分配一组相邻接的盘块方式。考生应了解如何对连续分配的文件进行顺序访问或随机访问，这种分配方式有何优缺点。

（2）链接分配

这是指为每个文件分配多个离散的盘块，并通过链接指针将它们链成一个链表的分配方式。考生在复习时应较好地理解隐式链接分配方式是为了解决什么问题而引入的，它有何不足之处，而显式链接结构是如何解决上述不足的，它较适合用于哪种场合。

（3）索引分配

将分配给文件的所有盘块号都记录在文件的索引块中，在复习时，首先应清楚为什么要引入单级索引和多级索引方式，为什么要将多种索引方式混合在一起引入混合索引方式；其次，还必须清楚，索引方式下应如何将文件的逻辑地址转换成物理地址，从而实现对文件的访问。

3. 位示图法和成组链接法

【答疑】位示图法和成组链接法是两种最常用的文件存储空间管理方式。

（1）位示图

利用二进制的一个位来表示磁盘中一个盘块的使用情况。考生在复习时应了解使用位示图应该如何来进行磁盘块的分配或回收，这种管理方式有何优点。

（2）成组链接法

这种方式使用在UNIX中，考生应掌握它是如何将盘块进行分组并将这些盘块组形成组链的，还应清楚它是如何进行盘块的分配和回收的。

4.7 命题研究与模拟预测

4.7.1 命题研究

文件管理也是操作系统的核心内容。通过对考试大纲的解读和历年联考真题的统计与分析发现，本章的命题一般规律和特点有以下几方面：

（1）从内容上看，考生要重点掌握的内容包括对文件的概念、文件结构、文件的共享和保护的理解；掌握文件系统的层次结构、目录和文件的实现管理的基本概念及其应用分析；理解磁盘的调度算法和磁盘的管理概念理解，并会应用、分析和计算。

（2）从题型上看，主要以选择题和综合应用题的形式出现，除2013年外，其余每年都有选择题，除了2013年、2017年外，其余每年都有综合应用题。

（3）从题量和分值上看，选择题一般1~3道，综合应用题1道，每年的分值在6~12分，平均占分8.6/年。

（4）从试题难度上看，选择题需要理解概念的基础分析，属于中等难度，但对于文件实现、目录结构、实现的考题有点难度；综合题应用题中，磁盘计算属于中等难度的题，文件实现有点难度，从历年考题看，文件实现出题比较频繁。

总的来说，本章也是出题的重点，其中文件实现、磁盘调度、磁盘结构、目录结构是本章的重中之重。考生在复习时一定要重点复习，其他文件的基础知识及磁盘基本结构概念理解到位即可。

注意：2022年新考纲添加了虚拟文件系统和文件系统挂载两个考点。

4.7.2 模拟预测

● 单项选择题

1. 在磁盘调度算法中，(　　)算法可能会随时改变移动臂的运动方向。

A. 电梯调度　　B. 最短寻道时间优先

C. 扫描算法　　D. 单向扫描算法

2. 考虑一个文件存放在100个数据块中。文件控制块、索引块或索引信息都驻留内存。那么如果(　　)，不需要做任何磁盘I/O操作。

A. 采用连续分配策略，将最后一个数据块搬到文件头部

B. 采用单级索引分配策略，将最后一个数据块插入文件头部

C. 采用隐式链接分配策略，将最后一个数据块插入文件头部

D. 采用隐式链接分配策略，将第一个数据块插入文件尾部

3. 若8个字（字长32位）组成的位示图管理内存和假定用户归还一个块号为100的内存块，它对应位示图的位置为(　　)。假定号、位号、块号均从1开始算起，而不是从0开始。

A. 字号为3，位号为5　　B. 字号为4，位号为4

C. 字号为3，位号为4　　D. 字号为4，位号为5

4. 设某文件为索引顺序文件，由5个逻辑记录组成，每个逻辑记录的大小与磁盘块的大小相等，均为512B，并依次存放在50、121、75、80、63号磁盘块上。若要存取文件的第1569逻辑字节处的信息，则要访问(　　)号磁盘块。

A. 3　　B. 75　　C. 80　　D. 63

5. 下列关于索引表的叙述中，正确的是(　　)。

A. 索引表中每个记录的索引项可以有多个

B. 对索引文件存取时，必须先查找索引表

C. 索引表中含有索引文件的数据及其物理地址

D. 建立索引表的目的之一是减少存储空间

6. 一个磁盘的转速为7200r/min，每个磁道有160个扇区，每个扇区为512B，那么理想情况下，其数据传输率为(　　)。

A. 7200×160KB/s　　B. 7200KB/s　　C. 9600KB/s　　D. 19200KB/s

7. 设立当前工作目录的主要目的是(　　)。

A. 节省外存空间　　B. 节省内存空间

C. 加快文件的检索速度　　D. 加快文件的读写速度

4.7.3 答案精解

● 单项选择题

1.【答案】B

【精解】本题考查的知识点为磁盘组织与管理——磁盘调度。最短寻道时间优先（SSTF）算法是以查找距离磁头最短（也就是查找时间最短）的请求作为下一次服务对象，因此其可能会随时改变移动臂的运动方向。故选B。扫描算法可细分为电梯调度（SCAN）算法和循环扫描（CSCAN）算法。电梯调度（SCAN）算

法是在磁头前进方向上查找最短寻找时间的请求，若前进方向上没有请求（即处理完最高/低编号柱面请求后），则掉转方向。SCAN算法很大程度上消除了SSTF算法的不公平性，但仍有利于中间磁道的请求求后），则掉转方向。SCAN算法很大程度上消除了SSTF算法的不公平性，但仍有利于中间磁道的请求。循环扫描（CSCAN）算法是对SCAN算法的改进，总是按同一方向移动磁头，当处理完最高编号的柱面请求后，不是掉转方向，而是把磁头移动到最低编号的柱面请求处，然后按同一方向继续向上移动。这种算法彻底消除了对两端磁道请求的不公平。故选B。

2.【答案】B

【精解】本题考查的知识点为文件的实现——文件分配方式。本题考查的是连续分配、链接分配和索引分配的特点，并考查它们各自插入数据块或移动数据块所需要的操作。对于选项A，采用连续分配策略，连续分配策略下是没有指针的，对每个数据块的访问都可以直接用块号寻址到，不过要把最后一个数据块搬到文件头部，先要把最后一块读入内存，然后将倒数第二块放入最后一块，将倒数第三块放入倒数第二块……将第一块放入原本第二块的位置，最后才能把内存中原本的最后一块放入第一块的位置，也就是文件的头部，读取和写入数据块都需要I/O操作，所以需要很多次磁盘I/O操作，其次数和文件的长度有关；对于C选项，采用隐式链接分配，链接分配的指针都存放在数据块的末尾，也就是外存中，所以先要在内存中读出第一块的地址，然后依次读出后续模块地址直到找到最后一块，并在最后一块数据块的数据块指针中写入原来第一块的地址，最后在内存中改变文件首地址为原本最后一块的地址，所以需要多次磁盘I/O操作；对于D选项，要读出最后一块需要多次磁盘I/O操作，修改原本的最后一块的指针指向原本的第一块，还要改变内存中的文件首地址为原本的第二块，最后再把新的最后一块的指针置为NULL，所以需要多次磁盘I/O操作；对于选项B，由于本题中单级索引的索引块驻留在内存，因此所有数据块的指针都在内存中，只需要在内存中重新排列这些指针相互间的位置，将最后一块的指针移动到最前面即可，不需要任何磁盘I/O操作，故选B。

3.【答案】B

【精解】本题考查的知识点为文件的实现——位示图的字号和位号的计算。由位示图的盘块号到字号、位号的转换公式得若回收的盘块号为b，则字号i=（b−1）/（n+1），位号j=（b−1）%n+1；现在b=100，n=32，所以i=（100−1）/（32+1）=3，j=（100−1）%32+1=4；所以字号为4，位号为4，故选B。

4.【答案】C

【精解】本题考查的知识点为磁盘组织与管理——磁盘结构。因为1569=512×3+33，所以要访问自带的逻辑记录号为3，对应的物理磁盘块号为80，故应访问第80号磁盘。故选C。

5.【答案】B

【精解】本题考查的知识点为文件实现——索引文件。索引文件由逻辑文件和索引表组成，对索引文件存取时，必须先查找索引表。索引表中每个记录所对应的索引项只能有一个；索引表中仅含有索引文件的物理地址，并不包含数据；建立索引表是为了实现文件的快速查找，是一种空间换时间的做法，存储空间比其他存储方法要多一些，并不节省。故选B。

6.【答案】C

【精解】本题考查的知识点为磁盘的结构——磁盘的数据传输率。数据传输率=每一道的容量/旋转一圈的时间=每一道的容量×转速磁盘的转速。因为7200r/min=120r/s，转一圈经过160个扇区，每个扇区有512B，所以数据传输率为120×160×512/1024=9600KB/s。故选C。

7.【答案】C

【精解】本题考查的知识点为文件实现——索引文件。设立当前目录的好处在于有了当前目录之后，对文件的检索就不需要每次都从根目录开始，进而节省对文件的检索时间，提高文件操作的效率。故选C。

第5章

I/O管理概述

第5章　I/O管理概述

5.1 考点解读

输入输出（I/O）考点如图5.1所示，其内容主要包括I/O管理及I/O核心子系统两部分。从历年联考真题命题规律（见表5-1）及考试大纲的要求来看，对于输入/输出管理这部分考生应重点掌握I/O管理中I/O设备的独立性、提高I/O管理性能的方式、I/O控制方式、I/O软件层次结构和I/O核心子系统中的高速缓存和缓存区、设备分配及假脱机技术（SPOOLing），这部分内容与计算机组成原理内容重合，考生可以结合计算机组成原理一起复习。这部分内容一般都属于中等难度类型的题。

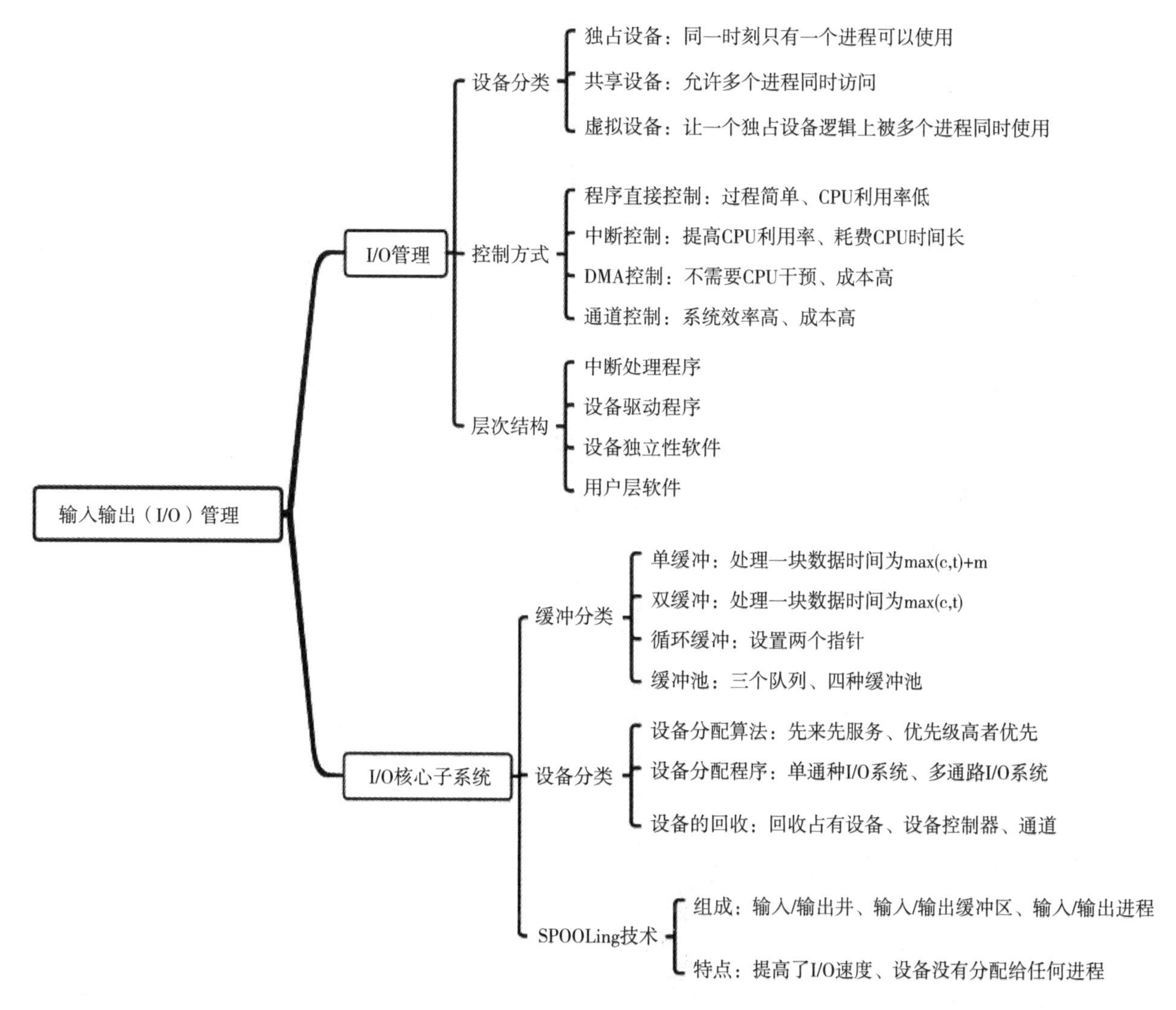

图5.1　I/O管理概述考点导图

表5.1　近10年本章联考考点统计表

年份	题型		分值			联考考点
	单项选择题（题）	综合应用题（题）	单项选择题（分）	综合应用题（分）	合计（分）	
2013	2	0	4	0	4	I/O软件的层次结构、I/O核心子系统——高速缓冲区和缓冲区
2014	1	0	2	0	2	I/O管理概述——管道
2015	1	0	2	0	2	高速缓冲区和缓冲区
2016	1	0	2	0	2	假脱机技术（SPOOLing）的理解。
2017	1	0	2	0	2	I/O控制方式——DMA控制方式
2018	0	0	0	0	0	
2019	1	0	2	0	2	I/O控制方式——DMA控制方式
2020	2	0	4	0	4	中断处理、设备独立性
2021	1	0	2	0	2	中断处理
2022	2	0	4	0	4	DMA方式、操作系统初始化

5.2 I/O管理概述

由于I/O系统是用于实现数据的输入、输出及数据存储，因此在I/O系统中，除了需要直接用于I/O和存储信息的设备外，还需要有相应的设备控制器和高速总线。在有些大、中型计算机系统中，还配置了I/O通道或I/O处理机。

5.2.1 I/O设备

I/O设备的种类繁多，从OS的角度来看，I/O设备的重要性能指标包括设备使用特性、数据传输速率、数据传输单位、设备共享属性等。因此可以根据不同的性能对I/O设备进行分类。

（1）I/O设备分类

① 按I/O设备的使用特性分类。按设备的使用特性，I/O设备可以分为存储设备、人机交互设备、网络通信设备。

A. 存储设备。指外存辅存设备，用于存储各种信息的设备，如磁盘、磁带等。

B. 人机交互设备。它是计算机与计算机用户之间交互的设备，可以分为输入、输出和交互式设备。输入设备键盘、鼠标等，输出设备打印机、绘图仪等，交互式设备显示器，同步显示用户命令及命令执行结果。

C. 网络通信设备。用于与远程设备通信的设备，如各种网络接口、调制解调器等。

② 按I/O设备的数据传输速率分类。

A. 低速设备。该类设备的传输速率在每秒几字节到数百字节之间，如键盘、鼠标等。

B. 中速设备。该类设备的传输速率在每秒数千字节至数万字节之间，如行式打印机、激光打印机等。

C. 高速设备。该类设备的传输速率在数十万字节至千兆字节之间后，如磁带机、磁盘机、光盘机等。

③ 按设备的数据传输单位分类。

A. 块设备。该类设备信息的存取和传输都是以数据块为单位，属于有结构设备，如磁盘。该类设备的特征是传输速率高、可寻址。

B. 字符设备。该类设备用于数据的输入和输出，以字符为单位，属于无结构设备。如交互式终端、打印机，该类设备的基本特征有传速率低、不可寻址，在输入输出时，通常采用中断驱动的方式。

④ 按设备共享属性分类。

A. 独占设备。该类设备是指在单位时间内只允许一个进程访问的设备，属于临界资源。即系统一旦将该类设备分配给进程，便被占用直到进程结束并释放。该类设备具有临界资源的一些特征及可能出现的问题。

B. 共享设备。该类设备是指在单位时间内允许多个进程同时访问的设备。其具有可寻址、可随机访问的特点，其中比较典型的共享设备是磁盘。

C. 虚拟设备。该类设备是指通过虚拟技术将一台独占设备转换为多个逻辑设备，供多个进程同时使用的设备。例如采用虚拟技术，如若要打印信息，进程可以同时发送多个打印信息到打印机上，形同有多个打印机工作。

（2）I/O设备与控制器之间的接口

通常，I/O设备与CPU之间的通信是I/O设备——设备控制器——CPU三级通信方式，即I/O设备是直接和设备控制器进行通信的。I/O设备与设备控制器之间的接口如图5.2所示。

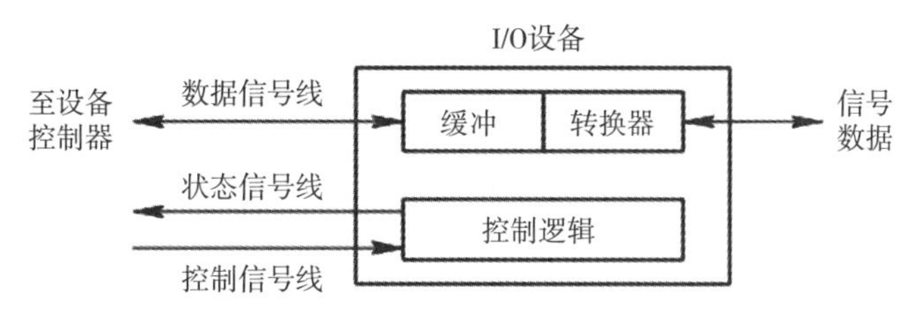

图5.2 I/O设备与控制器之间的接口

① 设备控制器的定义。设备控制器是计算机中的一个可编址的设备，其主要职责是控制一个或多个I/O设备，以实现I/O设备和计算机之间的数据交换。它是CPU与I/O设备之间的接口，它接收从CPU发来的命令，并去控制I/O设备工作，以使处理机从繁杂的设备控制事务中解脱出来。

根据设备控制器的定义，设备控制器主要由设备控制器与处理机的接口、设备控制器与设备的接口和I/O逻辑三部分组成，如图5.3所示。

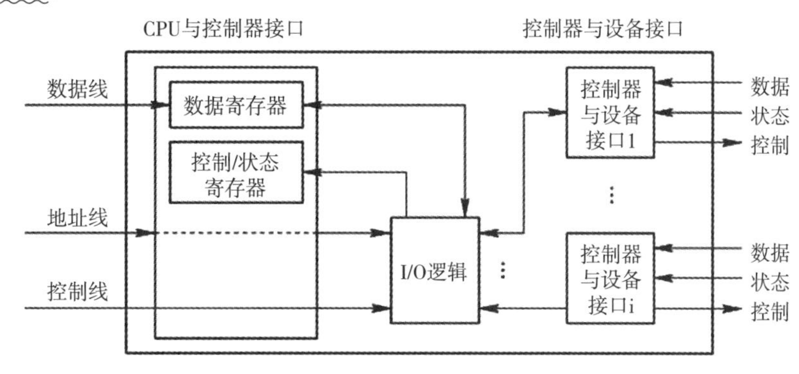

图5.3 设备控制器的组成

A. 设备控制器与处理机的接口：用于实现CPU与设备控制器之间的通信，包括数据线、地址线和控制线三种信号线。数据线通常与两类寄存器相连接，一类是数据寄存器、另一类是控制/状态寄存器。

B. 设备控制器与设备的接口：在一个设备控制器上，可以连接一个或多个设备，每个接口同样包括数据、控制和状态三种类型的信号。设备的选择是通过控制器中的I/O逻辑根据处理机发来的地址信号选择I/O接口。

C. I/O逻辑：在设备控制器中的I/O逻辑用于实现对设备的控制。它通过一组控制线与处理机交互，处理机利用该逻辑向控制器发送I/O命令；I/O逻辑对收到的命令进行译码。每当CPU要启动一个设备时，一方面将启动命令发送给控制器；另一方面又同时通过地址线把地址发送给控制器，由控制器的I/O逻辑对收到的地址进行译码，再根据所译出的命令对所选设备进行控制。

② 设备控制器的主要功能。

A. 接收和识别命令：用来存放接收从CPU发来的命令和参数，并对所接收的命令进行译码。

B. 数据交换：实现CPU与控制器之间、控制器与设备之间的数据交换。

C. 标识和报告设备状态：记录I/O设备的状态。

D. 地址识别：指控制器能够识别I/O设备的地址。

E. 数据缓冲：缓和I/O设备与CPU速度不匹配的问题。在输出时，用此缓冲器暂存由主机高速传来的数据，然后才以I/O设备所具有的速率将缓冲器中的数据传送给I/O设备；在输入时，缓冲器则用于暂存从I/O设备送来的数据，待接收到一批数据后，再将缓冲器中的数据高速地传送给主机。

F. 差错控制：对I/O设备传送来的数据进行差错检测。

（3）设备管理的主要任务及功能

设备管理的主要任务是完成用户提出的I/O请求，并为用户分配I/O设备，提高I/O设备的利用率，方便用户使用I/O设备。为了能完成上述任务，设备管理应该具备以下功能。

① 设备分配。依据设备类型，采用某种分配算法将I/O设备分配给相应的进程。如若在I/O设备与CPU之间有设备控制器和通道，还应分配相应的设备控制器和通道，以确保I/O设备与CPU之间有传递信息的通路。在分配的过程中，若没有分配到所需设备的进程插入等待队列。

② 设备处理程序。CPU和设备控制器之间的通信是由设备处理程序来实现的。在进行I/O操作时，由CPU向设备控制器发出I/O指令，启动设备进行I/O操作；当I/O操作完成时，能对设备发来的中断请求作出及时的响应和处理。

③ 缓冲管理。为了缓和CPU与I/O设备速度不匹配的问题，引入缓冲区。缓冲区的分配、释放及有关的管理工作由缓冲管理程序来负责完成。

④ 设备独立性。设备独立性又称设备无关性，即应用程序独立于物理设备。设备独立性要求用户在进行应用程序编程时要采用逻辑设备名代替实际设备名，这样用户程序和物理设备无关，可以提高用户程序的可适应性。

5.2.2 I/O控制方式

为了实现I/O设备与CPU、内存之间的数据传输，常见的I/O控制方式有程序直接控制方式、中断控制方式、DMA控制方式和通道控制方式四种方式。

（1）程序I/O方式

该方式主要应用在早期无中断机构的计算机系统中。如图5.4（a）所示，该方式采用一段用户程序直接控制主机与I/O设备之间输入/输出操作。CPU必须不停地循环测试I/O设备的状态端口，当发现设备处于准备好（Ready）状态时，CPU就可以与I/O设备进行数据存取操作。

该方式工作过程简单，但CPU会一直处于检测状态，I/O设备的速度忙，导致CPU的利用率低。

（2）中断驱动I/O方式

在程序I/O方式中CPU一直处于检测等待，利用率低，为提高CPU和设备的并行工作，引入了中断驱动I/O方式。如图5.4（b）所示，该方式是指当I/O设备结束（完成、特殊或异常）时，就会向CPU发出中断请求信号，CPU收到信号就可以采取相应措施。当某个进程要启动某个设备时，CPU就向相应的设备控制器发出一条设备I/O启动指令，然后CPU又返回做原来的工作。如图5.4（b）所示，如果CPU要从I/O设备中读取数据，CPU便向I/O控制器发送读取命令，然后CPU即返回继续工作，I/O控制器控制I/O设备启动，将I/O设备的数据传至I/O控制器的缓冲区，检测I/O设备的状态等，一旦I/O设备的数据准备就绪，I/O控制器便向CPU发送数据准备就绪的中断请求信号，CPU通过检查中断寄存器的状态，如有中断，则CPU保存上下文（现场、相关寄存器）的状态，然后检查输入过程中是否出错，若无错，便向控制器发送取走数据的信号，然后再通过控制器及数据线将数据写入内存指定单元中。

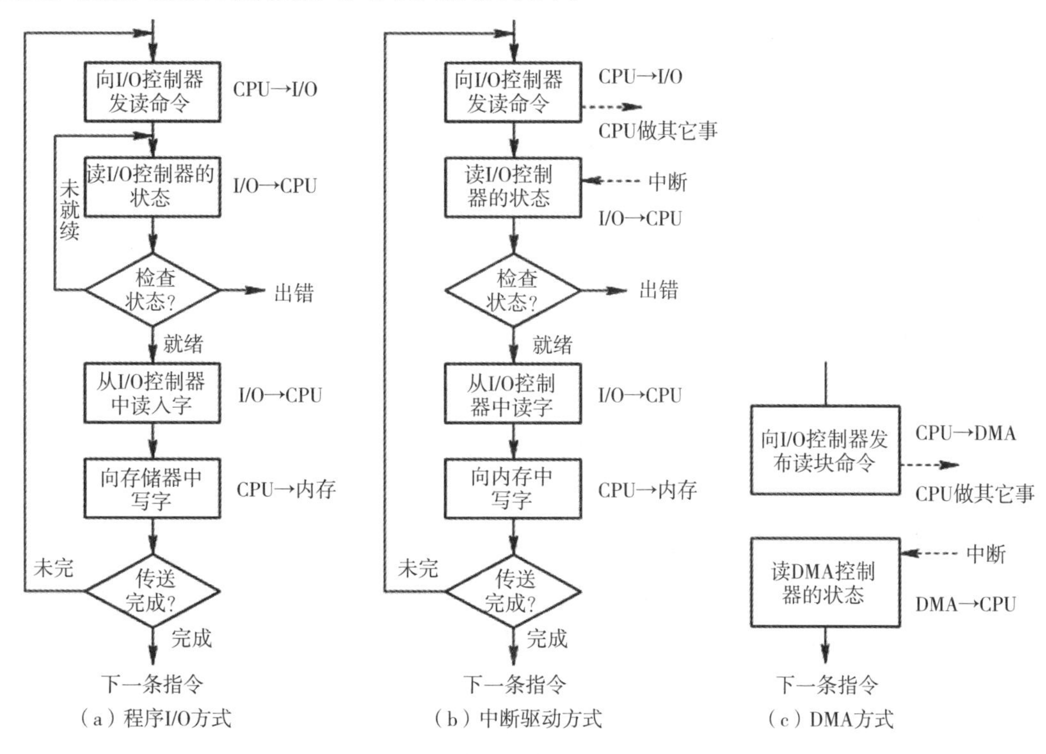

图5.4 程序I/O方式和中断控制方式的流程图

中断驱动I/O方式引入了中断机构，提高了CPU和I/O设备之间并行度，CPU只需收到中断信号后给予相应的响应处理即可，提高了CPU的利用率。但I/O设备繁多，当多个设备传送数据时就要进行多次传输，多次请求、建立连接也耗费了大量的时间。

（3）直接存储访问（DMA）I/O方式

① DMA方式的定义。中断驱动I/O方式通过中断提高CPU的利用率，在一定程度上释放了CPU，数据

传输以字（节）为单位进行I/O操作。对于块设备如果采用该方式，则会出现中断频繁，系统效率极低。为了进一步减少CPU对I/O的干预而引入了直接存储器访问方式，该方式的操作过程如图5.4（c）所示，且具有以下特点：

A. 数据传输以数据块为基本单位。

B. 数据传输是直接在设备与内存之间进行单向传输。

C. CPU只有在传送一个或多个数据块的开始和结束时干预数据传输。

由此可知，DMA方式传输数据量大，CPU与I/O设备的并行度高，CPU的利用率高。

② DMA控制器的组成

如图5.5所示，DMA控制器由主机与DMA控制器的接口、DMA控制器与块设备的接口、I/O控制逻辑三部分组成。为了实现在主机与控制器之间成块的数据直接交换，必须在DMA控制器中设置如下四类寄存器：

A. 命令/状态寄存器CR。用于接收从CPU发来的I/O命令，或有关控制信息，或设备的状态。

B. 内存地址寄存器MAR。用于存放内存与设备之间进行数据传输时，数据在内存的存放地址。

C. 数据寄存器DR：用于暂存内存与设备之间传输的数据。

D. 数据计数器DC：存放本次内存与设备之间传送的字节数。

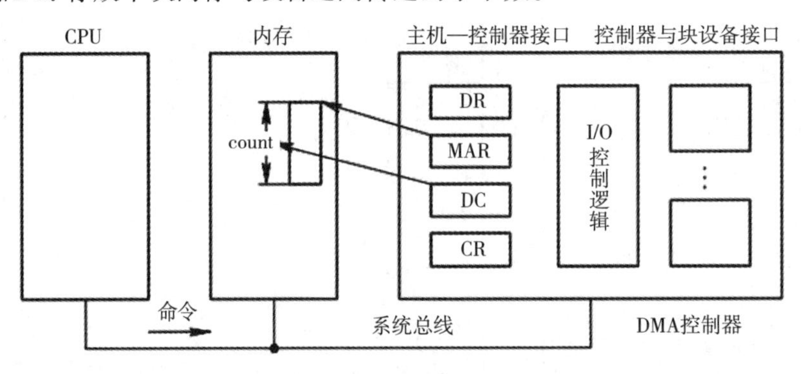

图5.5 DMA控制器的组成

③ DMA的工作过程。如图5.6所示，当CPU要从磁盘读入一个数据块时，便向磁盘控制器发送一条读命令。该命令被送到其中的命令寄存器CR中。同时，还要发送本次要将数据读入的内存起始目标地址，并将该地址送入内存地址寄存器MAR中；本次要读的数据字或字节数则送入数据计数器DC中；还需将磁盘中的源地址直接送至DMA控制器的I/O控制逻辑上。然后，启动DMA控制器进行数据传送，之后，CPU便可以去继续执行其他任务。此时内存与设备之间的数据传输就由DMA控制器来控制完成。DMA控制器首先将从磁盘中读入的一个字或字节数据送入数据寄存器DR，然后挪用存储器周期，将该字或字节传送到MAR所指示的内存单元中。MAR地址自加1，DC内容减1。判断DC的值，如若减1后DC内容不为0，表示传送未完，便继续传送下一个字或字节；否则，由DMA控制器发出中断请求。

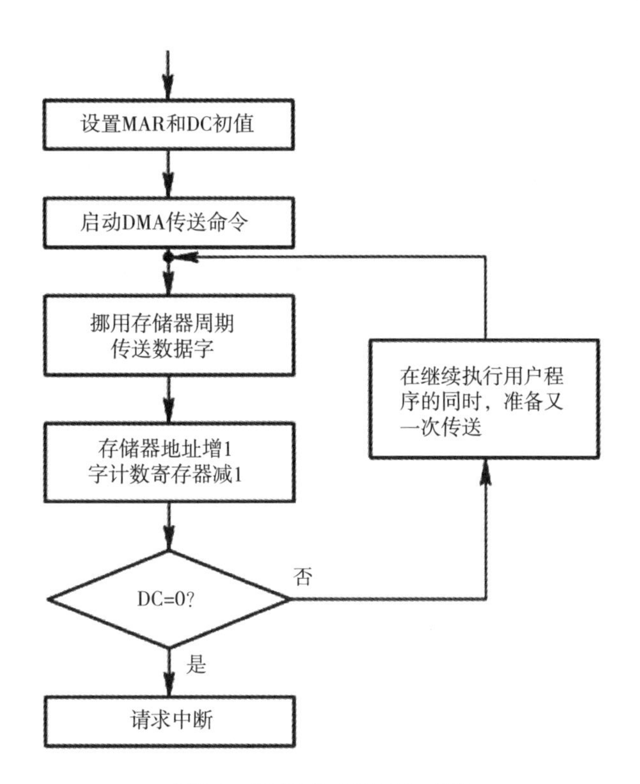

图5.6 DMA方式的工作过程

与中断驱动方式相比：①中断驱动方式要求每个数据需要传输时都会产生中CPU断，而DMA方式则是当一批数据全部传送结束时才向CPU发送中断请求；②中断驱动方式数据传送是在中断处理时由CPU控制完成的，而DMA控制方式则是在DMA控制器的控制下完成的。

（4）I/O通道方式

① I/O通道方式的定义。I/O通道是独立的专门负责输入输出的处理机，它是继DMA方式之后，进一步减少CPU的干预的I/O控制方式。简单地说，I/O通道方式具有独立的通道指令，CPU通过通道程序将对一个数据块读写的干涉变为对一组块数据读写、有关控制和管理的干涉，实现了CPU、通道和I/O设备三者并行操作，进一步提高了CPU的利用率。

② 通道程序。通道具有独立的指令，通道是通过执行独自通道程序和设备控制器共同实现对I/O设备的控制。通道程序由一系列通道指令组成。通道指令与计算机的机器指令不同，其每条指令包含以下信息：

A. 操作码。规定了指令所执行的操作。如读、写、控制等操作。

B. 内存地址。存放读写数据的内存地址。

C. 计数。本次读写数据的字节数。

D. 通道程序结束位P。判读通道程序是否结束。

E. 记录结束标志R。记录通道程序结束的状态。

③ 通道方式的工作过程。当CPU要完成一组相关的读（或写）操作及有关控制时，只需向I/O通道发送一条I/O指令，以给出其所要执行的通道程序的首址和要访问的I/O设备，通道接到该指令后，通过执行通道程序便可完成CPU指定的I/O任务。

④ 与DMA控制方式的比较。首先，DMA方式中需要CPU来控制所传输数据块的大小、传输的内存，而通道方式中这些信息都是由通道来控制管理的；其次，一个DMA控制器对应一台设备与内存传递数据，

而一个通道可以控制多台设备与内存的数据交换。

5.2.3 I/O软件层次结构

I/O软件的总体设计目标是高效率和通用性。高效率是指最大程度的确保I/O设备与CPU的并发性，提高CPU的利用率。通用性是指对管理的所有设备以及所需的I/O操作采用统一的标准接口。简单地说，I/O软件的具体设计应达到的目标包括：与具体设备无关、统一命名、对错误的处理、缓冲技术、设备的分配和释放、I/O控制方式等。

为此，I/O软件通常组织成一种层次结构，即将系统输入/输出功能组织成一系列的层次，每层都是利用其下层提供的服务来完成输入/输出功能中的某些子功能，并屏蔽这些功能实现的细节，向上层提供服务。采用层次结构，可以确保层间的接口不变，某层的软件不会影响上下层的变更。层次结构的I/O软件仅最低层才会涉及硬件的具体特性。具体的层次结构如图5.7所示。各层的具体功能如下：

① 用户层软件。实现与用户交互的接口，用户通过直接调用在用户层提供的、与I/O操作有关的库函数来完成对设备的操作。因此，用户层软件要获取操作系统服务必须通过一组系统调用来实现。

② 设备独立性软件。负责实现用户程序与设备驱动器的统一接口、设备命名、设备的保护以及设备的分配与释放等，同时为设备管理和数据传送提供必要的存储空间。

设备的独立性又称设备无关性，即应用程序独立于具体的物理设备，为了实现设备的独立性，引入了逻辑设备和物理设备，逻辑设备是指应用程序中定义，用于请求某种设备，使用逻辑设备名可以增加设备分配的灵活性，易于实现I/O重定向；而物理设备是系统实际执行时用的设备，因此在应用程序访问I/O设备时，必须将逻辑地址转换为物理地址。因此，设备独立性软件主要包括执行所有设备的公有操作和向用户层（或文件层）提供统一接口。

③ 设备驱动程序。与硬件直接相关，负责具体实现系统对设备发出的操作指令，驱动I/O设备工作的驱动程序。

一般情况下，每类设备都会配置一个设备驱动程序。该程序是I/O进程与设备控制器之间的通信程序，为上层用户程序提供一组标准接口，设备之间的具体差别被设备驱动程序所封装。该程序通过接收上层软件发来的抽象I/O要求，如read()和write()命令，转换为具体要求后，发送给设备控制器，控制I/O设备工作。同时也将有设备控制器的信号传输给上层。

④ 中断处理程序。用于保存被中断进程的CPU环境，转入相应的中断处理程序进行处理，处理完后再恢复被中断进程的现场后返回到被中断进程。

中断处理是控制输入/输出设备和内存与CPU之间的数据传送的主要方式。中断与硬件相关，I/O设备的中断服务程序的代码与任何进程无关。当完成I/O操作时，设备便向CPU发送一个中断信号，CPU响应中断后便转入中断处理程序。中断过程如下：唤醒被阻塞的驱动程序进程；保护被中断进程的CPU环境；分析中断原因；进行中断处理；恢复被中断进程的现场。

I/O应答

层次	功能
用户层软件	产生I/O请求、格式化I/O、Spooling
设备独立性软件	映射、保护、分块、缓冲、分配
设备驱动程序	设置设备寄存器，检查寄存器状态
中断处理程序	
硬件	执行I/O操作

图5.7　I/O系统层次结构及功能

I/O系统层次结构的常见实例如下：

① 向设备寄存器写命令是在设备驱动程序中完成的。

② 检查用户是否有权使用设备是在设备独立性软件中完成。

③ 二进制整数转换成ASCII码的格式打印时通过I/O库函数完成的，因此属于用户软件层。

④ 缓冲管理属于I/O的公有操作，是在设备独立性软件中完成的。

5.2.4 输入输出应用程序接口

（1）块设备接口

块设备接口对访问磁盘或其他块设备的行为进行了抽象，常用接口包括：

A. read( ), write( )。

B. seek( )：针对支持随机访问的设备。

C. raw I/O：将块设备作为块数组来访问，适用于操作系统自身和数据库管理系统-Memory-mapped I/O。

D. Memory map的系统调用返回文件铂贝的虚拟地址：①采用内存访问指令来访问文件；②真正的数据传输基于虚拟内存的请求分页机制来实现，

（2）字符设备接口

字符设备接口对字符流方式的设备（如键盘）行为进行了抽象，常用接口包括：

A. get( ), put( )：获取或写一个字符。

B. 基于gets( )/puts( )的按行读写接口。

（3）网络套接字接口

最常用的是网络套接字接口，对网络I/O的行为进行了抽象，具体包括：

A. connect( )：建立连接。

B. Read( ), write()：读写数据。

C. Listen( )：监听远程连接请求。

D. Select( )：用于管理一组socket，当其中有一个状态发生变化时返回。

（4）阻塞I/O

这也是最常用的模型，默认情况下所有的套接字都是阻塞的。

我们把recvfrom函数视为系统调用，系统调用一般都会从在应用进程空间中运行切换到内核空间中运行，一段时间后又再切换回来，如图5.8所示。

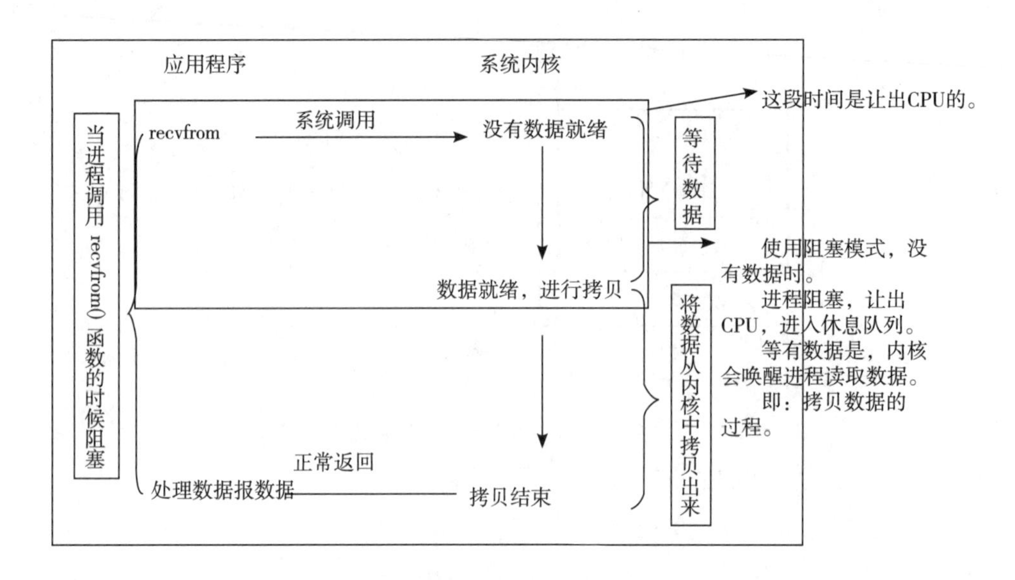

图5.8 阻塞I/O

可以从图中看到，应用进程从进行系统调用到复制数据报到应用进程的缓冲区完成的整段时间内是被阻塞的；在这个过程中，要么正确到达，要么系统调用被信号打断；直到数据报被复制到用户进程完成后，用户进程才解除阻塞的状态，当然，这是用户进程自己进行的阻塞。

其优点是：能够及时返回数据，无延迟；方便调试。其缺点是：需要付出等待的代价。

（5）非阻塞I/O

非阻塞，当所请求的I/O操作必须把当前进程设置成睡眠才能完成时，不要把当前进程设置成睡眠，而是返回一个错误信息（数据报没有准备好的情况下），此时当前进程可以做其他的事情，不用阻塞，如图5.9所示。

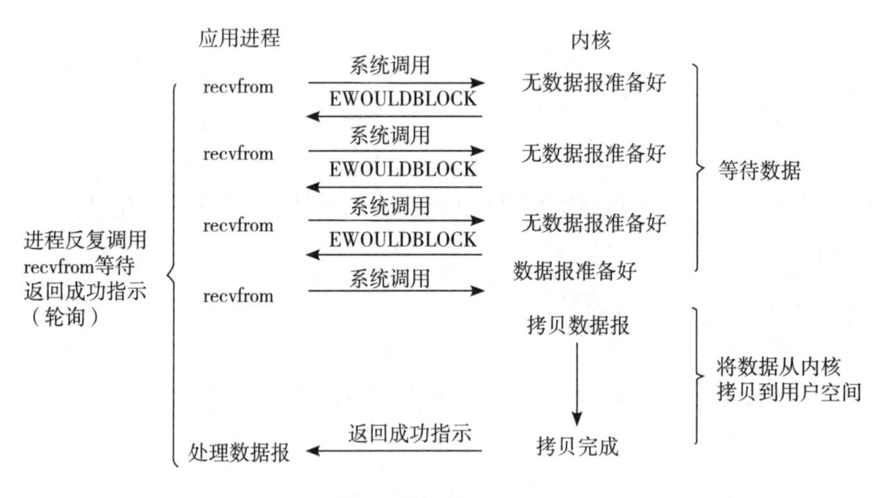

图5.9 非阻塞I/O

从图中可以得知，前三次系统调用时都没有数据可以返回，内核均返回一个 EWOULDBLOCK，并且不会阻塞当前进程，直到第四次询问内核缓冲区是否有数据的时候，此时内核缓冲区中已经有一个准备好的数据，因此将内核数据复制到用户空间，此时系统调用则返回成功。

当一个应用进程像这样对一个非阻塞socket循环调用 recv/recvfrom 时，则称为轮询；应用进程持续轮询内核，以查看某个操作是否就绪，这么做往往消耗大量的CPU时间。

其优点是：相较于阻塞模型，非阻塞不用再等待任务，而是把时间花费到其他任务上，也就是这个当前线程同时处理多个任务。其缺点是：导致任务完成的响应延迟增大了，因为每隔一段时间才去执行询问的动作，但是任务可能在两个询问动作的时间间隔内完成，这会导致整体数据吞吐量的降低。

5.2.5 真题与习题精编

● 单项选择题

1. 按(　　)分类可将设备分为块设备和字符设备。

A. 从属关系　　B. 操作特性　　C. 共享属性　　D. 信息交换单位

2. 下列关于DMA方式的叙述中，正确的是(　　)。　　【全国联考2019年】

Ⅰ. DMA传送前由设备驱动程序设置传送参数

Ⅱ. 数据传送前由DMA控制器请求总线使用权

Ⅲ. 数据传送由DMA控制器直接控制总线完成

Ⅳ. DMA传送结束后的处理由中断服务程序完成

A. 仅Ⅰ、Ⅱ　　B. 仅Ⅰ、Ⅲ、Ⅳ　　C. 仅Ⅱ、Ⅲ、Ⅳ　　D. Ⅰ、Ⅱ、Ⅲ、Ⅳ

3. 系统将数据从磁盘读到内存的过程包括以下操作：

① DMA控制器发出中断请求　　② 初始化DMA控制器并启动键盘

③ 从磁盘传输一块数据到内存缓冲区　　④ 行"DMA结束"中断服务程序

正确的执行顺序是(　　)。　　【全国联考2017年】

A. ③→①→②→④　　B. ②→③→①→④

C. ②→①→③→④　　D. ①→②→④→③

4. 用户程序发出磁盘I/O请求后，系统的处理流程：用户程序→系统调用处理程序→设备驱动程序→中断处理程序。其中，计算数据所在磁盘的柱面号、磁头号、扇区号的程序是(　　)。

【全国联考2013年】

A. 用户程序　　B. 系统调用处理程序　　C. 设备驱动程序　　D. 中断处理程序

5. 下列关于中断I/O方式和DMA方式比较的叙述中，错误的是(　　)。　　【全国联考2013年】

A. 中断I/O方式请求的是CPU处理时间，DMA方式请求的是总线使用权

B. 中断响应发生在一条指令执行结束后，DMA响应发生在一个总线事务完成后

C. 中断I/O方式下数据传送通过软件完成，DMA方式下数据传送由硬件完成

D. 中断I/O方式适用于所有外部设备，DMA方式仅适用于快速外部设备

6. 操作系统的I/O子系统通常由四个层次组成，每一层明确定义了与邻近层次的接口。其合理的层次组织排列顺序是(　　)。　　【全国联考2012年】

A. 用户级I/O软件、设备无关软件、设备驱动程序、中断处理程序

B. 用户级I/O软件、设备无关软件、中断处理程序、设备驱动程序

C. 用户级I/O软件、设备驱动程序、设备无关软件、中断处理程序

D. 用户级I/O软件、中断处理程序、设备无关软件、设备驱动程序

7. 用户程序发出磁盘I/O请求后，系统的正确处理流程是(　　)。　　【全国联考2011年】

A. 用户程序→系统调用处理程序→中断处理程序→设备驱动程序

B. 用户程序→系统调用处理程序→设备驱动程序→中断处理程序

C. 用户程序→设备驱动程序→系统调用处理程序→中断处理程序

D. 用户程序→设备驱动程序→中断处理程序→系统调用处理程序

8. 程序员利用系统调用打开I/O设备时, 通常使用的设备标识是(　　)。【全国联考2009年】

A. 逻辑设备名　B. 物理设备名　C. 主设备号　D. 从设备号

9. 虚拟设备是指(　　)。【电子科技大学2015年】

A. 允许用户以统一的接口使用物理设备

B. 允许用户使用比系统具有的物理设备更多的设备

C. 把一个物理设备变换为多个对应的逻辑设备

D. 允许用户程序部分装入内存即可使用系统中的设备

10. (　　)的基本含义是指应用程序独立于具体使用的物理设备。【电子科技大学2014年】

A. 设备独立性　B. 设备共享性　C. 可扩展性　D. SPOOLing技术

11. DMA是在(　　)建立一条直接数据通路。【电子科技大学2015年】

A. I/O设备和主存之间　B. I/O设备之间

C. I/O设备和CPU之间　D. CPU和主存之间

12. 通道是一种(　　)。【南京理工大学2013年】

A. I/O端口　B. 数据寄存器　C. 专用I/O处理机　D. 软件工具

13. 在如下I/O设备中, 需要处理机干预最少的是(　　)方式, 最多的是(　　)。【燕山大学2015年】

A. 程序直接控制; DMA　B. 中断驱动; 通道

C. DMA; 中断驱动　D. 通道; 程序直接控制

14. CPU对通道的请求形式是(　　)。【广东工业大学2017年】

A. 自陷　B. 中断　C. 通道命令　D. 转移指令

15. 在(　　)I/O控制方式中, 设备能直接与内存交换数据而不占用CPU。【汕头大学2015年】

A. 轮询方式　B. 中断方式　C. DMA方式　D. MMU方式

16. 以下关于设备属性的叙述中, 正确的是(　　)。

A. 字符设备的基本特征是可寻址到字节, 即能指定输入的源地址或输出的目标地址

B. 共享设备必须是可寻址的和可随机访问的设备

C. 共享设备是指同一时间内允许多个进程同时访问的设备

D. 在分配共享设备和独占设备时都可能引起进程死锁

17. 磁盘设备的I/O控制主要是采取(　　)方式。

A. 位　B. 字节　C. 帧　D. DMA

18. 为了便于上层软件的编制, 设备控制器通常需要提供(　　)。

A. 控制寄存器、状态寄存器和控制命令

B. I/O地址寄存器、工作方式状态寄存器和控制命令

C. 中断寄存器、控制寄存器和控制命令

D. 控制寄存器、编程空间和控制逻辑寄存器

19. 在设备控制器中用于实现对设备控制功能的是(　　)。

A. CPU　B. 设备控制器与处理器的接口

C. I/O逻辑　D. 设备控制器与设备的接口

● 简答题

1. 为什么要有设备驱动程序？用户进程怎样通过设备驱动程序控制设备工作？

【南京理工大学2013年】

2. 什么是通道？通道经常采用如下图所示的交叉连接，为什么？

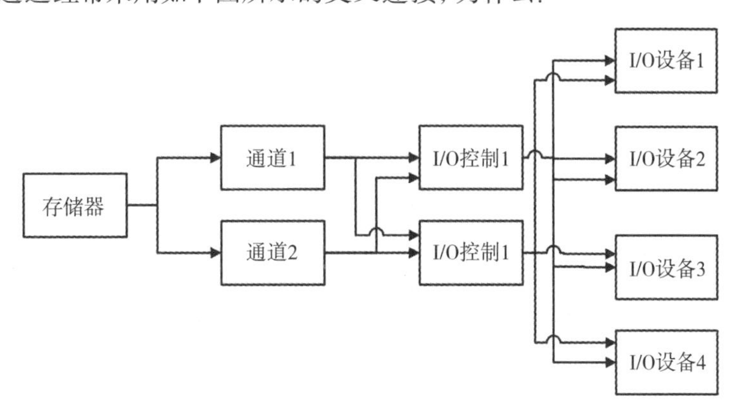

3. 什么是通道的瓶颈问题？如何处理此问题？请列出示意图。 【南京航空航天大学2016年】

5.2.6 答案精解

● 单项选择题

1. 【答案】D

【精解】本题考查的知识点为I/O设备管理概述——I/O设备分类。按设备的数据传输单位分类，可以将I/O设备分为块设备和字符设备，故选D。

2. 【答案】D

【精解】本题考查的知识点为I/O设备管理概述——I/O控制方式。DMA方式是在I/O设备与内存之间开辟了数据传送通道，以数据块为单位在控制器的控制下完成数据的传输。因此，Ⅰ项中DMA传送前由设备驱动器设置传送参数是正确的，在DMA数据传送之前必须初始化DMA的传输到内存的首地址或者由内存到I/O设备传输的数据的内存首地址及其他控制信息。因此Ⅰ正确。根据DMA定义及特点，DMA在传送数据之前必须拥有总线的使用权，当获得到总线使用权后，数据传送由DMA控制器控制直接完成数据的传输，因此Ⅱ，Ⅲ正确。当DMA传送结束后，DMA向CPU发送中断请求，其他处理由中断服务程序来完成，因此Ⅳ正确。故选D。

3. 【答案】B

【精解】本题考查的知识点为I/O设备管理概述——I/O控制方式。DMA方式的工作过程是：在进行DMA传输时，主机首先向内存写入DMA命令块，向DMA控制器写入这个命令块的地址，启动I/O设备。完成上述操作后，CPU继续其他工作，DMA在DMA控制器的控制下，根据DMA控制信息设置要求进行I/O设备与内存之间的数据传输。当数据传送结束时，DMA控制器向CPU发送中断请求，CPU响应中断请求，结束DMA操作，释放总线。故选B。

4. 【答案】C

【精解】本题考查的知识点为I/O设备管理概述——I/O软件层次结构。计算磁盘号、磁头号和扇区号是在设备驱动程序中完成的，故选C。

5. 【答案】D

【精解】本题考查的知识点为I/O设备管理概述——I/O控制方式。中断处理方式的特点是在I/O设备输入每个数据的过程中，没有CPU干涉，因此CPU与I/O设备可以并行工作。当数据传输完毕时，CPU才花少量的时间去处理，因此，中断申请使用的是一条指令结束后CPU的处理时间，数据是在软件控制下传送的。DMA方式的特点是数据传输的基本单位是数据块，在CPU与I/O之间每次至少传输一个数据块。DMA方式每次申请的是总线使用权，传输的数据是从设备直接送入内存的，或相反，并且仅在传送一个或多个数据块的开始和结束时才需CPU干涉。整块数据的传输是在控制器的控制下完成的，故选D。

6.【答案】A

【精解】本题考查的知识点为I/O设备管理概述——I/O软件层次结构。设备管理软件通常分为四个层次：用户层、设备无关的系统调用处理层、设备驱动程序和中断处理程序。故选A。

7.【答案】B

【精解】本题考查的知识点为I/O设备管理概述——I/O软件层次结构。输入/输出软件一般从上到下分为4个层次：用户层、与设备无关的软件层、设备驱动程序及中断处理程序。与设备无关的软件层也就是系统调用的处理程序。

当用户使用设备时，首先在用户程序中发起一次系统调用，操作系统的内核接到该调用请求后，请求调用处理程序进行处理，再转到相应的设备驱动程序，当设备准备好或所需数据到达后，设备硬件发出中断，将数据按上述调用顺序逆向回传到用户程序中。故选B。

8.【答案】A

【精解】本题考查的知识点为I/O设备管理概述——I/O设备的独立性。用户程序对I/O设备请求时使用逻辑设备名，程序实际执行时使用物理设备名，故选A。

9.【答案】C

【精解】本题考查的知识点为I/O设备管理概述——I/O设备分类，虚拟设备是指通过虚拟技术将一台独占设备变换为若干台逻辑设备，供若干个用户（进程）使用。故选C。

10.【答案】A

【精解】本题考查的知识点为I/O设备管理概述——I/O设备独立性。为了提高操作系统的可适应性和可拓展性，现代操作系统都毫无例外地实现了设备独立性，也称设备无关性，其基本含义是应用程序独立于具体使用的物理设备，故选A。

11.【答案】A

【精解】本题考查的知识点为I/O设备管理概述——I/O控制方式。为了减少CPU对I/O方式的干预，引入了DMA（直接存储器访问）方式，该方式所传送的数据基本单位是数据块，是从设备直接送入内存的，或相反，并且仅在传送一个或多个数据块的开始和结束时才需要CPU干预，整块数据的传送是在控制器的控制下完成的。由此可见，DMA方式大大减少了CPU对I/O的干预，进一步提高了CPU与I/O设备的并行操作程度，故选A。

12.【答案】C

【精解】本题考查的知识点为I/O设备管理概述——I/O控制方式。在CPU与设备控制器之间增设通道，主要目的是建立独立的I/O操作，不但能使数据传输独立于CPU，也希望对有关I/O操作的组织、管理和结束处理尽量独立，保证CPU有更多时间进行数据处理。实际上I/O通道是一种特殊的处理机，具有执行I/O指令的能力，故选C。

13.【答案】D

【精解】本题考查的知识点为I/O设备管理概述——I/O控制方式。通道控制方式相比DMA方式，需要处理机干预更少。采用程序直接控制方式，CPU会采用轮询的方式来询问数据，需要处理机干预最多，故选D。

14.【答案】C

【精解】本题考查的知识点为I/O设备管理概述——I/O控制方式。CPU控制通道一般是通过通道命令控制的。中断是用来控制外设的，转移指令用来控制寄存器，故选C。

15.【答案】C

【精解】本题考查的知识点为I/O设备管理概述——I/O控制方式。DMA控制方式是在外部设备与内存之间开辟直接数据交换的通路。轮询方式的特点是CPU通过执行指令主动对外部设备进行查询；中断方式和MMU方式都需要CPU的干预，故选C。

16.【答案】B

【精解】本题考查的知识点为I/O设备管理概述——I/O设备属性。根据设备属性分类，每种属性设备有各自的特点。A中字符设备用于输入输出的数据是字符为单位，不可寻址，采用中断驱动的方式完成数据的输入输出控制，故A选项不正确。C中共享设备是指一段时间内允许多个进程同时访问的设备，在同一时间内，即对于某一时刻共享设备仍然允许一个进程访问，故C选项不正确。D中分配共享设备是不会引起进程死锁的，故D选项不正确。故选B。

17.【答案】D

【精解】本题考查的知识点为I/O设备管理概述——I/O控制方式。DMA方式主要用于块设备，磁盘是典型的块设备。这道题也要求读者了解什么是I/O控制方式，A、B、C显然都不是I/O控制方式。故选D。

18.【答案】A

【精解】本题考查的知识点为I/O设备管理概述——I/O控制方式。中断寄存器位于计算机主机；不存在I/O地址寄存器；编程空间一般是由体系结构和操作系统共同决定的。控制寄存器和状态寄存器分别用于接收上层发来的命令和存放设备状态信号，是设备控制器与上层的接口；至于控制命令，每一种设备对应的设备控制器都对应一组相应的控制命令，CPU通过控制命令控制设备控制器。故选A。

19.【答案】C

【精解】本题考查的知识点为I/O设备管理概述——I/O控制。接口用来传输信号，I/O逻辑即设备控制器，用来实现对设备的控制。故选C。

● 简答题

1.【考点】I/O软件层次结构。

【参考答案】设备驱动程序与硬件直接相关，负责具体实现系统对设备发出的操作指令，是驱动I/O设备工作的驱动程序。当一个用户进程试图从文件中读一个数据块时，需要通过系统调用的服务来完成。独立性软件接收到请求后，会先在高速缓存中查找相应的页面。如果没有，则调用设备驱动程序向硬件发出一个请求，并由驱动程序负责从磁盘读取目标数据块。在磁盘操作完成后，由硬件产生一个中断，转入中断处理程序，并检查中断原因，提取设备状态、转入相应的设备驱动程序，唤醒用户进程并结束本次I/O请求，继续用户进程的运行。

2.【考点】I/O控制方式。

【参考答案】通道是一种特殊的处理机，它具有执行I/O指令的能力，并通过执行通道I/O程序来控制

I/O操作。图中的交叉连接主要是为了解决通道的瓶颈问题。瓶颈问题产生的原因是通道价格昂贵，机器中设置的通道数量较少，进而导致整个系统吞吐率下降。交叉连接的多通路方式不仅解决了瓶颈问题，而且能提高系统的可靠性。

3.【考点】I/O控制方式。

【参考答案】通道的瓶颈问题是指当在系统中要启动某个磁盘时，要使用的通道和控制器已经被其他设备占用，出现通道不足的现象，即所谓的通道瓶颈问题。解决通道的瓶颈问题可以采用如下图所示多通道的方式，即增加设备到主机的通路，但不增加通道的数量。

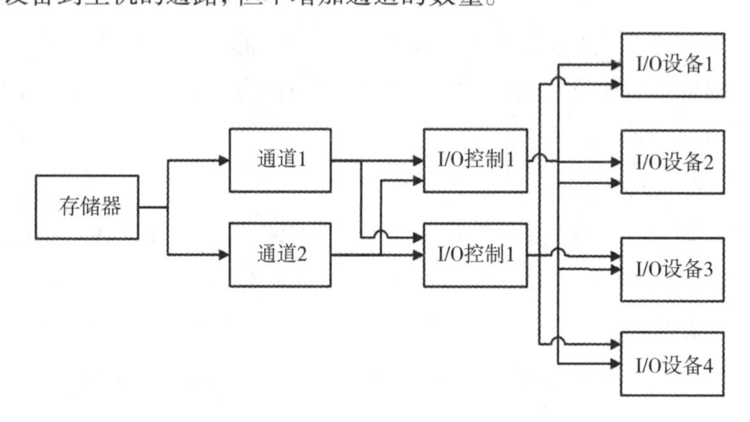

5.3 I/O核心子系统

5.3.1 I/O子系统概述

由于I/O设备种类繁多，对于I/O设备控制也具有多种方法，不同的设备控制方法构成了I/O子系统。I/O子系统提供的I/O服务包括I/O调度、高速缓存与缓冲区、设备分配与回收、假脱机技术、差错处理等。

5.3.2 I/O调度概念

I/O调度是指采用某种策略来确定一个比较好的I/O请求执行顺序，如磁盘调度。由于应用程序所发布系统调用的顺序不一定总是最佳选择，所以需要通过I/O调度来改善系统的整体性能，促使进程之间能公平地共享设备访问，减少完成I/O访问所需要的平均等待时间。

操作系统通过为每个I/O设备维护一个独立的请求队列来实现调度。当一个应用程序执行阻塞I/O系统调用时，该请求就被加到相应设备的队列上。I/O调度将重新安排队列顺序以改善系统总体效率和应用程序的平均响应时间。

除了I/O调度技术外，I/O子系统还使用主存或磁盘上的存储空间技术，如缓冲、高速缓存和假脱机等技术，改善计算机效率。

5.3.3 高速缓存与缓冲区

（1）磁盘的高速缓存

为了解决CPU与I/O速度不匹配的矛盾，提高CPU与I/O设备的并行运行程度。操作系统中使用磁盘高速缓存技术来提高磁盘的I/O速度，因为对高速缓存复制的访问要比原始数据访问更为高效。

与CPU和内存之间的小容量高速存储器相比，磁盘高速缓存技术是指利用内存中的存储空间来暂存从磁盘中复制的一系列盘块中的信息。因此，磁盘高速缓存逻辑上属于磁盘，物理上则是驻留在内存中的盘块。其在内存中分配的形式有两种：一种是在内存中开辟一个单独的存储空间作为磁盘高速缓存，大小固定；另一种是把未利用的内存空间作为一个缓冲池，供请求分页系统和磁盘I/O共享。

（2）缓冲区

在I/O子系统中，引入缓冲区的目的主要包括以下内容：

- 缓和CPU与I/O设备间速度不匹配的矛盾。
- 减少对CPU的中断频率，放宽对CPU中断响应时间的限制。
- 解决基本数据单元大小（即数据块大小）不匹配的问题。
- 提高CPU和I/O设备之间的并行性。

目前，实现缓冲区的方法有两种形式：一是采用硬件缓冲区，成本高，除特殊用途外使用极少；二是在内存划出一块存储区，专门用来临时存放输入/输出数据。根据系统设置的缓冲区个数，缓冲技术可以分为单缓冲、双缓冲、循环缓冲和缓冲池四种。

① 单缓冲。在单缓冲区下，每次用户请求I/O时，系统会在处理机与设备之间只设置一个缓冲区。如图5.10所示，在I/O设备输入时，假设数据块从I/O设备输入到缓冲区的时间为T，处理机将数据块从缓冲区取走的时间为M，处理机对这块数据的处理时间为C。因为输入数据时间T与处理数据时间C是并行的，所以系统对每一块数据的处理时间可以表示为$\mathrm{Max}(C, T)+M$，即当$T>C$时，系统的处理时间为$T+M$，否则为$C+M$。

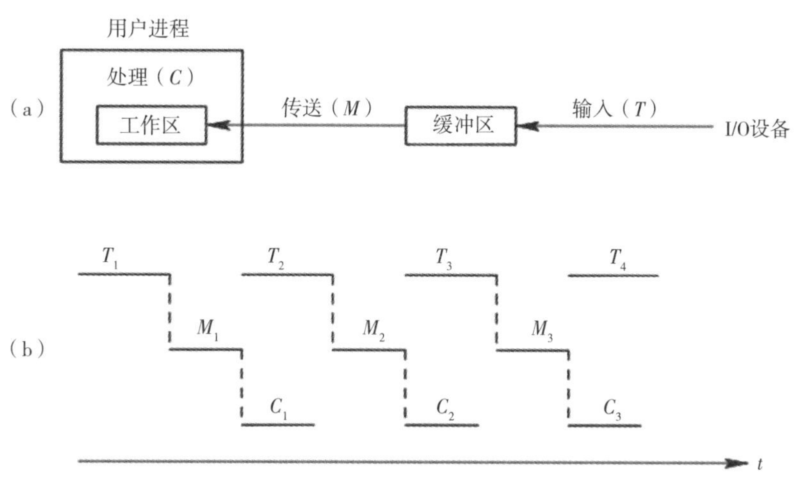

图5.10 单缓冲工作示意图

在单缓冲区中，如果输入设备是字符设备时，缓冲区用于暂存用户输入的一行数据，在输入期间，用户进程被挂起以等待数据输入完毕；在输出时，用户进程将一行数据输入到缓冲区后，继续进行处理。当用户进程已有第二行数据输出时，如果第一行数据尚未被提取完毕，则此时用户进程应阻塞。

② 双缓冲。为了加快输入和输出速度，提高设备利用率，系统在处理机与设备之间设置了双缓冲区机制，也称为缓冲对换（Buffer Swapping）。如图5.11所示，在设备输入数据时，先将数据块输入到第一个缓冲区，装满后移至第二个缓冲区。处理机在处理时，也将第一个缓冲区的数据取走进行处理。由于处理机的处理时间、数据输入时间、数据取走时间是并存操作的，因此系统处理一块数据的时间可以粗略地认为是$\mathrm{Max}(C, T)$。

对于字符设备，若采用行输入方式，则采用双缓冲通常能消除用户的等待时间，即用户在输入完第一行之后，在CPU执行第一行中的命令时，用户可继续向第二缓冲区输入下一行数据。

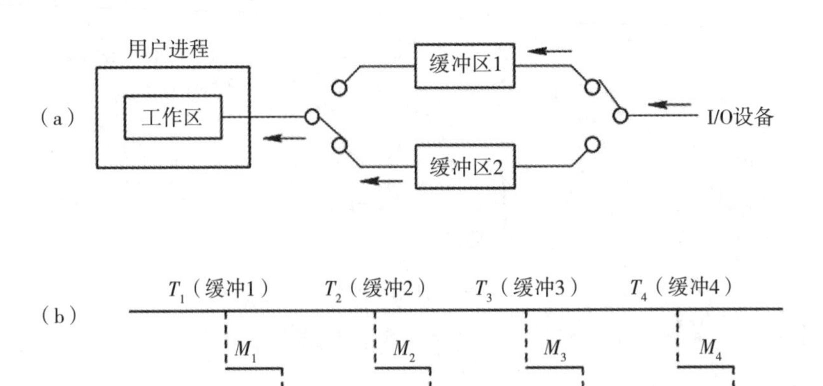

图5.11 双缓冲工作示意图

③ 循环缓冲。

A. 循环缓冲区的定义。为了解决多个设备速度相差比较大，双缓冲区不能及时满足要求，则采用增加缓冲区的方法来改善这一矛盾，将多缓冲区以循环的形式组织，称为循环缓冲。该缓冲区有多个缓冲区和多个指针组成。其中多缓冲区是指多个大小相同的缓冲区，如图5.12所示，用于输入的多缓冲区可以分为用于装输入数据的空缓冲区R、已装满数据的缓冲区G以及计算进程正在使用的现行工作缓冲区C三种类型。多指针是指与输入缓冲区类型对应的三种指针，它们分别是用于指示计算进程下一个可用缓冲区G的指针Nextg、指示输入进程下次可用的空缓冲区R的指针Nexti，以及用于指示计算进程正在使用的缓冲区C的指针Current。

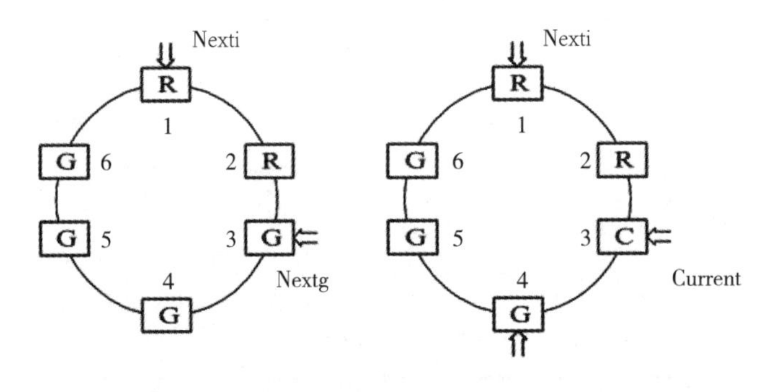

图5.12 循环缓冲示意图

B. 循环缓冲区的使用。计算进程和输入进程通过Getbuf过程和Releasebuf过程。具体实现过程如下：

● Getbuf过程。当计算进程要使用缓冲区中的数据时，可调用Getbuf过程。该过程将由指针Nextg所指示的缓冲区提供给进程使用，相应地，需把它改为现行工作缓冲区，并令Current指针指向该缓冲区的第一个单元，同时将Nextg移向下一个G缓冲区。类似地，每当输入进程要使用空缓冲区来装入数据时，也调用Getbuf过程，由该过程将指针Nexti所指示的缓冲区提供给输入进程使用，同时将Nexti指针移向下一个R缓冲区。

● Releasebuf过程。当计算进程把C缓冲区中的数据提取完毕时，便调用Releasebuf过程，将缓冲区C释放。此时，把该缓冲区由当前（现行）工作缓冲区C改为空缓冲区R。类似地，当输入进程把缓冲区装满时，也应调用Releasebuf过程，将该缓冲区释放，并改为G缓冲区。

C. 进程同步。在使用输入循环缓冲时，可使输入进程和计算进程并行执行。与此相对应，指针Nexti和指针Nextg也将不断地沿着顺时针方向移动，在移动的过程可能会出现以下两种情况：

● Nexti指针追赶上Nextg指针。这意味着输入进程输入数据的速度大于计算进程处理数据的速度，已把全部可用的空缓冲区装满，再无缓冲区可用。此时，输入进程应阻塞，直到计算进程把某个缓冲区中的数据全部提取完，使之成为空缓冲区R，并调用Releasebuf过程将它释放时，才将输入进程唤醒。这种情况被称为系统受计算限制。

● Nextg指针追赶上Nexti指针。这意味着输入数据的速度低于计算进程处理数据的速度，使全部装有输入数据的缓冲区都被抽空，再无装有数据的缓冲区供计算进程提取数据。这时，计算进程只能阻塞，直至输入进程又装满某个缓冲区，并调用Releasebuf过程将它释放时，才去唤醒计算进程。这种情况被称为系统受I/O限制。

④ 缓冲池。上述缓冲区仅适用于某特定的I/O进程和计算进程，因而它们属于专用缓冲。如若系统非常庞大，将会有大量的内存空间作为缓冲区，致使内存的利用率不高，为此提出了公用缓冲池的方法。

公用缓冲池既可以用于输入也可以用于输出，主要包括空缓冲队列、装满输入数据的缓冲队列（输入队列）和装满输出数据的缓冲队列（输出队列）三种队列。同时还具有4种缓冲区：用于收容输入数据的工作缓冲区，用于提取输入数据的工作缓冲区，用于收容输出数据的工作缓冲区及用于提取输出数据的工作缓冲区等，如图5.13所示。

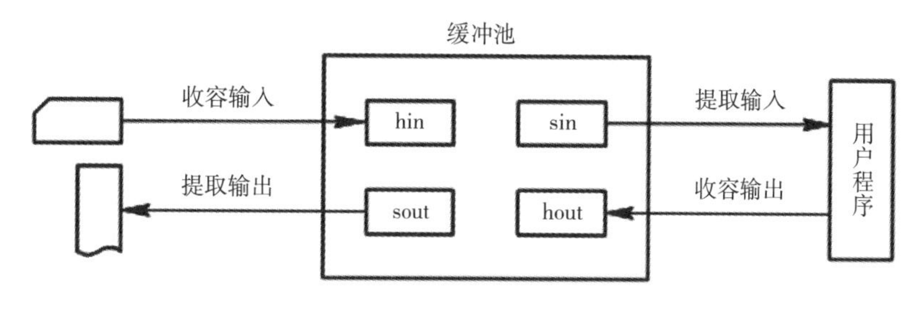

图5.13　缓冲池示意图

如图5.13所示，缓冲区工作在收容输入、提取输入、收容输出和提取输出四种工作方式下的过程如下：

A. 收容输入。在输入进程需要输入数据时，便调用Getbuf(emq)过程，从空缓冲队列emq的队首摘下一空缓冲区，把它作为收容输入工作缓冲区hin。然后，把数据输入其中，装满后再调用Putbufin(inq,hin)过程，将该缓冲区挂在输入队列inq上。

B. 提取输入。当计算进程需要输入数据时，调用Getbuf(inq)过程，从输入队列inq的队首取得一个缓冲区，作为提取输入工作缓冲区sin，计算进程从中提取数据。计算进程用完该数据后，再调用Putbuf(emq,sin)过程，将该缓冲区挂到空缓冲队列emq上。

C. 收容输出。当计算进程需要输出时，调用Getbuf(emq)过程从空缓冲队列emq的队首取得一个空缓冲区，作为收容输出工作缓冲区hout。当其中装满输出数据后，又调用Putbuf(outq,hout)过程，将该缓冲区挂在outq末尾。

D. 提取输出。由输出进程调用Getbuf(outq)过程，从输出队列的队首取得一装满输出数据的缓冲区，作为提取输出工作缓冲区sout。在数据提取完后，再调用Putbuf(emq,sout)过程，将该缓冲区挂在空缓冲队列末尾。

（3）高速缓存与缓冲区

高速缓存是可以保存数据备份的高速存储器。访问高速缓存要比访问原始数据更高效，速度更快。虽然高速缓存和缓冲区均介于一个高速设备和一个低速设备之间，但高速缓存并不等价于缓冲区，且它们之间存在很大的差别。

- 两者存放的数据不同。高速缓存上放的是低速设备上的某些数据的一个备份，即高速缓存上有的数据，低速设备上必然有；而缓冲区中放的则是低速设备传递给高速设备的数据，这些数据从低速设备传递到缓冲区中，然后再从缓冲区送到高速设备，而在低速设备中却不一定有备份。
- 两者的目的不同。引入高速缓存是为了存放低速设备上经常要被访问到的数据的备份，这样，高速设备就不需要每次都访问低速设备，但是如果要访问的数据不在高速缓存中，那么高速设备还是需要访问低速设备；而缓冲区是为了缓和高速设备和低速设备间速度不匹配的矛盾，高速设备和低速设备间通信每次都要经过缓冲区，高速设备不会直接去访问低速设备。

5.3.4 设备分配

为了实现系统进行统一的设备分配，系统需要定义一些数据结构。其结构主要包括设备控制表（DCT）、控制器控制表（COCT）、通道控制表（CHCT）和系统设备表（SDT）等，用这些表格记录了相应设备或控制器的状态及对设备或控制器进行控制所需的信息。

（1）设备控制表（DCT）

系统为每一个设备分配一个设备控制表，用于记录设备的基本情况。其主要包括设备类型字段、设备标识符字段、设备状态、指向控制器表的指针、重复执行次数或时间、设备队列的队首指针等字段，如图5.14所示。

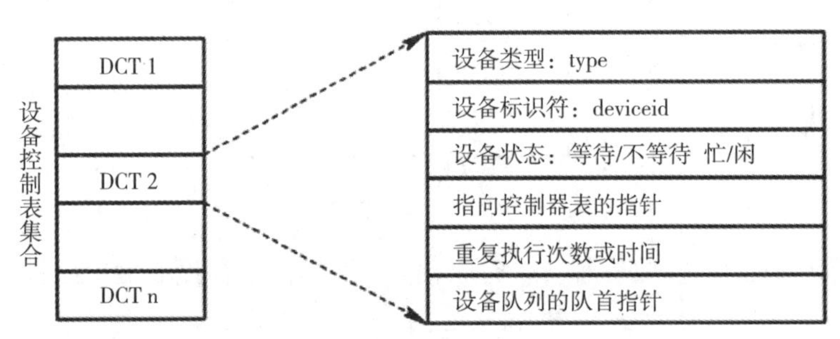

图5.14 设备控制表（DCT）

① 设备队列队首指针。该指针指向请求队列的首地址。即如若请求该设备没有得到满足的进程，则PCB都按着一定策略插入请求队列，其队首指针指向请求队首的PCB。

② 设备状态。设备本身的忙/闲标志。“1”表示设备正忙，“0”表示设备闲。

③ 与设备连接的控制器表指针。该指针指向该设备所连接的控制器的控制表。如若在设备到主机之间有多条通路，则一个设备将与多个控制器相连接，设置多个控制器表指针。

④ 重复执行次数。该字段设置了外部设备在传送数据出错时，允许重传的次数。如果在规定的次数内传送成功，则表示数据传送成功，否则，表示数据传送失败。

（2）控制器控制表、通道控制表和系统设备表

控制器控制表（COCT）。系统为每一个控制器都配置了一张用于记录本控制器情况的控制器控制表，如图5.15（a）所示。其主要用于反映设备控制器的使用状态以及和通道的连接情况等。

通道控制表（CHCT）。每个通道都配有一张通道控制表记录通道的情况，如图5.15（b）所示。

系统设备表(SDT)。这是系统范围的数据结构，其中记录了已连接到系统中的所有物理设备。每个设备分配一个表目，该表结构包括设备类型、设备标识符、设备控制表及设备驱动程序的入口等字段，如图5.15(c)所示。

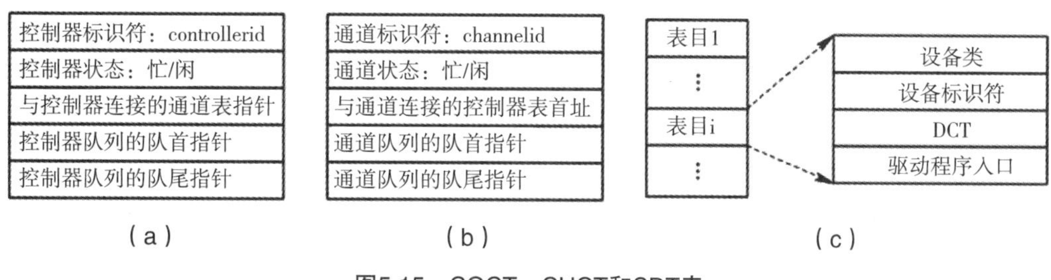

图5.15 COCT、CHCT和SDT表

(3)设备分配时应考虑的因素

为了使系统有条不紊地工作，系统在分配设备之前应考虑以下因素：

① 设备的固有属性。分配时应考虑设备的固有属性，设备的固有属性通常包括三种：独占性、共享性、可虚拟设备。对于不同的属性设备应采取不同的分配方式。

A. 独占性设备。对于独占设备，应采用独享分配策略，即将一个设备分配给某进程后，便由该进程独占，直至该进程完成或释放该设备后，系统才能再将该设备分配给其他进程使用。该分配方式的不足是设备得不到充分利用，而且还可能引起死锁。

B. 共享性设备。共享设备允许被同时分配给多个进程使用，因此在进行访问时须注意对这些进程访问该设备的先后次序进行合理的调度。

C. 可虚拟设备。由于可虚拟设备是指一台物理设备在采用虚拟技术后，可变成多台逻辑上的所谓虚拟设备，因此，一台可虚拟设备是可共享的设备，可以将它同时分配给多个进程使用，并对这些访问设备的先后次序进行控制。

② 设备分配算法。对于设备的分配策略比较简单，常用的算法有先来先服务和优先级高者优选。

A. 先来先服务。根据多个进程请求设备的时间先后顺序构成队列，设备分配程序总是把设备优先分配给队首进程。

B. 优先级高者优先。根据进程的优先级的高低进行设备分配，若优先级相同，则依据先来先服务算法进行分配。

③ 设备分配时的安全性。从设备的运行安全性考虑，即在设备中保证进程不会因为竞争设备而发生死锁。

A. 安全分配方式。在该分配方式中，一旦进程发出I/O请求后，便立即进入阻塞状态，直至其I/O操作完成时才被唤醒。如若采用这种分配策略，因进程一旦获得某种设备(资源)后便进入阻塞状态，这样该进程就不再请求其他任何资源，且其在运行时又不保持任何资源。因此，该种方式摒弃了造成死锁的四个必要条件之一的“请求和保持”条件，处于分配安全状态。该方式不足之处是CPU与I/O设备是串行工作，进程执行缓慢。

B. 不安全分配方式。该分配方式中，允许进程在发出I/O请求后继续运行，并可以根据需要继续发出多个I/O请求。直到进程所请求的设备已被另一进程占用时，才进入阻塞态。该分配方式的优点是一个进程可同时操作多个设备，执行速度快，但是多个进程请求设备会引起资源分配不均而可能产生死锁。

④ 设备的分配程序。以独占设备为例来介绍设备分配过程。当某进程提出I/O请求后，系统的设备分配程序按着分配设备→分配控制器→分配通道的过程进行设备分配。

A. 分配设备。首先根据I/O请求中的物理设备名查找系统设备表，从中查找该设备的DCT，并查看设备状态，如果空闲，将该请求的PCB插入设备的等待队列中，否则，将请求的PCB挂在设备队列上。

B. 分配控制器。当系统将设备分配给请求I/O的进程后，再到DCT中查找与该设备连接的控制器的COCT，从COCT的状态字段中判断该控制器是否忙碌。若忙，将请求I/O进程的PCB挂在该控制器的等待队列上，否则，将该控制器分配给进程。

C. 分配通道。在COCT中找到与该控制器连接的通道的CHCT，然后根据CHCT判断通道是否忙碌。若忙，将请求的I/O进程的PCB挂到通道的等待队列上，否则，将通道分配给该进程。

⑤ 设备独立性。为了提高操作系统的可适应性和可扩展性，现代操作系统都毫无例外地实现了设备独立性。设备独立性又称设备无关性，即应用程序独立于物理设备。它可以提高设备分配的灵活性和设备的利用率。

要实现设备独立性，引入了逻辑设备和物理设备两个概念，同时系统中还需配置一张逻辑设备表（Logical Unit Table，LUT），该表中的表项包括逻辑设备名、物理设备名和设备驱动程序入口地址。在应用程序中，访问I/O设备通过逻辑设备名的方式来访问，不需要用实际的物理名来访问，通过逻辑设备表可以找到对应的物理设备和驱动程序入口地址，实现了设备的独立性，可使设备分配灵活和易于实现I/O重定向。

操作系统实现设备独立性的方法包括设置设备独立性软件、配置逻辑设备表以及实现逻辑设备到物理设备的映射。

⑥ 逻辑设备名到物理设备名的映射。在系统中，逻辑设备名到物理设备名的映射是通过系统为每个设备设置的逻辑设备表（LUT）来完成的。当进程用逻辑设备名来请求分配设备时，系统为它分配相应的物理设备，并在LUT中建立一个表项，以后进程再利用逻辑设备名请求I/O操作时，系统通过查找LUT来寻找相应的物理设备和驱动程序。在系统中可采取两种方式建立逻辑设备表：

A. 在整个系统中只设置一张LUT。由于所有的设备分配情况在这一张表中记录，故所有的逻辑设备名不允许重名，这种情况一般应用在单用户系统中。

B. 系统为每个用户设置一张LUT。当用户登录时，系统便为该用户建立一个进程和一张LUT，并把该表放入进程的PCB中。

5.3.5 假脱机技术（SPOOLing）

（1）假脱机技术（SPOOLing）的定义

虚拟性是OS的主要的特征之一。多道程序技术可以将一台物理CPU虚拟为多台逻辑CPU，从而允许多个用户共享一台主机。SPOOLing技术可以将一台物理I/O设备虚拟为多台逻辑I/O设备，同时允许多个用户共享一台物理I/O设备，即将独占设备虚拟为若干个共享设备。

假脱机技术（SPOOLing）是利用多道程序技术，用一道程序来模拟脱机输入时的外围控制机功能，把低速I/O设备上的数据传送到高速磁盘上；再用另一道程序来模拟脱机输出时外围控制机的功能，把数据从磁盘传送到低速输出设备上。通过这种方式，实现在主机的直接控制下，实现脱机输入、输出功能。这样外围操作与CPU对数据的处理就可以同时进行，通过这种方式可以缓解CPU的高速性与I/O设备低速性间的矛盾。

（2）假脱机技术（SPOOLing）系统组成

假脱机技术（SPOOLing）是可以现实现外围控制机的功能，该技术包括输入井和输出井、输入缓冲区和输出缓冲区、输入进程SPi和输出进程SPo三部分，如图5.16所示。

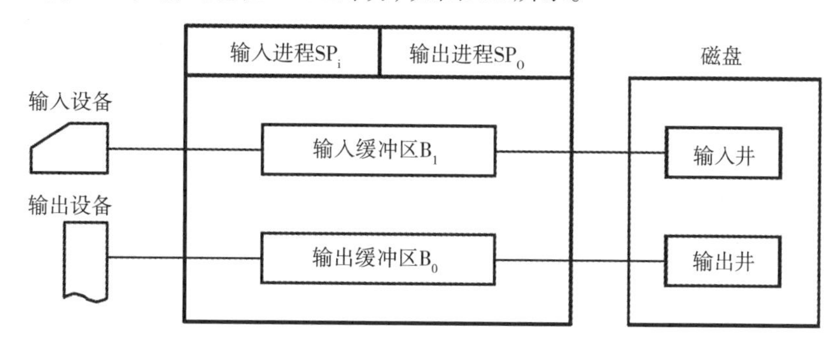

图5.16 SPOOLing系统的组成

① 输入井和输出井。指在磁盘上开辟两个存储区域。输入井是模拟脱机输入时的磁盘设备，用于暂存I/O设备输入的数据；输出井是模拟脱机输出时的磁盘设备，用于暂存用户程序的输出数据。

② 输入缓冲区和输出缓冲区。指在内存中要开辟两个缓冲区，输入缓冲区用于暂存由输入设备送来的数据，以后再传送到输入井。输出缓冲区用于暂存从输出井送来的数据，以后再传送给输出设备。

③ 输入进程SPi和输出进程SPo。这两个进程是用来模拟脱机I/O时的外围控制机。其中，进程SPi用来模拟脱机输入时的外围控制机，将用户要求的数据从输入机通过输入缓冲区再送到输入井，当CPU需要输入数据时，直接从输入井读入内存；进程SPo用来模拟脱机输出时的外围控制机，把用户要求输出的数据先从内存送到输出井，待输出设备空闲时，再将输出井中的数据经过输出缓冲区送到输出设备上。

共享打印机是SPOOLing应用的一个典型实例。打印机是个独占性的设备，通过SPOOLing变成一台可供多个用户共享的设备，提高设备的利用率，方便了用户。

当用户进程请求打印机输出时，通过SPOOLing系统实现共享打印机的过程如下：

A. 由输出进程在输出井中为之申请一个空闲磁盘块区，并将要打印的数据送入其中。

B. 输出进程再为用户进程申请一张空白的用户请求打印表，并将用户的打印要求填入其中，再将该表挂到请求打印队列上。如若有多个用户进程请求打印，系统都会接收请求，并重复完成①②操作过程。

C. 如果打印机空闲，输出进程将从请求打印队列的队首取出一张请求打印表，根据表中的要求将要打印的数据，从输出井传送到内存缓冲区，再由打印机进行打印。

D. 打印完后，输出进程再查看请求打印队列中是否还有等待打印的请求表。若有，再取出队列中的第一张表，并根据其中的要求进行打印，如此下去，直至请求打印队列为空，输出进程才将自己阻塞起来。

（3）SPOOLing系统的主要特点

① 提高了I/O的速度。这里将对低速I/O设备进行的操作变为对输入井或输出井的操作，提高了I/O速度，缓解了CPU与低速I/O设备之间速度不匹配的矛盾。

② 将独占设备改造为共享设备。在SPOOLing系统中，实际上并没为任何进程分配设备，而只是在输入井或输出井中为进程分配一个存储区和建立一张I/O请求表，将独占设备改造为共享设备。

③ 实现了虚拟设备功能。从宏观上看，多个进程在同时使用一台独占设备，而对于每一个进程而言，自己独占的一个设备实际上只是逻辑上的设备。

5.3.6 设备驱动程序接口

Linux中的I/O子系统向内核中的其他部分提供了一个统一的标准设备接口，这是通过include/linux/fs.h中的数据结构file_operations来完成的.

当应用程序对设备文件进行诸如open、close、read、write等操作时，Linux内核将通过file_operations结构访问驱动程序提供的函数。例如，当应用程序对设备文件执行读操作时，内核将调用file_operations结构中的read函数。

Linux下的设备驱动程序可以按照两种方式进行编译，一种是直接静态编译成内核的一部分，另一种则是编译成可以动态加载的模块。如果编译进内核的话，会增加内核的大小，还要改动内核的源文件，而且不能动态地卸载，不利于调试，所以推荐使用模块方式。

从本质上来讲，模块也是内核的一部分，它不同于普通的应用程序，不能调用位于用户态下的C或者C++库函数，而只能调用Linux内核提供的函数，在/proc/ksyms中可以查看到内核提供的所有函数。

在以模块方式编写驱动程序时，要实现两个必不可少的函数init_module( )和cleanup_module( )，而且至少要包含<linux/krernel.h>和<linux/module.h>两个头文件。在用gcc编译内核模块时，需要加上-DMODULE -D__KERNEL__ -DLINUX这几个参数，编译生成的模块（一般为.o文件）可以使用命令insmod载入Linux内核，从而成为内核的一个组成部分，此时内核会调用模块中的函数init_module( )。当不需要该模块时，可以使用rmmod命令进行卸载，此时内核会调用模块中的函数cleanup_module( )。任何时候都可以使用命令lsmod来查看目前已经加载的模块以及正在使用该模块的用户数。

5.3.7 真题与习题精编

● 单项选择题

1. 下列关于SPOOLing技术的叙述中，错误的是（　）。【全国联考2016年】

A. 需要外存的支持

B. 需要多道程序设计技术的支持

C. 可以让多个作业共享一台独占设备

D. 由用户作业控制设备与输入/输出井之间的数据传送

2. 设系统缓冲区和用户工作区均采用单缓冲，从外设读入1个数据块到系统缓冲区的时间为100，从系统缓冲区读入1个数据块到用户工作区的时间为5，对用户工作区中的1个数据块进行分析的时间为90。进程从外设读入并分析2个数据块的最短时间是（　）。【全国联考2013年】

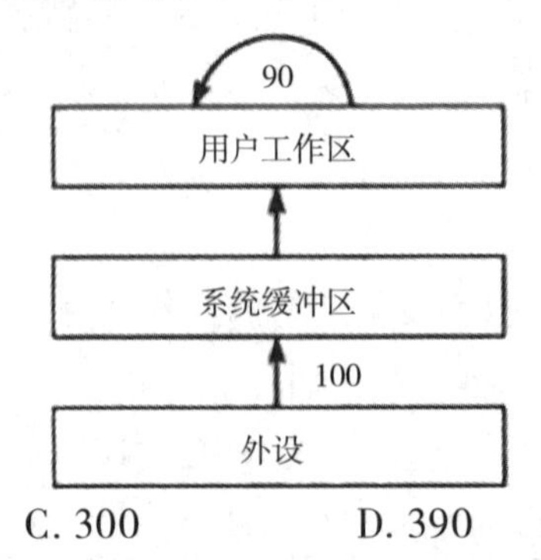

A. 200　　B. 295　　C. 300　　D. 390

3. 某文件占10个磁盘块，现要把该文件磁盘块逐个读入主存缓冲区，并送用户区进行分析。假设一个缓冲区与一个磁盘块大小相同，把一个磁盘块读入缓冲区的时间为100μs，将缓冲区的数据传送到用户区的时间是50μs，CPU对一块数据进行分析的时间为50μs。在单缓冲区和双缓冲区结构下，读入并分析

完该文件的时间分别是（　）。【全国联考2011年】

A. 1500μs、1000μs　B. 1550μs、1100μs

C. 1550μs、1550μs　D. 2000μs、2000μs

4. 设备分配程序为用户进程分配设备的过程通常是（　）。【南京理工大学2013年】

A. 先分配设备，再分配设备控制器，最后分配通道

B. 先分配设备控制器，再分配设备，最后分配通道

C. 先分配通道，再分配设备，最后分配设备控制器

D. 先分配通道，再分配设备控制器，最后分配设备

5. 为实现CPU与外需设备并行工作，必须引入的基本硬件是（　）。【南京理工大学2013年】

A. 缓冲区　B. 通道　C. DMA　D. 数据寄存器

6. 以时间换空间或者以空间换时间是操作系统的基本技术，以下属于以空间换时间的机制是（　）。【南京航空航天大学2014年】

A. SPOOLing　B. 虚拟存储技术　C. 通道技术　D. 覆盖技术

7. 双向设备应该使用（　）。【燕山大学2015年】

A. 单缓冲区　B. 双缓冲区　C. 多缓冲区　D. 缓冲池

8. 在操作系统中，用户在使用I/O设备时，通常采用（　）。【广东工业大学2017年】

A. 物理设备名　B. 逻辑设备名　C. 虚拟设备名　D. 设备牌号

9. 以下不是设备分配算法的是（　）。【中国计量大学2016年】

A. 先来先服务　B. 短作业优先　C. 优先级高的优先　D. 以上几种都不是

10. 缓冲技术中的缓冲池在（　）中。

A. 主存　B. 外存　C. ROM　D. 寄存器

11. 缓冲区管理者考虑的重要问题是（　）。

A. 选择缓冲区的大小　B. 决定缓冲区的数量

C. 实现进程访问缓冲区的同步　D. 限制进程的数量

12. 下面关于独占设备和共享设备的说法中，不正确的是（　）。

A. 打印机、扫描仪等属于独占设备

B. 对独占设备往往采用静态分配方式

C. 共享设备是指一个作业尚未撤离，另一个作业即可使用，但每个时刻只有一个作业使用

D. 对共享设备往往采用静态分配方式

13. 下面关于SPOOLing系统的说法中，正确的是（　）。

A. 构成SPOOLing系统的基本条件是有外围输入机与外围输出机

B. 构成SPOOLing系统的基本条件是要有大容量、高速度的硬盘作为输入井和输出井

C. 当输入设备忙时，SPOOLing系统中的用户程序暂停执行，待I/O空闲时再被唤醒执行输出操作

D. SPOOLing系统中的用户程序可以随时将输出数据送到输出井中，待输出设备空闲时再由SPOOLing系统完成数据的输出操作

14. SPOOLing系统由（　）组成。

A. 预输入程序、井管理程序和缓输出程序　B. 预输入程序、井管理程序和井管理输出程序

C. 输入程序、井管理程序和输出程序　D. 预输入程序、井管理程序和输出程序

● 简答题

1. 按照下图说明操作系统中引入缓冲的好处。【南京航空航天大学2015年】

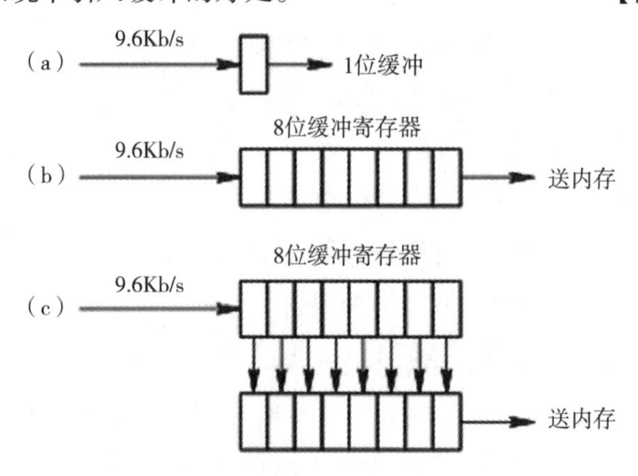

图5.15 利用缓冲寄存器实现缓冲

2. 在单缓冲情况下，为什么系统对一块数据的处理时间为max(C, T)+M?【南京航空航天大学2015】

3. 引入缓冲的目的是什么，有哪些常见的缓冲模式?【南京航空航天大学2017】

4. SPOOLing技术如何实现，在操作系统中起何作用?【南京航空航天大学2017】

5.3.8 答案精解

● 单项选择题

1.【答案】D

【精解】本题考查的知识点为I/O核心子系统——假脱机技术（SPOOLing）。引入SPOOLing技术是为了缓和CPU与I/O设备之间速度不匹配的矛盾。该技术引入了脱机输入技术和脱机输出技术，将低速I/O设备上的数据传送到高速磁盘上，或者相反。高速磁盘就是外存，A选项正确；SPOOLing技术需要进行输入/输出操作，单道批处理系统无法满足，B选项正确；SPOOLing技术的特点之一就是将独占设备改造为共享设备，C选项正确；设备与输入输出井之间传送数据是由系统实现的。故选D。

2.【答案】C

【精解】本题考查的知识点为I/O核心子系统——高速缓存与缓冲区。数据块1从外设到用户工作区需要的时间为105，期间数据块2没有被操作。当数据块1进行分析与处理时，数据块2从外设到用户工作区需要的时间为105，这两个操作并行进行，再加上数据块2处理的时间90，总时间为300。故选C。

3.【答案】B

【精解】本题考查的知识点为I/O核心子系统——高速缓存与缓冲区。单缓冲区的特点是上一个磁盘块从缓冲区读入用户区完成时，下一个磁盘块才开始读入。最后一个磁盘块读入用户区完毕后需要的时间为（100μs+50μs）×10=1500μs，处理最后一个磁盘块的时间为50μs，总共需要的时间1500μs+50μs=1550μs。双缓冲区的特点是不存在等待磁盘块从缓冲区读入用户区的问题，10个磁盘块可以连续地从外存读入主缓冲区，共花费时间为100μs×10=1000μs，加上最后一个磁盘块从缓冲区读入用户区及处理的时间，总花费时间为1000μs+50μs+ 0μs=1100μs。故选B。

4.【答案】A

【精解】本题考查的知识点为I/O核心子系统——设备分配。设备分配程序的分配过程分为两类，一类是单通路I/O系统的设备分配，另一类是多通路I/O系统的设备分配，无论是哪种分配过程，都是按照

“设备分配→分配设备控制器→分配通道”的顺序进行分配。故选A。

5.【答案】A

【精解】本题考查的知识点为I/O核心子系统——高速缓存与缓冲区。为了缓和CPU与外部设备速度不匹配的矛盾，提高CPU与外部设备工作的并行性，在现代操作系统中，几乎所有的外部设备在与处理机交换数据时都采用缓冲区。缓冲区还可以减少CPU的中断频率。故选A。

6.【答案】A

【精解】本题考查的知识点为I/O核心子系统——SPOOLing系统的功能。该技术即同时联机外围操作技术，又称假脱机技术，是指在多道程序环境下，利用多道程序中的一道或两道程序来模拟脱机输入输出中的外围控制机的功能，以达到“脱机”输入输出的目的，即在联机的条件下，将数据从输入设备传送到磁盘，或从磁盘传送到输出设备。因此它一方面解决了低速设备与高速设备之间的链接，解放了高速设备被频繁中断的不足，另一个方面通过它可以将一台独占的物理设备虚拟为多台逻辑设备，事实上它是以空间（磁盘上的）换取了时间（低速配高速以及解决了同时访问问题）。虚拟存储技术和覆盖与交换技术是为了扩充存储的容量，并不能改善时间响应速度；而通道技术提高设备的并发度即提高了数据交换的速度，它并不占用更多的空间。虚拟存储技术是以空间换时间的技术。故选A。

7.【答案】D

【精解】本题考查的知识点为I/O核心子系统——高速缓存与缓冲区。双缓冲方案在设备输入/输出速度与处理器处理速度基本匹配时能取得良好的效果，但如果两者速度相差甚远时，双缓冲效果不理想，因此引入了循环缓冲。循环缓冲适合特定的I/O进程与计算进程，如果系统中进程很多就需要很多这样的缓冲，将会占用大量空间，而且利用率不高。目前双向设备如计算机广泛使用缓冲池。故选D。

8.【答案】B

【精解】本题考查的知识点为I/O核心子系统——设备独立性。在操作系统中，用户通常采用逻辑设备名来控制I/O。故选B。

9.【答案】B

【精解】本题考查的知识点为I/O核心子系统——设备调度算法。设备分配主要采用两种算法，即先来先服务算法和优先级高者优先算法。故选B。

10.【答案】A

【精解】本题考查的知识点为I/O核心子系统——高速缓存与缓冲区。输入井和输出井是在磁盘上开辟的存储空间，而输入/输出缓冲区则是在内存中开辟的，因为CPU速度比I/O设备高很多，缓冲池通常在主存中建立。故选A。

11.【答案】C

【精解】本题考查的知识点为I/O核心子系统——高速缓存与缓冲区。在缓冲机制中，无论是单缓冲、多缓冲还是缓冲池，由于缓冲区是一种临界资源，所以在使用缓冲区时都有申请和释放，即互斥问题需要考虑。故选C。

12.【答案】D

【精解】本题考查的知识点为I/O核心子系统——设备分配。独占设备采用静态分配方式，而共享设备采用动态分配方式。故选D。

13.【答案】D

【精解】本题考查的知识点为I/O核心子系统——SPOOLing系统。构成SPOOLing系统的基本条件是要有大容量、高速度的外存作为输入井和输出井，因此A、B选项不对，同时利用SPOOLing技术提高了系统和I/O设备的利用率，进程不必等待I/O操作的完成，因此C选项也不正确。故选D。

14.【答案】A

【精解】本题考查的知识点为I/O核心子系统——SPOOLing系统。SPOOLing系统主要包含三部分，即输入井和输出井、输入缓冲区和输出缓冲区以及输入进程和输出进程。这三部分由预输入程序、井管理程序和缓输出程序管理，以保证系统正常运行。故选A。

● 简答题

1.【考点】I/O核心子系统——高速缓存与缓冲区。

【参考答案】① 缓和CPU与I/O设备间速度不匹配的矛盾。CPU的运算速度要远高于I/O设备的速度。若不设置缓冲区，在输出数据时，会出现打印机的速度跟不上CPU的速度而停下等待的现象。但是在CPU计算过程中，打印机又会处于空闲状态。根据上述情况，在打印机或控制器中设置缓冲区，用于暂存程序的输出数据，打印机可从中取出数据打印，这样可提高CPU的工作效率。

② 减少对CPU的中断频率，放宽对CPU中断响应时间的限制。在远程通信系统中，若从远程终端发来的数据只用一位缓冲来接收，如图（a）所示，就必须在每收到一位数据时中断一次CPU。对于9.6Kb/s的数据通信来说，CPU的中断频率也将是9.6Kb/s，也就是每经过100μs，CPU就要中断一次，并且CPU需要在100μs内做出响应，防止缓冲区的数据被覆盖。如果设置一个具有8位的缓冲寄存器，如图（b）所示，可以使CPU的中断频率降低到原中断频率的1/8。若设置两个缓冲寄存器，如图（c）所示，可以把CPU对中断的响应时间放宽到800μs。

提高CPU与I/O设备之间的并行性。缓冲的引入可显著提高CPU与I/O设备之间的并行操作程度，提高系统的吞吐量和设备的利用率。

2.【考点】I/O核心子系统——高速缓存与缓冲区。

【参考答案】在单缓冲情况下，每当用户进程发出一个I/O请求时，操作系统便在主存中为其分配一个缓冲区。在块设备输入时，设磁盘把一块数据输入到缓冲区的时间为T，操作系统把该缓冲区中的数据传送到用户区的时间为M，CPU对该数据块的处理时间为C。T和C是并行的，当$T>C$时，系统对每一个数据的处理时间是$M+T$，反之就是$M+C$，故可以把系统对每一块数据的处理时间表示为$\max(C,T)+M$。

3.【考点】I/O核心子系统——高速缓存与缓冲区。

【参考答案】引入缓冲区的主要目的：①缓和CPU与I/O设备间速度不匹配的问题；②减少对CPU的中断频率；③提高CPU与I/O设备之间的并行性。

缓冲区分为以下四个模式：

① 单缓冲。工作方式是当用户进程发出一个I/O请求时，操作系统分配一个缓冲区，并且只设置这一个缓冲区。

② 双缓冲。可以提高处理器与设备的并行速度，在块设备输入时，输入设备先将第一个缓冲区装满数据。在输入设备装填第二个缓冲区的同时，操作系统便将第一个缓冲区的数据传送到用户区供处理器处理。若第一个缓冲区中的数据处理完，第二个缓冲区已经装满。处理器就可以处理第二个缓冲区的数据，这时输入设备又可以装填第一个缓冲区。

③ 循环缓冲。包括多个大小相等的缓冲区，每个缓冲区包含一个链接指针，指向下一个缓冲区，最后

一个缓冲区的指针指向第一个缓冲区，形成循环的链状结构。循环缓冲用于输入输出时，需要两个指针，分别是in和out。当输入数据时，首先从设备接收数据到缓冲区中，in指针指向第一个可以输入数据的空缓冲区。当读出数据时，从循环缓冲区中取出一个装满数据的缓冲区，取出数据，out指针将指向可以提取数据的第一个满缓冲区。

④ 缓冲池。当输入进程需要输入数据时，便从空缓冲队列的队首摘下一个空缓冲区，将它作为收纳输入数据的空缓冲区，再输入数据，装满后置于队尾。当计算进程需要输入数据时，从输入队列取得一个缓冲区作为提取输入数据的缓冲区，计算进程将数据提取出来，数据用完后将其挂到空缓冲区队列的队尾。当计算进程需要输出数据时，便从空缓冲队列的队首取得一个空缓冲区，将它作为收纳输出数据的缓冲区，装满后置于队尾。当要输出数据时，由输出队列从缓冲区中取得一个装满输出数据的缓冲区，作为提取输出数据的工作缓冲区，数据提取完毕以后，将其置于空缓冲队列的末尾。

4.【考点】I/O核心子系统——假脱机技术（SPOOLing）。

【参考答案】SPOOLing技术的实现与作用如下：

①设置输入井和输出井。在磁盘上开辟两个存储空间，输入井暂存I/O设备输入的数据；输出井暂存用户程序输出的数据。

②设置输入缓冲区和输出缓冲区。输入缓冲区用于暂存由输入设备送来的数据，以后再传送到输入井。输出缓冲区用于暂存从输出井送来的数据，以后再传送给输出设备。

③设置输入进程SPi和输出进程SP。进程SPi模拟脱机输入时的外围控制机，进程SP模拟脱机输出时的外围控制机。

5.4 重难点答疑

1. I/O控制发展的主要推动因素是什么？

【答疑】(1) 力图减少CPU对I/O设备的干预，把CPU从繁杂的I/O控制中解脱出来，提高CPU的利用率。

(2) 缓和CPU的高速性和I/O设备的低速性之间速度不匹配的矛盾，以提高CPU的利用和系统的吞吐量。

(3) 提高CPU和I/O设备操作的并行度，使CPU和I/O设备都处于忙碌状态，从而提高整个系统的资源利用率和系统的吞吐量。

I/O的控制系统由两级（CPU—I/O设备）发展到三级（CPU—控制器—I/O设备）进而发展到四级（CPU—I/O通道—控制器—I/O设备），都是上述三种因素促进的结果。

2. 中断驱动I/O方式和DMA方式有什么不同？

【答疑】① I/O中断频率。在中断方式中，每当输入数据缓冲寄存器中装满输入数据或将输出数据缓冲寄存器中的数据输出之后，设备控制器便发生一次中断，由于设备控制器中配置的数据缓冲寄存器通常较小，如1个字节或1个字，因此中断比较频繁。而在DMA方式中，在DMA控制器的控制下，一次能完成一批连续数据的传输，并在整批数据传送完后才发生一次中断，因此可大大减少CPU处理I/O中断的时间。

② 数据的传送方式。在中断方式中，由CPU直接将输出数据写入控制器的数据缓冲寄存器供设备输

出，或在中断发生后直接从数据缓冲寄存器中取出输入数据供进程处理，即数据传送必须经过CPU；而DMA方式中，数据的传输在DMA控制器的控制下直接在内存和I/O设备间进行，CPU只需将数据传输的磁盘地址、内存地址和字节数传给DMA控制器即可。

3. 为什么要引入设备独立性？如何实现设备独立性？

【答疑】① 引入设备独立性，可使应用程序独立于具体的物理设备。此时，用户采用逻辑设备名来申请使用某类物理设备，当系统中有多台该类型的设备时，系统可将其中的任一台分配给请求进程，而不必局限于某一台制定的设备，这样，可显著地改善资源的利用率及可适应性。独立性还可以使用户程序独立于设备的类型，如进程输出时，既可以用显示终端，也可以用打印机，有了这种适应性，就可以很方便地进行输入输出重定向。

② 为了实现设备独立性，必须在设备驱动程序之上设置一层设备独立性软件，用来执行所有I/O设备的公用操作，并向用户层软件提供统一接口。关键是系统必须设置一张逻辑设备表LUT用来进行逻辑设备到物理设备的映射，其中每个表目中包含逻辑设备名、物理设备名和设备驱动程序入口地址三项；当应用程序用逻辑设备名请求分配I/O设备时，系统必须为它分配相应的物理设备，并在LUT中建立一个表目，以后进程利用该逻辑设备名请求I/O操作时，便可从LUT中得到物理设备名和驱动程序入口地址。

4. 设备驱动程序应具有哪些功能？

【答疑】① 接收由I/O进程发来的I/O指令和参数，并将命令中的抽象要求转换为具体要求，如将磁盘盘块号转换为磁盘的盘面、磁道和扇区号。

② 检查用户I/O请求的合法性，如果请求不合法，则拒绝接收I/O请求并向用户进程汇报。

③ 了解I/O设备的状态，如果设备准备就绪，则可向设备控制器设置设备的工作方式，传递有关参数；否则，将请求者的请求块挂到设备请求队列上等待。

④ 发出I/O命令，如果设备空闲，便立即启动I/O设备，完成指定的I/O操作。

⑤ 及时响应由设备控制器发来的中断请求，并根据其中断类型，调用相应的中断处理程序进行处理。

5. 设备控制器的主要功能是什么？

【答疑】设备控制器的主要功能是控制一个或多个I/O设备，以实现I/O设备和计算机之间的数据交换。它是CPU和I/O设备之间的接口，它接收从CPU发出的命令，并控制I/O设备工作。

设备控制器主要完成以下功能：

① 接收和识别命令。接收从CPU发来的命令，并识别这些命令。

② 数据交换。指实现CPU与设备控制器之间、控制器与设备之间的数据交换。

③ 地址识别。系统中每一个设备都有一个地址，设备控制器必须能够识别它所控制的每个设备的地址。

④ 标识和报告设备的状态。控制器应记下设备的状态供CPU了解。

⑤ 数据缓冲。由于I/O设备的速度较低而CPU和内存的速度较高，故在控制器中可以设置一缓冲区来缓和I/O设备和CPU、内存之间的速度矛盾。

⑥ 差错控制。设备控制器还兼管对由I/O设备传来的数据进行差错检测。

5.5 命题研究与模拟预测

5.5.1 命题研究

输入输出管理是操作系统管理的最外层，通过对考试大纲的解读和历年联考真题的统计与分析发现，本章的命题一般规律和特点有以下几方面：

① 从内容上看，考生要重点掌握I/O管理中I/O设备的独立性、提高性能的方式、I/O控制方式、I/O软件层次结构和I/O核心子系统中的高速缓存和缓存区、设备分配及假脱机技术（SPOOLing）。

② 从题型上看，本章内容仅以选择题形式出现，除2018年外，其余每年都有选择题。

③ 从题量和分值上看，选择题一般1~2道，每年的分值在2~4分，平均占分2.2/年。

④ 从试题难度上看，选择题都是基础概念理解题，属于中等偏下的难度，只要概念清楚，本章的分考生基本上都能拿到。

总的来说，考生在本章复习时，注意重点掌握I/O软件层次、I/O控制方式、高速缓存和缓冲区、SPOOLing等基本概念、功能、原理的理解。从历年真题的命题规律来看，今年极有可能继续考I/O软件层次结构的理解、设备驱动。但其他知识点考生也要全面覆盖。

注意：2022年新考纲添加了固态硬盘这个考点。

5.5.2 模拟预测

● 单项选择题

1. 下面设备中属于共享设备的是（　）。

A. 打印机　　B. 磁带机　　C. 磁盘　　D. 磁带机和磁盘

2. 下列关于各种设备说法中正确的是（　）。

A. 独占设备的分配单位是作业，且当某作业占用此设备时，其他作业也可以使用该设备

B. 共享设备的分配单位是作业，且当某作业占用此设备时，其他作业也可以使用该设备

C. 独占设备的分配单位是进程，且当某进程占用此设备时，其他进程也可以使用该设备

D. 共享设备的分配单位是进程，且当某进程占用此设备时，其他进程也可以使用该设备

3. 下面关于设备独立性的理解正确的是（　）。

A. 设备独立于计算机系统自行工作

B. 系统对设备的管理是独立的

C. 用户编程时使用的设备与实际使用的设备无关

D. 每台设备都有一个唯一的标识符

4. 下列关于各阶段CPU和外设间进行通信的方式中，说法正确的是（　）。

A. 程序直接控制方式中，CPU需要不断测试一台设备的忙/闲标志来获得外设的工作状态

B. 程序中断I/O控制方式中，CPU需要不断测试一台设备的忙/闲标志来获得外设的工作状态

C. 程序直接控制方式仅当I/O操作正常或异常结束时才中断中央处理机

D. DMA控制方式仅当I/O操作正常或异常结束时才中断中央处理机

5. 中央处理机启动外设工作的过程是（　）。

A. 准备阶段、中央处理机执行、通道向中央处理机汇报命令执行情况

B. 准备阶段、中央处理机作出回答、通道向中央处理机汇报命令执行情况

C. 准备阶段、执行通道程序规定的操作、通道向中央处理机汇报命令执行情况

D. 准备阶段、中央处理机作出回答、通道向中央处理机汇报命令执行情况

6. 假定磁盘的存取臂现在处于8#柱面上，有如下6个请求者等待访问磁盘，最省时间的响应顺序是(　)。

序号	柱面号	磁头号	扇区号
(1)	9	6	3
(2)	7	5	6
(3)	15	20	6
(4)	9	4	4
(5)	20	9	5
(6)	7	15	2

A. (6)→(2)→(4)→(3)→(1)→(5)

B. (6)→(4)→(1)→(3)→(3)→(5)

C. (6)→(2)→(1)→(4)→(3)→(5)

D. (6)→(4)→(1)→(2)→(3)→(5)

7. 设备分配策略与(　)因素有关。

Ⅰ. I/O设备的固有属性　　Ⅱ. 系统所采用的分配策略

Ⅲ. 设备分配中的安全性　　Ⅳ. 与设备的无关性

A. Ⅰ, Ⅱ, Ⅲ　　B. Ⅰ, Ⅲ, Ⅳ　　C. Ⅰ, Ⅱ, Ⅳ　　D. Ⅰ, Ⅱ, Ⅲ, Ⅳ

8. 在采用SPOOLing技术的系统中，用户的打印结果首先被送到(　)。

A. 磁盘固定区域　B. 内存固定区域　C. 设备控制器　D. 打印机

9. 某操作系统采用双缓冲区传送磁盘上的数据。设从磁盘将数据传送到缓冲区所用的时间为T_1，将缓冲区中的数据传送到用户区所用的时间为T_2(假设T_2远小于T_1)，CPU处理数据所用的时间为T_3，则处理该数据，系统所用的总的时间为(　)。

A. $T_1+T_2+T_3$　　B. $\max(T_2, T_3)+T_1$　　C. $\max(T_1, T_3)+T_2$　　D. $\max(T_1, T_2+T_3)$

10. 设从磁盘将一块数据传送到缓冲区所用的时间为90μs，将缓冲区中的数据口传送到用户区所用的时间为50μs，CPU处理一块数据所用的时间为50μs。若有多块数据需要处理，并采用单缓冲区传送某磁盘数据，则处理一块数据尚所用的总时间为(　)。

A. 140μs　　B. 190μs　　C. 100μs　　D. 90μs

11. 在SPOOLing系统中，用户进程实际分配到的是(　)。

A. 用户所要求的实际外设　　B. 外存区，即虚拟设备

C. 设备的一部分存储区　　D. 设备的实际物理地址

12. 用户程序发出打印请求后，系统的正确处理进程是(　)。

A. 用户程序→系统调用处理程序→中断处理程序→设备驱动程序

B. 用户程序→系统调用处理程序→设备驱动程序→中断处理程序

C. 用户程序→设备驱动程序→系统调用处理程序→中断处理程序

D. 用户程序→设备驱动程序→中断处理程序→系调用处理程序

5.5.3 答案精解

● 单项选择题

1.【答案】C

【精解】本题考查的知识点为I/O核心子系统——设备的固有属性。共享设备是指在一个时间间隔内可被多个进程同时访问的设备，只有磁盘满足。打印机在一个时间间隔内被多个进程访问时打印出来的文档就会乱；磁带机旋转到所需的读写位置需要较长时间，若一个时间间隔内被多个进程访问，磁带机就只能一直旋转，没时间读写。故选C。

2.【答案】D

【精解】本题考查的知识点为I/O核心子系统——I/O。独占设备：该类设备要以用户或作业为单位分配，在该用户未退出系统之前或该作业未运行结束之前，此设备不能作其他分配。共享设备：多个进程可以“同时”从这些设备上存取信息。故选D。

3.【答案】C

【精解】本题考查的知识点为I/O核心子系统——设备的独立性。设备的独立性主要是指用户使用设备的透明性，即使用户程序和实际使用的物理设备无关。故选C。

4.【答案】A

【精解】本题考查的知识点为I/O核心子系统——I/O控制方式。

① 程序直接控制方式：当用户进程需要输入或输出数据时，它通过CPU发出启动设备的指令，然后用户进程进入测试等待状态。在等待时间内，CPU不断地用一条测试指令，通过测试一台设备的忙/闲标志来获得外设的工作状态。

② 程序中断I/O控制仅当I/O操作正常或异常结束时才中断中央处理机。

③ DMA控制方式：在外围设备和内存之间开辟直接的数据交换通路。

故选A。

5.【答案】A

【精解】本题考查的知识点为I/O核心子系统——I/O控制方式。(1)第一个过程是准备阶段。(2)第二个过程是中央处理机执行，根据通道和连接在通道上的设备工作情况用条件码向中央处理机做出回答，能接收命令并控制执行通道程序规定的操作，或者拒绝接收命令并给出拒绝原因。(3)第三个过程是通道向中央处理机汇报命令执行情况。故选A。

6.【答案】C

【精解】本题考查的知识点为I/O核心子系统——设备调度。本题根据柱面号大小的优先级来进行调度，最省时间的顺序为(6)→(2)→(1)→(4)→(3)→(5)。故选C。

7.【答案】D

【精解】本题考查的知识点为I/O核心子系统——设备调度。① I/O设备的固有属性。该设备仅适合于某进程独占还是可供多个进程共享。② 系统所采用的分配策略。采用先请求先分配方式还是按优先数最高者优先的方式。③ 设备分配中的安全性。不合理的设备分配有可能导致死锁的发生。④ 与设备的无关性。用户程序与实际分配的物理设备无关。故选D。

8.【答案】A

【精解】本题考查的知识点为I/O核心子系统——高速缓存和缓冲区。输入井和输出井是在磁盘上开辟的两大存储空间。输入井模拟脱机输入时的磁盘设备，用于暂存I/O设备输入的数据；输出井模拟脱机输出时的磁盘，用于暂存用户程序的输出数据。为了缓和CPU，打印结果首先送到位于磁盘固定区域的输出井。故选A。

9.【答案】D

【精解】本题考查的知识点为I/O核心子系统——高速缓存和缓冲区。若$T_3>T_1$，即CPU处理数据块比数据传送慢，意味着I/O设备可连续输入，磁盘将数据传送到缓冲区，再传送到用户区，与CPU处理数据可视为并行处理，时间的花费取决于CPU最大花费时间，则系统所用总时间为T_3。若$T_3<T_1$，即CPU处理数据比数据传送快，此时CPU不必等待I/O设备，磁盘将数据传送到缓冲区，与缓冲区中数据传送到用户区及CPU数据处理可视为并行执行，则花费时间取决于磁盘将数据传送到缓冲区所用时间T_1。故选D。

10.【答案】A

【精解】本题考查的知识点为I/O核心子系统——高速缓存和缓冲区。采用单缓冲区传送数据时，设备与处理机对缓冲区的操作是串行的，当进行第i次读磁盘数据送至缓冲区时，系统再同时读出用户区中第i-1次数据进行计算，此两项操作可以并行，并与数据从缓冲区传送到用户区的操作串行进行，所以系统处理一块数据所用的总时为max（90μs，50μs）+50μs=140μs。

11.【答案】C

【精解】本题考查的知识点为I/O核心子系统——SPOOLing系统。SPOOLing使用共享设备来模拟独占设备，用户发送的请求实际到达共享设备的一部分存储区。故选C。

12.【答案】B

【精解】本题考查的知识点为I/O核心子系统——I/O软件层次结构。输入/输出软件一般从上到下分为4个层次：用户层、与设备无关的软件层、设备驱动程及中断处理程序。与设备无关的软件层也就是系统调用的处理程序。当用户使用设备时，首先在用户程序中发起一次系统调用，操作系统的内核接到该调用请求后，请求调用处理程序进行处理，再转到相应的设备驱动程序，当设备准备好或所需数据到达后，设备硬件发出中断，将数据按上述调用顺序逆向回传到用户程序中。故选B。

参考文献

[1] 汤小丹, 汤子瀛等. 操作系统（第三版）[M]. 西安: 西安电子科技大学出版社, 2007.

[2] 汤小丹, 汤子瀛等. 操作系统（第四版）[M]. 西安: 西安电子科技大学出版社, 2014.

[3] 汤小丹等. 操作系统第四版.学习指导与题解[M]. 西安: 西安电子科技大学出版社, 2014.

[4] 李春葆, 曾平等. 操作系统习题与解析（第三版）[M]. 北京: 清华大学出版社, 2018.

[5] 黑新宏. 操作系统原理习题解析与上机指导[M]. 北京: 电子工业出版社, 2018.

[6] 张尧学. 计算机操作系统教程（第四版）[M]. 北京: 清华大学出版社, 2013.